普通高等教育“十三五”规划教材
卓越工程师培养计划系列教材

近程激光探测技术

Short-Range Laser Detection Technology

陈慧敏　李　铁　刘锡民
王小驹　王凤杰　邓甲昊　编著

北京理工大学出版社
BEIJING INSTITUTE OF TECHNOLOGY PRESS

内容简介

全书介绍了与激光引信设计相关的器件（半导体激光器、光电探测器和光学系统）、探测体制（脉冲激光引信、相干激光引信和脉冲激光成像引信）及总体技术（光散射特性、烟雾扩散模式、云雾传输特性、抗干扰技术、抗高过载技术及电磁兼容技术），分析了不同探测体制的激光引信技术实现途径，给出了其总体设计方法。

本书可作为弹药工程、引信技术、探测制导与控制技术等相关专业研究生和本科生的教材，也可作为从事兵器科学与技术、弹药工程、引信技术、探测制导与控制技术等相关学科和领域的科学工作者和工程技术人员的参考书。

图书在版编目（CIP）数据

近程激光探测技术/陈慧敏等编著．—北京：北京理工大学出版社，2018.11
ISBN 978－7－5682－6430－3

Ⅰ．①近…　Ⅱ．①陈…　Ⅲ．①激光探测－探测技术－高等学校－教材　Ⅳ．①TN247

中国版本图书馆 CIP 数据核字（2018）第 237707 号

出版发行／北京理工大学出版社有限责任公司
社　　址／北京市海淀区中关村南大街 5 号
邮　　编／100081
电　　话／（010）68914775（总编室）
　　　　　（010）82562903（教材售后服务热线）
　　　　　（010）68948351（其他图书服务热线）
网　　址／http：//www. bitpress. com. cn
经　　销／全国各地新华书店
印　　刷／三河市华骏印务包装有限公司
开　　本／787 毫米×1092 毫米　1/16
印　　张／21
字　　数／493 千字
版　　次／2018 年 11 月第 1 版　2018 年 11 月第 1 次印刷
定　　价／59.00 元

责任编辑／陈莉华
文案编辑／陈莉华
责任校对／杜　枝
责任印制／李志强

前言

PREFACE

随着半导体技术和激光技术的飞速发展，激光引信已成为近炸引信的重要分支之一。由于激光引信具有定距精度高、抗电磁干扰能力强的特点，已广泛应用于空空导弹、地（舰）空导弹、反辐射导弹、反坦克导弹、反辐射无人机等多种平台上，并有多种型号产品用以装备部队。本书系统介绍了半导体激光器、光电探测器、光学系统、光散射特性、脉冲激光引信技术、相干激光引信技术、脉冲激光成像引信技术、烟雾扩散模式、云雾传输特性、激光引信总体技术等相关知识。本书由浅入深地介绍了器件、探测体制以及引信总体技术，基本反映了国内外激光引信的最新研究成果及发展动态，是一本国内专门针对激光引信技术研究的图书。

本书内容涉及激光引信技术的多个方面。首先，在器件方面，详细介绍了作为激光光源的激光器（边发射半导体激光器、垂直腔面发射激光器、微腔激光器、量子级联激光器）的工作原理、特性，对半导体激光器器件进行了性能比较，并介绍其在激光引信中的典型应用。详细介绍了光电探测器件（硅 PIN 光电二极管、雪崩光电二极管）的工作原理、特性，对高速光电探测器进行了性能比较。光学系统作为激光光束整形和光束接收的重要组成部分，是激光引信设计的核心内容之一，本书在分析光学设计基本知识的基础上，针对周视视场光学系统进行了设计。其次，在激光引信探测体制方面，介绍了脉冲激光引信、相干激光引信及脉冲激光成像引信。在阐述 3 种探测体制工作原理的基础上，对发射系统、接收系统及信号处理系统进行了典型设计及实现。最后，在激光引信总体技术方面，介绍了光散射特性、烟雾扩散模式、云雾传输特性、抗干扰技术、抗高过载技术及电磁兼容技术。

本书在前人阐述的激光引信内容基础上进行了深化和完善，是一本更加系统、全面地论述激光引信技术的图书。同时对近年来出现的新体制、新原理激光引信（如相干激光引信、脉冲激光成像引信）、激光引信采用的新型器件（如垂直腔面发射激光器、微腔激光器、量子级联激光器）、光散射特性及烟雾云雾的传输特性进行了探讨和补充。本书为读者更加深入地理解激光引信技术提供了有益的参考。

本书作者来自北京理工大学、西安机电信息技术研究所（兵器 212 所）、上海无线电设备研究所（航天八院 802 所）、中国空空导弹研究院，均是从事激光引信的大学及科研院所，具有较强的理论知识和产品研制经验，本书的内容能够充分体现激光引信技术的发展水平。

本书由陈慧敏负责整体结构和内容设计。本书编写分工如下：第5章由李铁编写，第7章由刘锡民编写，第8章由王小驹编写，第10章的10.3节由王凤杰编写，第11章的11.3节、11.4节由邓甲昊编写，其余章节由陈慧敏编写，并完成书稿的编排和整理工作。本书由北京理工大学邓甲昊教授和中国空空导弹研究院霍力君研究员主审，他们对本书进行了认真细致的审查，提出了许多宝贵的修改意见，在此表示衷心感谢！

感谢朱雄伟、高志林、冯星泰、王凤杰、马超等研究生在做论文期间完成了部分对本书有益的工作。

本书是在作者十余年教学科研成果的基础上完成的，由于作者水平及经验有限，书中难免存在不当和待完善之处，敬请学术界前辈、同行和广大读者批评指正，不胜感激。

陈慧敏

2018年6月28日于北京

目　录
CONTENTS

第1章
绪　　论

引信是武器系统的重要组成部分，其作用是探测、识别目标，适时引爆战斗部，最大限度发挥战斗部的威力。激光近炸引信是一种主动式近炸引信，它在预定距离内探测目标，并在最佳炸点位置时起爆战斗部。激光近炸引信探测脉冲窄，调制方便，抗干扰能力强，能精确探测目标距离和位置，具有引战配合效率高和抗光电干扰能力突出等优点，特别适应现代战争精确打击和光电对抗技术的发展。特别是进入21世纪以来，激光近炸引信的应用领域、研究领域趋向广泛，从炮弹、导弹到无人机，从水下到天空，激光近炸引信在多种型号平台上均得到研究应用。

1.1　激光的特性

激光（Light Amplification by Stimulation Emission of Radiation，Laser），受激辐射的光放大。我国台湾地区习惯将Laser称为“镭射”，1964年我国著名科学家钱学森建议将Laser称为“激光”，这一名字体现了光的本质，又描述了这类光和传统光的不同，即“激”体现了受激发生、激发态等意义。

1900年，普朗克用辐射量子化假设成功地解释了黑体辐射规律。1913年，玻尔提出了原子中的电子运动状态的量子化假设，并解释了氢原子光谱规律。在此基础上，爱因斯坦提出了光量子概念，他从量子论的观点出发，提出在辐射与物质相互作用的过程中包含以下3个过程，即粒子的自发辐射跃迁、受激辐射跃迁和受激吸收跃迁。1917年，爱因斯坦在“关于辐射的量子力学”一文中预言了原子受激辐射发光的可能性，即存在激光的可能性。40年后，受激辐射概念在激光技术中得到了应用。

由于激光产生的机理与普通光源的发光不同，这就使激光具有不同于普通光的一系列性质。激光与普通光相比，最突出的特性是具有高度的方向性、单色性、相干性和高亮度。而这4个特性本质上可归结为一个特性，即激光具有很高的光子简并度。也就是说，激光可以在很大的相干体积内具有很高的相干光强。

1. 单色性

单色性是指光强按频率（波长）分布的情况。由于激光本身是一种受激辐射，再加上谐振腔的选模和限制频率宽度的作用，因而发出的是单一频率的光。但是，激光态总是有一定的能级宽度，加之温度、振动、泵浦电源的波动等因素的影响，造成谐振腔腔长的变化和谱线频率的改变，光谱线总有一定的宽度。所以，激光单色性的好坏可以用频谱分布的宽度来描述。频谱宽度越窄，说明光源的单色性越好。

激光的单色性远远好于普通光源，即激光的谱线宽度远小于普通光源的谱线宽度。例如，氦氖激光器输出的红色激光谱线宽度可达 10^{-9} nm，比普通光源中单色性最好的氪灯（谱线宽度为 4.7×10^{-4} nm）单色性还要好 10^5 倍。激光单色性好，体现了激光能量在频域上的高度集中。一般来说，单模稳频气体激光器的单色性最好。固体激光器的单色性较差，主要因为工作介质的增益曲线很宽，很难在单模下工作。半导体激光器的单色性最差。

2. 方向性

激光不像普通光源那样向四面八方传播，而是几乎在一条直线上传播，即激光方向性好。激光之所以具有方向性好的特点，是由于激光器受激辐射的机理和光学谐振腔对激光光束的方向限制所决定的。

激光束的方向性通常用光束发散角来衡量。由于激光所能达到的最小光束发散角还要受到衍射效应的限制，因而激光发散角不能小于激光通过输出孔径的衍射角 θ_m，θ_m 也称为衍射极限。设光腔的输出孔径为 D，激光波长为 λ，则

$$\theta_m \approx \frac{\lambda}{D} \tag{1-1}$$

式中，θ_m 的单位一般以弧度或毫弧度（rad 或 mrad）表示。由此得到激光束的立体发散角为

$$\Omega_m = \theta_m^2 \approx \left(\frac{\lambda}{D}\right)^2 \tag{1-2}$$

式中，Ω_m 为立体发散角，单位是球面度（sr）。

不同类型激光器的方向性差别很大，它与工作介质类型和均匀性、光腔类型、腔长、激励方式以及激光器的工作状态等都有关系。

3. 高亮度

光源的单色亮度是表征光源定向发光能力强弱的一个重要参数，定义为单位截面、单位频带宽度和单位立体角内发生的光功率，即

$$B_v = \frac{\Delta P}{\Delta S \Delta \Omega \Delta \nu} \tag{1-3}$$

式中，B_v 的单位为 W/(cm^2 · sr · Hz)；ΔP 为光源在面积 ΔS 的发光表面上、$\Delta \Omega$ 立体角范围内和频带宽度 $\Delta \nu$ 内发出的光功率。

对于激光器而言，ΔP 相当于输出激光功率，ΔS 为激光束截面积，$\Delta \Omega$ 为光束立体发散角，$\Delta \nu$ 为激光的谱线宽度。由于激光具有极好的方向性和单色性，因此其单色亮度很高。

一般光源发光是在空间的各个方向以及极其宽广的光谱范围内辐射，而激光的辐射范围可以在 0.06°左右，因此即使普通光源和激光光源的辐射功率相同，激光亮度也是普通光源的上百万倍。例如，太阳光在波长 500 nm 附近的亮度约为 2.6×10^{-12} W/(cm^2 · sr · Hz)，一台高功率调 Q 激光器的亮度为 $10^4 \sim 10^7$ W/(cm^2 · sr · Hz)，其亮度比太阳表面高出$10^{16} \sim 10^{19}$倍。

4. 相干性

光的相干性是指在不同时刻、不同空间点上两个光波长的相关程度。相干性又可分为空间（横向）相干性和时间（纵向）相干性。空间相干性用来描述垂直于光束传播方向上各点之间的相位关系，光束的空间相干性和它的方向性是紧密联系的。时间相干性用来描述沿

光束传播方向上各点的相位关系，光束的时间相干性 τ_c 和它的单色性 $\Delta\nu$ 存在紧密的联系，即

$$\tau_c = \frac{1}{\Delta\nu} \tag{1-4}$$

即单色性越高，相干时间越长。有时还用相干长度 L_c 来表示相干时间，则有

$$L_c = \tau_c c = \frac{c}{\Delta\nu} \tag{1-5}$$

式中，c 为光速；L_c 表示在相干时间 τ_c 内传播的最大光程，其物理意义是，在小于和等于此值的空间延时范围内，被延时的光波和后续的光波应当完全相干。

1.2　引信的功能及组成

1.2.1　引信的功能及其定义

当战斗部遇到目标时，要想获得最大的毁伤效果，引信起着关键的作用，绝不能简单地理解为只是“引爆”，使战斗部爆炸。因为只有当战斗部在相对目标最有利位置被引爆时，才能最大限度地发挥其威力。但是，安全性能不好的引信有可能导致战斗部提前爆炸，这样不但没有杀伤敌人，反而会造成我方人员的伤亡或器材的损坏，因此，将“安全”与“可靠”引爆战斗部二者结合起来，才构成现代引信的基本功能。

一般来说，要求现代引信具有以下3个功能。

（1）在引信生产、装配、运输、储存、装填、发射以及发射后的弹道起始段上，不能提前作用，以确保我方人员的安全。

（2）感受目标的信息并加以处理，确定战斗部相对目标的最佳起爆位置。

（3）向战斗部输出足够的起爆能量，完全地引爆战斗部。

第一个功能主要由引信的安全系统来完成，第二个功能由引信的发火控制系统来完成，第三个功能由爆炸序列来完成。

由以上引信的功能可以给出引信的定义：引信是利用环境信息、目标信息或平台信息，在保证弹药勤务和发射时安全的前提下，按预定策略对弹药实施起爆控制的装置。

1.2.2　引信的组成及作用过程

引信的基本组成如图1-1所示。其中发火控制系统包括信息感受装置、信号处理装置和执行装置。它起着发现目标、抑制干扰、确定最佳起爆位置的作用。引爆序列是指各种火工元件按它们的敏感程度逐渐降低而输出能量逐渐增大的顺序排列而成的组合，其作用是引爆战斗部主装药。安全系统包括保险机构、隔爆机构等。保险机构使发火控制系统平时处于不敏感或不工作状态，使隔爆机构处于切断爆炸序列通道的状态，这种状态称为安全状态或保险状态。能源装置包括环境能源（由战斗部运动所产生的后坐力、离心力、摩擦产生的热、气流的推力等）及引信自带的能源（内储能源），其作用是供给发火控制系统和安全系统正常工作所需的能量。

引信的作用过程是指引信从发射开始到引爆战斗部主装药的全过程。引信在勤务处理

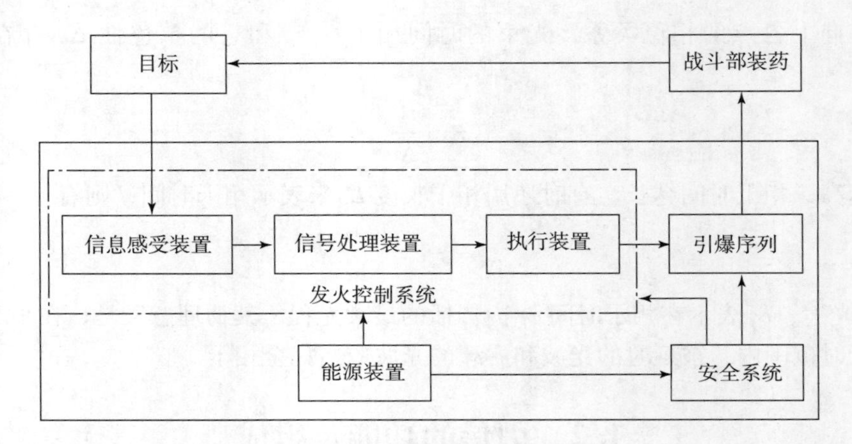

图 1-1 引信的基本组成

时的安全状态，一般来说就是出厂时的装配状态，即保险状态。战斗部发射或投放后，引信利用一定的环境能源或自带的能源完成引爆前预定的一系列动作而处于这样一种状态：一旦接收到目标直接传给或由感应得来的起爆信息，或从外部得到起爆指令，或达到预先装定的时间，就能引爆战斗部。这种状态称为待发状态，又称待爆状态。从引信功能的分析和定义可知，引信的作用过程主要包括解除保险过程、发火控制过程和引爆过程，如图 1-2 所示。

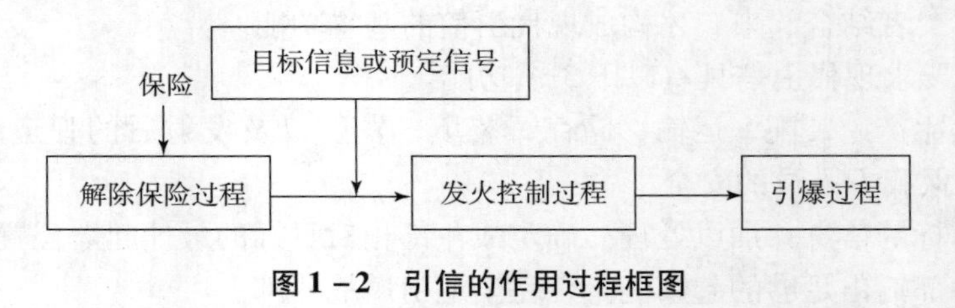

图 1-2 引信的作用过程框图

引信首先由保险状态过渡到待发状态，此过程称为解除保险过程。已进入待发状态的引信，从获取目标信息开始到输出火焰或爆轰能的过程称为发火控制过程。将火焰或爆轰能逐级放大，最后输出一个足够强的爆轰能使战斗部主装药完全爆炸，此过程称为引爆过程。

1.3 激光引信发展现状

1.3.1 国外激光引信发展现状

激光引信的发展与现代作战环境的需求和激光技术发展的背景相适应。一方面，极强的电磁干扰作战环境对无线电引信构成严重的威胁，迫切需要研究一种对电磁干扰不敏感的新一代光引信，实现和无线电引信互补使用；另一方面，砷化镓半导体激光器技术的迅速发展，其实用化程度和脉冲发射功率已达到了现代激光引信工程化的需求。所以，激光引信以它对各种类型目标控制炸点精度高和抗干扰能力强的优点而被广泛使用。

美国圣·巴巴拉研究中心最早成功研制激光引信，配置于响尾蛇 AIM-9L 空空导弹。该导弹于 1975 年首次飞行试验，1981 年大规模生产。配有激光引信 DSU/15B 和离散杆战斗部 MK70MODL1，构成了全新的性能优良的引爆系统，大大提高了空空导弹对目标的杀伤威力。在中东战争、马岛战争和海湾战争中均取得极佳的战果。

目前激光引信已发展成为最重要的引信种类之一，广泛地配用于各种类型的战术导弹。对于空空导弹，不但近距格斗型大多配用激光引信，而且先进的复合制导超视距发射后不管的空空导弹也配用激光引信，如俄罗斯的先进中距 AAM－AE 空空导弹。随着定向战斗部技术的发展，与之相匹配的多象限激光引信具有进一步的开发潜力和重要的应用前景。对于反坦克导弹，为了进一步提高炸距精度，并避开与目标碰撞所引起的弹体变形，第三代反坦克导弹几乎所有型号都配用激光引信，或采用以激光精确定距为主和其他体制为辅构成的复合引信，目的是提高引信对目标的作用可靠性。此外，激光引信对电磁干扰不敏感非常适合应用于反辐射导弹。配用激光引信的国内外部分战术导弹和无人机见表 1－1。

表 1－1 配用激光引信的国内外部分战术导弹和无人机

导弹类型	国家或地区	导弹名称	备注
空空导弹	美国	AIM－9L、AIM－9M－8、AIM－9M－9、AIM－9P－4、AIM－9P－5、AIM－9R、AIM－9S、AIM－9X	近距格斗型
	英国	ASRAAM（AIM－132） Meteor	先进近距
	俄罗斯	AA－11（R－73L、R－73EL）、AA－12（R－77，AAM－AE）	近距格斗型 先进中距
	南非	Darter、U－Darter	近距格斗型
	以色列	Python－4、Python－5、Derby	
	巴西	MAA－1	近距格斗型
	日本	AAM－5	近距格斗型
	中国台湾	天剑一型、天剑二型	
	中国大陆	空空导弹	近距格斗型
地（舰）空导弹	英国	长剑（Rapier）2000	
	以色列	巴拉克（Barak）Ⅰ、巴拉克（Barak）Ⅱ	
	法国	西北风（Mistral）	三军通用的超近程导弹
	瑞典	RBS－70、RBS－90	
	美国	海小檞树（Chaparral）MIM－72	
	美国、瑞士	阿达茨（ADATS）	
	韩国	飞马（Pegasus）	
	美国、德国、丹麦	拉姆 RIM－116A	
	中国	面空导弹	

续表

导弹类型	国家或地区	导弹名称	备注
反辐射导弹	美国	哈姆（HARM）AGM－88A、佩剑（SIDEARM）AGM－122A、AGM－136	
	英国	ALARM	
	俄罗斯	氪（KRYPTON）AS－17/X－31Ⅱ	
	巴西	MAR－1	
	中国	反辐射导弹	
反舰导弹	中国	反舰导弹	
反辐射无人机	南非	RAKI	
	中国	反辐射无人机	
反坦克导弹	美国	龙 3（DRAGON3）M47、陶 2B（TOW2B）BGM－71F	侧向激光、磁复合近炸引信
	美国、瑞士	阿达茨（ADATS）	前向触发引信、侧向激光近炸引信
	以色列	马帕斯（MAPATS）	
	法国、德国	米兰 2T、霍特 2T（HOT2T）	
	西欧	中程崔格特（TRIGAT－MR）远程崔格特（TRIGAT－LR）	激光定距

国外典型装备激光引信的产品如图 1－3 至图 1－8 所示。

图 1－3　AIM－9X 导弹

从公开文献报道，国内装备激光引信的产品有 PL－5EⅡ空空导弹、FL－3000N 近程防空导弹、TY－90 空空导弹、QW－11 防空导弹、QW－3/4 防空导弹、FN－16 便携式防空导弹、蓝箭 7A1 空地导弹等，如图 1－9 至图 1－12 所示。

下面介绍几种典型的激光引信。

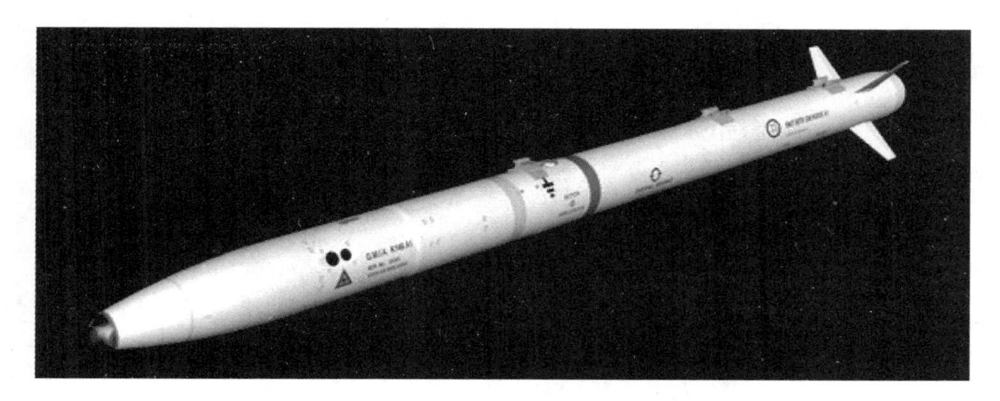

图1-4 ASRAAM 导弹

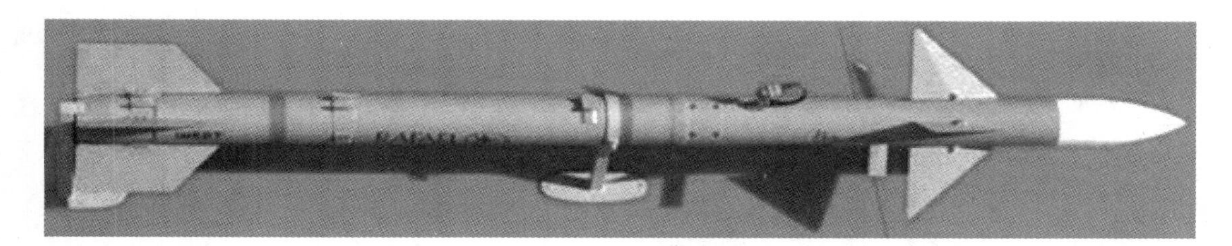

图1-5 DERBY 导弹

图1-6 多用途导弹

图1-7 R-73L/R-73LE（AA-11）导弹局部图

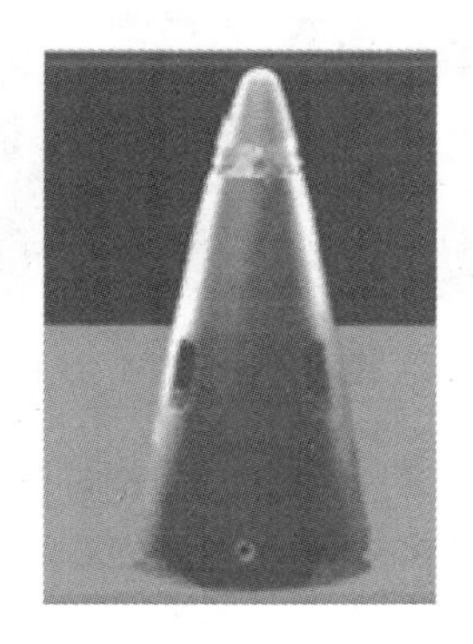

图1-8 英国 Rapier 防空导弹局部图

图 1－9　PL－5EⅡ空空导弹

(a)

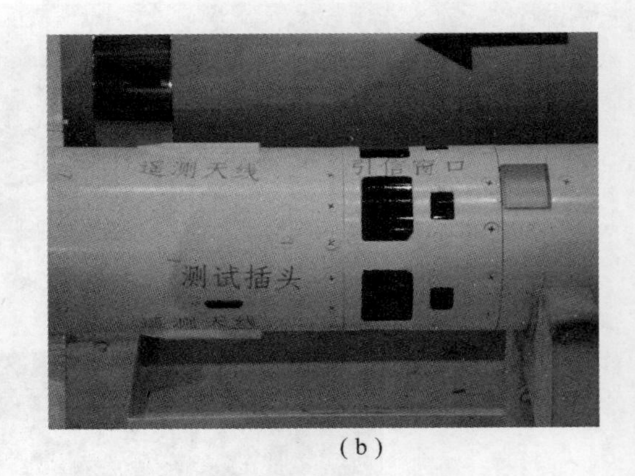

(b)

图 1－10　FL－3000N 导弹整体图和局部图

(a) 整体；(b) 局部

图 1－11　QW－11 导弹

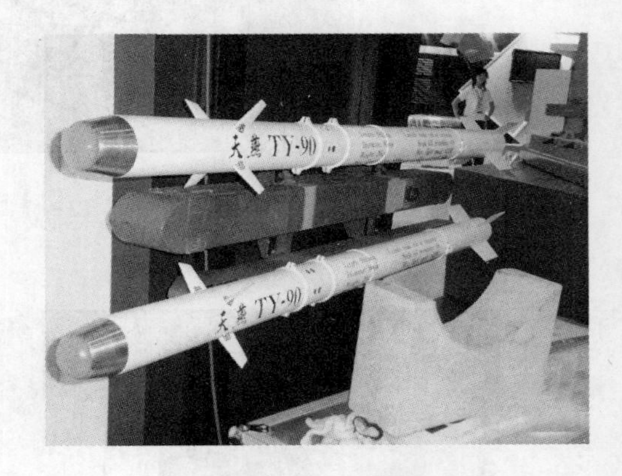

图 1－12　TY－90 导弹

1. 空空导弹 AIM－9L 配用的激光引信

前排 4 个窗口为发射机的窗口，发射机采用砷化镓半导体激光器，工作波长约 0.9 μm，发射光束在导弹子午面上聚焦成 0.5°。后排 4 个窗口为接收机的窗口，接收机采用硅光电探测器，光学接收视场在导弹子午面上是 4°。引信的 4 个发射机和 4 个接收机围绕导弹纵轴均匀分布，呈 4 个象限。每个象限在导弹赤道面上提供 90°的覆盖区，4 个象限覆盖 360°。引信发射光束和接收光学视场在垂直弹轴的方位上交叉重叠，从而构成了引信的一个严格工作区。这个严格的工作区保证了引信距离截止特性。

利用激光的单色性，控制滤光片的起波波长和硅光电探测器的截止波长，构成窄的光谱带宽，使引信接收机具有良好的光谱选择能力。

AIM－9L 导弹激光引信原理如图 1－13 所示。引信发射机的功率驱动器向激光器注入一定重复频率和脉宽的脉冲电流，其激光器经光学系统发射相应的光脉冲，即引信的发射光束。当引信的工作区域内存在目标时，其接收机探测从目标反射的激光回波脉冲，经光电转换形成相应的电脉冲信号。基于距离选通的原理，如图 1－14 所示，信号经双与门到逻辑电路。如逻辑电路判断确认是真实目标存在，则信号输入到时间延迟电路，延迟时间的值是按引战配合的要求而确定的。信号经延迟、启动执行电路。在执行电路中，已经被储能的点火电容器，通过安全和解除保险装置中的电雷管放电，起爆战斗部传爆系列中的电雷管。全部电路置于一个时钟的控制之下。为了使引信在不同环境温度下发射的激光能量相对稳定，利用一个热敏电阻装置控制脉冲信号源，来调整注入激光器的脉冲电流。引信有独立的供电电源，电源采用化学热电池，其在导弹发射时被激活。

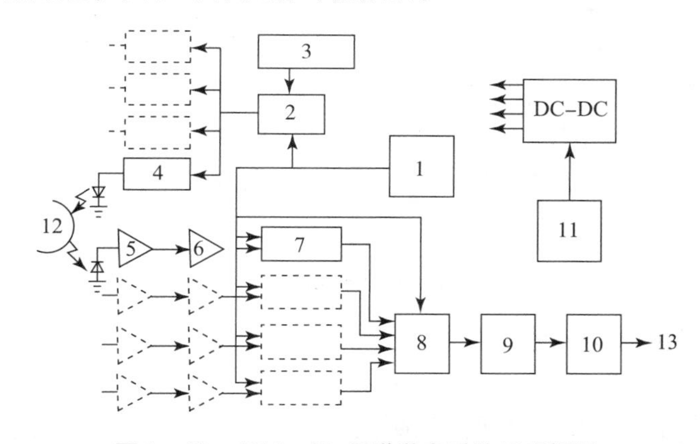

图 1－13　AIM－9L 导弹激光引信原理框图

1—时钟；2—信号源；3—热敏电阻装置；4—驱动器；5—前置放大器；6—放大器；7—双与门；8—逻辑电路；9—时间延迟；10—点火电路；11—电源；12—目标；13—输出到安全和解除保险装置

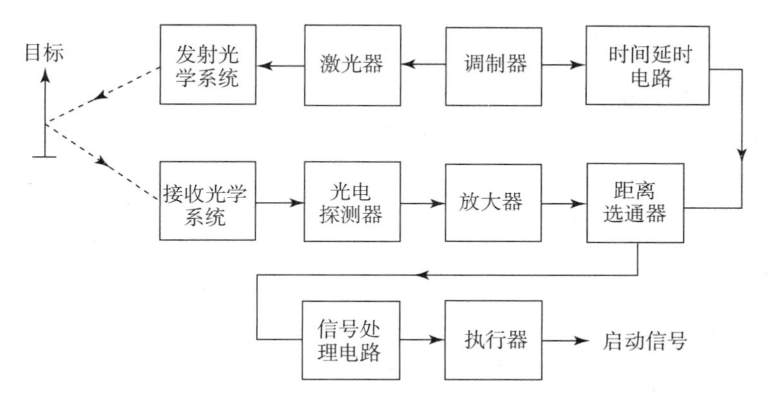

图 1－14　采用距离选通技术的主动式脉冲激光引信框图

对于周视探测的激光引信（主要配用于空对空导弹），还采用光路交叉的原理实现距离截止，如图 1－15 所示。引信发射机和接收机沿弹轴安装，相距一定间距。在弹轴的赤道面上要求视野角 360°探测；在弹轴的子午面上视场角很小。发射光学系统先对激光器发出的较大束散角的光束进行准直，然后用柱面镜或反射光锥、光楔在径向进行扩束，通常用 4～6 个象限使之形成 360°视野角。接收光学系统用浸没透镜或抛物面反向镜使之径向获得 360°的视野角；由探测器的光敏面尺寸和系统的焦距决定视场角。在垂直弹轴的方位上，很窄的发射激光束和接收机探测视场交叉而形成一个重叠的区域。目标只有进入这个区域，接收机才能探测到目标反射的激光回波。重叠区域的范围对应着引信最大作用距离和最小作用距离。通过调整发射、接收光学系统的参数，设计引信的作用区。

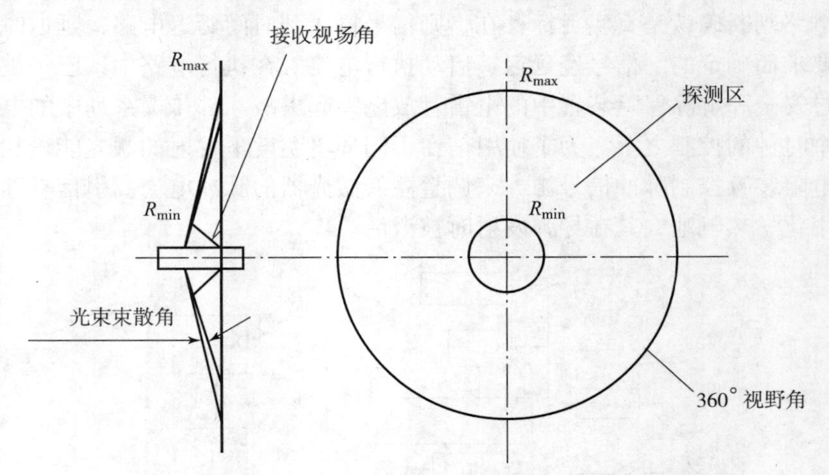

图 1－15　360°视野角光路交叉探测原理

2. 反坦克破甲弹配用的激光引信

对于前视探测的激光引信（主要配用于反坦克破甲弹），采用光路交叉的原理实现距离截止，如图 1－16 所示。发射机和接收机分别安装在弹体头部的圆截面直径的两端，发射光束束散角和接收视场角基本相同，两者前倾构成光路交叉重叠区。发射光束轴线和接收视场轴线交会于一点，构成三角形。底边上的高即为引信的定距距离。当目标进入发射光束束散角和接收视场角的重叠区时，接收机探测到目标发射的激光回波，经光电转换、放大，输出一系列的脉冲信号，其幅值包络曲线的最大值对应于引信的定距点，通过调整发射光束束散角和接收视场角轴线的倾斜角来设计定距点。激光引信的作用距离多在 1 m 以内，定距精度在 ±0. 1 m 内。

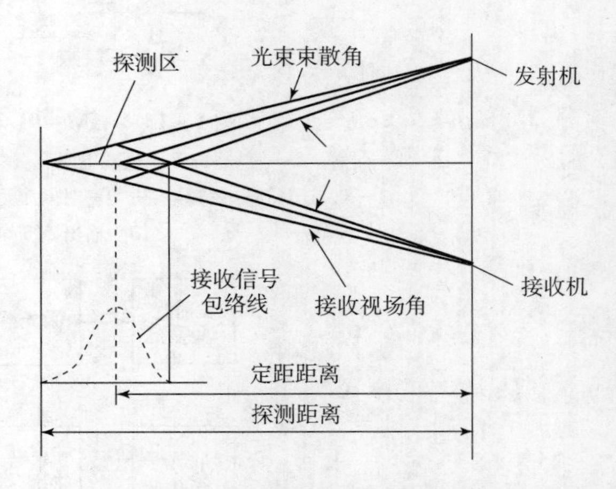

图 1－16　三角定距光路交叉探测原理

3. 三军通用“西北风”导弹配用的激光引信

激光引信有 6 个发射机和 6 个接收机，围绕导弹纵轴的方向均匀分布，呈 6 个象限，每个象限在导弹赤道面上提供60°的覆盖区。引信作用半径为3 m，具有距离截止能力和良好的抗干扰措施。发射机的光源采用砷化镓半导体激光器，接收机的探测器采用硅光电探测器。

引信发射机的发射光束在导弹子午面上聚焦成2°，发射光束整形系统由一个透镜和一个反射镜组成。6个发射机的激光器不是同时工作，而是一个功率驱动器输出的脉冲电流交替地注入6个激光器，往复循环。这样，引信的6个发射机交替地发射激光脉冲。从一个象限转换到另一个象限的转换时间和弹目交会时的相对速度有关。弹目交会时，无论目标处于导弹的任何方位，引信必须至少有一个象限的发射机能探测到目标。这个发射机探测到目标的持续时间必须保证探测目标的有效性，确认真实目标的存在。实现以上功能的关键是提高发射机的脉冲重复频率。引信6个发射机交替工作的目的主要是为了减小弹上能源的功耗。

引信的6个接收机是同时工作的，因为接收电路和信号处理器采用CMOS器件，能源功耗很小。信号处理器对来自目标的回波信号进行逻辑处理，具有以下功能：识别真实目标的存在；抗阳光和云雾的干扰；防止受树枝等杂物的影响而产生虚警；依据弹目迎头或尾追不同的交会方式自适应调整引信延迟时间。发射激光脉冲的前沿只有几纳秒，以保证引信在大于3 m距离处截止。

4. 迫弹配用的激光引信

在陆军常规弹药中，1997年挪威Noptel公司研制出迫弹通用型激光近炸引信NF2000M，2001年同美国Junghans Feinwerktechnik公司联合研制出PX581迫弹通用型激光近炸引信，如图1－17所示。此引信可通用于60 mm、81 mm、120 mm迫弹及SMK炸弹，预定的作用距离为1 m、2 m、3 m、4 m、5 m，具有一定的抗干扰能力。

图1－17　PX581迫弹激光近炸引信

1.3.2　国内激光引信发展现状

由于半导体激光器体积小、稳定性好、调制简单等突出的特点，使之在激光引信领域得到成功应用。我国激光引信研究起始于20世纪60年代，从研制到小批量生产，经历了以下过程。

从20世纪60年代末到20世纪80年代中期，激光引信处于技术研究阶段。我国激光引信研究起始于20世纪60年代，从采用红外发光管着手开始研究工作。由于当时光电器件水平的限制，而且没有明确的型号平台需求，到20世纪70年代，只有2～3家单位在各自的应用领域里开展激光引信的原理样机研究和试验工作。

从20世纪80年代末期到20世纪90年代后期，激光引信技术逐渐成熟，开始进入型号应用阶段。随着光电子、微电子、计算机、激光技术的发展，激光引信技术快速成熟起来。脉冲半导体激光器技术快速发展，完成了从单异质结、大光腔到量子阱的发展过程，其工作阈值从10～20 A降低到了1～2 A，输出功率和稳定性大幅提高，逐渐满足了工程化要求，对激光引信技术发展起到了重要的推动作用。海湾战争后，光电技术在现代武器系统中的应用受到全面重视，从“八五”开始，国家对激光引信技术领域的研究经费投入也逐渐加大力度，以激光脉冲编码探测技术、激光引信抗干扰技术、激光引信仿真技术等为代表的一批技术成果的完成，为型号装备研制打下了坚实的基础，显著提高了技术向应用转化的速度。20世纪90年代中期，我国步入了反舰导弹、面空导弹、空空导弹激光引信的型号研制阶段，并且三化的最初雏形——系列的激光器组件、探测器组件也开始研究并应用于系统，参与的研究部门也逐渐增多。

从20世纪90年代末到现在，技术研究范围显著扩展，型号应用步入快速上升阶段。以我国第一个定型的激光引信（反舰导弹激光引信）为标志，90年代后期进入应用的快速发展期。在激光引信技术领域展开了较全面的技术攻关与型号应用研究，取得的预先研究成果有的已达到国际先进水平。自2000年以来，激光引信作为精确打击的系统之一得到认可，从而陆续开始研制、生产和立项论证工作，涉及海防导弹、反辐射导弹、面空导弹、空空导弹、对地导弹、炮弹、反辐射无人机等应用平台，参与的研究部门迅速增加。

经过50多年的研究，国内激光引信在探测体制、探测技术、测试技术、试验技术、抗干扰技术、可靠性设计等方面开展了深入的研究工作，涉及以下方面。

（1）探测体制。研究了直接探测体制的脉冲激光探测技术、编码激光探测技术、偏振激光探测技术、非相干探测体制的调频连续波激光探测技术、相干探测体制的调频连续波激光探测技术，以及脉冲激光成像引信技术。

（2）激光发射技术。研究了半导体激光窄脉冲发射、脉冲编码发射技术和调频连续波发射技术，发射脉冲宽度可以做到几个纳秒，调制频偏不小于100 MHz，为激光引信的动态高精度测距奠定了基础。

（3）激光接收技术。研究了弱信号接收技术、低信噪比信号提取和探测技术以及特种光电探测器的研究。PIN探测组件的响应度可以做到不小于5×10^{6} V/W，为激光引信的弱信号接收技术奠定了基础。

（4）精密测距技术。研究了脉冲前沿修正技术、幅度校正技术和三角定距等技术，对动态目标单脉冲测距精度达到±0.3 m。

（5）抗干扰技术。对抗有源干扰（电磁辐射、阳光、主动光干扰）和无源干扰（云雾、烟雾、雨雪、海杂波、地杂波、背景光）等进行了比较深入的研究，解决了阳光及背景光的干扰。

（6）目标特性与引战配合技术。开展了对目标信息和环境信息的研究，通过研究目标形态、背景特性、交会角、回波概率特性等，实现了对目标的快速识别与起爆模式自适应控制。

（7）光学技术。研究了弹用特种光学系统设计、光学材料及精密加工技术，完成了多种形式的特种探测场光学系统研究，探测场的设计从几毫弧度到360°。

（8）可靠性。经过多年型号研制的过程，积累了较丰富的型号设计、可靠性和三化设计技术。

（9）环境适应性。研究了抗高温烧蚀技术、光学窗口高温隔离技术、抗高温红外辐射技术、抗高过载等技术，抗高温可到上千摄氏度，抗冲击达到了上万G值。

激光引信推动了国内光电器件的发展，完成了一系列激光探测用的激光器组件、探测器组件的配套研制。

我国激光引信主要研制、生产的部门涉及航空、航天、兵器的研究机构，大学以及一些引信生产工厂。20世纪80年代后期，激光引信步入型号研制阶段，开始为反舰导弹、面空导弹研制激光引信。国内研究、生产激光引信主要涉及海防导弹、反辐射导弹、对空导弹、对地导弹、炮弹和反辐射无人机等应用平台。目前国内外激光引信在主要系统中的研制和应用情况见表1－2。

表1－2 我国激光引信在主要系统中的研制和应用情况

应用平台	主要功能特性	拥有的技术特点
海防导弹	脱靶近炸、末端高度控制	激光动态测距技术，抗海浪干扰技术，触发优先控制保证技术
反辐射导弹	近炸、判别目标	激光动态测距技术，光学抗高温技术，抗高过载技术，伪随机编码探测技术
面空导弹	全向探测近炸、判别目标	激光周视探测技术，抗阳光、云雾干扰技术，空中目标快速判别技术
空空导弹	全向探测近炸、判别目标	激光周视探测技术，抗阳光、云雾干扰技术，空中目标快速判别技术
对地导弹	定高引炸、近炸	激光动态测距技术、抗地物干扰技术
反坦克导弹	过顶引炸	激光三角精确定距技术、抗地物干扰技术
无人驾驶飞机	定高引炸、低空突防高度控制	激光动态测距技术，抗阳光、云雾干扰技术
炮弹	定高引炸	抗高过载技术
其他	激光水下目标探测	激光水下探测技术

注意：本书提到的激光引信特指激光引信中的发火控制系统，这一点需特别注意。

1.4 激光引信发展趋势

国内外激光引信的发展趋势如下。

1. 提高抗干扰能力

提高抗干扰能力是引信特别是近炸引信发展的永恒主题。目前，虽然已有产品装备在空军、海军、陆军、火箭军等武器平台上，但是激光引信抗有源干扰和无源干扰的手段和措施还需要进一步提高。对空激光引信面临的云雾干扰、反舰激光引信面临的海杂波干扰、对地激光引信面临的烟尘干扰，都是激光引信亟须解决的问题。国内亟须制定针对激光引信无源干扰和有源干扰的国军标。

2. 新的探测体制

采用诸如偏振激光探测和调频连续波激光探测等新原理和新手段，能够区别金属目标和非金属目标，提高探测精度。

3. 复合探测

针对激光引信抗气溶胶干扰不足的特点，可考虑采用复合探测手段，诸如激光与毫米波复合、激光与无线电复合等，充分利用两种探测体制的优点，实现炸点的精确控制。同时必须考虑两种体制在结构、信号处理、电磁兼容等方面的问题。

4. 地面模拟试验与等效方法

引信是一次性产品，靶试试验耗费大量的人力、物力和财力。需要摸索出激光引信的试验特点，建立地面等效模拟试验系统，提出等效试验方法，从而加速产品的研制周期，提高产品的研制水平。

5. 信息交联

现代战场环境复杂，要求赋予激光引信更多的功能，激光引信与弹载平台的信息交联、激光引信与激光引信之间的组网都有美好的前景。

第 2 章

半导体激光器

自半导体激光器（Laser Diode，LD）问世以来，因其具有转换效率高、体积小、质量轻、可靠性高和能直接调制，以及与其他半导体器件集成的能力强等优点，已经越来越广泛地应用于数据通信网、光盘存储、精密测量与材料加工、医疗和军事等诸多深刻影响国民经济和国防建设的发展领域。

2.1　半导体激光器的发展历程及特点

2.1.1　电注入式半导体激光器的发展历程

电注入式半导体激光器按照有源区结构的不同主要可以分为 7 种类型，分别为同质结激光器、单异质结激光器、双异质结激光器、量子阱激光器、量子级联激光器、带间级联激光器和量子点激光器。半导体激光器的发展就是围绕着这 7 种激光器的诞生过程提出的新原理、新工艺和新材料而展开的。

1960 年前后，人们就发现 PN 结可以产生光辐射，但是在半导体激光器有无研制的必要、材料的选择、采用电注入还是传统的光注入以及如何构建光学谐振腔等问题上存在许多争议。

1962 年，美国通用电气公司、IBM 公司和林肯实验室分别报道了激射波长为 840 nm 附近的 GaAs 同质结半导体激光器，标志着第一只半导体激光器诞生。然而，同质结半导体激光器的光能损耗很大，工作时受激阈值电流密度非常高，只能在液氮温度下以窄脉冲驱动方式工作，没有使用价值，但是它的基本理论与实践为电注入式半导体激光器的发展奠定了基础。

1963 年，美国 Kroemer 和苏联 Alferov 等人提出了异质结结构半导体激光器的构建方法，理论上能够将光场限制在有源区附近，减少光场损耗，降低阈值电流密度，改善激光器的性能。但受当时材料生产工艺的限制，无法按照理论研制相应的器件。

1967 年，伴随着液相外延（LPE）材料生产技术的成熟，IBM 公司的 Woodall 用液相外延代替扩散法，制成了单异质结半导体激光器，并实现了室温下脉冲工作。

1968 年，美国 Bell 实验室 Panish 等人成功研制出 GaAs/AlGaAs 单异质结半导体激光器。虽然单异质结半导体激光器在室温下的效率比同质结半导体激光器高，但其光场限制仍存在不足，有相当一部分光会进入 PN 结的 N 型侧而损耗掉。

1970 年，苏联 Ioffe 研究所 Alferov 等人宣布成功研制出 GaAs/AlGaAs 双异质结半导体激光器。两个异质结结构能够有效地将注入的载流子和光场限制在有源区内部，从而极大地降低了阈值电流密度，使室温连续激射成为可能。同年，美国 Bell 实验室成功实现了 GaAs/AlGaAs

双异质结半导体激光器室温连续工作。至此，电注入式半导体激光器的结构基本成型，逐渐在各行业获得广泛应用。这一阶段在电注入式半导体激光器的发展史上具有划时代的意义。

20世纪70年代，为了进一步提高半导体激光器的性能，国内外学者开始致力于半导体激光器外延生产技术的研究。一方面改进现有的外延生产系统，如液相外延（LPE）和分子束外延（MBE）；另一方面，气相外延（VPE）、金属有机化学气相沉积（MOCVD）、化学束外延（CBE）等外延生产技术也获得了重大突破。1975年，J. P. Vander Ziel利用MBE技术成功研制第一只量子阱结构的半导体激光器。随后，1977年Dupuis和Dapkus等人利用MOCVD技术研制出了性能优良的多量子阱半导体激光器。一年后，单量子阱半导体激光器和多量子阱半导体激光器实现了室温下连续工作。量子阱半导体激光器的阈值电流可以达到亚毫安，调制带宽达到数十吉赫兹，光输出功率显著提高。量子阱结构开始成为电注入式半导体激光器的典型结构。

1986年，A. R. Adams提出了应用晶格失配效应来制造应变量子阱半导体激光器。晶格失配效应可以降低外延层的缺陷和位错，改善价带和导带的平衡状态，从而可以显著降低阈值电流，还可以调节激光器的波长。

1991年，美国Bell实验室的Miller等人成功研制应变补偿量子阱半导体激光器。应变补偿量子阱结构可以在势垒层适当引入反方向的应变来平衡应力，进一步改善了量子阱激光器的性能。

1994年，美国Bell实验室发明了一种新型的半导体激光器——量子级联激光器。量子级联激光器在结构和原理上与同质结半导体激光器、单异质结半导体激光器、双异质结半导体激光器以及量子阱半导体激光器有本质的区别，其光激发是由于电子在导带中的不同粒子能带之间的跃迁引起的，没有进入价带。量子级联激光器的激射波长可以覆盖从几微米的中红外波段到上百米的太赫兹波段。2002年量子级联激光器实现室温连续激射。

1996年，美国海军实验室的J. R. Meyer和休斯敦大学的杨瑞青（R. Q. Yang）等人提出了Ⅰ型和Ⅱ型带间级联激光器的思想，并且制作出了波长为4.1 μm附近的Ⅱ型带间级联激光器。传统的量子阱半导体激光器在波长大于3 μm后量子效率迅速降低，而量子级联激光器在波长大于4.8 μm后性能才大幅下降，带间级联激光器的出现填补了在3～5 μm大气窗口中没有合适半导体激光器的空白。

20世纪90年代出现了量子点激光器，与量子阱半导体激光器相比，其不同点在于电子完全被束缚在量子点中，失去了经典特性，完全被量子化。量子点激光器于1999年实现室温连续激射。

历经半个多世纪的发展，半导体激光器已经成为重要的商业产品。半导体激光器的发展主要是围绕着对有源区的改进而进行的，从最初的同质结、异质结到量子阱、量子点，最后到量子级联、带间级联等结构；其波长覆盖范围逐渐扩大，生产工艺不断改善，阈值电流密度不断降低，使用寿命由几百到几万乃至数百万小时，工作温度从最初的液氮脉冲激射发展到室温甚至更高温度下的连续工作，输出功率也由小功率几毫瓦提高到大功率几十瓦、千瓦和万瓦量级。

2.1.2 半导体激光器的特点

1. 半导体激光器的主要优点

（1）体积小，质量轻。普通双异质结半导体激光器管芯尺寸是0.1 mm×0.05 mm×

(0.3 ~ 0.4) mm，整台激光器的质量不到 5 g。

（2）能量转换效率高。它是直接以电注入方式产生激光，转换效率可达 30% 以上。

（3）工作寿命长。双异质结半导体激光器有效工作寿命可达数十万乃至百万小时，量子阱器件的使用寿命不低于 1 万小时。

（4）结构简单。激光器的共振腔反射镜与工作物质连成一个整体（共振腔两反射镜通常由解理晶体而形成），力学性能稳定。

（5）方便与光纤高效率耦合。

（6）具有直接调制的能力。

2. 半导体激光器的主要缺点

（1）光束发散角比较大。在平行 PN 结方向的发散角是几度到十几度，垂直 PN 结方向的发散角为十几度到几十度。

（2）激光振荡的模式比较差。

2.1.3　半导体激光器的特性

半导体激光器是以半导体材料作增益介质的激光器，和其他种类的激光器有相同的基本组成结构。

（1）形成粒子数反转的增益介质。半导体激光器的增益介质是具有直接带隙的半导体。

（2）提供受激发射光子反馈振荡的光学谐振腔。

（3）激励粒子数反转的能源。

半导体激光器的电子跃迁发生在半导体材料导带中的电子和价带中的空穴之间，而不像原子、分子、离子激光器那样发生在两个确定的能级之间。半导体材料中也有受激吸收、受激辐射和自发辐射过程。在电流或光的激励下，半导体价带中的电子可以获得能量，跃迁到导带上，在价带中形成一个空穴，这相当于受激吸收过程。此外，价带中的空穴也即被从导带跃迁下来的电子填补复合。在复合时，电子把大约等于 E_g 的能量释放出来，释放出一个频率为 $\nu = E_g/h$ 的光子，这相当于自发辐射或受激辐射。显然，如果在半导体中能够实现粒子数反转，使得受激辐射大于受激吸收，就可以实现光放大。进一步地，如果谐振腔使光增益大于光损耗，就可以产生激光。

图 2－1 给出了半导体激光器的晶片、管芯和激光器的实物。

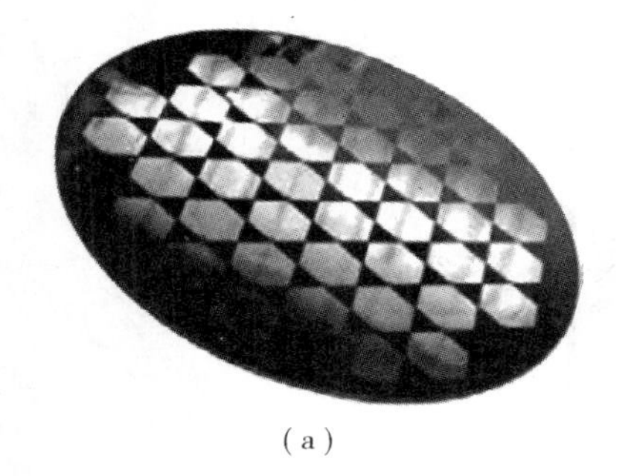

(a)

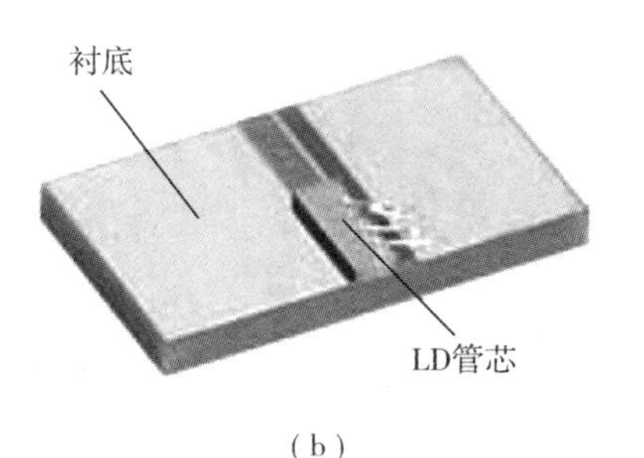

(b)

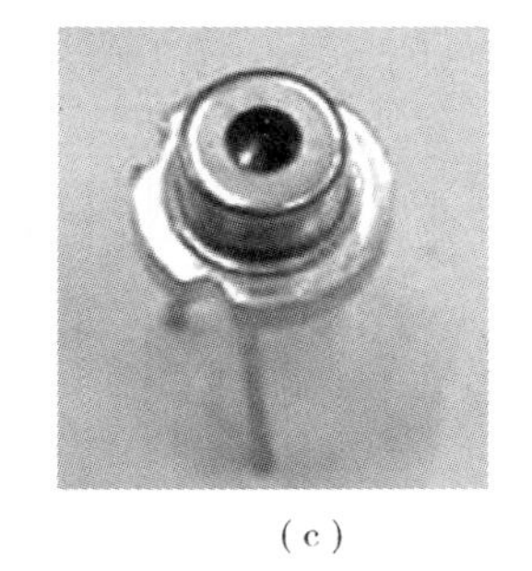

(c)

图 2－1　半导体激光器的晶片、管芯和实物

(a) 半导体激光器晶片；(b) 半导体激光器管芯；(c) 半导体激光器实物

2.2 半导体激光器的性能参数

2.2.1 中心波长

半导体激光器的输出中心波长与许多因素有关，比如半导体增益介质所采用的材料、注入电流、工作温度、光学谐振腔所提供光反馈的波长依赖性等。

半导体激光器使用的工作物质可分为三类：①Ⅲ－Ⅴ族化合物半导体材料，采用该类工作物质的激光器的输出波长在可见光至近红外波段；②Ⅳ－Ⅵ族化合物半导体材料，采用该类工作物质的激光器的输出波长在2.7～3.0 μm；③Ⅱ－Ⅵ族化合物半导体材料，采用该类工作物质的激光器的输出波长在可见光波段。

一般的半导体激光器是利用导带电子和价带空穴之间的辐射复合而产生激光的，所以激射光子的能量不小于增益介质材料的带隙 E_g，即 $h\nu/\lambda \geqslant E_g$，其中 λ 是输出中心波长，h、c 分别为普朗克常数和光速。如果近似地取等号，则有

$$\lambda = \frac{1.2398}{E_g(\text{eV})}\ \mu\text{m} \tag{2-1}$$

2.2.2 阈值电流

1. 阈值条件

激光器产生激光的前提条件除了粒子数发生反转外，还需要满足阈值条件，即谐振腔的双程光放大倍数大于1，或增益系数满足式（2－2），即

$$G \geqslant \alpha_{内} - \frac{1}{2L}\ln(r_1 r_2) \tag{2-2}$$

式中，$\alpha_{内}$ 为半导体激光器谐振腔的内部损耗；L 为晶体两解理面之间的长度；r_1 和 r_2 为解理面的反射率。增益系数和粒子数反转的关系也取决于谐振腔内的工作物质。影响阈值电流的因素可概括为图2－2。

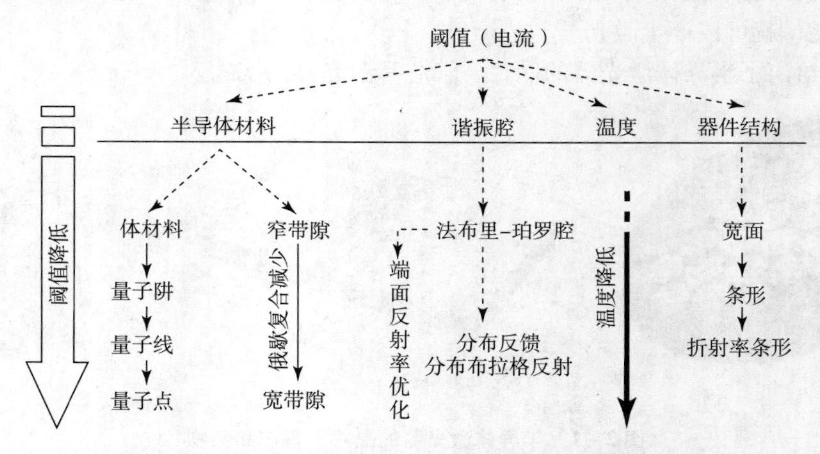

图2－2 影响半导体激光器阈值的有关因素

2. 温度稳定性

半导体材料本身对温度变化很敏感，温度变化将引起工作波长、阈值电流、输出功率的变化。温度稳定性用特征温度 T_0 来表征。阈值电流密度与温度的关系表示为

$$J_{th}(T) = J_{th}(T_r)\exp\left(\frac{T - T_r}{T_0}\right) \tag{2-3}$$

式中，T_r 为室温；$J_{th}(T)$、$J_{th}(T_r)$ 分别为在某一温度 T 和室温 T_r 下所测得的阈值电流密度；T_0 是一个由试验拟合的参数，表征半导体激光器温度稳定性的重要参数，称为特征温度，取决于半导体激光器的材料和器件结构。在脉冲激光（脉宽 1 μs，占空比小于 1%，所测数据就可认为与热沉特性无关）的条件下测量 $\lg I_{th} - T$ 曲线可拟合出 T_0。

3. 阈值电流测定

阈值电流是评定半导体激光器性能的一个主要参数，因此以正确的方法，精确地对其测定是十分必要的。阈值电流 I_{th} 的测定有 4 种方法，即直线拟合法、两段直线拟合法、一次微分法和二次微分法，如图 2 -3 所示。几种测量方法的比较见表 2 -1。

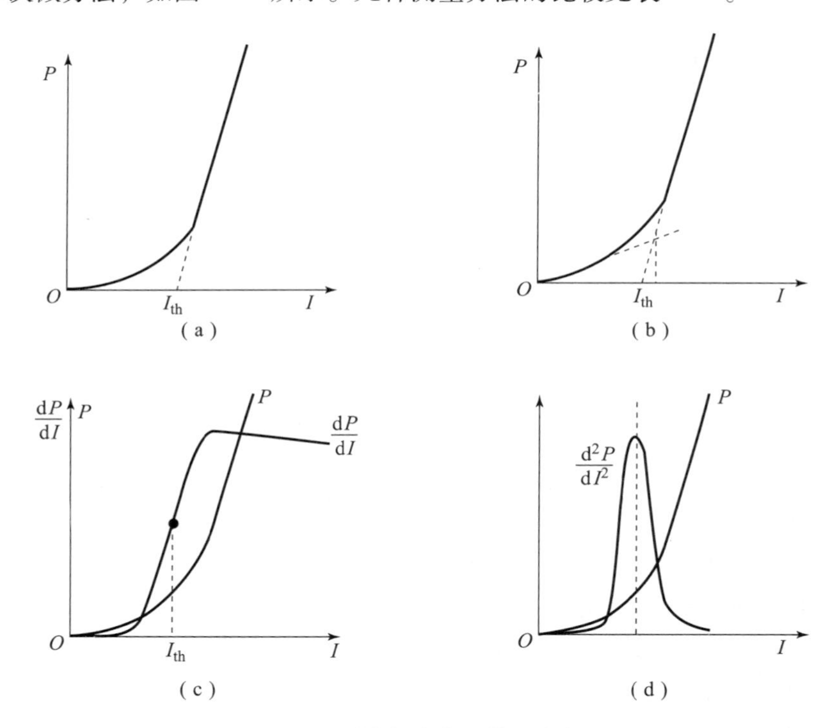

图 2 -3　测定阈值电流的几种方法

(a) 直线拟合法；(b) 两段直线拟合法；(c) 一次微分法；(d) 二次微分法

表 2 -1　几种测量方法的比较

测量方法	优、缺点
直线拟合法	不科学，易得出斜率效率低的器件反而 I_{th} 小的错误结论
两段直线拟合法	不准确，也不科学
一次微分法	相对准确，但中点确定有误差
二次微分法	准确

2.2.3 效率

1. 功率效率

功率效率表征加于激光器上的电能（或电功率）转换为输出的激光能量（或光功率）的效率。功率效率定义为

$$\eta_P = \frac{\text{激光器输出的光功率}}{\text{激光器所消耗的电功率}} = \frac{P_{\text{out}}}{P_{\text{in}}} = \frac{P_{\text{out}}}{IU + I^2 r_s} \tag{2-4}$$

式中，P_{out}为激光器的输出功率；P_{in}为激光器的输入功率；I为工作电流；U为激光器的正向压降；r_s为串联电阻（包括半导体材料的体电阻和欧姆接触电阻等）。低的工作电流I、低的串联电阻r_s（特别是低的欧姆接触电阻）都有助于提高η_P。

对一般的半导体激光器，并不测量功率效率，但用户可以从半导体激光器制造厂家提供的图2-4所示的$P-I$和$U-I$特性曲线分析半导体激光器的特性。

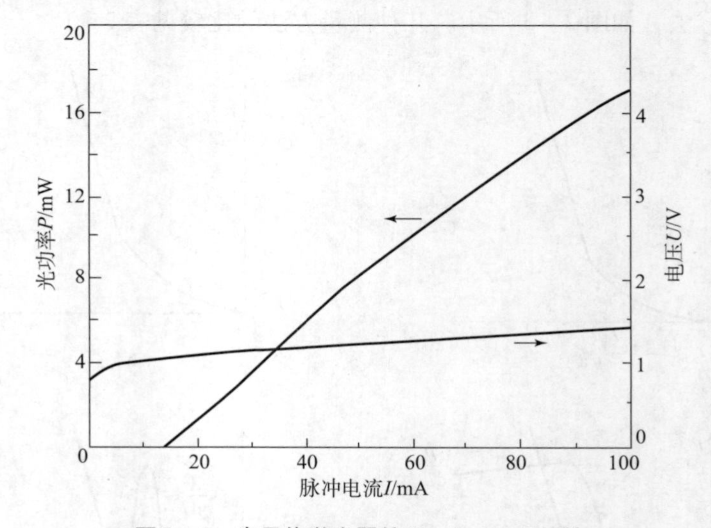

图2-4 半导体激光器的$P-I$、$U-I$特性

从图2-4所示的曲线可以做以下选择。

（1）大于阈值的$P-I$线性好，无扭曲。

（2）$P-I$曲线在阈值之后出现的直线段越陡，说明斜率效率越高，但过高的斜率效率要求注入电流恒流精度高。

（3）$U-I$曲线在阈值之后越平（效率越小），说明器件的串联电阻r_s越小，因而功耗越小。

2. 外微分量子效率

外微分量子效率定义为输出光子数随注入的电子数增加的比率，考虑到$h\nu \approx E_g \approx eU_b$，则有

$$\eta_d = \frac{\dfrac{dP_{\text{out}}}{h\nu}}{\dfrac{dI}{e}} \approx \frac{dP_{\text{out}}}{dI}\frac{1}{U_b} \tag{2-5}$$

基于在半导体激光器阈值以上的 $P-I$ 曲线几乎是直线，同时在 I_{th} 对应的输出功率 P_{th} 很小，可忽略不计；可用一些可测量值（半导体激光器输出功率 P_{out} 和注入电流 I）来表示斜率效率 η_s，则

$$\eta_s=\frac{dP}{dI}=\frac{P_{out}}{(I-I_{th})U_b} \tag{2-6}$$

在实际测量中，η_s 可由式（2－7）表示，即

$$\eta_s=\frac{P_2-P_1}{I_2-I_1} \tag{2-7}$$

式中，P_1 和 P_2 分别为阈值以上额定光功率的 10% 和 90%；I_1 和 I_2 分别对应于 P_1 和 P_2 的电流。为避免热沉的影响，上述测量应在低占空比的脉冲电流下进行。外微分量子效率用百分比表示，而斜率效率用 W/A 或 mW/mA 表示。

2.2.4　模式

1. 纵模

式（2－1）只是决定增益介质的中心波长，而光子在谐振腔内的振荡会在增益介质的增益光谱范围内形成由式（2－8）所决定的一系列振荡模式（即纵模），如图 2－5 所示。

$$2\bar{n}L=m\lambda \tag{2-8}$$

式中，$\bar{n}$ 为折射率；L 为几何腔长；$m=0,\ \pm1,\ \pm2,\ \cdots$，是纵模指数。

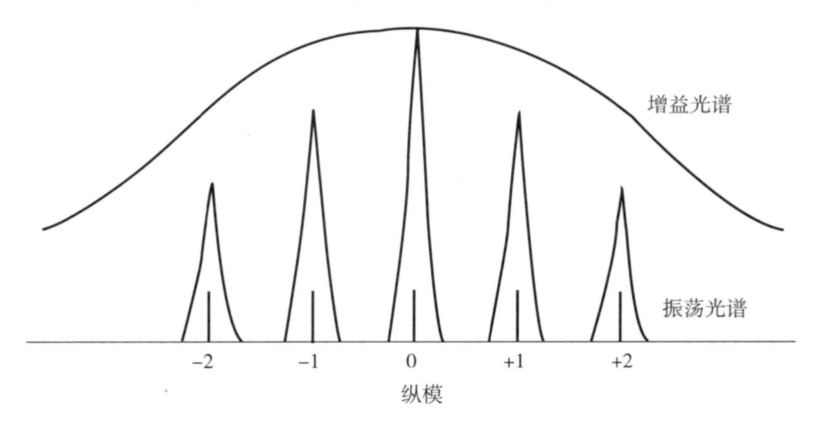

图 2－5　半导体激光器中的谐振模式

2. 横模

横模，即光场在垂直于输出光光轴面上的近场与远场光强分布。对通常平行于材料生长面方向输出光的半导体激光器也称为边发射半导体激光器（Edge Emitting Lasers，EEL），因有源区横向（垂直于有源材料生长层的方向）尺寸（厚度）和其侧向（平行于生长层方向）尺寸（有源区宽度）相差一个数量级，由于衍射效应，输出光束的近场（可近似为输出面上的光强分布）与远场光斑均为椭圆，如图 2－6 所示。这种光场分布为非圆对称，而且光束发散角与其他种类的激光器相比非常大（约 15°×30°），这对聚焦光学系统设计和希望源对称且小光点的应用很不利。因此半导体激光器的相干性较差。垂直腔面表面发射激光器（VCSEL）可以发射出圆形光束，可以弥补半导体激光器相干性和光束质量不理想的缺点。

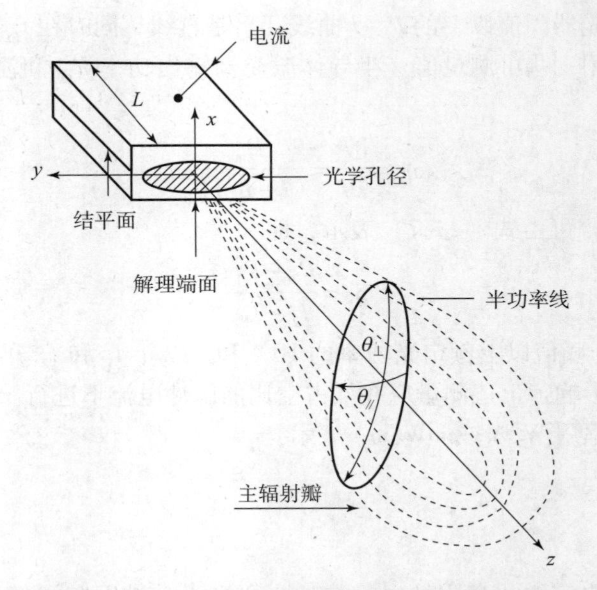

图 2-6　边发射半导体激光器光束的空间分布示意图

2.2.5　光谱特性

图 2-7 所示为 GaAs 半导体激光器的发射光谱。其中图 2-7（a）是低于阈值时的荧光光谱，谱宽一般为几十纳米；图 2-7（b）是注入电流达到或大于阈值时的激光光谱，谱宽达几纳米。半导体激光的谱宽尽管比荧光窄得多，但比气体和固体激光器要宽得多。随着新器件的出现，谱宽已有所改善，如分布反馈式激光器的线宽只有 0.1 nm 左右。

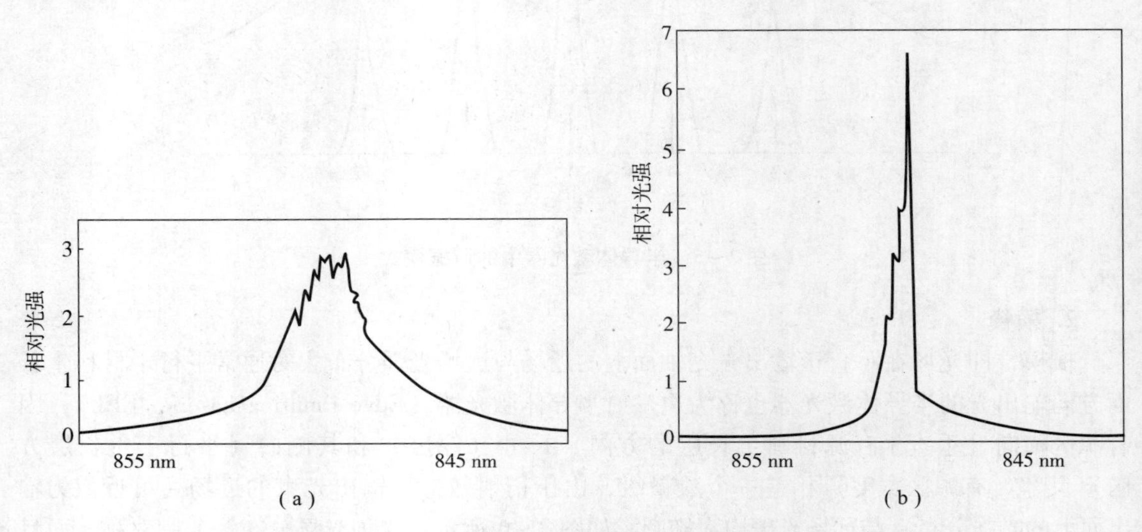

图 2-7　GaAs 半导体激光器的发射光谱

（a）低于阈值；（b）高于阈值

2.3　典型半导体激光器

2.3.1　低功率脉冲半导体激光器

目前，TO 封装低功率脉冲半导体激光器波长覆盖范围可达 780～1 550 nm，光功率达到 75 W，工作脉宽小于 100 ns，可选择三层叠层隧道结技术。实物如图 2－8 所示。性能指标如表 2－2 所示。

图 2－8　TO 封装低功率脉冲半导体激光器

表 2－2　TO 封装低功率脉冲半导体激光器性能指标

参数	符号	单位	PL900－25W200－M	PL900－50W200－M	PL900－75W200－M	PL900－25W75－M
光学参数（@25 ℃）						
中心波长[1]	λ	nm	905			
波长公差	λ_0	nm	±10			
光谱宽度	$\Delta\lambda$	nm	≤5			
工作模式	脉冲					
功率[2]	P_o	W	≥25	≥50	≥75	≥25
发光尺寸	L	μm×μm	200×3	200×5	200×10	75×10
光束发散角[3]	$\theta_\perp$	(°)	≤40			
	$\theta_{//}$	(°)	≤10			
电学性能（@25 ℃）						
阈值电流	I_{th}	A	1	1	1	0.4
工作电流	I_{op}	A	30	30	30	11
工作电压[4]	U_{op}	V	16	23	26	19
工作脉宽	t	ns	100	100	100	100
重复频率	f	kHz	5	5	5	5
占空比	D	–	0.1%	0.1%	0.1%	0.1%

续表

参数	符号	单位	PL900 - 25W200 - M	PL900 - 50W200 - M	PL900 - 75W200 - M	PL900 - 25W75 - M
热学性能						
工作温度	T_c	℃	-10 ~ 40			
存储温度	T_{stg}	℃	-40 ~ 85			
波长温度系数	-	nm/℃	0.28			
焊接温度	T_s	℃	260			

注：[1] 波长可定制，有 860 nm、905 nm、1 604 nm、1 550 nm。

[2] 数据测试温度为 25 ℃，若环境温度过高，器件的寿命将会受到影响。

[3] $\theta_\perp$ 和 $\theta_{/\!/}$ 定义为 50% 峰值处快轴、慢轴角度。

[4] 工作电压为测试电路外加电压，仅供参考。

PL900 - 75W200 - M 半导体激光器的功率 - 电流、电压 - 电流关系如图 2 - 9 所示，波长 - 温度曲线如图 2 - 10 所示。

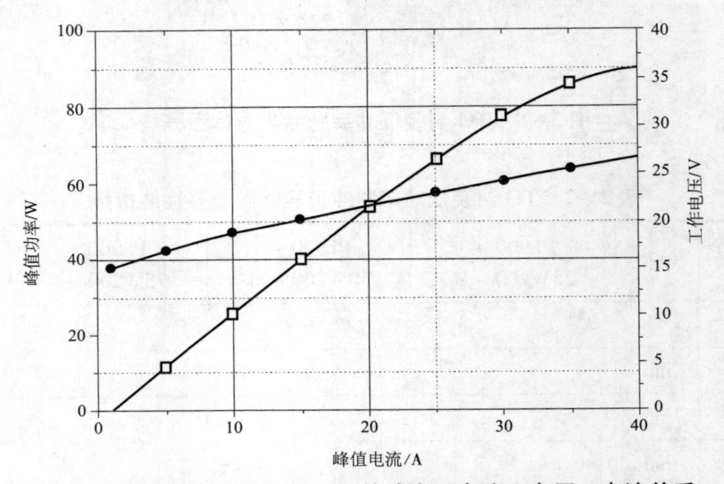

图 2 - 9　PL900 - 75W200 - M 的功率 - 电流、电压 - 电流关系

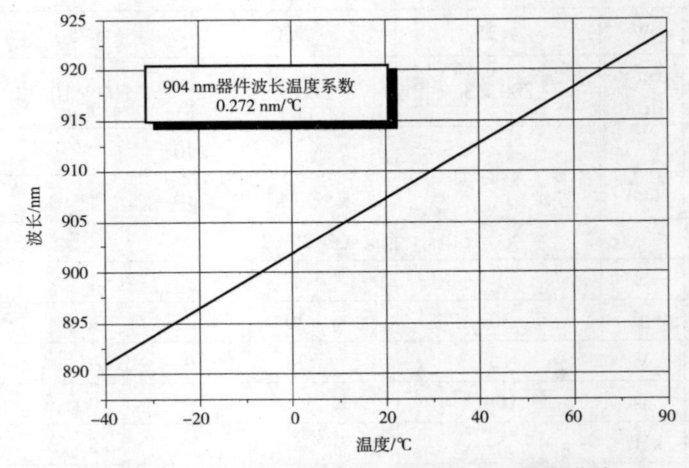

图 2 - 10　PL900 - 75W200 - M 的波长 - 温度曲线

PL900－50W200－M 管芯尺寸如图 2－11 所示，PL900－75W200－M 管芯尺寸如图 2－12 所示。

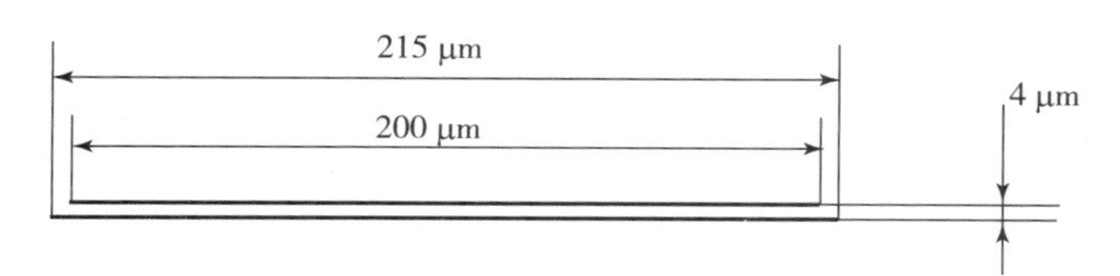

图 2－11　PL900－50W200－M 管芯尺寸

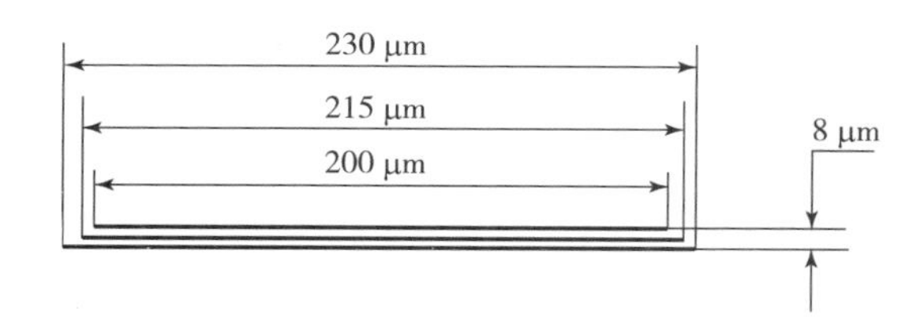

图 2－12　PL900－75W200－M 管芯尺寸

双管芯近场光斑图如图 2－13 所示，三管芯近场光斑图如图 2－14 所示。

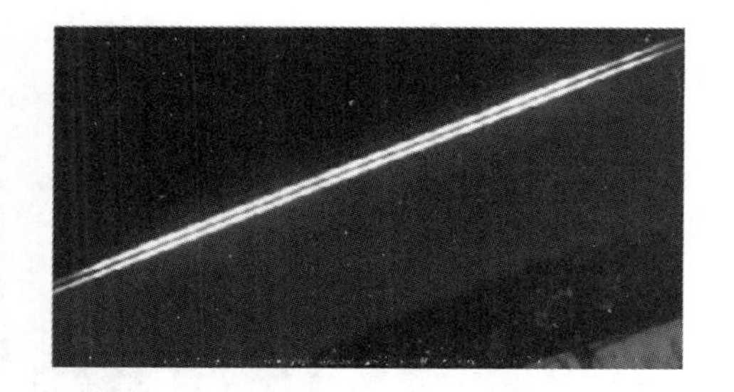

图 2－13　双管芯近场光斑图

图 2－14　三管芯近场光斑图

国外 LASER COMPONENTS 公司脉冲激光器 905D1S××UA 系列的性能参数如表 2－3 和表 2－4 所示，器件的最大额定值如表 2－5 所示。

表 2－3　脉冲激光器的光学特性（一）

参数	最小值	典型值	最大值	单位
中心波长 λ	895	905	915	nm
光谱宽度 $\Delta\lambda$		8		nm
波长温度系数		0.27		nm/℃
水平发散角		12		(°)
垂直发散角		20		(°)

注：测试温度 $t_{RT}=21$ ℃。

表 2-4　脉冲激光器的光学特性（二）

参数	905D1S03UA	905D1S09UA	905D1S3J03UA	905D1S3J06UA	905D1S3J09UA
最大输出功率/W	6	19	25	50	75
发光面尺寸/(μm × μm)	75 × 1	230 × 1	85 × 10	160 × 10	235 × 10
阈值电流/A	7	22	11	22	30
正向电压/V	3.5	3.5	12	11	11

注：测试条件 $t_{RT}=21$ ℃，$t_w=150$ ns，$P_{rr}=3.33$ kHz。

表 2-5　脉冲激光器的极限条件

最大额定值	极限条件
最大反向电压	6 V
脉宽（905D1S03/09UA）	1 μs
脉宽（905D1S3J03/09UA）	150 μs
占空比	0.1%
存储温度	-55 ℃ ~ +100 ℃
工作温度	-45 ℃ - +85 ℃
焊接温度（5 s 内）	260 ℃

以半导体激光器 905D1S3J03UA 为例，图 2-15 所示为激光器的近场光斑图，图 2-16 所示为激光器输出功率与前向电流的关系，图 2-17 所示为激光器输出功率与温度的关系，图 2-18 所示为激光器中心波长与温度的变化关系，图 2-19 所示为激光器的光谱分布曲线，图 2-20 所示为激光器的光束发散角。

图 2-15　激光器的近场光斑图

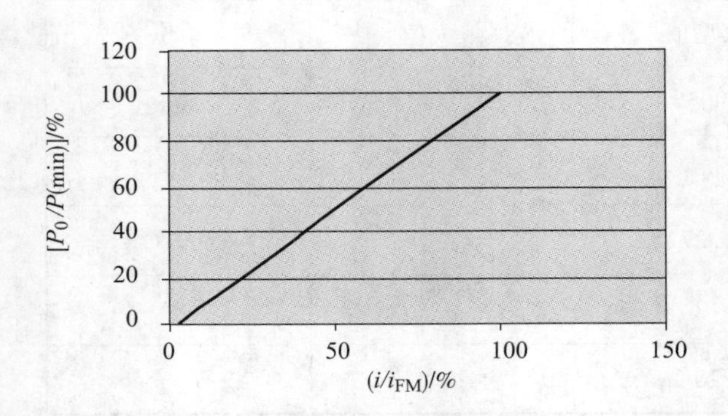

图 2-16　激光器输出功率与前向电流的关系

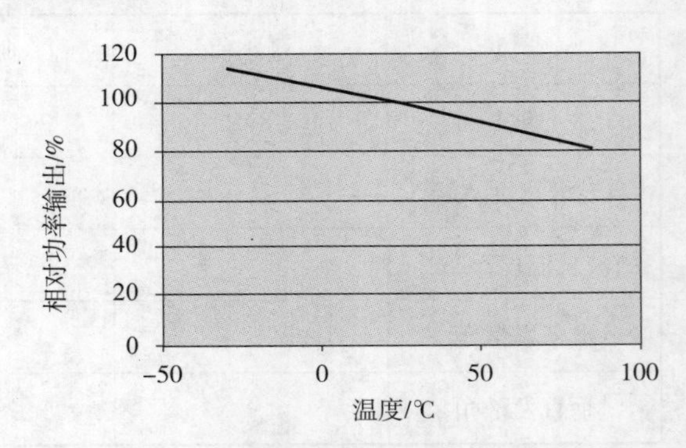

图 2-17　激光器输出功率与温度的关系

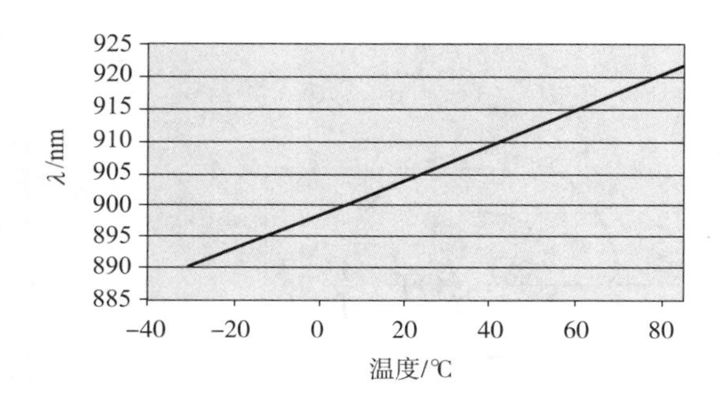

图 2－18　激光器中心波长与温度的变化关系

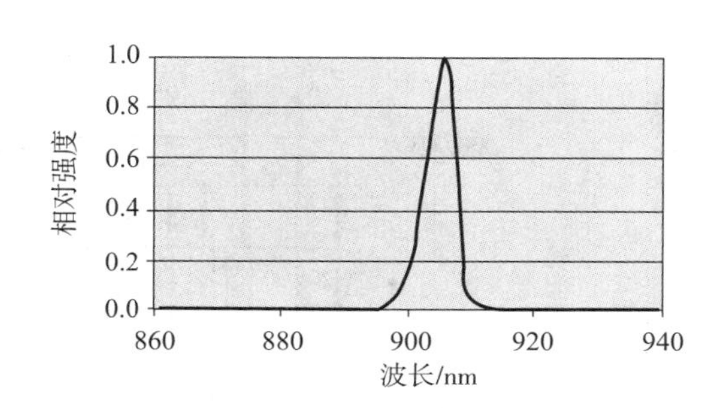

图 2－19　激光器的光谱分布曲线

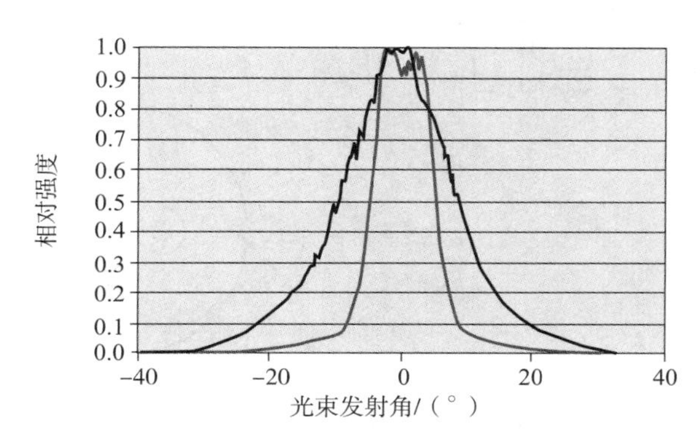

图 2－20　激光器的光束发散角

半导体激光器典型封装形式为 TO 封装，如 TO－18、TO－5、TO－3。实物如图 2－21 和图 2－22 所示。

图 2－21　TO－18 和 TO－5 封装外形

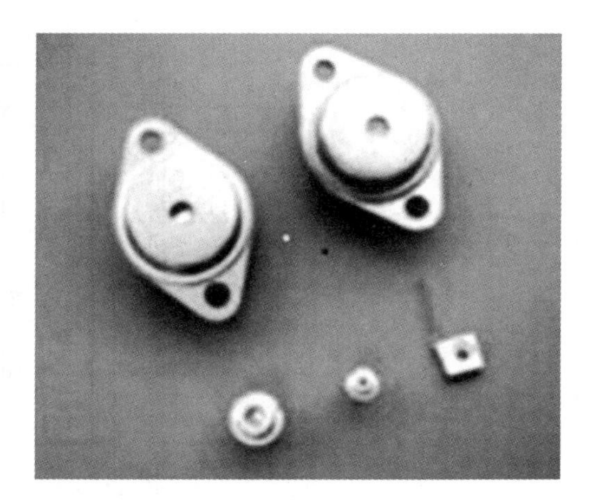

图 2－22　TO－3 封装外形

TO－18 的封装尺寸如图 2－23 所示，TO－5 的封装尺寸如图 2－24 所示，TO－3 的封装尺寸如图 2－25 所示，考虑到散热，需要相应配套的 C－mount 热沉。

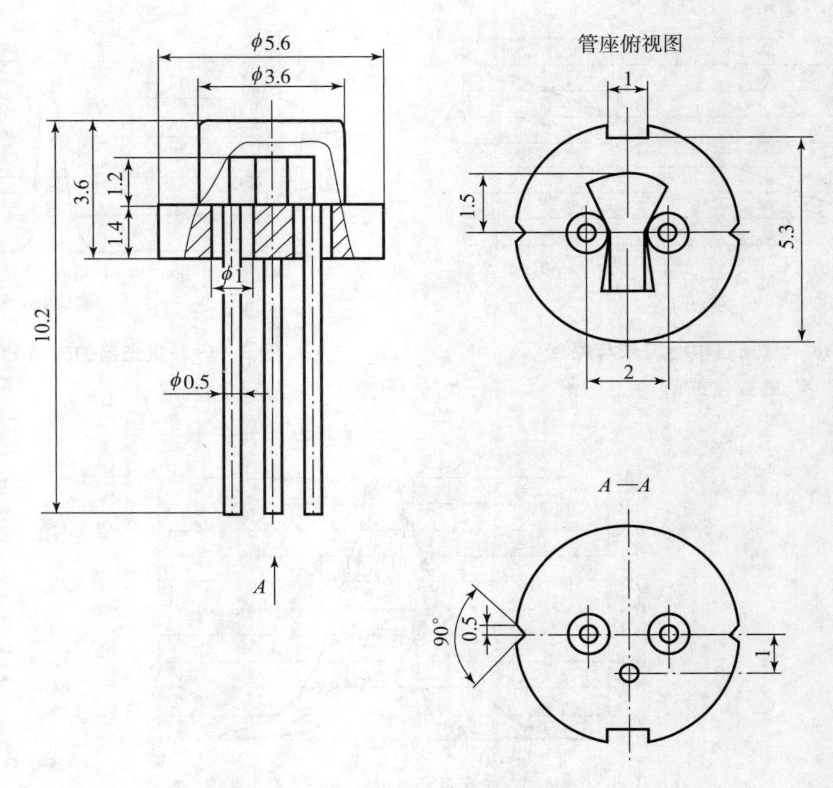

图 2-23　TO-18 封装尺寸

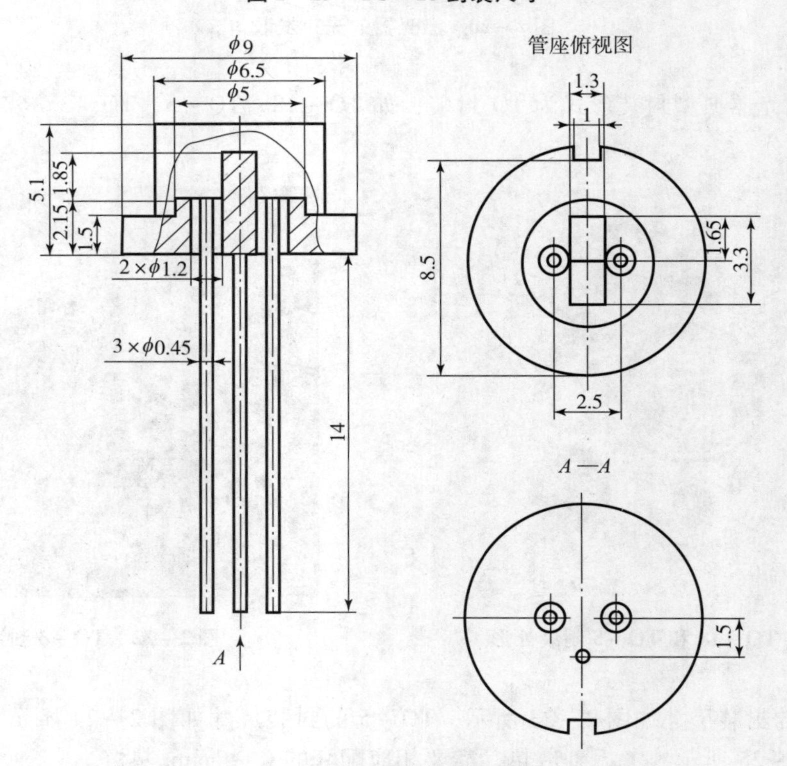

图 2-24　TO-5 封装尺寸

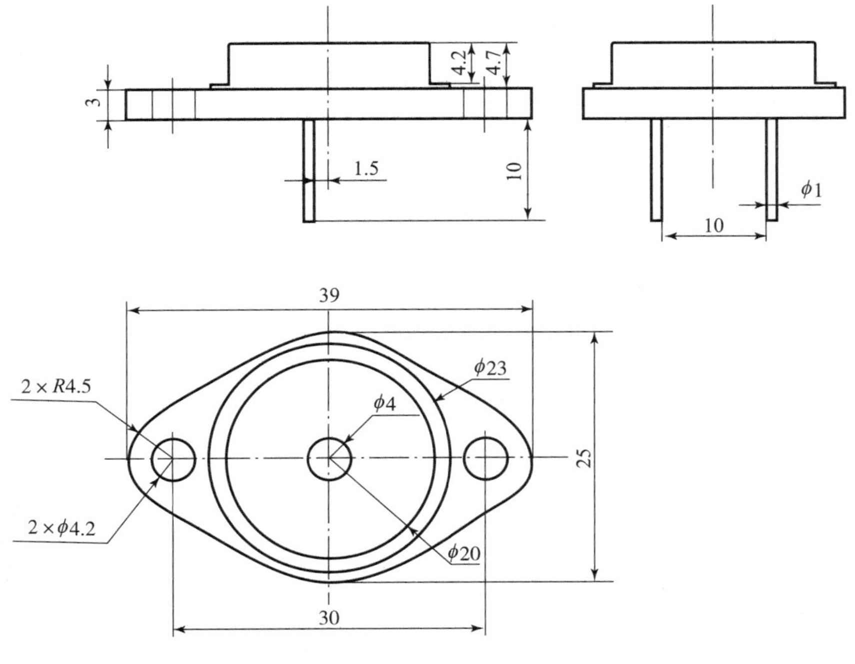

图 2－25　TO－3 的封装尺寸

2.3.2　高功率脉冲半导体激光器

目前，高功率脉冲半导体激光器波长覆盖范围广，功率最高可达千瓦以上，采用隧道结纳米叠层技术。实物如图 2－26 所示。脉冲半导体激光器光学特性见表 2－6，脉冲半导体激光器最大额定工作条件如表 2－7 所示，单层管芯脉冲半导体激光器性能指标如表 2－8 所示，三层管芯脉冲半导体激光器性能指标如表 2－9 所示。

图 2－26　高功率脉冲半导体激光器

表 2-6　脉冲半导体激光器光学特性（@25 ℃）

参数	符号	参数值	单位
中心波长[1]	λ	905	nm
波长公差	λ_0	±5	nm
光谱宽度	$\Delta\lambda$	5	nm
光束发散角[2]	$\theta_{\perp}$	≤25	(°)
	$\theta_{/\!/}$	≤10	(°)
波长温度系数	—	0.28	nm/℃

表 2-7　脉冲半导体激光器最大额定工作条件（@25 ℃）

参数	符号	参数值	单位
反向峰值电压	U	2	V
工作脉宽	t	200	ns
重复频率	f	10	kHz
占空比	D	0.2	%
存储温度	T_{stg}	−55~125	℃

表 2-8　单层管芯脉冲半导体激光器性能指标（单元管芯 25 W，脉宽 100 ns，重频 5 kHz）

参数	单位	PL900-25W200-M	PL900-50-LT	PL900-100-LT	PL900-200-LT
发光单元	—	1×1×1	3×1×1	6×1×1	6×2×1
功率[3]	W	20	50	100	200
发光尺寸	μm×μm	200×1	1 620×1	3 420×1	3 420×100
阈值电流	A	1	1	1	1
工作电流[4]	A	25	25	25	25
工作电压[5]	V	19	23	28	35

表 2-9　三层管芯脉冲激光器性能指标（单元管芯 75 W，脉宽 100 ns，重频 5 kHz）

参数	单位	PL900-25W75-M	PL900-75W200-M	PL900-200W200-M	PL900-500W-M
发光单元	—	1×1×3	1×1×3	1×3×3	4×4×3
功率[3]	W	25	75	220	550
发光尺寸	μm×μm	75×10	200×10	200×300	800×450

续表

参数	单位	PL900 - 25W75 - M	PL900 - 75W200 - M	PL900 - 200W200 - M	PL900 - 500W - M
阈值电流	A	1	1	1	1
工作电流[4]	A	10	25	25	50
工作电压[5]	V	16	28	35	60

注：[1] 波长可定制，有 860 nm、905 nm、1 604 nm、1 550 nm；功率可定制，可线形、面形发光区设计和光束整形设计；可定制封装形式，可采用多种封装结构，可以采用塑封封装，提高器件抗过载能力。

[2] $\theta_{\perp}$ 和 $\theta_{//}$ 定义为 50% 峰值处快轴、慢轴角度。

[3] 数据测试温度为 25 ℃，若环境温度过高，器件的寿命将会受到影响。

[4] 工作电流为器件最真实工作条件，不得超限使用，当不具备电流监测手段时，必须在调试过程中进行等效变换，确定合适工作条件，超限使用会引起器件毁坏，不可恢复。

[5] 工作电压与驱动电路及脉冲宽度有关，给值仅供参考。

发光单元的示意图如图 2 - 27 所示。其中 $M \times N \times L$ 中，M 代表列数，N 代表层数，L 代表芯片单元层数（单层、双层、三层）。

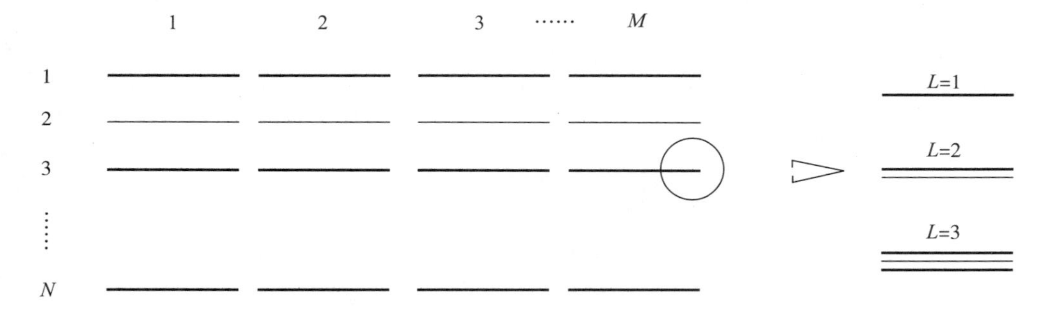

图 2 - 27　发光单元的示意图

半导体激光器的功率电流关系如图 2 - 28 和图 2 - 29 所示，其中图 2 - 28 所示为 100 W 器件的 $P-I-U$ 曲线，图 2 - 29 所示为 200 W 器件的 $P-I-U$ 曲线。

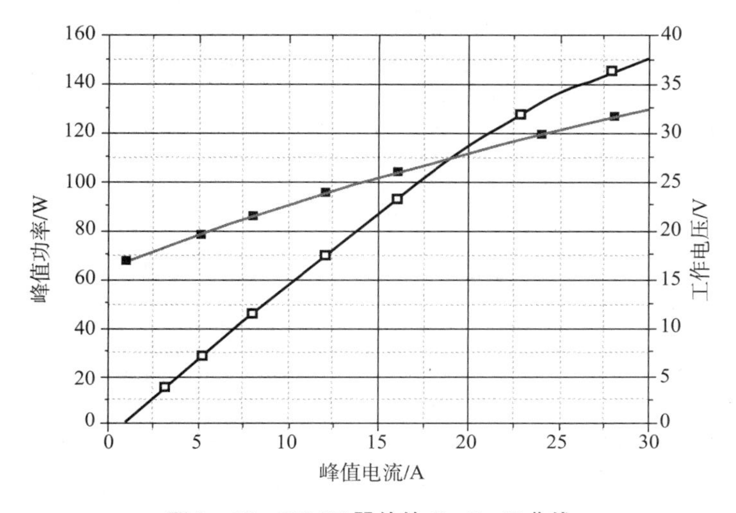

图 2 - 28　100 W 器件的 $P-I-U$ 曲线

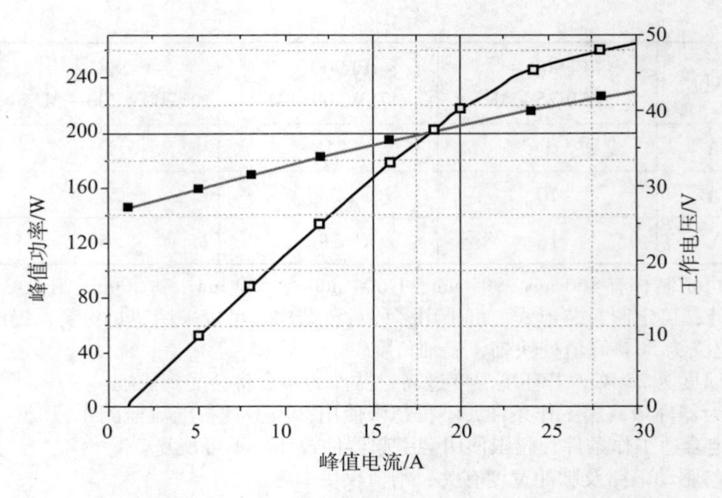

图 2－29　200 W 器件的 *P－I－U* 曲线

2.3.3　集成驱动脉冲半导体激光器

集成驱动脉冲半导体激光器可以使用 TTL 电平控制，光脉冲上升沿可达 10 ns，光脉冲宽度可达 15 ns；多外延发光层堆叠结构，可线形、面形发光区设计和光束整形设计。实物如图 2－30 所示，性能指标如表 2－10 所示。

图 2－30　集成驱动脉冲半导体激光器

表 2－10　集成驱动脉冲半导体激光器性能指标

参数	符号	单位	PL900－100－LT－D	PL900－200－LT－D	PL900－100－NS－D	PL900－200－NS－D
光学参数（@25 ℃）						
中心波长[1]	λ	nm	905			
波长公差	λ_0	nm	±10			
光谱宽度	$\Delta\lambda$	nm	≤5			
工作模式			脉冲			
功率	P_o	W	100	200	100	200
发光尺寸	L	μm×μm	3 420×3	3 420×120	200×150	200×300

续表

参数	符号	单位	PL900 - 100 - LT - D	PL900 - 200 - LT - D	PL900 - 100 - NS - D	PL900 - 200 - NS - D
光束发散角[2]	$\theta_{\perp}$	(°)	≤30			
	$\theta_{//}$	(°)	≤10			
电学性能（@25 ℃）						
工作电压	U_{cp}	V	40	60	40	60
输出脉宽	t	ns	20	20	20	20
重复频率[3]	f	kHz	10	10	10	10
上升时间	T_r	ns	12	12	12	12
占空比	D	%	0. 02	0. 02	0. 02	0. 02
热学性能						
工作温度	T_c	℃	-40 ~ 85			
存储温度	T_{stg}	℃	-55 ~ 125			
波长温度系数	—	nm/℃	0. 28			
焊接温度	T_s	℃	260			

注：[1] 波长可定制，有 860 nm、905 nm、1 604 nm、1 550 nm；功率可定制，可线形、面形发光区设计和光束整形设计；可定制封闭形式，可采用多种封装结构，可以采用塑封封装，提高器件抗过载能力。

[2] $\theta_{\perp}$ 和 $\theta_{//}$ 定义为 50% 峰值处快轴、慢轴角度。

[3] 若散热良好，最大工作频率可达 100 kHz。

2.3.4 脉冲光纤耦合激光器

脉冲光纤耦合激光器可以光纤耦合输出，采用标准光纤接口，脉冲输出可内置电路。其实物如图 2-31 所示，性能指标如表 2-11 所示。

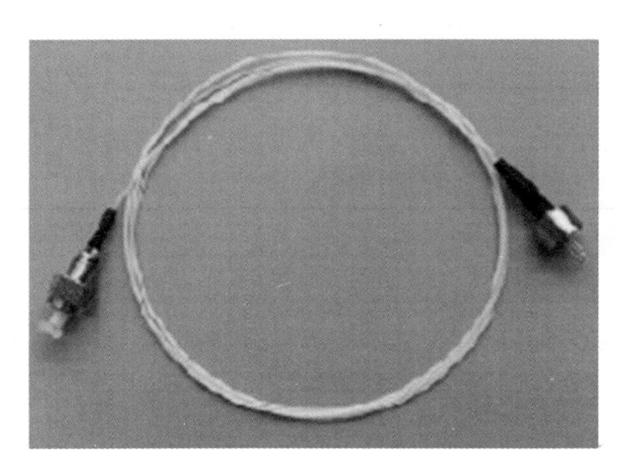

图 2-31　脉冲光纤耦合激光器实物

表 2-11 脉冲光纤耦合激光器性能指标

产品型号	符号	单位	FC905-12W/62-PL	FC905-50W/200-PL
光学参数				
峰值功率	P_o	W	12	50
中心波长	λ_c	nm	905±10	(905±10)/(860±10)
光谱宽度	$\Delta\lambda$	nm	5	5
波长漂移系数	—	nm/℃	0.28	0.28
电学参数				
峰值电流	I_p	A	12	30
工作频率	F	kHz	5	5
脉冲宽度	t_p	ns	200	200
占空比	D	%	0.1	0.1
阈值电流	I_{th}	A	0.75	0.75
反向电压	U_R	V	3.0	3.0
光纤参数				
数值孔径	NA	—	0.22	0.22
光纤芯径/包层直径	d_c/d_d	μm	62.5/125	200/220
光纤长度	L_f	m	1.0	1.0
光纤连接器	—	—	FC/PC	FC/PC
热学参数				
存储温度	T_{stg}	℃	-40~+85	-40~+85
工作温度	T_c	℃	-40~+70	-40~+70
焊接温度	T_s	℃	260	260

注：(1) 波长可定制，有 860 nm、905 nm、1 064 nm、1 550 nm。
(2) 可根据用户需求定制不同功率、波长、光纤长度、光纤接头等。

2.3.5 连续半导体激光器

以国外连续半导体激光器为例，其最大额定值参数如表 2-12 所示，电学和光学特性如表 2-13 所示。

表 2-12 连续半导体激光器的最大额定值参数

参数	符号	条件	额定值	单位
功率	P_o	CW	110	mW
反向电压（LD）	U_{RL}	—	2	V
反向电压（PD）	U_{RD}	—	30	V
正向电流	I_{FD}	—	10	mA
工作温度	T_C	—	-10~+50	℃
存储温度	T_S	—	-40~+85	℃

表 2－13　连续半导体激光器的电学和光学特性

<table>
<tr><th>参数</th><th>符号</th><th>最小值</th><th>典型值</th><th>最大值</th><th>单位</th><th>条件</th></tr>
<tr><td>峰值波长</td><td>λ</td><td>654</td><td>658</td><td>662</td><td>nm</td><td>P_o = 1 000 mW</td></tr>
<tr><td>阈值电流</td><td>I_{th}</td><td>—</td><td>55</td><td>70</td><td>mA</td><td>P_o = 5～10 mW</td></tr>
<tr><td>工作电流</td><td>I_{OP}</td><td>130</td><td>142</td><td>190</td><td>mA</td><td>P_o = 100 mW</td></tr>
<tr><td>工作电压</td><td>U_{OP}</td><td>2.0</td><td>2.65</td><td>2.9</td><td>V</td><td>P_o = 100 mW</td></tr>
<tr><td>微分效率</td><td>η</td><td>0.8</td><td>1</td><td>1.25</td><td>mW/mA</td><td>P_o = 90～100 mW</td></tr>
<tr><td>监控电流</td><td>I_m</td><td>0.1</td><td>0.25</td><td>1.0</td><td>mA</td><td>P_o = 100 mW，U_{RD} = 50 V</td></tr>
<tr><td>水平发散角</td><td>$\theta_{//}$</td><td>7</td><td>10</td><td>12</td><td>(°)</td><td rowspan="6">P_o = 100 mW</td></tr>
<tr><td>垂直发散角</td><td>$\theta_{\perp}$</td><td>15</td><td>17</td><td>19</td><td>(°)</td></tr>
<tr><td>水平发散角偏差</td><td>$\Delta\theta_{//}$</td><td>－3</td><td>0</td><td>＋3</td><td>(°)</td></tr>
<tr><td>垂直发散角偏差</td><td>$\Delta\theta_{\perp}$</td><td>－3</td><td>0</td><td>＋3</td><td>(°)</td></tr>
<tr><td>管芯位置精度</td><td>Δx、Δy、Δz</td><td>－80</td><td>0</td><td>＋80</td><td>μm</td></tr>
</table>

注：测试温度为 25 ℃。

2.4　垂直腔面发射激光器

2.4.1　垂直腔面发射激光器的结构和特点

1977 年 3 月 22 日，以日本东京工业大学的 Kenichi Iga 教授为首的研究小组首次提出制造垂直腔面发射激光器（Vertical Cavity Surface Emitting Laser，VCSEL）的设想，直到 1979 年 Iga 小组才率先发明了世界上第一个垂直腔面发射激光器。1988 年首次实现了波长为 0.86 μm 的 GaAs/AlGaAs 系列 VCSEL 的室温连续工作，输出功率为 1～2 mW，阈值电流为 20～30 mA，外微分量子效率为 10%～20%。此后，VCSEL 的潜力才得到人们的广泛认识，进而发展十分迅速。

1. 垂直腔面发射激光器的结构

与传统的边发射半导体激光器（EEL）的结构不同，VCSEL 是一种光学谐振腔垂直于半导体外延片，发出的激光束与衬底表面垂直的半导体激光器，是半导体激光器发展历程中的一个历史性的重要进程。要制作这种结构的激光器，需要解决 3 个重要问题：①具有极小的谐振腔体积；②高的光增益；③反射镜具有极高的反射率（大于 95%）。这种激光器主要有 3 种结构，即 45°镜面型、光栅耦合型、垂直腔型，如图 2－32 所示。

图 2－32（a）所示的激光器采用 45°倾斜反射镜结构，其反射特性完全依赖于内部反射镜的倾角和平整度，工艺制作困难且存在光束畸变问题；图 2－32（b）采用高阶耦合光栅

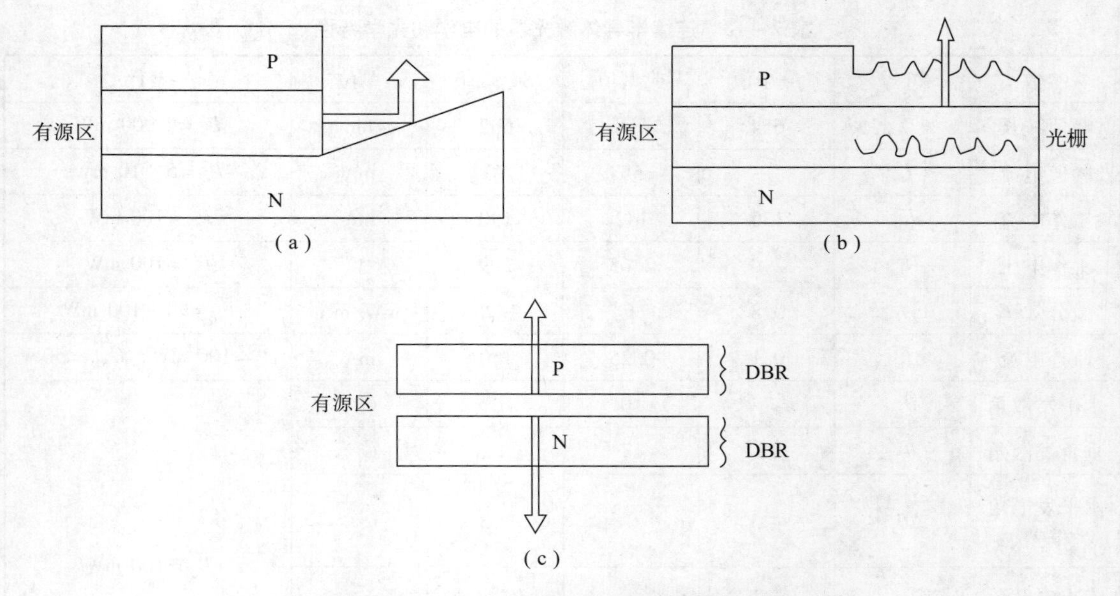

图 2-32　各种结构的垂直腔面发射激光器

(a) 45°镜面型；(b) 光栅耦合型；(c) 垂直腔型

结构，尽管可以获得发散角小的窄细光束，但其反射光的大部分进入了衬底，使效率大幅降低，而且激光束的发散角度随波长变化而变化；图 2-32（c）所示为有源区直径及腔长仅为 μm 量级的微腔结构，容易实现低阈值，具有较高的微分量子效率。所以，图 2-32（c）是垂直腔面发射激光器中最理想的结构，而边发射半导体激光器是指从平行于衬底面射出激光的半导体激光器。

2. 垂直腔面发射激光器的特点

表 2-14 所列为垂直腔面发射激光器与传统的边发射半导体激光器的物理量参数的比较表。两者的结构和物理参数的不同决定了它们在产生激光的机理、光电子学设计、制备工艺、二维阵列的形式、激光光束特征以及后续的应用等方面具有巨大的不同。

表 2-14　边发射半导体激光器与垂直腔面发射激光器部分参数对比

参数	边发射半导体激光器	垂直腔面发射激光器
有源区厚度	100 Å[1] ~0.1 μm	80 Å ~0.5 μm
有源区面积	3 μm×300 μm	5 μm×5 μm
有源区体积	60 μm^3	0.07 μm^3
谐振腔长	300 μm	≈1 μm
反射镜反射率	0.3	0.99 ~0.999
光限制因子	≈3%	≈4%
光限制因子（横向）	3% ~5%	50% ~80%
光限制因子（纵向）	50%	≈6%
光子寿命	≈1 ps	≈1 ps
弛豫振动周期（低工作区）	<5 GHz	>10 GHz

注：[1] 1 Å $=10^{-10}$ m。

正是由于 VCSEL 在结构上与传统的边发射半导体激光器的不同，使其在性能上也与边发射半导体激光器有着很大差异，图 2－33 所示为边发射半导体激光器和垂直腔面发射激光器的结构比较。垂直腔面发射激光器有许多传统边发射半导体激光器所不具备的优势。

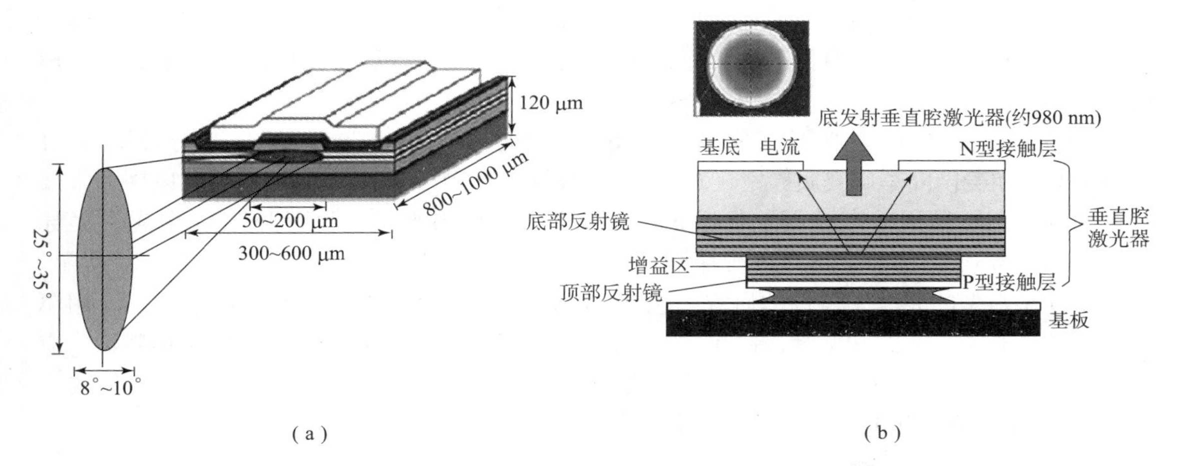

（a）　　（b）

图 2－33　边发射半导体激光器与垂直腔面发射激光器的结构比较

（a）边发射半导体激光器；（b）垂直腔面发射激光器

（1）阈值电流。与传统的边发射半导体激光器不同，垂直腔面发射激光器的有源区体积较小，且其上下 DBR 能够提供较高反射率，所以器件可以得到较小的阈值电流。

（2）光束质量。垂直腔面发射激光器垂直于衬底方向发出圆形对称光束，发散角较小，使其与多模光纤的耦合效率大大提高，也不再需要复杂、烦琐又昂贵的光束整形系统，现已证实其与多模光纤的耦合效率超过了 90%。

（3）制作成本。垂直腔面发射激光器可以在片一次性完成初测，大大降低制作成本。VCSEL 的生产工艺基本上可采用常规的硅片工艺，良品率高。同时一片 3 in（1 in = 2.54 cm）外延片可以生产出 4 000 只边发射半导体激光器管芯，而相同大小的外延片则可以生产出 15 000 只 VCSEL 器件，材料利用率高。

（4）集成列阵。垂直腔面发射激光器的出光方向垂直于衬底，可以轻易实现高密度二维面阵集成，并可以选择不同的二维列阵排列方式，实现高功率输出。

（5）单模工作。垂直腔面发射激光器的腔长短，纵模间距大，器件容易实现单纵模工作，动态调制频率高。

（6）波长的温度稳定性。垂直腔面发射激光器的激射波长温度漂移系数小，仅为 0.07 nm/℃，约为边发射半导体激光器激射波长温度漂移系数的 1/5，所以垂直腔面发射激光器的波长温度稳定性很好，而且其发射光谱较窄，一般情况下其光谱宽度（FWHM）小于1 nm。VCSEL 不受光学灾变损伤的影响，其可靠性远高于边发射半导体激光器。VCSEL 的寿命可达 10^7 h。

（7）封装及散热。可以采用类似微处理器的封装方式对 VCSEL 器件进行封装，焊接和封装较容易，模块与组件的价格比较便宜。同时采用此种封装方式热量输运过程效率很高。

（8）可集成性好。可以使用微机械等技术，将 VCSEL 器件应用到层叠式集成光路上。

2.4.2 垂直腔面发射激光器的典型应用

高峰值功率 VCSEL 能够利用其高峰值光功率、高光束质量、高耦合效率、小体积等优势，在激光测距、激光引信、激光雷达及测量控制等军民品方面具有广泛的应用前景，如激光测距雷达用于汽车、飞行器等的防撞，精密机械零件检测，机器人距离感应控制，大型设备对准等。

2004 年，美国桑迪亚国家实验室（SNL）、美国陆军武器研究发展与控制中心（ARDEC）和美国陆军研究实验室（ARL）共同提出将 FM/CW 激光测距的原理应用到常规弹药中的设想。采用垂直腔面发射激光器（VCSEL）作为光源，利用 InGaAs 金属 - 半导体 - 金属（MSM）光电探测器进行探测，整个系统可以封装在弹头内，如图 2 - 34 所示。随后专注于新型的光电子器件的研究，包括 VCSEL、谐振腔光电探测器（RCPD）、专用驱动及相关微光学工艺的开发等，旨在开发一种小型化、低成本、高强度的光电子传感器，应用到炮射武器的近炸引信中。应用于激光引信的 VCSEL 结构如图 2 - 35 所示。集成了 VCSEL 驱动、MSM 光电探测器的激光引信驱动电路板如图 2 - 36 所示。

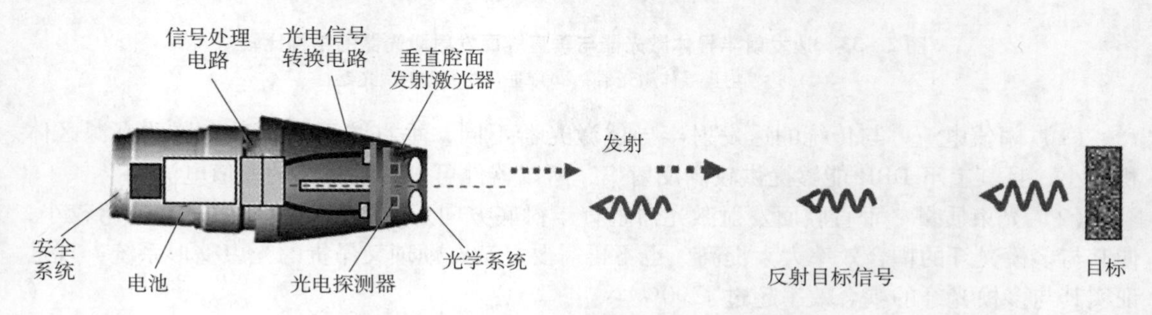

图 2 - 34 FM/CW 激光引信工作原理

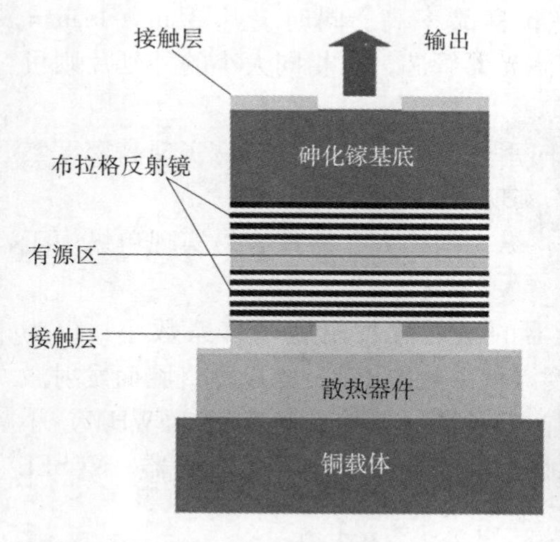

图 2 - 35 应用于激光引信的 VCSEL 结构

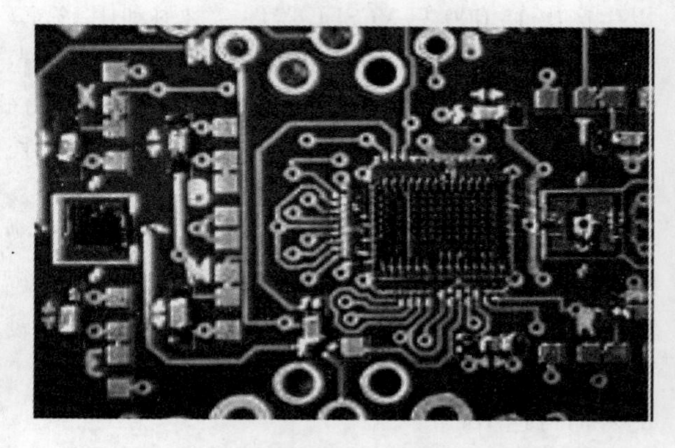

图 2 - 36 集成 VCSEL 驱动、MSM 光电探测器的激光引信驱动电路板

2008 年，美国桑迪亚国家实验室报道了采用 VCSEL 阵列和 RCPD 阵列及折射型微光学元件集成到 0.01 cm^3 空间内的成果，如图 2 - 37 所示。其中 VCSEL 激光器是波长为 850 nm

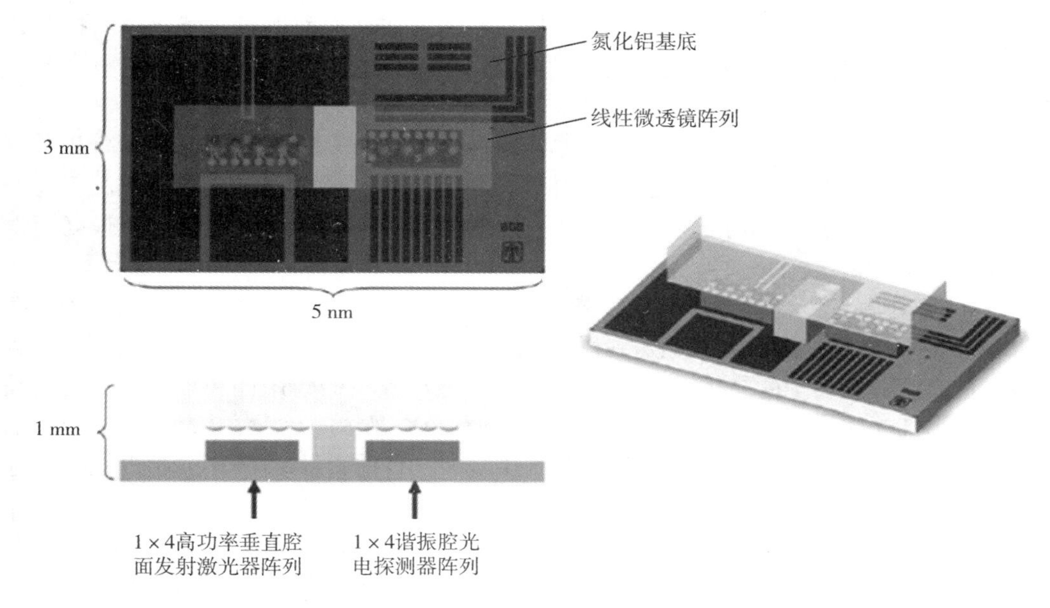

图2－37　集成VCSEL阵列和探测器的俯视图、侧视图及透视图

的1×4列阵，每个单元直径为60 μm，单元激光功率为60 mW。

2010年，美国桑迪亚国家实验室支持Aerius公司研制低成本、窄脉宽、高峰值功率的VCSEL，用于下一代智能弹药的激光成像探测系统中的小型化激光测距模块，如图2－38所示。

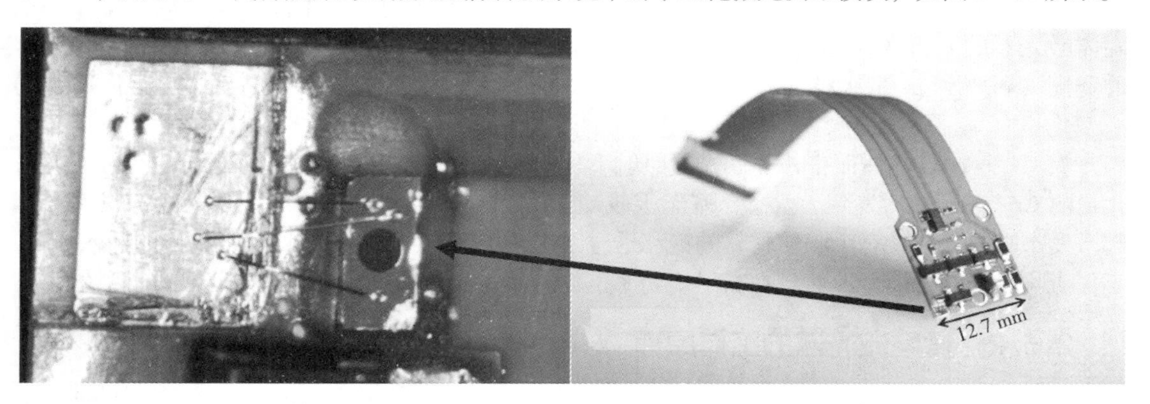

图2－38　Aerius公司研制的VCSEL激光测距模块

2.5　微腔激光器

2.5.1　微腔激光器的特点

微腔激光器是20世纪90年代初出现的一种新型结构的激光器，其谐振腔长为波长量级。由于微腔的引入，介质中自发发射的性质被根本性地改变，从而获得低阈值、高效率和稳定的单模输出，甚至可以实现无阈值激射。因此，微腔激光器被认为是激光器的一次变革。

微腔激光器是激光器技术与被动调Q技术相结合的产物。微腔激光器是指以微片固体材料（其典型的厚度为 mm 量级）为激光工作物质，并在其端面镀膜直接构成谐振腔，可以使系统集成化的激光器。LD 抽运的微腔激光器以激光二极管为抽运源，使得整个激光器系统体积更小、结构更紧凑。

调 Q 技术将激光能量压缩到宽度极窄的脉冲中发射，使光源的峰值功率提高几个数量级，极大改善了脉冲半导体激光器的输出性能。其基本原理是通过调制腔内的损耗，改变谐振腔的 Q 值，实现激光介质内能量的储存并在 Q 开关打开之后瞬间释放能量，最终获得高峰值功率的巨脉冲输出。

调 Q 有主动调 Q 和被动调 Q 两种。谐振腔损耗由外部人为控制，称为主动调 Q。在腔内插入饱和吸收体，利用其饱和吸收特性控制谐振腔的损耗，称为被动调 Q。近年来，含有色心或是掺有吸收性离子的晶体，极大地改善了被动 Q 开关的耐用性和可靠性。色心晶体可以承受较大的光强而物化特性基本不变，然而这种色心晶体的色心浓度较低，若要增加吸收损耗则需要增大晶体尺寸，容易导致腔内损耗增加。目前，被动 Q 开关用得最多的饱和吸收体是 Cr^{4+}:YAG 晶体。

Cr^{4+}:YAG 晶体具有显著的可饱和吸收特性（0.9～1.2 μm），是近年来人们发现的新型 Nd:YAG 激光 Q 开关材料。相对于其他被动 Q 开关材料，Cr^{4+}:YAG 的主要特点有：①稳定的物化性能，适于高平均功率工作；②可获得高的掺杂浓度（约 $10^{18}\ cm^{-3}$），有利于器件的小型化；③1 μm 附近吸收截面大；④低的饱和能量密度；⑤损伤阈值高（约 500 MW/cm^2）。它既可作为脉冲激光器的 Q 开关，也适合作为连续激光器的 Q 开关，而且 Cr^{4+} 离子可以和激活离子掺杂在同一基质内，构成自调 Q 激光器。由于 Cr^{4+}:YAG 可获得较高的掺杂浓度，所以 Cr^{4+}:YAG Q 开关尺寸可以很小（厚度可小于 1 mm），这利于用作小型固体激光器的 Q 开关，这种小型激光器的短腔长（可达 mm 量级）又有利于压缩 Q 开关脉冲宽度（可得到 ps 量级脉冲）。因此，它不仅具有经济实用的特点，还特别有益于 DPL 的小型化。

对 Cr^{4+}:YAG 晶体而言，在低光强照射下，Cr^{4+} 离子大部分处于基态。随着光强的增加，大量的 Cr^{4+} 离子被激发到激发态，基态吸收趋于饱和。然而大量的 Cr^{4+} 离子处于激发态会引起激发态吸收，激发态吸收使材料的饱和透过率小于 100%，增加了可饱和吸收体的插入损耗，不仅影响激光输出能量，而且在高平均功率工作时晶体需要冷却，这不利于器件的小型化。

2.5.2 微腔激光器的工作原理

二极管端面泵浦被动 Q 开关微腔激光器组成示意图如图 2－39 所示。中心波长为

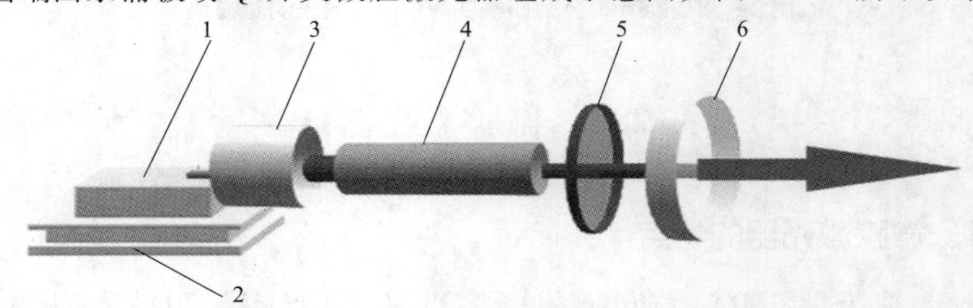

图 2－39 微腔激光器原理组成示意图

1—连续激光二极管；2—半导体温控器件；3—光学耦合系统；4—激光工作介质；5—被动 Q 开关；6—输出耦合镜

808 nm、连续激光二极管（如输出功率为2.5 W）输出泵浦光束直接耦合进入Nd:YAG/Cr^{4+}:YAG晶体，键合晶体Nd:YAG/Cr^{4+}:YAG晶体端面1镀808 nm增透膜与1 064 nm高反双色膜，端面2镀1 064 nm增透膜，晶体端面1同时作为808 nm耦合输入和激光谐振腔的全反镜，与输出镜端面2共同构成激光谐振腔，Nd:YAG/Cr^{4+}:YAG晶体固定在金属架中，利用自然散热即可，由单块晶体构成的谐振腔腔长很短，仅有几毫米。

对于被动调*Q*方式来说，由于激光输出*Q*开关特性是由被动调*Q*晶体饱和吸收性质决定的，其“打开”或“关断”状态只与晶体本身直接相关。不同泵浦功率下的输出功率、频率、脉冲能量与脉冲宽度的变化曲线如图2-40所示。

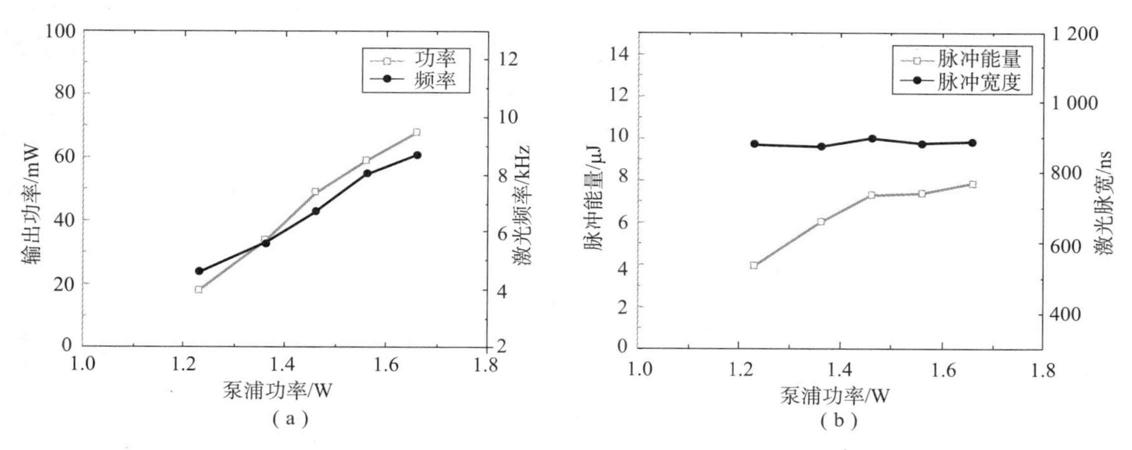

图2-40　不同泵浦功率下的输出功率、频率、脉冲能量与脉冲宽度的变化曲线

(a) 泵浦功率与输出功率、激光频率的关系；(b) 泵浦功率与脉冲能量、激光脉宽的关系

1.5 W泵浦时脉冲宽度与输出频率示波器波形如图2-41所示，其中图2-41 (a) 所示为脉冲宽度876.9 ps，图2-41 (b) 所示为输出频率7.5 kHz。

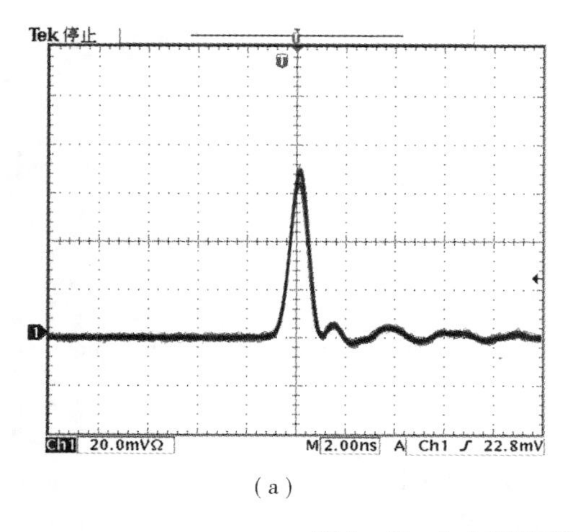

(a)

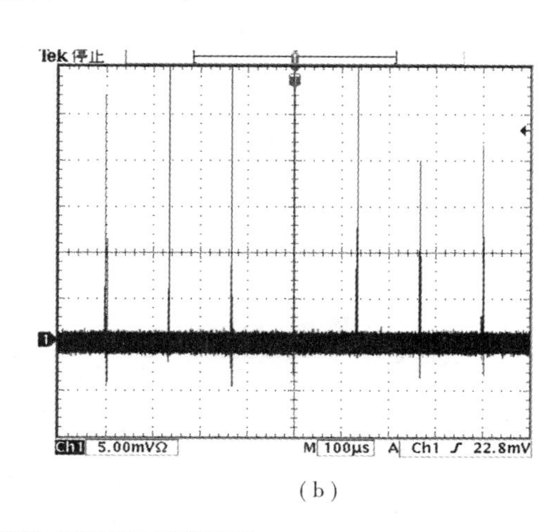

(b)

图2-41　1.5 W泵浦时脉冲宽度与输出频率示波器波形

(a) 脉冲宽度876.9 ps；(b) 输出频率7.5 kHz

2.5.3 微腔激光器的典型应用

1. 微腔激光器与半导体激光器的性能比较

连续激光二极管泵浦的 Nd:YAG 微腔激光器与半导体激光器相比，可以实现窄脉冲、高峰值功率、高重复频率以及发散角小的高光束质量脉冲激光的输出，如图 2－42 和图 2－43 所示。在抗云雾后向散射时，窄脉冲激光后向散射的光强比宽脉冲后向散射的光强要小。文献报道，利用发射脉宽 25 ns 和脉宽 4 ns 的激光光束进行云雾后向散射对比试验，得出脉宽 4 ns 的激光虽然发射功率比脉宽 25 ns 高很多，但脉宽 4 ns 的激光云雾后向散射回波信号幅值要比脉宽 25 ns 低得多。图 2－44 所示为两种激光器云雾回波幅度示意图。因此，超窄脉冲激光在探测过程中具有较好的抗云雾干扰能力，可以解决激光引信的穿云雾问题。

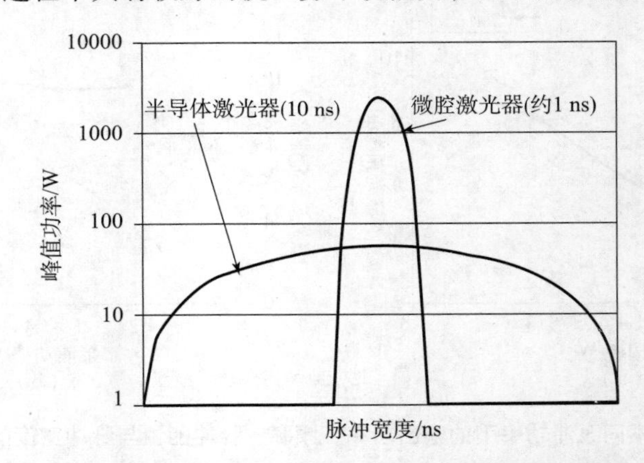

图 2－42　两种激光器的峰值功率、脉冲宽度比较示意图

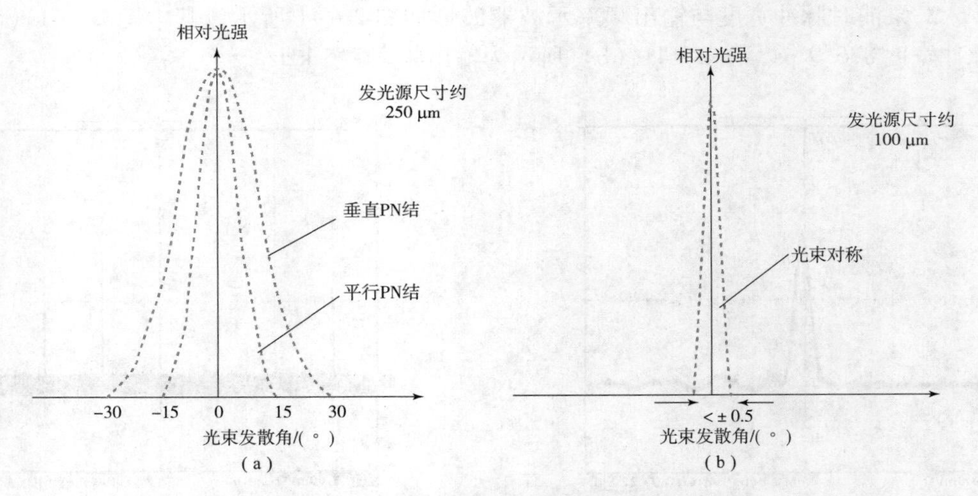

图 2－43　两种激光器的光束发散角示意图

(a) 半导体激光器；(b) 微腔激光器

2. 微腔激光器的典型应用

THALES 公司研发了以微腔激光器作为光源的激光引信原理样机，分别如图 2－45 和图 2－46 所示。其中图 2－45 中的发射光束为固定扇形，图 2－46 中的发射光束为窄光束，

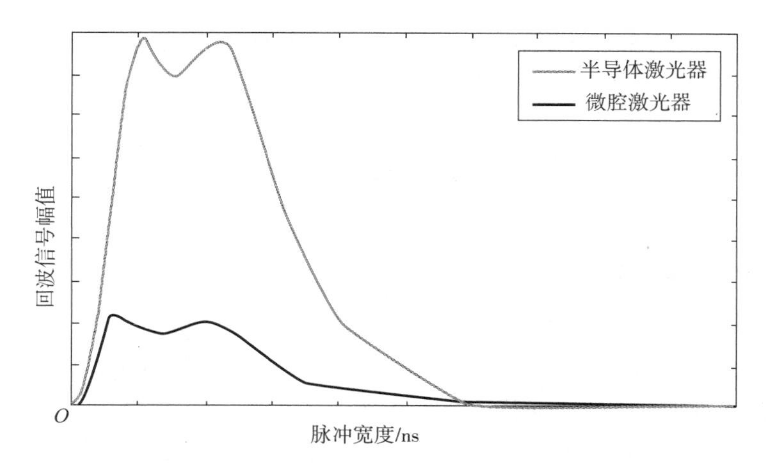

图 2－44 两种激光器云雾回波幅度示意图

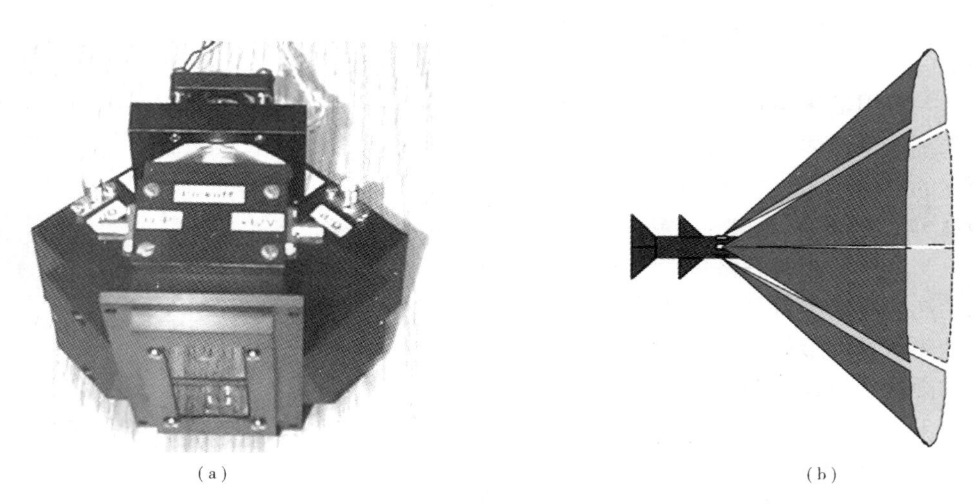

（a） （b）

图 2－45 微腔激光器脉冲激光引信原理样机（一）

（a）原理样机；（b）固定扇形发射光束示意图

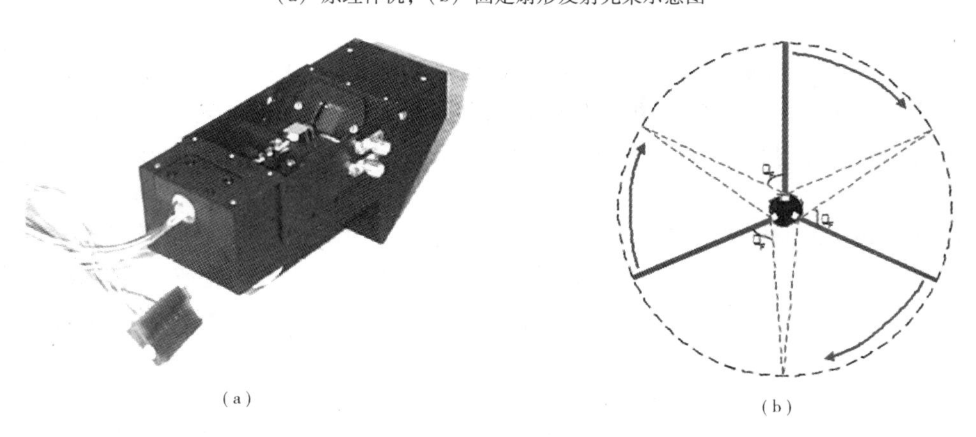

（a） （b）

图 2－46 微腔激光器脉冲激光引信原理样机（二）

（a）原理样机；（b）扫描发射光束示意图

采用扫描方式进行探测。需特别指出，利用 ns 量级的窄脉冲激光作为探测光源在抗云雾干扰时后向散射远低于半导体激光器，能较好地解决空空导弹穿云问题。

2.6 量子级联激光器

2.6.1 量子级联激光器的工作原理

量子级联激光器（Quantum Cascade Laser，QCL）是基于电子在半导体量子阱中导带子带间跃迁和声子辅助共振隧穿原理的新型单极半导体器件。利用电子在导带子能级间跃迁发光，其激射是由量子阱的限制效应引起导带内激发态间粒子数反转产生的。量子级联激光器与传统的半导体激光器不同，在工作原理上，传统的半导体激光器是利用导带内的电子和价带中的空穴间的复合而发光，而量子级联激光器利用导带内的电子在导带子能级间的跃迁发光，且激射波长可以随电子子能级间的能量差的改变而改变。又由于电子都处于导带，能带具有相似的抛物线形，增益谱相对较窄。量子级联激光器采用“级联”的结构，通过隧穿使电子从一个周期传递到下一个周期，形成循环的运动模式，激射出的光场强度与周期数成正比。传统的半导体激光器激射波长由材料带隙决定，而量子级联激光器的激射波长是由导带内分立的电子子能级之间的间隔决定。

1971 年，Kazarinov 和 Suris 提出在多量子阱异质结中，当电子通过超晶格垂直传输时，电子通过光子辅助隧穿在相互次能级间传输可以将光放大，即一个处于量子阱最低状态的电子通过隧穿到附近量子阱的激发态，在这个过程中会有一个受激辐射的光子发生，如图 2 – 47 所示。

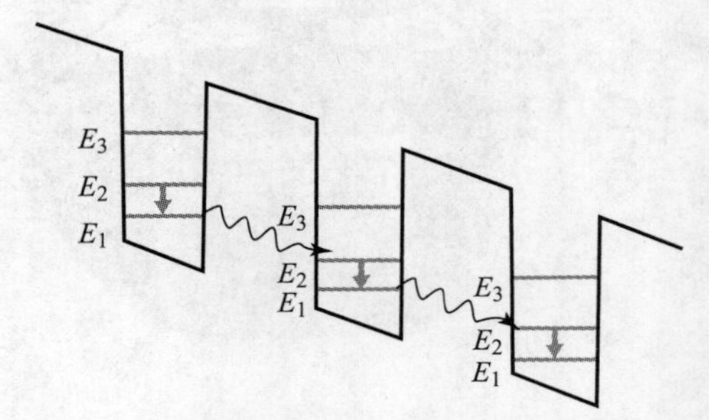

图 2 – 47 Kazarinov 和 Suris 提出的放大光的结构示意图

1971 年，A. Y. Cho 和 J. R. Arthur 发明了分子束外延技术（MBE），这种技术可以用来生长 Kazarinov 和 Suris 提出的超晶格，通过原子的精确生长，可以生长出只有几个纳米厚的薄层。

1986 年，子能带间发生激射在 GaAs/AlGaAs 多量子阱结构中得到证明。Capasso 等人第一次在超晶格中观察到了一系列的共振隧穿。以后的研究发现，在中红外范围内，大的子能带能量之间的差值使得粒子数反转变得更简单，载流子在波导内的吸收更少，更容易控制子能带间的激光器。

1994 年，Bell 实验室的 Jerome Faist 和同事们开发出第一个量子级联激光器。世界上第一个量子级联激光器是通过 MBE 生长的，通过晶格的匹配，激射的光波长 4.2 μm。它是在低温脉冲驱动的模式下工作的，阈值电流密度为 14 kA/cm^2。异质结结构和相关能带结构如图 2 – 48 所示。为了看起来更为清楚，图中只列出了 25 个周期中的两个。每一个周期由一个有源区和一个注入区（也称为弛豫区）组成。由 3 个量子阱耦合的有源区是一个三能级系统，通过对寿命和光学矩阵元的工程设计，能级 2 和能级 3 之间可以发生粒子数的反转。

图 2 – 48 中的量子级联激光器工作在 95 kV/cm 的电场下，在三能级系统中，能级 3 的

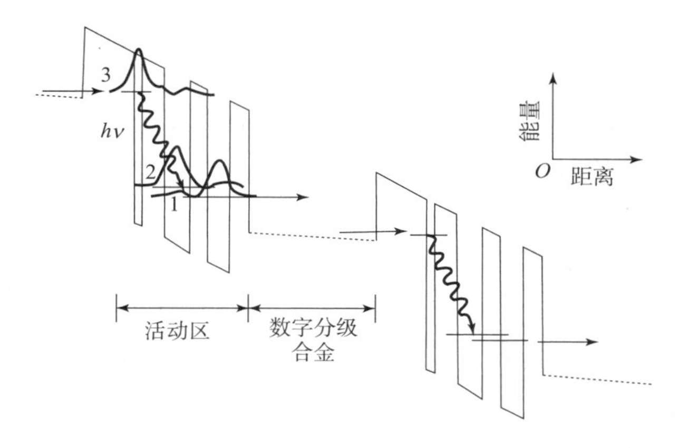

图 2-48　世界上第一个量子级联激光器的能级图

寿命必须比能级 2 的寿命长，这样才能够实现粒子数的反转。图中带有波纹的箭头表示发生在有源区内能级 3 和 2 之间的光子跃迁。波函数的重叠减少了空间分离，增加了这些能级间的非辐射弛豫时间，通过设计子能带 1 和 2 的空间，使其等于光学声子的能量，通过电子-声子的非弹性散射，这个能量可以将能级 2 上的电子清空，这样能级 3 和能级 2 上就可以实现粒子数反转。

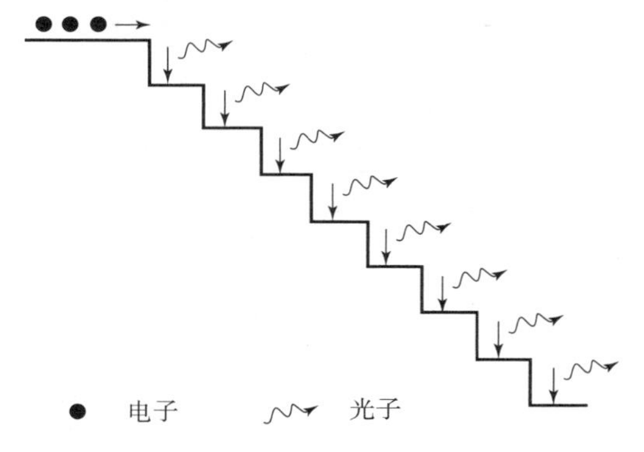

图 2-49　量子级联激光器级联将光放大的原理

从上面的分析可知，电子的发光是由于电子受到受激辐射在 3→2 跃迁而产生的，量子级联激光器由于其 N 个重复的周期，从而可以将光一级一级地放大，如图 2-49 所示。

2.6.2　量子级联激光器的特点

量子级联激光器是子带间激光器，子带间激光器在很多方面与传统的带间激光器有很多区别。

（1）带间半导体激光器（如激光二极管）的发光是依赖于在导带上的电子和在价带上的空穴之间的跃迁。粒子通过一个正偏的 PN 结进入到有源区，并在能带间辐射复合，如图 2-50 所示。然而，量子级联激光器是单极器件，工作时只有一种载流子导电（电子），

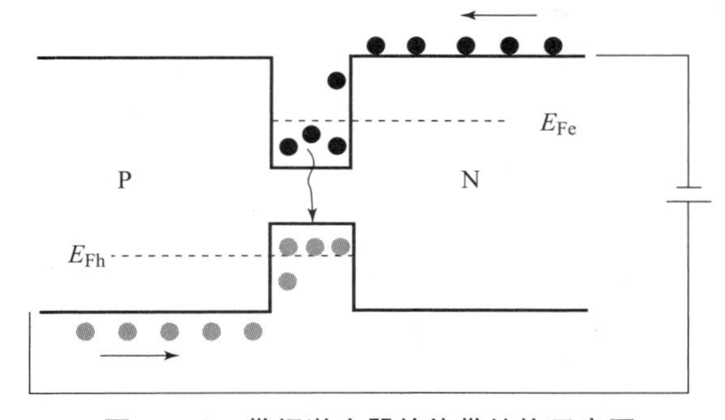

图 2-50　带间激光器的能带结构示意图

其发光是来源于半导体异质结中子能带间的电子跃迁，此处是导带能级上的子能带。到目前为止，通过在价带中限制的态间电子跃迁来发光的量子级联激光器还没有实现，在 P 型量子级联结构中，只有光致发光被证明。由于在单极器件中，表面没有电子与空穴的复合不会造成损伤，因此单极器件具有更高的可靠性。

（2）对于半导体激光器，由于导带和价带中的带间相对曲率和泡利不相容原理（泡利不相容原理确保发生广泛分布的粒子数反转），因此产生的增益相对比较广且不对称。相比之下，由于子能带有相同的曲率，导致窄的并且对称的线宽，子能带间跃迁有类似原子的共同状态密度（当扩大时呈现类似三角形方程），如图 2－51 所示。中红外量子级联激光器的线宽主要是由扩大的寿命和界面的粗糙散射决定的。

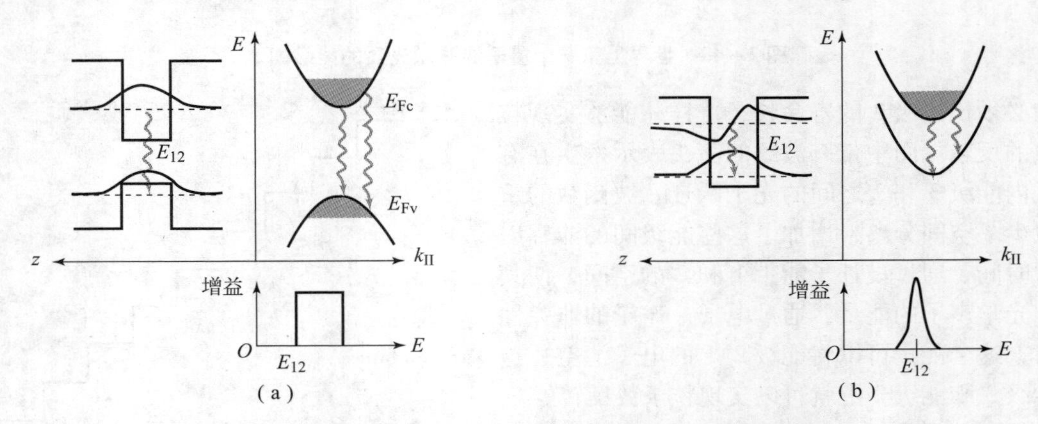

图 2－51　能带示意图——平面内的能量分布和光谱增益

（a）能带跃迁；（b）子能带跃迁

（3）对于量子激光器，发射波长与量子阱材料的带隙不相关，因此可以使用成熟的材料，如以 GaAs 和 InP 为基础的异质结构，不是必须使用对温度敏感的窄禁带半导体材料。量子级联激光器所能发出最短波长大约是导带偏移的一半，原则上没有长波长的限制。

（4）激光二极管的上能级非辐射时间极短（在 ps 量级），因而其阈值电流较小，而量子级联激光器的阈值电流密度很高。然而，量子级联激光器对温度的变化没有那么敏感（可调节的温度为 130～200 K）。这是因为与二极管激光器的俄歇复合相比较，基于光学声子发射的上能级弛豫时间对温度的依赖关系更小。此外，由温度引起的碰撞造成的增益也只是间接地放大。

（5）通过将电子重新注入后续级联的激光上能级，量子级联可以循环使用电子。因此，当电子通过增益材料时，可以同时触发多个光子。因此，外部量子效率随着级联的级数而放大，有可能出现效率比大于 1 的情况。此外，阈值电流的密度与级联的数目成反比，这与带间多量子阱半导体激光器相反。在带间多量子阱半导体激光器中，增加更多的阱会导致阈值电流密度更大。

（6）为了避免空间电荷区的形成，量子级联激光器必须掺杂。掺杂的量决定了可注入的最大电流密度。而带间激光器可注入的电流是由热问题或发生在前端面的灾难性光学镜面损伤（COMD）所决定的。

（7）按照 Kramers－Kronig 关系预测，线宽增益因子是由对称增益光谱决定的。量子级联激光器有一个很小的线宽增益因子，这是量子级联激光器与带间激光器相比所具有的优点。

（8）对于比光学声子共振更大的跃迁能级，光学声子的发射主要通过散射的方式，其上能级的寿命在 ps 量级。由于上能级极短的寿命，量子级联激光器所能达到的调制频率很高，原则上可以达到上百 GHz，并且没有弛豫振荡。

2.6.3　量子级联激光器的应用

QCL 激光器应用前景在于中波红外和长波红外（包含 THz）频段可以得到的适当功率的激光，以及半导体激光技术体制带来良好的适装性。QCL 未来可能的应用领域包括红外对抗、痕量气体检测、THz 通信等。下面分别简要介绍。

1. 定向对抗系统

定向红外对抗（Directional Infrared Countermeasures，DIRCM）是将红外干扰光源的能量集中在导弹导引头视场内，干扰或饱和红外导引头的探测器和电路，使导弹丢失目标，从而保护飞机免受红外制导导弹威胁。由于 QCL 激光器体积小、质量轻，可在室温下工作，与 2.0 μm 或 1.6 μm 固体激光器 + OPO 技术体制的干扰激光源相比，电光转换效率高得多，具有更加良好的适装性，工作波长更适合调谐在中波红外制导武器的峰值工作波段内。QCL 激光器在技术上已经取得了突破性进展。2011 年 7 月，Daylight Solutions 公司公布消息称基于 QCL 的红外干扰机（QCL based JammIR™）通过了美国空军的测试，验证了干扰机可以有效保护大型飞机、小型飞机和旋翼直升机免受红外制导武器（如肩扛式防空武器等）的威胁。

3 ~5 μm 和 8 ~12 μm 是红外探测的两个大气窗口，因此该波段高功率激光器可以实现红外对抗，量子级联激光器以小型、相干、可调谐等优点，被认为是红外对抗的理想光源。2012 年 2 月 6 日，Northrop Grumman 公司联合 Selex Galileo 和 Daylight Solutions 公司获得美国军方 3 000 万美元的研究合同，用于第五代红外对抗系统（CIRCM）的开发，其核心技术就是利用量子级联激光器代替原有的激光器，以降低系统的重量，提高可靠性。

早期的定向红外装备中使用的是中波光参量振荡激光器。现在有些国家的军队已开始更新换代，使用 QCL 激光器。例如，美国陆军投入约 15 亿美元开展了“通用红外对抗系统”（CIRCM）项目，全部采用更新换代的 QCL 激光器。美国陆军定制了 1 076 套系统，于 2017 年底已正式装备。由此可见，QCL 激光器将会成为红外对抗系统中的主力。

图 2 -52　使用传统固体激光器的 DIRCM 系统

当前 CH -47“支奴干”直升机上装备的“高级威胁红外对抗系统”（Advanced Threat Infrared Countermeasures，ATIRCM），其对于陆军的飞机而言体积过大，未来将被 CIRCM 取代。使用传统固体激光器的 DIRCM 系统如图 2 -52 所示，CIRCM 系统中的指向/跟踪系统和 QCL 激光器如图 2 -53 所示。

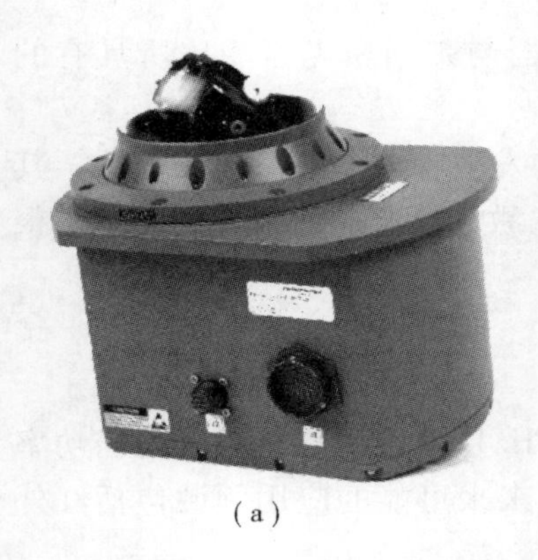

(a)

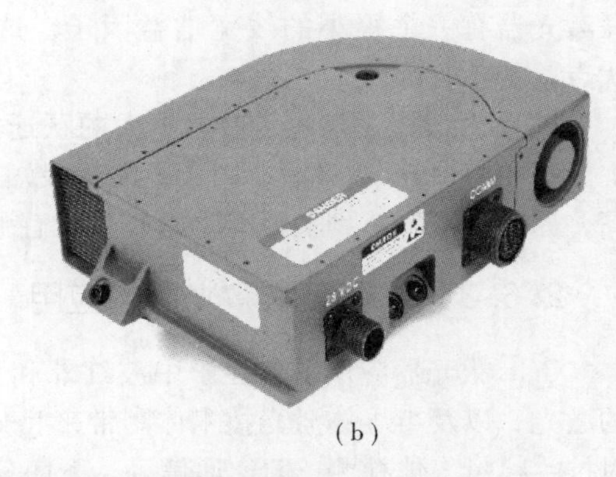

(b)

图 2－53　CIRCM 系统中的指向/跟踪系统和 QCL 激光器

(a) CIRCM 系统中的指向/跟踪装置；(b) 应用于 CIRCM 系统中的 QCL 激光器

军事上对高功率中红外光源的研究推动了瓦级量子级联激光器的发展。2009 年，美国 Pranalytica 公司一个由美国国防部先进研究项目局（DARPA）资助的研究小组，报道了室温下连续运转、输出功率 3 W 的 4.6 μm 量子级联激光器，这在当时是最高的输出功率。他们的新颖设计可以同时优化若干设计参量，从而将阈值电流密度降至 0.86 kA/cm^2，并且将电光转换效率提升到 12.7%。Pranalytica 公司开发的基于 QCL 技术的手持式照射器如图 2－54 所示，波长分别为 4.6 μm 和 9.5 μm。

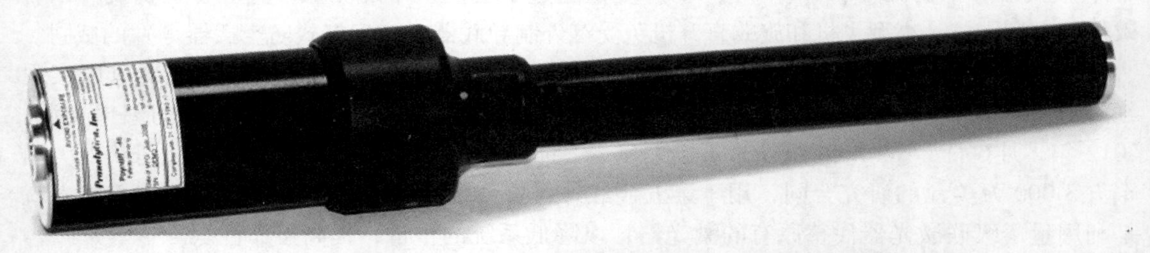

图 2－54　Pranalytica 公司开发的基于 QCL 技术的手持式照射器

Daylight Solutions 公司开发的基于 QCL 技术的手持式照射器，发出的信号能够在 20 km 外被探测到，由于采用了特殊波段，使用常规的夜视观测设备无法观测。产品外形如图 2－55 所示。

图 2－55　Daylight Solutions 公司开发的基于 QCL 技术的手持式照射器

2. 痕量气体检测

激光光谱检测系统是实现痕量气体检测的主要手段。温室效应气体如 CO_2、CH_4、N_2O 等以及神经毒气、糜烂毒气、爆炸物气体等，与疾病诊断如哮喘、溃疡、肾、肝、胸、肺、糖尿病、器官排异、精神分裂等有关的特征气体，其基频吸收谱线均落在 2 ~ 14 μm 波段内。基于单模宽光谱调谐 QCL 可以同时实现多种痕量气体检测，可广泛应用于国家安全、环境监测、工农业生产、医疗诊断、太空探索等领域。基于量子级联激光器的红外光谱检测技术已成为各发达国家研究的热点。从可见光到中红外的大气光谱如图 2 – 56 所示。令人感兴趣的分子的强吸收谱如图 2 – 57 所示。

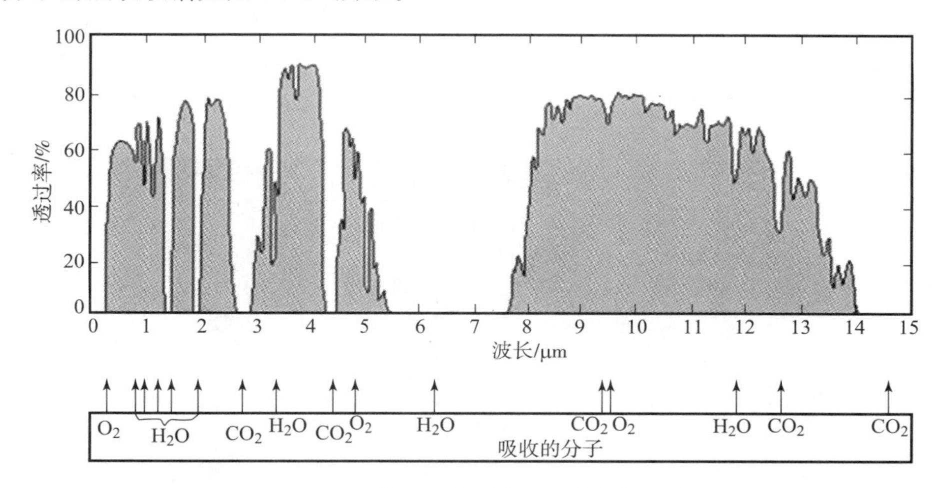

图 2 – 56 从可见光到中红外的大气光谱

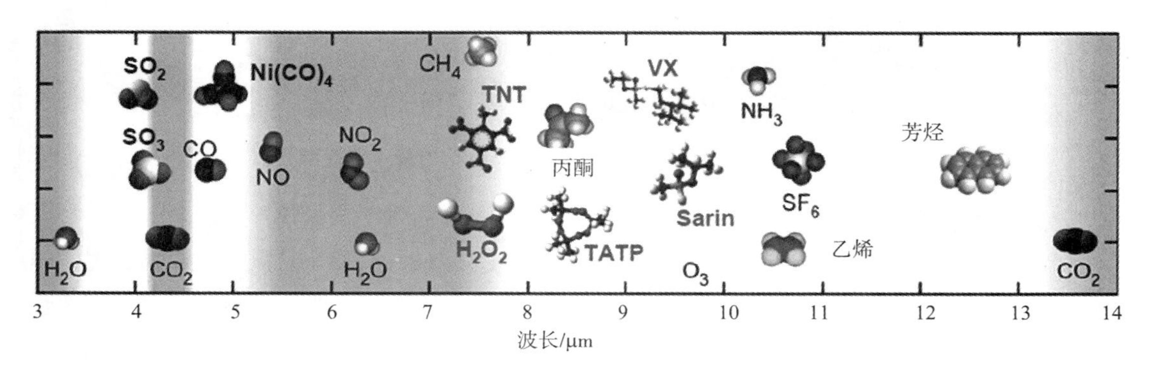

图 2 – 57 令人感兴趣的分子的强吸收谱

Daylight Solutions 公司开发的集成了 QCL 技术的可佩戴到头盔上的多波长光谱仪如图 2 – 58 所示。该光谱仪可集成可见光、近红外光、短波红外、中波红外和长波红外。Pranalytica 公司集成 QCL 技术的爆炸物探测装置如图 2 – 59 所示。

2017 年 6 月，德国弗莱堡的弗劳恩霍夫应用固态物理研究所（IAF）与德累斯顿的弗劳恩霍夫光子微系统研究所（IPMS）的研究团队共同开发出一个小型量子级联激光器样机，如图 2 – 60 所示。该样机封装了 QCL 芯片和基于 MEMS 的光栅扫描器——该扫描器能够以 1 kHz 的速率切换扫描波长，这使得实时监测和控制化学反应与生物技术过程成为可能。

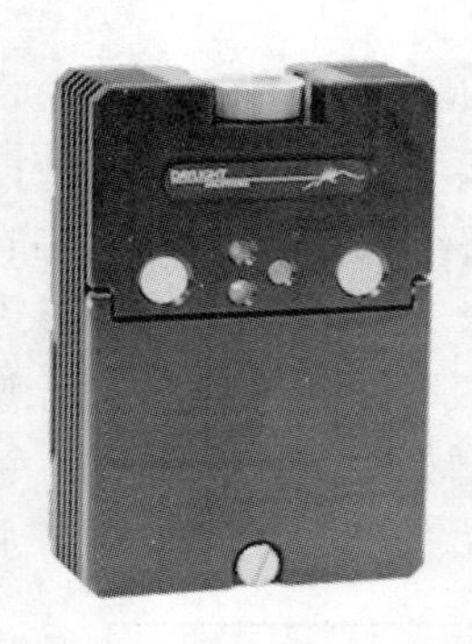

图 2-58 Daylight Solutions 公司集成 QCL 技术的可佩戴多波长光谱仪

图 2-59 Pranalytica 公司集成 QCL 技术的爆炸物探测装置

图 2-60 基于微型光机电系统（MOEMS）的量子级联激光器

3. 太赫兹通信

太赫兹（THz）通常是指频率在 0.1 ~ 10 THz（波长为 0.03 ~ 3 mm）的电磁波，是宏观电子学向微观光子学过渡的频段，在电磁波频谱中占有很特殊的位置。太赫兹通信是未来太赫兹领域的重要应用，具有大气不透明、带宽宽、天线小、定向性好、安全性高和散射小等特点，决定了其应用领域非常广泛，包括卫星间星际通信、同温层内空对空通信、短程地面无线局域网、短程安全大气通信以及发展太赫兹通信理论。

关于太赫兹军事通信的研究计划也层出不穷。例如，美国航空航天局（NASA）、美国空军科学研究办公室（AFOSR）和美国空军研究实验室（AFRL）的传感器研究部研究空军成像、通信和预警用的紧凑型、创新型的 SiGe 基太赫兹源和探测器，以及欧盟第五框架计划资助的 WANTED 工程及 NanoTera 工程。

目前太赫兹发射器的研究主要有 THz - QCL、差频发生器（DFG）、参量振荡器（TPO）及其他太赫兹发射器。在这些太赫兹发射器中，THz - QCL 具有电光转换效率高、体积小、质量轻、适装性好等优点，是 QCL 的重要发展方向。

2013 年 10 月，奥地利维也纳技术大学的研究人员制造出一种新型太赫兹量子级联激光器，成功输出了 1 W 的太赫兹辐射，打破了此前由美国麻省理工学院所保持的 0.25 W 的世界纪录，成为目前世界上功率最大的太赫兹量子级联激光器，如图 2－61 所示。

图 2－61　维也纳技术大学研制的新型量子级联激光器

中国科学院半导体所半导体材料科学重点实验室，经过多年的基础研究和技术开发，目前推出系列太赫兹量子级联激光器产品。频率覆盖 2.9～3.3 THz，工作温度为 10～90 K，功率为 5～120 mW，如图 2－62 所示。

图 2－62　中国科学院研制的太赫兹量子级联激光器系列产品

20 多年来，QCL 技术得到了突飞猛进的发展，尤其在中波红外 4～6 μm 频段，基本达到了实用化程度。国外能够提供量子级联激光器货架产品的厂家包括美国 Alpes Lasers 公司、Pranalytica 公司、Daylight Solutions 公司、THORLABS 公司，日本 Hamamatsu Photonics 公司，加拿大 Rayscience 公司等。我国中远红外量子级联激光器的研究工作始于 1995 年，主要研究小组是中国科学院半导体研究所的刘峰奇、王占国小组以及中国科学院上海微系统所和信息研究所张永刚、李爱珍小组。中国科学院半导体研究所于 2000 年采用应变补偿结构量子级联激光器实现了 3.5 μm 的激射，从 2004 年开始，陆续实现了 5.5 μm、7.8 μm、

9.75 μm、10 μm 和 11.2 μm 的法布里－珀罗量子级联激光器，还制备出 5.5 μm、7.8 μm 的分布反馈量子级联激光器。中国科学院上海微系统所和信息研究所于 1998 年报道了国内第一个量子级联激光器，并于 2004 年报道了我国第一个中红外分布反馈量子级联激光器，随后还成功研制出低阈值电流密度的室温脉冲分布反馈量子级联激光器。

半导体所研制的 QCL 的波长覆盖中远红外波段 4.4～8.6 μm，室温连续输出功率为 10～900 mW，如图 2－63 所示。其优点是体积小、可集成、大功率，具有广泛的应用前景。

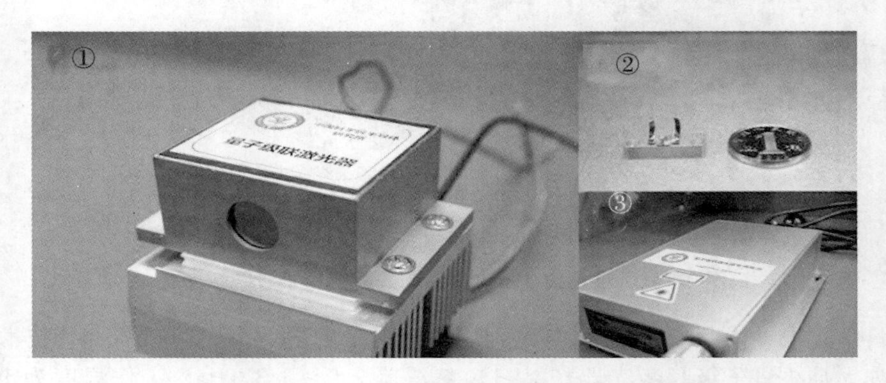

图 2－63　半导体所研制的量子级联激光器

1—蝶形封装量子级联激光器；2—单管芯量子级联激光器；

3—量子级联激光器专用电源

第3章

光电探测器

光电探测器是光电接收系统中实现光电转换的关键环节，根据探测原理可分为基于光电效应（又可分为外光电效应和内光电效应）的光电探测器和基于光热效应的光电探测器两大类。光电探测器输出的光电流与入射平均光功率成正比，因而光电探测器可视为一种非线性的平方率电流源。不同种类的光电探测器的参数和应用场合不同，根据激光引信接收电路的不同需求，需要选择不同种类的光电探测器。

3.1　光电探测器的物理效应

众所周知，要探知一个客观事物的存在及其特性，一般都是通过测量对探测所引起的某种效应来完成。对光辐射量（即光频电磁波）的测量也是如此。从某种意义上说，凡是把光辐射量转换为电量（电流或电压）的光探测器，都称为光电探测器。

根据探测机制的不同，光电探测器的物理效应可分为光电效应和光热效应两类，如表3－1所示。

表3－1　光电探测器物理效应及分类

<table>
<tr><th colspan="4">物理效应</th><th>相应探测器</th></tr>
<tr><td rowspan="11">光电效应</td><td rowspan="3">外光电效应</td><td colspan="2">光阴极发射光电子</td><td>光电管</td></tr>
<tr><td rowspan="2">光电子倍增</td><td>倍增极倍增</td><td>光电倍增管</td></tr>
<tr><td>通道电子倍增</td><td>像增强管</td></tr>
<tr><td rowspan="8">内光电效应</td><td colspan="2">光电导效应</td><td>光导管或光敏电阻</td></tr>
<tr><td rowspan="5">光伏效应</td><td>PN结和PIN结（零偏）</td><td>光电池</td></tr>
<tr><td>PN结和PIN结（反偏）</td><td>光电二极管</td></tr>
<tr><td>雪崩效应</td><td>雪崩光电二极管</td></tr>
<tr><td>肖特基势垒</td><td>肖特基势垒光电二极管</td></tr>
<tr><td>PNP结和NPN结</td><td>光电三极管</td></tr>
<tr><td colspan="2">光电磁效应</td><td>光电磁探测器</td></tr>
<tr><td colspan="2">光子牵引效应</td><td>光子牵引探测器</td></tr>
</table>

续表

物理效应			相应探测器
光热效应	温差电效应		热电偶、热电堆
	热释电效应		热释电探测器
	辐射热效应	负温度系数效应	热敏电阻测辐射热计
		正温度系数效应	金属测辐射热计
		超导	超导远红外探测器
	其他		高莱盒、液晶

光电效应是指单个光子的性质对产生的光电子起直接作用的一类光电效应。探测器在吸收光子后，会直接引起原子或分子的内部电子状态的改变。电子状态的改变由光子能量大小直接决定。因此，光电效应具有对光波频率的选择性、响应速度快等特点。通常，按照是否有光电子发射可将光电效应分为外光电效应和内光电效应，如图 3－1 所示。

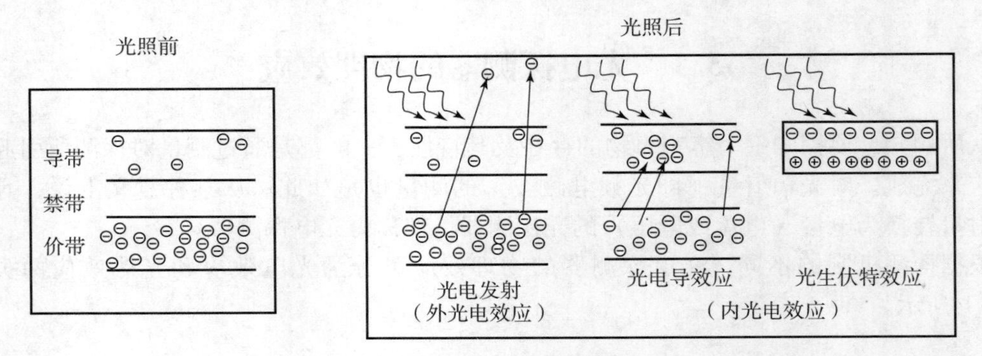

图 3－1　几种常见的光电效应

3.1.1　外光电效应

光电发射效应属于光子效应中的外光电效应，主要原理为金属或半导体受光照射时，如果入射的光子能量 $h\nu$ 足够大，它和物质中的电子相互作用，使电子从材料表面逸出的现象，称为光电发射效应，也称为外光电效应。

光电发射大致分为 3 个过程：①光射入物体后，物体中的电子吸收光子能量，从基态跃迁到激发态；②受激电子从受激处出发，在向表面运动过程中免不了要同其他电子或晶格发生碰撞，而失去一部分能量；③达到表面的电子，如果仍有足够的能量足以克服表面势垒对电子的束缚（即逸出功）时，即可从表面逸出。

根据爱因斯坦方程 $E_k = h\nu - E_\varphi$，可得到截止频率为

$$\gamma_c = \frac{E_\varphi(\mathrm{eV})}{h} \tag{3-1}$$

截止波长 λ_c 为

$$\lambda_c = \frac{1.24}{E_\varphi(\mathrm{eV})} \tag{3-2}$$

式中，E_{φ} 为光电发射体的功函数。

3.1.2　内光电效应

当光照射物体时，光电子不逸出体外的光电效应称为内光电效应。下面介绍光电导效应和光伏效应。

1. 光电导效应

光照变化引起半导体材料电导变化的现象称为光电导效应。当光照射半导体材料时，材料吸收光子的能量，使非传导态电子变为传导态电子，引起载流子浓度增大，因而导致材料电导率增大。因此，光导现象属于半导体材料的体效应。

光辐射照射外加电压的半导体，如果光波长 λ 满足以下条件，即

$$\lambda(\mu m) \leqslant \lambda_c = \frac{1.24}{E_g(eV)}(\text{本征}) \tag{3-3}$$

$$\lambda(\mu m) \leqslant \lambda_c = \frac{1.24}{E_i(eV)}(\text{杂质}) \tag{3-4}$$

式中，E_g 为禁带宽度；E_i 为杂质能带宽度。在光子作用下，将在半导体材料中激发出新的载流子（电子和空穴），此时半导体中的载流子浓度在原来的基础上增加 Δn 和 Δp 的一个量。这个新增加的部分在半导体物理中称为非平衡载流子，通常称为光生载流子。显然，Δn 和 Δp 将使半导体的电导增加一个量 ΔG，称为光电导。对于本征和杂质半导体就分别称为本征光电导和杂质光电导。

2. 光伏效应

光生伏特效应，属于半导体材料的结效应，简称光伏效应，指光照使不均匀半导体或半导体与金属结合的不同部位之间产生电位差的现象。它首先是由光子（光波）转化为电子、光能量转化为电能量的过程；其次是形成电压过程，有了电压，就像筑高了大坝，如果两者之间连通，就会形成电流的回路。当光照零偏时，PN 结产生开路电压的效应，应用光伏效应可制作光电池，如图 3-2（a）所示。而当光照反偏时，光电信号是光电流时，结型光电探测器的工作原理为光电二极管，如图 3-2（b）所示。

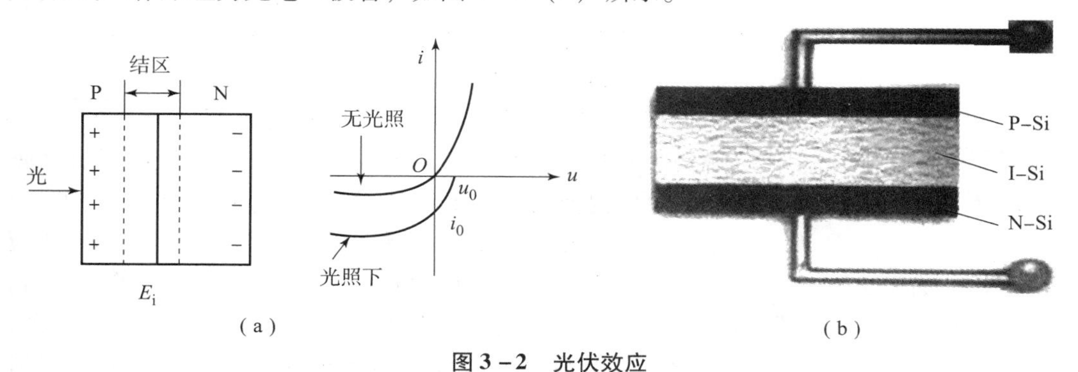

图 3-2　光伏效应

（a）光电池结构原理；（b）PIN 光电二极管结构原理

3.1.3　光热效应

与光电效应不同，光热效应的实质是探测元件吸收光辐射能量后，并不直接引起内部电

子状态的改变，而是把吸收的光能变为晶格的热运动能量，引起探测器元件温度上升，温度上升的结果又使探测元件的电学性质或其他物理性质发生变化。所以，光热效应与单光子能量 $h\nu$ 的大小没有直接关系。原则上，光热效应对光波频率（或波长）没有选择性。只是在红外波段上，材料吸收率高，光热效应也就更强烈，所以广泛用于对红外辐射的探测。因为温度升高是热积累的作用，所以光热效应的响应速度一般比较慢，而且容易受环境温度变化的影响。光热效应包括温差电效应、热释电效应和测热辐射计效应等。

1. 温差电效应

由两种不同材料制成的结点由于受到某种因素作用而出现了温差，就有可能在两结点间产生电动势，回路中产生电流，这就是温差电效应。光照射结点产生的温差变化也能造成温差电效应，如图 3－3（b）所示。

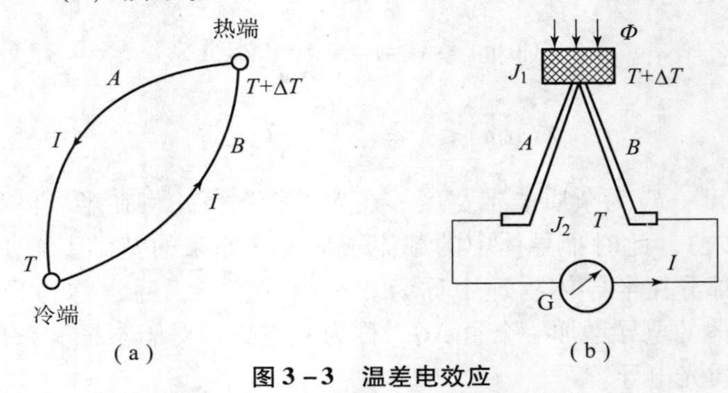

图 3－3　温差电效应

（a）测温热电偶；（b）测辐射热电偶

温差电效应根据具体作用原理及表现形式，有塞贝克效应、帕尔帖效应、汤姆逊效应 3 种。目前主要应用前两种效应，塞贝克效应应用在半导体温差发电技术方面，而帕尔帖效应应用在半导体制冷方面。

2. 热释电效应

与压电效应类似，热释电效应也是晶体的一种自然物理效应。对于具有自发式极化的晶体，当晶体受热或冷却后，由于温度的变化（ΔT）而导致自发式极化强度变化（ΔP_s），从而在晶体某一定方向产生表面极化电荷的现象称为热释电效应。该关系可表示为

$$\Delta P_s = P\Delta T \tag{3-5}$$

式中，ΔP_s 为自发式极化强度变化量；ΔT 为温度变化量；P 为热释电系数。

热释电效应最早在电气石晶体中发现，该晶体属三方晶系，具有唯一的三重旋转轴。与压电晶体一样，晶体存在热释电效应的前提是具有自发式极化，即在某个方向上存在着固有电矩。但压电晶体不一定具有热释电效应，而热释电晶体则一定存在压电效应。热释电晶体分为两大类：一类具有自发式极化，但自发式极化并不会受外电场作用而转向；另一类具有可为外电场转向的自发式极化晶体，即为铁氧体。由于这类晶体在经过预电极化处理后具有宏观剩余极化，且其剩余极化随温度而变化，从而释放表面电荷，呈现热释电效应。

能产生热释电效应的晶体称为热释电体，又称为热电元件。热电元件常用的材料有单晶（$LiTaO_3$等）、压电陶瓷（PZT 等）及高分子薄膜（PVF_2等）。如果在热电元件两端并联上电阻，当元件受热时，电阻上就有电流流过，在电阻两端也能得到电压信号。热释电体表面

附近的自由电荷对面电荷的中和作用比较缓慢，一般在1～1 000 s量级。热释电探测器是一种交流或瞬时响应的器件。

3.1.4　光电转换定律

对于一个光电探测器，入射的是光辐射量，输出的是光电流。通常把光辐射量转换为光电流量的过程称为光电转换。以 $P(t)$ 记为光通量大小，即光功率，也可以理解为光子流，其基本单元为单个光子能量 $h\nu$。光电流记为 $i(t)$，其基本单位为单位电荷 e。因此，有

$$P(t)=\frac{\mathrm{d}E}{\mathrm{d}t}=h\nu\frac{\mathrm{d}n_{\mathrm{L}}}{\mathrm{d}t} \tag{3-6}$$

$$i(t)=\frac{\mathrm{d}Q}{\mathrm{d}t}=e\frac{\mathrm{d}n_{\mathrm{e}}}{\mathrm{d}t} \tag{3-7}$$

式中，n_{L} 和 n_{e} 分别为光子数和电子数；$i(t)$ 与 $P(t)$ 应是正比关系，引入比例系数 D，称之为探测器的光电转换因子，则

$$i(t)=DP(t) \tag{3-8}$$

进一步有

$$D=\frac{e}{h\nu}\eta \tag{3-9}$$

式中，η 为探测器的量子效率，表示探测器吸收光子数与激发电子数之比，它与探测器的物理性质有关，表达式为

$$\eta=\frac{\dfrac{\mathrm{d}n_{\mathrm{e}}}{\mathrm{d}t}}{\dfrac{\mathrm{d}n_{\mathrm{L}}}{\mathrm{d}t}} \tag{3-10}$$

$$i(t)=\frac{e\eta}{h\nu}P(t) \tag{3-11}$$

光电探测器实质上是一种光电转换器件，具有以下特点：

（1）光电探测器输出的光电流与入射平均光功率成正比。

（2）光电探测器输出的光电流与光电场强度成正比，即光电探测器的响应具有平方率特性。通常称光电探测器为平方率探测器，光电探测器本质上是一个非线性器件。

3.2　光电探测器的特性参数和噪声

光电探测器种类繁多，不同种类的光电探测器，其特性参数也不相同，主要特性参数包括灵敏度、量子效率、光谱响应、响应速度（响应时间）等。

光电探测器的特性参数并非都能通过直接测量得到。通过直接测量得到的特性参数称为实际参数；通过非直接测量而折合到标准条件的特性参数称为参考参数。在说明光电探测器的特性参数时，必须明确指出测量条件，只有这样光电探测器根据条件才能决定是否互换使用。

3.2.1 特性参数

1. 灵敏度

灵敏度也称为响应度，它是光电探测器光电转换特性的量度。

1）积分灵敏度 S

探测器的输出信号光电流 I（或光电压 U）与入射光功率 P 之间的关系 $I=f(P)$（或 $U=f(P)$）称为探测器的光电特性。灵敏度 S 定义为这个曲线的斜率，即

$$S_I=\frac{\mathrm{d}I}{\mathrm{d}P}=\frac{I}{P}\ (\mathrm{A/W})\ (\text{线性区内}) \tag{3-12}$$

$$S_U=\frac{\mathrm{d}U}{\mathrm{d}P}=\frac{U}{P}\ (\mathrm{V/W})\ (\text{线性区内}) \tag{3-13}$$

式中，S_I 和 S_U 分别为电流和电压灵敏度；I 和 U 均为测量得到的电流和电压有效值；P 为分布在某一光谱范围内的总功率。这里的 S_I 和 S_U 分别称为积分电流灵敏度和积分电压灵敏度。

2）光谱灵敏度 S_λ

如果把光功率 P 换成波长可变的光功率谱密度 P_λ，由于光电探测器的光谱选择性，在其他条件不变的情况下，光电流（或光电压）将是光波长的函数，记为 I_λ（或 U_λ），于是光谱灵敏度定义为

$$S_I(\lambda)=\frac{\mathrm{d}I_\lambda}{\mathrm{d}P_\lambda} \tag{3-14}$$

$$S_U(\lambda)=\frac{\mathrm{d}U_\lambda}{\mathrm{d}P_\lambda} \tag{3-15}$$

如果 $S_I(\lambda)$ 或 $S_U(\lambda)$ 是常数，则相应的探测器称为无选择性探测器（如光热探测器），光子探测器则是选择性探测器。式（3-14）和式（3-15）的定义在测量上是困难的，通常给出的是相对光谱灵敏度 S_λ，定义为

$$S_\lambda=\frac{S_I(\lambda)}{S_{\lambda\mathrm{m}}} \tag{3-16}$$

式中，$S_{\lambda\mathrm{m}}$为 $S_I(\lambda)$ 的最大值，相应的波长称为峰值波长，用 λ_m 表示，当波长偏离 λ_m 时，S_λ 就降低。S_λ 是无量纲的百分数，S_λ 随 λ 变化的曲线称为探测器的光谱灵敏度曲线。

3）频率灵敏度 S_f

如果入射光是强度调制的，在其他条件不变的情况下，光电流 I_f 将随调制频率 f 的升高而下降，这时的灵敏度称为频率灵敏度 S_f，定义为

$$S_f=\frac{I_f}{P} \tag{3-17}$$

式中，I_f 为光电流时变函数的傅里叶变化，通常

$$I_f=\frac{I_0}{\sqrt{1+(2\pi f\tau)^2}} \tag{3-18}$$

式中，I_0 为调制频率 $f=0$ 时的光电流；τ 为探测器的响应时间或时间常数，由材料、结构和外电路决定。把式（3-18）代入式（3-17），得到探测器的频率特性，即

$$S_f = \frac{S_0}{\sqrt{1+(2\pi f\tau)^2}} \tag{3-19}$$

式中，S_0 为调制频率 $f=0$ 时的灵敏度，S_f 随 f 的升高而下降的速度与 τ 值关系很大。一般规定，S_f 下降到 $0.707S_0$ 时的频率 f_c 称为探测器的截止响应频率或响应频率。从式（3－19）可见

$$f_c = \frac{1}{2\pi\tau} \tag{3-20}$$

当 $f<f_c$ 时，认为光电流能线性再现光功率 P 的变化。

综上所述，光电探测器输出的光电流 I 是端电压 U、光功率 P、光波长 λ、光强调制频率 f 的函数，即

$$I=f(U,\ P,\ \lambda,\ f) \tag{3-21}$$

以 U、P、λ 为参量，$I=f(f)$ 的关系称为光电频率特性，相应的曲线称为频率特性曲线。通常，$I=f(P)$ 及其曲线称为光电特性曲线，$I=f(\lambda)$ 及其曲线称为光谱特性曲线，而 $I=f(U)$ 及其曲线称为伏安特性曲线。当这些曲线给出时，灵敏度 S 的值就可以从曲线中求出，而且还可以利用这些曲线，尤其是伏安特性曲线来设计探测器的工作电路。

2. 量子效率

光电探测器吸收入射光子而产生光电子，光电子形成光电流。光电流的大小与每秒入射的光子数即光功率成正比。量子效率是指对某一特定入射光波长，单位时间产生的光电子数与单位时间入射的光子数之比，即

$$\eta(\lambda) = \frac{\text{每秒产生的光电子数}}{\text{每秒入射波长为}\ \lambda\ \text{的光子数}} \tag{3-22}$$

如果 $\eta=1$，意味着一个波长为 λ 的光子入射到光电探测器上就能产生一个光电子（或产生一对电子－空穴对）。

如果入射的平均光功率为 P，在光电探测器中产生的平均光电流为 I_P，则每秒入射到探测器表面的光子数为 $P/h\nu$，单位时间被入射光子激励产生的光电子数为 I_P/e，则有

$$\eta(\lambda) = \frac{\dfrac{I_P}{e}}{\dfrac{P}{h\nu}} = \frac{I_P hc}{Pe\lambda} \tag{3-23}$$

式中，e 为电子电荷；λ 为入射光波长；c 为光速。对于理想光探测器，$\eta=1$；对于实际的光探测器，$\eta<1$。显然，光电探测器的量子效率越高越好。量子效率是一个微观参数。

应当指出，量子效率通常是指光电探测器的最初过程，即入射光与光敏元件之间的相互作用。在某些光电探测器（如雪崩光电二极管）中，第一级光敏元件与输出级之间含有增益机构，在这种情况下，量子效率含有增益，因而 $\eta>1$，但是这样定义的量子效率并不能真正反映光电探测器的本质特征。

3. 响应时间

光电探测器工作于开关状态或大信号状态时，随着信号光的脉冲频率升高，输出的电流脉冲会发生相对于信号光脉冲的延迟和畸变。当它工作于交流小信号状态时，其输出光电流随着信号光调制频率的升高而下降。造成这些现象的原因是器件的响应速度低于光信号的变

化，响应时间正是描述器件响应速度的参数。

在开关状态下，响应时间为光电流从零到稳定值所需的时间和光电流从有到无所需时间之和，即为上升时间和下降时间之和。在用脉冲法测量响应时间时，其具体定义却随器件的不同而略有不同，用交流小信号也可以测得一个响应时间值。当半导体器件处于小注入状态时，其脉冲响应一般是时间的指数函数，即

$$\begin{cases} I(t) = I(0)\left[1 - \exp\left(-\dfrac{t}{\tau}\right)\right] \text{（前沿）} \\ I(t) = I(0)\exp\left(-\dfrac{t}{\tau}\right) \text{（后沿）} \end{cases} \tag{3-24}$$

式中，时间常数 τ 可定义为响应时间。由式（3-24）可导出，当器件工作于交流小信号状态时，其输出的光电流与入射光调制频率（即工作频率）f 的关系为

$$\begin{cases} I(f) = \dfrac{I(0)}{1 + \mathrm{j}\dfrac{f}{f_c}} \\ f_c = f\big|_{I(f)=0.707I(0)} \end{cases} \tag{3-25}$$

故可由交流小信号下光电流截止频率 f_c 测出 τ。

4. 噪声等效功率 NEP 和探测率 D^*

光信号入射于光电探测器件时，输出中有信号电流 I_S 和噪声电流 I_N。当入射功率小至使 $I_S = I_N$ 时，信号与噪声难以分辨，器件便失去了探测辐射的能力。因此，在评价光电探测器件性能时，同时要考虑器件的噪声，通常用噪声等效功率 NEP 和探测率 D^* 参数来描述光电探测器件的极限探测本领，即最小可探测功率。

1）噪声等效功率

定义为使探测器输出电压正好等于输出噪声电压（即 $U_S = U_N$）时的入射光功率，即

$$\mathrm{NEP} = \frac{U_N}{S_N} = \frac{P}{\dfrac{U_S}{U_N}} \ (\mathrm{W}) \tag{3-26}$$

或

$$\mathrm{NEP} = \frac{I_N}{S_N} = \frac{P}{\dfrac{I_S}{I_N}} \ (\mathrm{W}) \tag{3-27}$$

由以上讨论可知，NEP 小的器件比 NEP 大的器件更灵敏、性能更好，能检测出更弱的入射光功率。一个较好的光电探测器的噪声功率约为 10^{-11} W。

2）探测率（探测度）D 和归一化探测度 D^*

NEP 越小，探测器的探测能力越高，这不符合人们“越大越好”的习惯，于是取 NEP 的倒数并定义为探测度 D，即

$$D = \frac{1}{\mathrm{NEP}} \ (\mathrm{W}^{-1}) \tag{3-28}$$

在实际使用中，往往需要对各种探测器进行比较，以确定选择合适的探测器。但实际发现“D 值大的探测器其探测力一定好”的结论并不充分，因为 D 值或 NEP 值与测量条件有

关，当A（即光敏面的直径）及Δf（即测量带宽）不同时，仅用D值不能反映器件的优劣。于是定义

$$D^{*}=D\sqrt{A\Delta f}\ (\mathrm{cm}\cdot\mathrm{Hz}^{1/2}/\mathrm{W}) \tag{3-29}$$

称为归一化探测度，这时就可以说，D^{*}大的探测器其探测能力一定好。考虑到光谱的响应特性，一般在给出D^{*}值时注明响应波长λ、光辐射调制频率f及测量带宽Δf，即$D^{*}(\lambda, f, \Delta f)$。如果给定$D^{*}$及$S_U$和$S_I$值，则可求得$U_{\mathrm{N}}$和$I_{\mathrm{N}}$。

$$U_{\mathrm{N}}=\frac{S_U}{D}=\frac{S_U\sqrt{A\Delta f}}{D^{*}} \tag{3-30}$$

$$I_{\mathrm{N}}=\frac{S_I}{D}=\frac{S_I\sqrt{A\Delta f}}{D^{*}} \tag{3-31}$$

3.2.2 噪声

任何一个探测器都有一定的噪声。也就是说，携带信息的信号在传输的各个环节都不可避免地受到各种干扰而使信号发生某种程度的畸变，在它的输出端总是存在着一些毫无规律、事先无法预知的电压起伏。通常，把这些非有用信号的各种干扰统称为噪声。噪声是限制探测系统性能的决定性因素。实现微弱光信号的探测，就是如何从噪声中提取信号的问题。

依据噪声产生的物理原因，光电探测器的噪声大致分为散粒噪声、产生-复合噪声、光子噪声、热噪声、低频噪声和温度噪声等。

1. 散粒噪声

无光照下，由于热激发作用，而随机地产生电子所造成的起伏（以光电子发射为例）。由于起伏单元是电子电荷量e，故称为散粒噪声，这种噪声存在于所有光电探测器中。热激发散粒噪声电流均方值为

$$\overline{i_{\mathrm{n}}^{2}}=2ei_{\mathrm{d}}\Delta f \tag{3-32}$$

其有效值为

$$I_{\mathrm{n}}=\sqrt{2ei_{\mathrm{d}}\Delta f} \tag{3-33}$$

相应的噪声电压为

$$U_{\mathrm{n}}=\sqrt{2ei_{\mathrm{d}}\Delta f R^{2}} \tag{3-34}$$

如果探测器具有内增益M，则式（3-33）和式（3-34）还应乘以M。

光电探测器是依靠内场把电子-空穴对分开，空穴对电流贡献不大，主要是电子的贡献。式（3-33）和式（3-34）也适用于光伏探测器。

2. 产生-复合噪声

对光电探测器，载流子热激发的是电子-空穴对。电子和空穴在运动中，与光伏器件重要的不同点在于存在严重的复合过程，而复合过程本身也是随机的。

因此，不仅有载流子产生的起伏，而且还有载流子复合的起伏，这样就使起伏加剧，虽然其本质也是散粒噪声，但为强调产生和复合两个因素，故取名为产生-复合散粒噪声，简称为产生-复合噪声，记为$I_{\mathrm{g-r}}$和$U_{\mathrm{g-r}}$，有

$$I_{\mathrm{g-r}}=\sqrt{4ei_{\mathrm{d}}M^{2}\Delta f} \tag{3-35}$$

$$U_{g-r}=\sqrt{4ei_dR^2M^2\Delta f} \tag{3-36}$$

式中，M 是光电导的内增益。

3. 光子噪声

以上是热激发作用产生的散粒噪声。假定忽略热激发作用，即认为热激发直流电流 i_d 为零。在这种情况下，光照探测器是否就不存在噪声了呢？显然不会，这是因为光子本身也服从统计规律。平常所说的恒定光功率，实际上是光子数的统计平均值，而每一瞬时到达探测器的光子数是随机的。因此，光激发的载流子一定也是随机的，也要产生起伏噪声，即散粒噪声。因为这里强调光子起伏，故称为光子噪声。它是探测器的极限噪声，不管是信号光还是背景光，都要伴随着光子噪声，而且光功率越大光子噪声也越大。于是，只要把 i_d 用 i_b 和 i_s 代替，即可得到光子噪声的表达式，即光子散粒噪声电流为

$$I_{nb}=\sqrt{2ei_b\Delta f} \tag{3-37}$$

$$I_{ns}=\sqrt{2ei_s\Delta f} \tag{3-38}$$

这适用于光电发射和光伏情况，如果有内增益，则再乘以 M。而光子产生－复合噪声为

$$I_{bg-r}=\sqrt{4ei_bM^2\Delta f} \tag{3-39}$$

$$I_{sg-r}=\sqrt{4ei_sM^2\Delta f} \tag{3-40}$$

这里 i_b 和 i_s 又可用光功率 P_b 和 P_s 表示出来，即

$$i_b=\frac{en}{h\nu}P_b \tag{3-41}$$

$$i_s=\frac{en}{h\nu}P_s \tag{3-42}$$

考虑到 i_d、i_b 和 i_s 的共同作用，光电探测器的总散粒噪声可统一表示为

$$I_n=[Se(i_d+i_b+i_s)M^2B]^{\frac{1}{2}} \tag{3-43}$$

式中，S 为 2（光电子发射和光伏）或 4（光电导）；M 为内增益，无内增益时 $M=1$；B 为测量带宽。

4. 热噪声

热噪声存在于所有电子器件和传输介质中，又称为约翰逊噪声，它是电子无规则热运动所形成的瞬间电流。这种噪声不受频率变化的影响，故称为白噪声。热噪声是在所有频谱中以相同的形态分布，与信号频带重叠部分不能被消除。

热噪声的大小与阻性材料的阻值、温度计工作带宽有关。例如，电阻 R 的热噪声电流为

$$\overline{i_n^2}=\frac{4KT\Delta f}{R} \tag{3-44}$$

相应的热噪声电压为

$$\overline{u_n^2}=R^2\,\overline{i_n^2}=4KTR\Delta f \tag{3-45}$$

有效噪声电压和电流分别为

$$U_n=\sqrt{\overline{u_n^2}}=\sqrt{4KTR\Delta f} \tag{3-46}$$

$$I_n=\sqrt{\overline{i_n^2}}=\sqrt{\frac{4KT\Delta f}{R}} \tag{3-47}$$

5. 低频噪声

几乎在所有的探测器中都存在低频噪声。它主要出现在大约 1 kHz 以下的低频频域，而且与光辐射的调制频率 f 成反比，故称为低频噪声或 $1/f$ 噪声。这种噪声产生的原因目前还不十分清楚，但试验发现，探测器表面的工艺状态（缺陷或不均匀等）对这种噪声的影响很大，所以有时也称为表面噪声或过剩噪声。$1/f$ 噪声的经验规律为

$$\overline{i_n^2} = \frac{K_f i^{\alpha} \Delta f}{f^{\beta}} \tag{3-48}$$

$$\overline{u_n^2} = \frac{K_f i^{\alpha} R^{\gamma} \Delta f}{f^{\beta}} \tag{3-49}$$

式中，K_f 为与元件制作工艺、材料尺寸、表面状态等有关的比例系数；α 为系数，它与流过元件的电流有关，其值通常取 2；β 为与元件材料性质有关的系数，其值在 0.8～1.3 内，大部分材料的 β 值取 1；γ 与元件阻值有关，取值一般在 1.4～1.7 内。

一般地说，只要限制低频端的调制频率不低于 1 kHz，这种噪声就可以防止。

6. 温度噪声

温度噪声是由于材料的温度起伏而产生的噪声。在热探测器件中必须考虑温度噪声的影响。

当材料的温度发生变化时，由于有温差 ΔT 的存在，因而引起材料有热流量的变化 $\Delta\phi$，这种热流量的变化导致产生物体的温度噪声。温度为 T 的物体的热流量噪声均方值为

$$\overline{\Delta\phi^2} = 4AhkT^2\Delta f \tag{3-50}$$

式中，A 为传热面积；h 为传热系数，$W/(m^2 \cdot K)$；k 为玻尔兹曼常数；T 为材料温度；Δf 为通带带宽。

温度噪声与热噪声在产生原因、表示形式上有一定的差别，主要区别在于：热噪声中材料的温度 T 一定，引起粒子随机波动，从而产生随机性电流 $\overline{i_n}$；温度噪声中材料温度有变化量 ΔT，从而导致热流量的变化 $\Delta\phi$，此变化表示温度噪声的大小。

3.3　常用光电探测器

以光导模式工作的结型光伏探测器称为光电二极管，它在微弱、快速光信号探测方面有着非常重要的应用。有硅光电二极管、硅 PIN 光电二极管、雪崩光电二极管（记为 APD）、肖特基势垒光电二极管等。下面将一些共性问题放在硅光电二极管中讨论，对其他种类的光电二极管着重介绍它们的原理和特点。

3.3.1　硅光电二极管

制造一般光电二极管的材料几乎全部选用硅或锗的单晶材料。由于硅器件比锗器件暗电流温度系数小得多，加之制作硅器件采用的平面工艺使其管芯结构很容易精确控制，因此硅光电二极管得到广泛应用。

1. 结构原理

硅光电二极管的两种典型结构如图 3-4 所示，其中图 3-4（a）采用的 N 型单晶硅和扩散工艺，称为 P^+N 结构，如 2CU 型。而图 3-4（b）采用的 P 型单晶硅和磷扩散工艺，

称为 N^+P 结构，如 2DU 型。光敏芯区外侧的 N^+ 环区称为保护环，其目的是切断感应表面层漏电流，使漏电流明显减小。硅光电二极管电路中的符号及偏置电路也在图 3－4 中一并画出，一律采用反向电压偏置。环极的光电二极管有 3 根引出线，通常把 N 侧电极称为前级，P 侧电极称为后极。环极接偏置电源的正极，如果不用环极，则把它断开，空着即可。

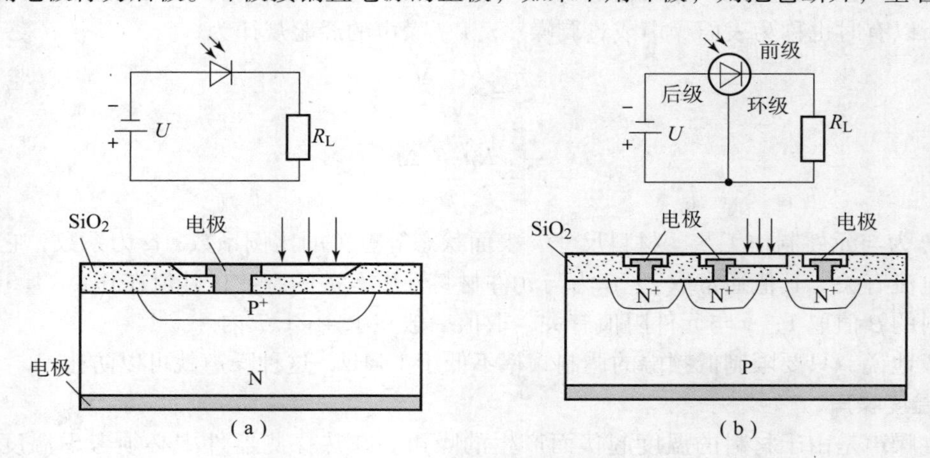

图 3－4　硅光电二极管的两种典型结构

(a) 2CU 型；(b) 2DU 型

硅光电二极管的封装有多种形式。常见的是金属外壳加入射窗口封装，入射窗口又有透镜和平面镜之分。透镜有聚光作用，有利于提高灵敏度。而且由于聚焦位置与入射光方向有关，因此还能减小杂散背景光的干扰。缺点是灵敏度随方向而变，因此给对准和可靠性带来问题。采用平面镜窗口的硅光电二极管虽然没有严格的对准要求，但易受杂散光干扰的影响。硅光电二极管的外形及灵敏度的方向性如图 3－5 所示。

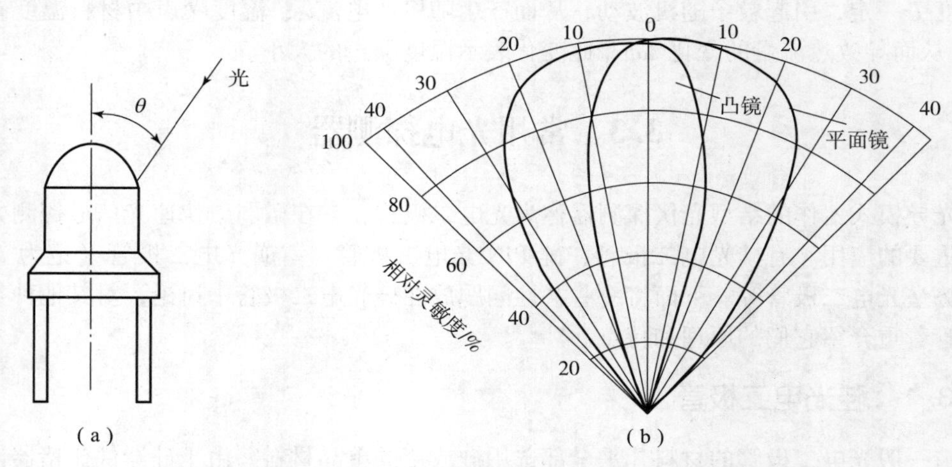

图 3－5　硅光电二极管的外形及灵敏度的角度变化

(a) 外形；(b) 灵敏度的角度变化

2. 光谱响应特性和光电灵敏度

硅光电二极管具有一定的光谱响应范围。图 3－6 给出了硅光电二极管的光谱响应曲线。常温下，硅材料的禁带宽度约为 1.12 eV，峰值波长约为 0.9 μm，长波限约为 1.1 μm。由于入射波长越短，管芯表面的反射损失就越大，从而使实际管芯吸收的能量越少，这就产生了短波限问题。硅光电二极管的短波限约为0.4 μm。

硅光电二极管的电流灵敏度主要决定于量子效率。在峰值波长 0.9 μm 条件下，量子效率大于50%，电流灵敏度不小于0.4（μA/μW）。

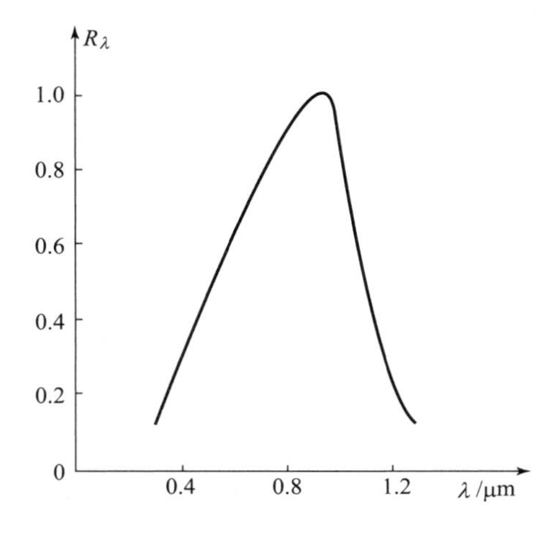

图3－6　硅光电二极管光谱

3. 光电变换的伏安特性分析

一个PN结光伏探测器等效为一个普通二极管和一个恒流源（光电流源）的并联，如图3－7所示。它的工作模式则由外偏压回路决定，在零偏压时（见图3－7（c）），称为光伏工作模式。当外回路采用反偏压 U 时（见图3－7（d）），即外加P端为负，N端为正的电压时，称为光导工作模式。

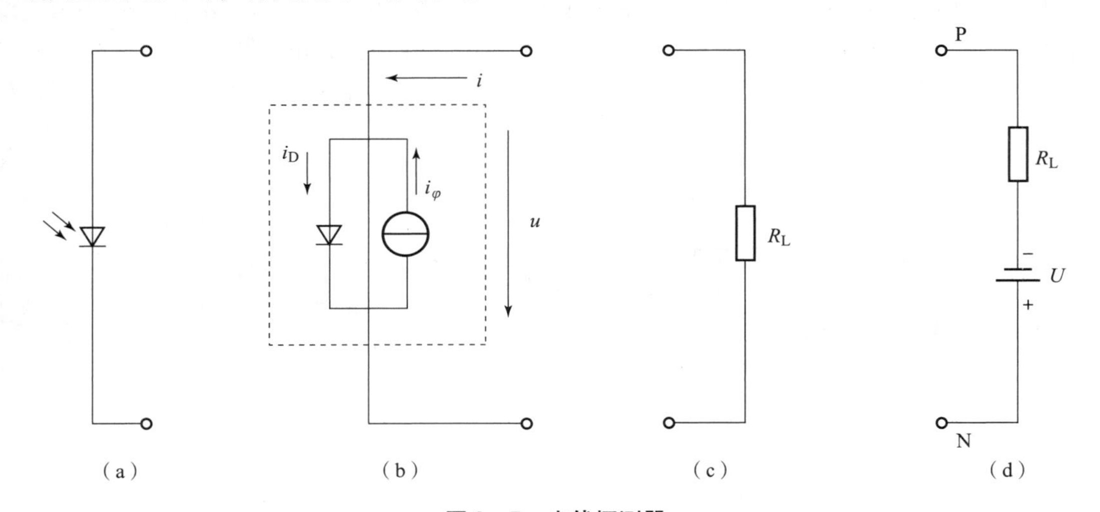

图3－7　光伏探测器

（a）光伏探测器符号；（b）等效电路；（c）光伏工作模式；（d）光导工作模式

光电二极管是一种以光导模式工作的光伏探测器，光电二极管总是在反向偏压下工作，伏安特性如图3－8所示。

（1）直流和慢变化情况。

$$R_L < \frac{U}{SP_M} \tag{3-51}$$

式中，U 为偏置电压；S 为光电二极管的光电流灵敏度；P_M 为最大光功率。

（2）交变光信号情况。

同样地，在要求交流功率输出最大时，有

$$R_b = R_L < \frac{2U}{S(2P_0 + P_m)} \tag{3-52}$$

式中，P_0 为交变光信号的平均功率；P_m 为交变光信号功率的变化量。

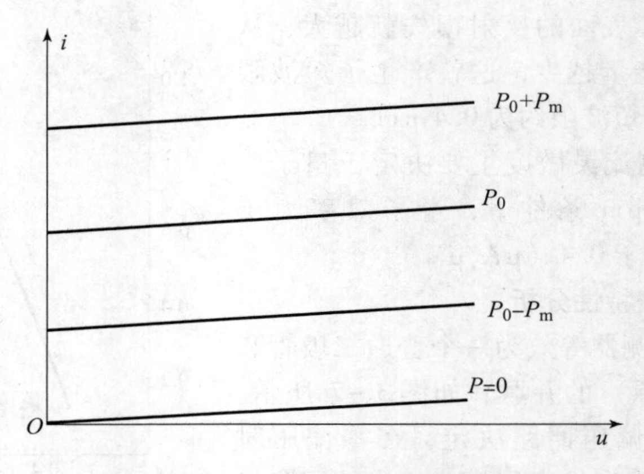

图 3-8 光电二极管特性曲线

4. 光电二极管的偏置方式

光电二极管是应用最多的光伏探测器。它的偏置电路和噪声等效电路如图 3-9 所示。图中省略了光电二极管的暗电阻（因为很大），R_d 和 R_L 分别为光电二极管的动态电阻和偏置电阻。C_d 为结电容。i_{ns}、i_f 和 i_{nL} 分别为光电二极管的散粒噪声、1/f 噪声和负载电阻 R_L 的热噪声。动态电阻没有热损耗，因而不产生热噪声。

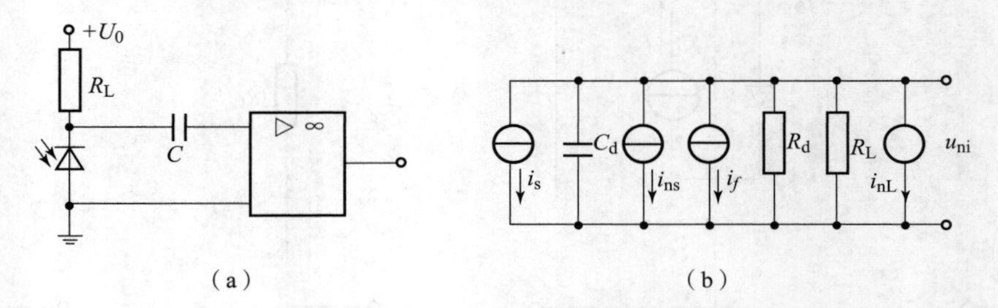

图 3-9 光电二极管的偏置电路及噪声等效电路

(a) 偏置电路；(b) 噪声等效电路

由等效电路可知，信号电功率和噪声功率为

$$P_s = \overline{i_s^2} Z \tag{3-53}$$

$$P_n = (\overline{i_{ns}^2} + \overline{i_f^2} + \overline{i_{nL}^2}) Z \tag{3-54}$$

式中，$Z = C_d // R_d // R_L$。

相应的信噪比为

$$\frac{s}{n} = \frac{i_s^2}{\left\{2e\left[i_{so}\left(\exp\left(\frac{eu_0}{k_B T}\right) - 1\right) - i_s\right] + B \cdot \frac{i_f^2}{f} + \frac{4k_B T}{R_L}\right\}\Delta f} \tag{3-55}$$

式中，u_0 为光电二极管两端电压，i_{so}为暗电流。

从式（3-55）可见，若是低频工作，主要噪声成分是 1/f 噪声。要使信噪比最大，使 $U_0=0$，即零偏工作，并把 R_L 尽可能取大些。当高频工作时，散粒噪声占主要成分，取反偏工作就十分有利。

5. 频率响应特性

硅光电二极管的频率特性是半导体光电器件中最好的一种，因此特别适宜于快速变化的光信号探测。

光电二极管的频率响应主要由3个因素决定：光生载流子在耗尽层附近的扩散时间；光生载流子在耗尽层内的漂移时间；与负载电阻 R_L 并联的结电容 C_j 所决定的电路时间常数。

作为高速响应器件来说，扩散时间越小越好。在制造工艺上，一般把光敏面做得很薄。由于硅材料对光波的吸收与波长有明显关系，所以不同光波长产生的光生载流子的扩散时间变得与波长有关。在光谱响应范围内，长波长的吸收系数小，入射光可透过PN结而到达体内N区较深部位，它激发的光生载流子要扩散到PN结后才能形成光电流。这一扩散时间限制了对长波长光的频率响应。波长较短的光生载流子大部分产生在PN结内，没有体内扩散问题，因而频率响应要好得多。对硅光电二极管来说，由波长不同引起的响应时间可差100～1 000倍。为了改善长波长的频率响应，出现了硅PIN光电二极管，这将在后面讨论。

光生载流子在耗尽层内的漂移时间一般比载流子扩散时间和电路时间常数低两个数量级，对光电二极管的响应速度影响较小。而载流子扩散时间和电路时间常数大约同数量级，是决定光电二极管响应速度的主要因素。

6. 噪声特性

由于光电二极管常常用于微弱光信号的探测，因此了解它的噪声特性是十分必要的。图3－10是硅光电二极管的噪声等效电路。

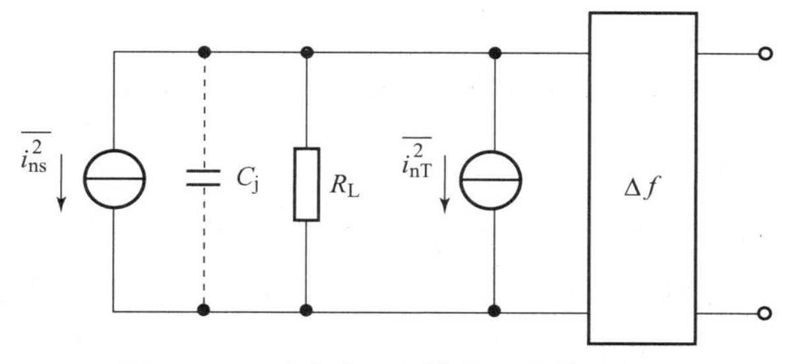

图3－10　硅光电二极管的噪声等效电路

对高频应用，两个主要的噪声源是散粒噪声$\overline{i_{ns}^2}$和电阻热噪声$\overline{i_{nT}^2}$。输出噪声电流的有效值为

$$i_n = \left(\overline{i_{ns}^2} + \overline{i_{nT}^2}\right)^{\frac{1}{2}} = \left[2e(i_s + i_b + i_d)\Delta f + \frac{4k_B T\Delta f}{R_L}\right]^{\frac{1}{2}} \tag{3-56}$$

相应的噪声电压为

$$u_n = i_n R_L = \left[2e(i_s + i_b + i_d)R_L^2\Delta f + 4k_B T R_L \Delta f\right]^{\frac{1}{2}} \tag{3-57}$$

式中，i_s 为信号光电流的平均值；i_b 为背景光电流的平均值；i_d 为反向饱和暗电流的平均值。由式（3－56）和式（3－57）可知，从材料及制造工艺上尽量减小 i_d，并合理选取负载电阻 R_L 是合理减小噪声的有效途径。

3.3.2　硅PIN光电二极管

从硅光电二极管的讨论可知，改善其频率响应特性的途径是设法减小载流子的扩散时间和结电容。从这个思路出发，人们制成了一种在 P 区和 N 区之间相隔一本征层（I 层）的 PIN 光电二极管。

硅 PIN 光电二极管的结构及管内电场分布如图 3-11 所示。由图可见，本征层首先是个高电场区，这时由于本征材料的电阻率很高，因此反偏压电场主要集中在这一区域，高的电阻使暗电流明显减小。在这里产生的光生电子-空穴对将立即被电场分离，并快速漂移运动。本征层的引入明显地增大了 P^+ 区的耗尽厚度，这有利于缩短载流子的扩散过程。耗尽层的加宽也明显减小了结电容，从而使电路时间常数减小。由于在光谱响应的长波区硅材料的吸收系数明显减小，因此耗尽层的加宽还有利于对长波区光辐射的吸收。这样，PIN 结构又提供了较大的灵敏面积，有利于量子效率的改善。

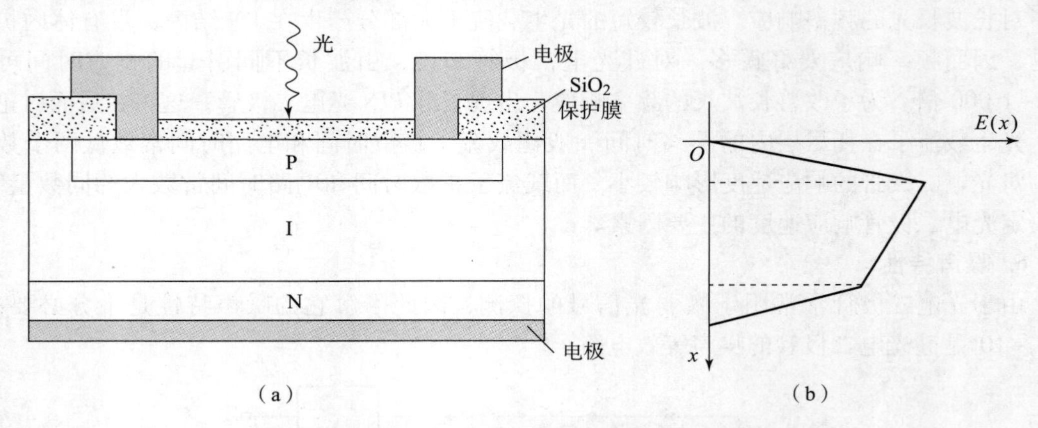

图 3-11　硅 PIN 光电二极管管芯结构和电场分布

（a）管芯结构；（b）电场分布

性能良好的硅 PIN 光电二极管，扩散和漂移时间一般在10^{-10} s 量级。因此，实际应用中决定光电二极管频率响应的主要因素是电路时间常数 τ_c。PIN 结构的结电容 C_j 一般可控制在 10 pF 量级；适当加大反偏压，C_j 还可减小一些。因此，合理选择负载电阻 R_L 是实际应用中的重要问题。

硅 PIN 光电二极管的上述优点，使它在光通信、激光雷达、激光引信以及其他快速光电自动控制领域得到了非常广泛的应用。下面介绍典型 PIN 器件及其性能参数。

1. 硅 PIN 光电二极管

以 GT101 光电二极管系列为例，此系列器件为硅 PIN 光电二极管，在反向偏置条件下工作。峰值波长在 940 nm 左右，光谱探测范围为 400~1100 nm。具有平面正照结构、响应速度快、暗电流低、响应度高、可靠性高等特点。可应用于激光引信、测距、快速光脉冲检测等领域。其实物如图 3-12 所示，器件参数如表 3-2 所示。

器件的特性曲线图如图 3-13 至图 3-15 所示。其中电容与电压的关系曲线如图 3-13 和图 3-14 所示，光谱响应曲线如图 3-15 所示。

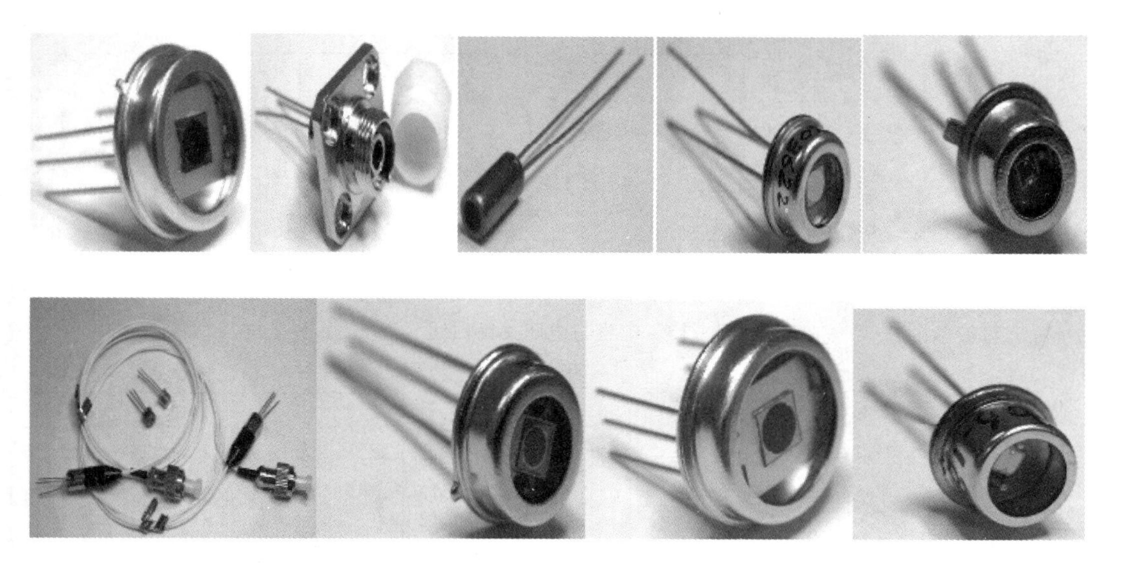

图 3－12　GT101 光电二极管系列实物

表 3－2　GT101 光电二极管系列器件参数表

<table>
<tr><td colspan="2">参数</td><td>符号</td><td>测试条件</td><td colspan="9">典　型　值</td><td>单位</td></tr>
<tr><td colspan="2">光敏面尺寸</td><td></td><td></td><td>ϕ0.2</td><td>ϕ0.5</td><td>ϕ1</td><td>ϕ2</td><td>ϕ4</td><td>0.5×0.5</td><td>1×1</td><td>1.3×1.3</td><td>2×2</td><td>mm</td></tr>
<tr><td rowspan="3">光参数</td><td>光谱响应范围</td><td>λ</td><td></td><td colspan="9">400～1 100</td><td>nm</td></tr>
<tr><td>响应度</td><td>R_e</td><td>$U_R=15$ V
$\lambda=900$ nm</td><td>0.4</td><td>0.45</td><td>0.5</td><td>0.5</td><td>0.5</td><td>0.45</td><td>0.45</td><td>0.5</td><td>0.5</td><td>A/W</td></tr>
<tr><td>响应时间</td><td>t_r</td><td>$U_R=15$ V
$R_L=50\ \Omega$</td><td>2</td><td>5</td><td>6</td><td>8</td><td>15</td><td>3.5</td><td>5</td><td>8</td><td>10</td><td>ns</td></tr>
<tr><td rowspan="3">电参数</td><td>暗电流</td><td>I_D</td><td>$U_R=15$ V</td><td>1</td><td>2</td><td>3</td><td>5</td><td>12</td><td>3</td><td>3</td><td>4</td><td>6</td><td>nA</td></tr>
<tr><td>反向击穿电压</td><td>U_{BR}</td><td>$I_R=10\ \mu$A</td><td colspan="5">100</td><td>50</td><td colspan="3">80</td><td>V</td></tr>
<tr><td>结电容</td><td>C_j</td><td>$f=1$ MHz
$U_R=15$ V</td><td>0.8</td><td>1.2</td><td>2.0</td><td>6</td><td>20</td><td>6.0</td><td>3</td><td>3</td><td>10</td><td>pF</td></tr>
<tr><td colspan="2">工作电压</td><td>U_R</td><td></td><td colspan="9">0～15</td><td>V</td></tr>
<tr><td colspan="2">管座型号</td><td></td><td></td><td colspan="3">同轴Ⅱ型、5501、TO－46、插拔式、带尾纤</td><td>TO－5</td><td>TO－8</td><td colspan="3">同轴Ⅱ型、5501、TO－46、插拔式、TO－5</td><td>TO－5</td><td></td></tr>
<tr><td colspan="14">饱和光功率≤0.3 W/cm²</td></tr>
</table>

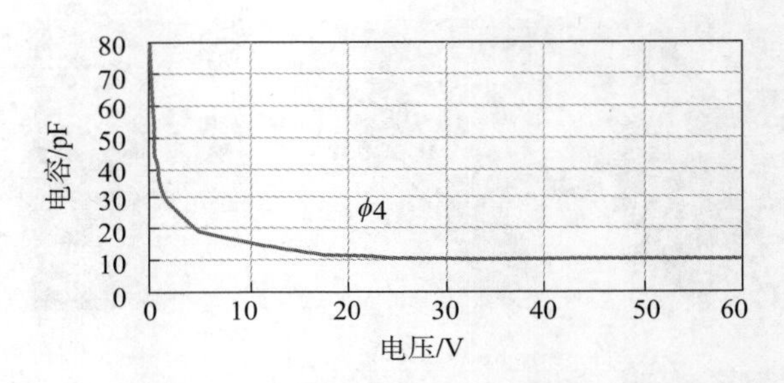

图 3 – 13　电容与电压关系曲线（一）

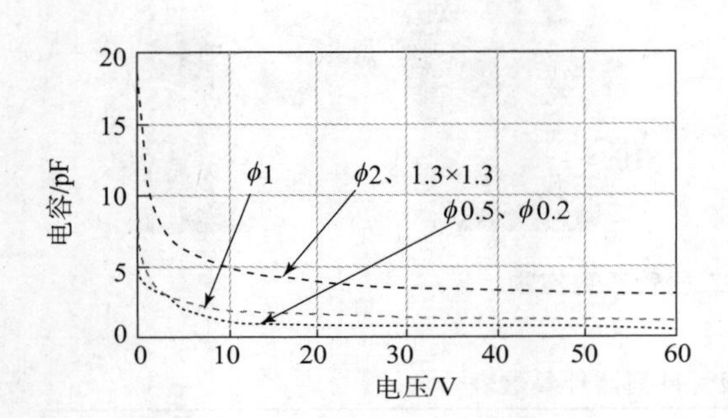

图 3 – 14　电容与电压关系曲线（二）

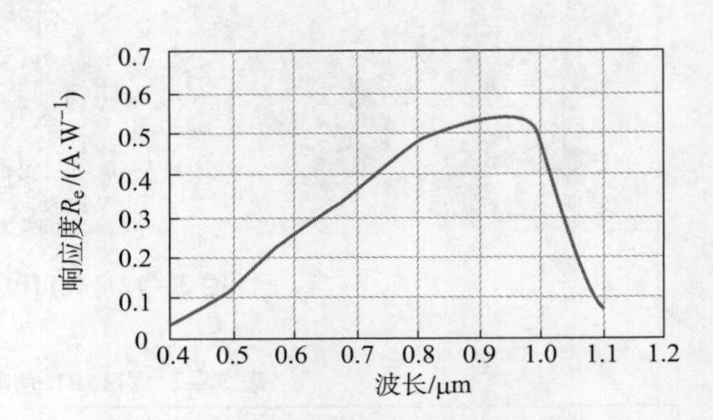

图 3 – 15　光谱响应曲线

2. PIN 光电探测器组件

以 GD4251Y 型光电探测器接收组件为例，如图 3 – 16 所示，该组件可用于激光引信和激光测距。

（a）

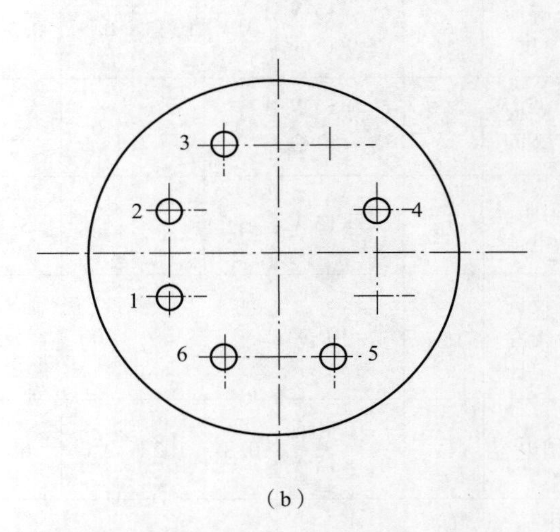

（b）

图 3 – 16　GD4251Y 型激光接收组件

（a）实物；（b）底视图

引脚定义见表 3 – 3。

最大额定值参数如表 3 – 4 所示，推荐工作条件如表 3 – 5 所示，光电参数如表 3 – 6 所示。

表 3－3　引脚定义

引脚	符号	功能
1	U_{out}	信号输出
2	V_{SS}	负电源
3	U_R	探测器偏置电压
4	GND	地
5	GND	地
6	V_{CC}	正电源

表 3－4　最大额定值参数表

参数	符号	最大额定值	单位
正电源	V_{CC}	+9	V
负电源	V_{SS}	－9	V
探测器偏置电压	U_R	+30	V
工作温度范围	T_{amb}	－55 ~ +85	℃
存储温度范围	T_{stg}	－55 ~ +85	℃
功耗	P	200	mW

表 3－5　推荐工作条件表

参数	符号	典型值	单位
正电源	V_{CC}	+5	V
负电源	V_{SS}	－5	V
探测器偏置电压	U_R	+15	V

表 3－6　光电参数表

参数	测试条件	数值	单位
响应度	1 ~ 5 μW，R_L = 1 MΩ	$\geqslant 1 \times 10^5$	V/W
输出噪声	R_L = 1 MΩ	≤60	mW
动态范围	R_L = 1 MΩ	≥20	dB
上升时间	1 ~ 5 μW	≤12	ns
输出阻抗	1 ~ 5 μW	≤50	Ω
最大输出电压	R_L = 1 MΩ	≥1.8	V

注：测试条件 V_{CC} = +5 V，V_{SS} = －5 V，U_R = +15 V，λ = 850 nm。

3. 异形 PIN 光电探测器组件

以 EV2110 光电探测器接收组件为例，该组件具有响应度高、响应速度快、大角度接收、抗亮背景、抗电磁干扰强、低噪声和低功耗等优点，可用于激光引信和激光测距。

EV2110 光电探测器接收组件系列由硅 PIN 结构的单象限光探测芯片和模拟放大电路组成。当组件接收到光照时，内置的光电探测芯片在一定的偏压作用下，产生光生载流子并形成光电流，该电流通过取样电阻转换成电压信号，再经模拟放大电路放大处理后输出。

EV2110 光电探测器接收组件，目前共有 4 个型号，组件内部主要由 1 mm × 10 mm（EV2110 - 1L）、2. 83 mm × 10 mm（EV2110 - 3L）、（4 ~ 3）mm × 10 mm（EV2110 - 4L，“工”字形）、1. 5 mm × 10 mm（EV2110 - 8，“V”字形）、单象限 Si - PIN 探测器芯片及高信噪比的前放电路构成，其中 EV2110 - 1L、EV2110 - 3L、EV2110 - 4L 可响应接收脉宽 50 ns 及以上脉宽的激光信号，采用特有的导电膜和滤光片设计，使组件具有很强的抗电磁干扰与抗亮背景光能力。EV2110 - 8 接收宽度为 40 ns 及以上的激光脉冲信号。其中，EV2110 - 1L/EV2110 - 3L/EV2110 - 4L 外形尺寸如图 3 - 17 所示，EV2110 - 8 外形尺寸如图 3 - 18 所示，引脚定义如表 3 - 7 所示。

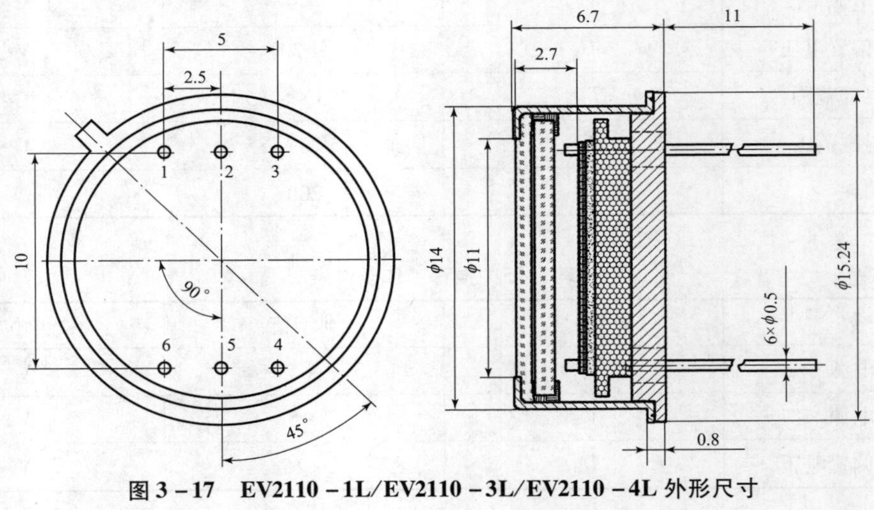

图 3 - 17　EV2110 - 1L/EV2110 - 3L/EV2110 - 4L 外形尺寸

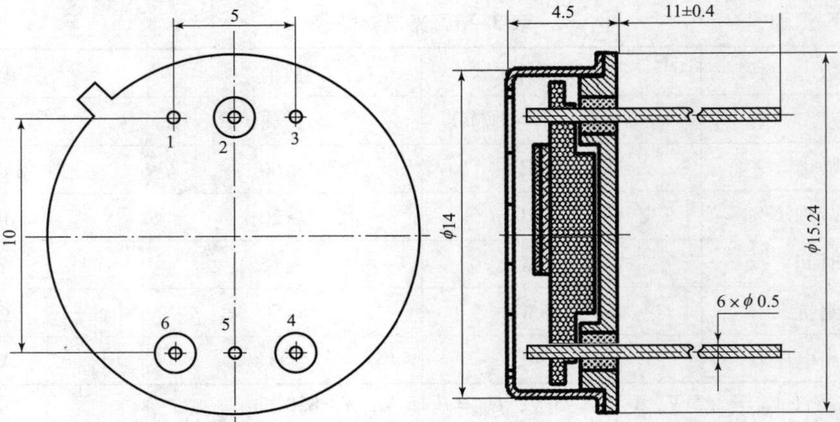

图 3 - 18　EV2110 - 8 外形尺寸

表 3－7　引脚定义

产品型号	序号	符号	功能说明	序号	符号	功能说明
EV2110－1L EV2110－3L EV2110－4L	1	GND	接地	4	U_{out}	信号输出
	2	V_{CC}	前放电源电压	5	GND	接地
	3	GND	接地	6	NC	悬空
EV2110－8	1	GND	接地	4	U_R	偏置电压
	2	V_{CC}	前放电源电压	5	GND	接地
	3	GND	接地	6	U_{out}	信号输出

EV2110 光电探测器接收组件系列性能参数如表 3－8 所示，绝对最大额定值如表 3－9 所示。

表 3－8　性能参数表

产品型号	参数名称	符号	测试条件（T_C = 22 ℃ ±3 ℃）	最小值	典型值	最大值	单位
EV2110－1L	光敏面面积	S	—	—	1×10	—	mm×mm
	光谱响应范围	λ	—	400	850	1 100	nm
	响应度	R_e	λ = 850 nm； τ = 50 ns； V_{CC} = 12 V	5.0×10^4	—	6.0×10^4	V/W
	上升时间	T_r		—	—	20	ns
	最大输出电压	U_{omax}		5	—	—	V
	脉冲极性	—		—	正	—	—
	大角度入射	—	±30°	3.0×10^4	—	—	mV
	暗噪声	U_{nrms}	V_{CC} = 12 V	—	—	6	mV
	导电膜电阻	R	—	—	—	50	Ω
EV2110－3L EV2110－4L	光敏面面积	S	—	—	2.83×10 (4～3)×10（“工”字形）	—	mm×mm
	光谱响应范围	λ	—	400	850	1 100	nm
	响应度	R_e	λ = 850 nm； τ = 50 ns； V_{CC} = 12 V	1.35×10^5	—	—	V/W
	上升时间	T_r		—	—	40	ns
	最大输出电压	U_{omax}		—	—	3	V
	脉冲极性	—		—	正	—	—
	大角度入射	—	±30°	0.81×10^5	—	—	mV
	暗噪声	U_{nrms}	V_{CC} = 12 V	—	—	6	mV
	导电膜电阻	R	—	—	—	50	Ω

续表

产品型号	参数名称	符号	测试条件（$T_C = 22\ ℃ \pm 3\ ℃$）	最小值	典型值	最大值	单位
EV2110-8	光敏面面积	S	—	—	1.5×10（“V”字形）	—	mm×mm
	光谱响应范围	λ	—	400	850	1 100	nm
	响应度	R_e	$\lambda = 850$ nm；$\tau = 40$ ns；$V_{CC} = 15$ V；$U_R = 15$ V	1.0×10^5	—	—	V/W
	上升时间	T_r		—	—	28	ns
	信噪比	—		—	10∶1（$U_{out}/U_{np-p} = 10$）	—	—
	最大输出电压	U_{omax}		—	—	3	V
	脉冲极性	—		—	正	—	—
	暗噪声峰峰值	U_{np-p}	$V_{CC} = 15$ V；$U_R = 15$ V	—	—	13	mV

表 3-9　绝对最大额定值

产品型号	探测器偏置电压/V	电源电压/V	工作温度范围/℃	存储温度范围/℃
EV2110-1L	—	13.2	-45 ~ +60	-55 ~ +65
EV2110-3L	—	13.2	-45 ~ +55	-55 ~ +60
EV2110-4L	—	13.2	-45 ~ +55	-55 ~ +60
EV2110-8	16.5	16.5	-40 ~ +60	-50 ~ +65

3.3.3　雪崩光电二极管

雪崩光电二极管（APD）是借助强电场作用产生载流子倍增效应（即雪崩倍增效应）的一种高速光电器件。一般硅和锗雪崩光电二极管的电流增益可达 100 ~ 1 000，因此这种管子的灵敏度很高（在 $\lambda = 0.7\ \mu m$ 时的响应度达 100 A/W）且响应速度快，响应时间只有 0.5 ns，相应的响应频率可达 100 GHz，噪声等效功率为10^{-15} W。下面简述其工作原理、结构、特性及供电电路。

1. 工作原理及结构

雪崩光电二极管是利用雪崩倍增效应而具有内增益的光电二极管。工作过程：在光电二极管的 PN 结上加一相当高的反向偏压，使结区产生一个很强的电场，当光激发的载流子或热激发的载流子进入结区后，在强电场的加速下获得很大的能量，与晶格原子碰撞而使晶格原子发生电离，产生新的电子－空穴对；新产生的电子－空穴对在向电极运动过程中又获得足够能量，再次与晶格原子碰撞，又产生新的电子－空穴对；这一过程不断重复，使 PN 结内电流急剧倍增，这种现象称为雪崩倍增效应。雪崩光电二极管就是利用这种效应而产生光电流放大的。

要保证载流子在整个光敏区均匀倍增，必须采用掺杂浓度均匀并且缺陷少的衬底材料，同时在结构上采用“保护环”。保护环的作用是增加高阻区宽度，减小表面漏电流，避免边缘过早击穿。带保护环的 APD 有时也称为保护环雪崩光电二极管，记作 GAPD。

图 3－19 给出了几种雪崩光电二极管的结构，图 3－19（a）是 P 型 N^+ 结构，它是以 P 型硅材料作基片，扩散 5 价元素磷而形成重掺杂 N^+ 型层，并在 P 与 N^+ 区间通过扩散形成轻掺杂高阻 N 型硅，作为保护环 v，使 N^+P 结区变宽，呈现高阻。图 3－19（b）所示为 PIN 结构，v 为高阻 N 型硅，作为保护环，同样用来防止表面漏电和边缘过早击穿。图 3－19（c）表示一种新的达通型雪崩光电二极管（记作 RAPD）结构，π 为高阻 P 型硅，此图的右边画出了不同区域内的电场分布情况，其结构特点是把耗尽层分高电场倍增区和低电场漂移区。在图 3－19（c）中，Ox_1 区为高电场雪崩倍增区，而 x_1x_2 为低电场漂移区。器件在工作时，反向偏置电压使耗尽层从 N^+P 结一直扩散到 πP^+ 边界。当光照射时，漂移区产生的光生载流子（电子）在电场中漂移到高电场区，发生雪崩倍增，从而得到较高的内部增益；又由于耗尽区很宽，能吸收大多数的光子，因此量子效率也高。另外，达通型雪崩光电二极管还具有更高的响应速度和更低的噪声。

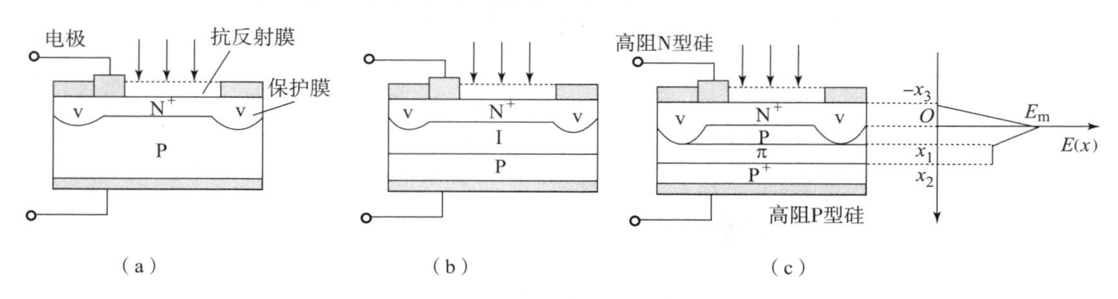

图 3－19 雪崩光电二极管的结构示意图

（a）P 型 N^+ 结构；（b）PIN 结构；（c）RAPD 结构

2. 倍增因子 *M* 和噪声

雪崩光电二极管的电流增益用倍增因子 M 表示，通常定义为倍增的光电流 i_1 与不发生倍增（雪崩）效应时的光电流 i_{10} 之比。倍增因子与 PN 结上所加的反向偏压 U、PN 结的材料有关，即

$$M=\frac{i_1}{i_{10}}=\frac{1}{1-\left(\frac{U}{U_B}\right)^n} \tag{3-58}$$

式中，U_B 为击穿电压；U 为外加反向偏压；$n=1\sim3$，取决于半导体材料、掺杂分布以及辐射波长。由式（3－58）可知，当外加电压 U 增加到接近 U_B 时，M 将趋近于无穷大，此时 PN 结将发生击穿。雪崩光电二极管偏压与暗电流及倍增因子的关系曲线如图 3－20 所示，在偏压较小的 A 点以左能产生光电激发，但无雪崩倍增效应；从 A 点到 B 点，反向偏压将引起雪崩效应，使光电流有较大增益；超过 B 点以后，易发生雪崩击穿，同时暗电流也越来越大，因此最佳工作电压不宜超过 U_B；否则将进入不稳定的、易击穿的工作区。

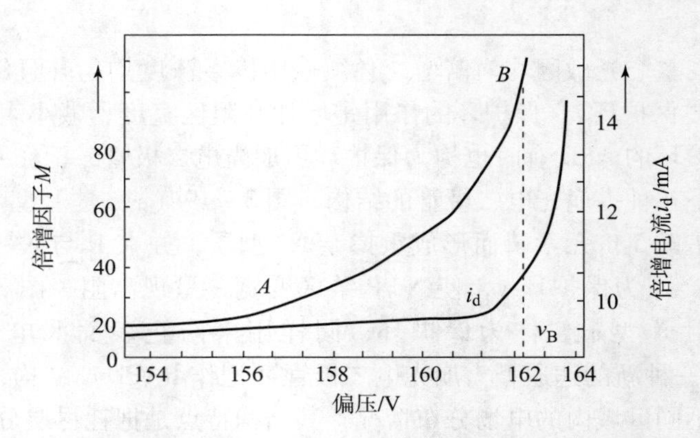

图 3-20 雪崩光电二极管偏压与暗电流及倍增因子的关系曲线

雪崩光电二极管的击穿电压 U_B 与器件的工作温度有关，当温度升高时，击穿电压会增大，因此为得到同样的增益系数，不同的工作温度就要加不同的反向偏压，图 3-21 示出了倍僧因子 M、工作偏压 U 与器件工作温度之间的关系曲线。

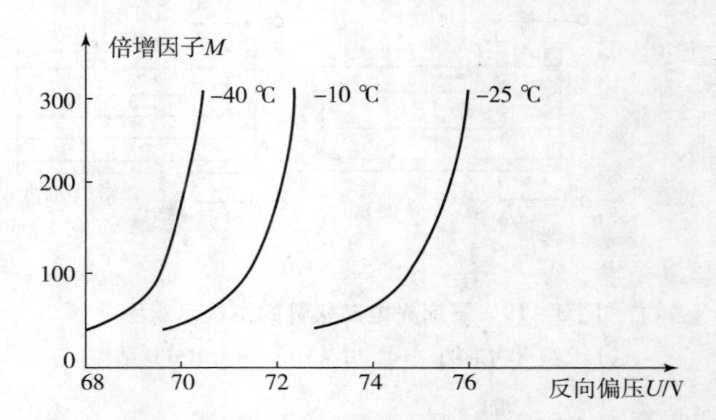

图 3-21 倍增因子、反向偏压 U 与工作温度之间的关系曲线

一般情况下，雪崩光电二极管的反向击穿电压在几十伏到几百伏之间，相应的倍增因子为 100~1 000。雪崩光电二极管的噪声除了包含有普通光电二极管散粒噪声外，还有因雪崩过程的随机性而引入的附加噪声。雪崩光电二极管的信噪比随倍增因子 M 而变化。当放大器及负载电阻的热噪声电流大于雪崩光电二极管的散粒噪声电流时，随着 M 的增加，信号电流与散粒噪声电流均增大，而放大器及负载电阻的热噪声电流基本不变，因此随着 M 的增加，总的信噪比提高。当 M 增加到使散粒噪声大于放大器及负载电阻的噪声时，随着 M 增加，信噪比反而会减小。

3. 典型雪崩光电二极管

1）单管 APD

以 AD500-9 为例进行说明，其封装形式为 TO52S1。AD500-9 实物如图 3-22 所示，封装尺寸如图 3-23 所示，性能参数如表 3-10 所示。

图3－22　AD500－9实物

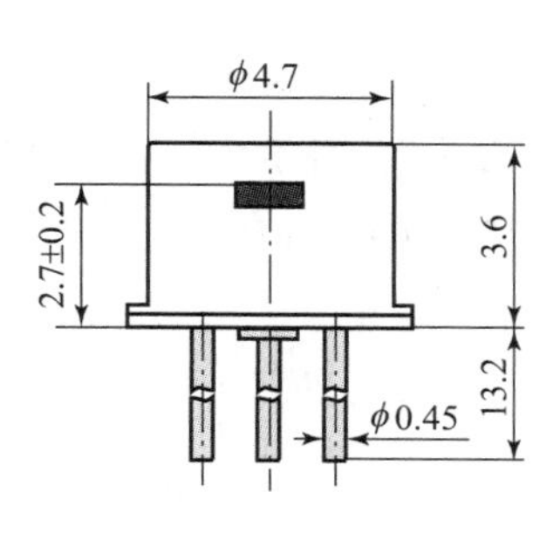

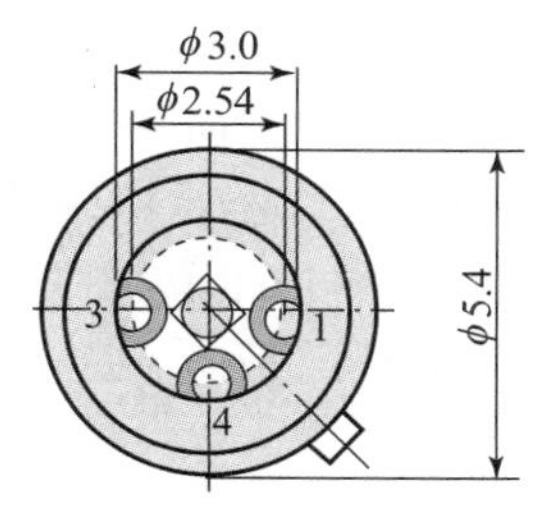

图3－23　封装尺寸

表3－10　AD500－9主要性能参数表

参数	典型值	单位
光敏面直径	ϕ500	μm
暗电流	0.5～1@M=100	nA
结电容	1.2@M=100	pF
上升时间	0.55@M=100	ns
击穿电压	120～300	V
响应度	60@905nm@M=100	A/W
噪声等效功率NEP	2E－14@M=100	W/$\sqrt{Hz}$
击穿电压温度系数	1.55	V/K
－3 dB带宽	0.5	GHz
最佳增益	50～60	
最大增益	>200	
过剩噪声因子	2.5@M=100	
过剩噪声指数	0.2@M=100	
噪声电流	1@M=100	pA/$\sqrt{Hz}$
工作温度	－20～＋70	℃
储存温度	－60～＋100	℃
封装形式	TO52S1	

器件的特性曲线如图 3－24 至图 3－28 所示。其中图 3－24 所示为 $M=1$ 时所示的光谱响应度，图 3－25 所示为 $M=100$ 时的光谱响应度，图 3－26 所示为 $M=1$ 时的量子效率，图 3－27 所示为暗电流与偏压和击穿电压之比的关系，图 3－28 所示为偏压和倍增因子的关系。

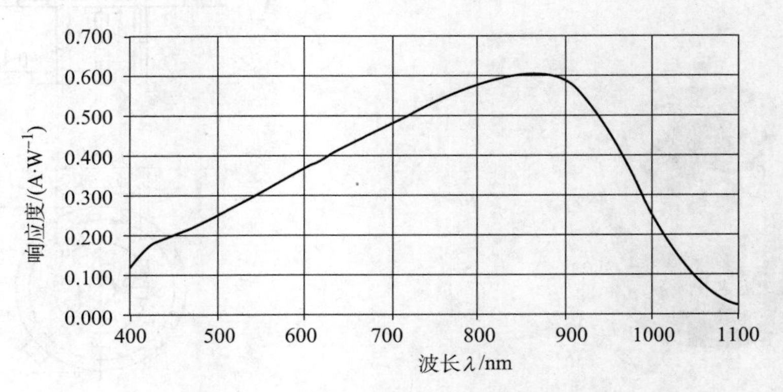

图 3－24　$M=1$ 时的光谱响应度

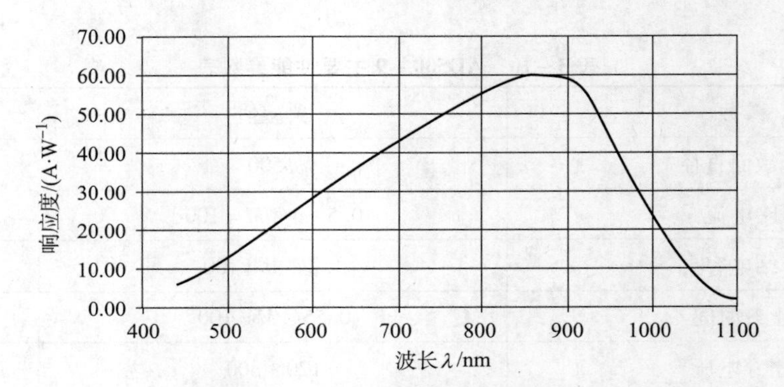

图 3－25　$M=100$ 时的光谱响应度

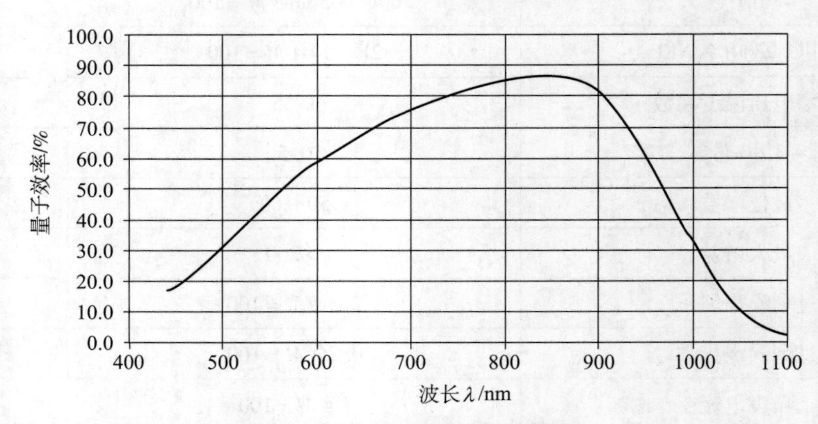

图 3－26　$M=1$ 时的量子效率

2）带集成运放 APD

以 AD500－9－400M 为例进行说明，其封装形式为 TO－5。AD500－9－400M 实物如图 3－29 所示，封装尺寸如图 3－30 所示。

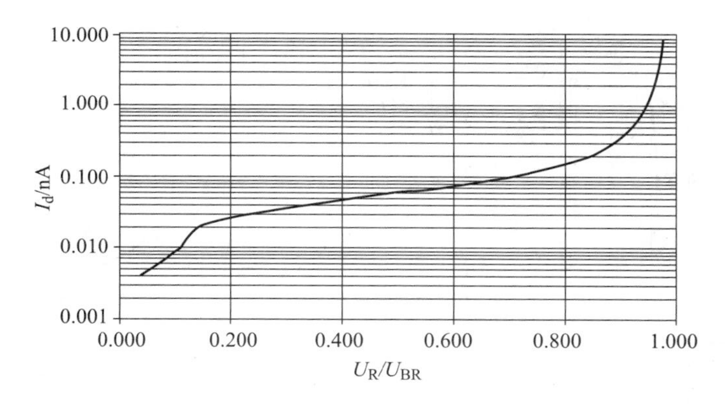

图 3 - 27　暗电流与偏压和击穿电压之比的关系

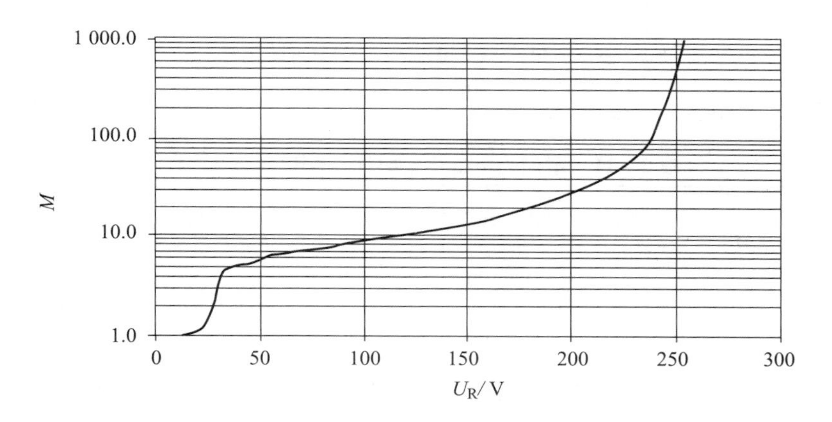

图 3 - 28　偏压和倍增因子的关系

图 3 - 29　AD500 - 9 - 400M 实物

测试条件为温度 22 ℃时的雪崩光电二极管数据，如表 3 - 11 所示。

器件的特性曲线如图 3 - 31 至图 3 - 33 所示。其中图 3 - 31 所示为 APD 偏置电压和倍增因子的曲线，图 3 - 32 所示为 APD 击穿电压和结电容的曲线，图 3 - 33 所示为频率响应曲线。

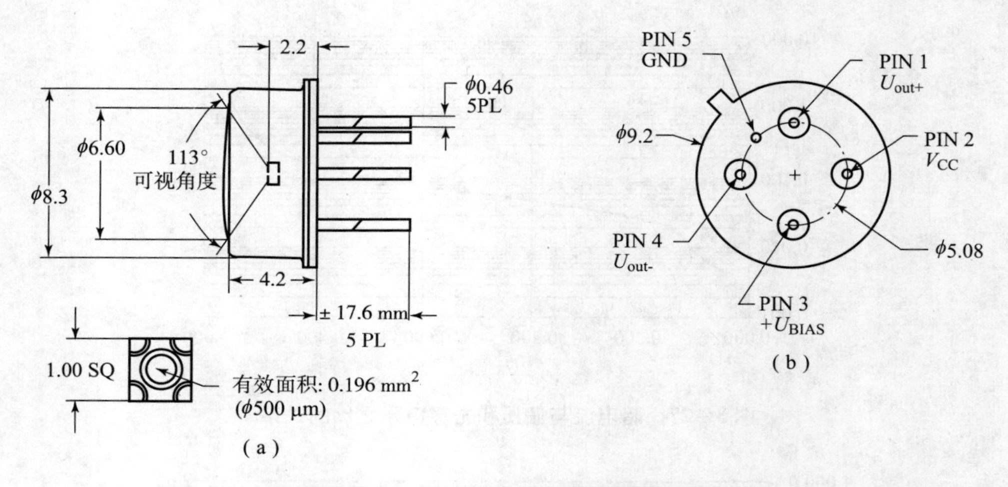

图 3-30 AD500-9-400M 封装尺寸

(a) 芯片尺寸；(b) 后视图

表 3-11 雪崩光电二极管数据（测试条件 22 ℃）

参数	符号	测试条件	最小值	典型值	最大值	单位
暗电流	I_d	$M=100$	—	0.5	5.0	nA
电容	C	$M=100$	—	12	—	pF
击穿电压	U_{BR}	$I_D=2\ \mu A$	160	240	—	V
U_{BR}的温度系数			—	1.55	—	V/K
响应度		$M=100$, $\lambda=905$ nm	55	60	—	A/W
带宽	$\Delta f_{-3\ dB}$	−3 dB	—	0.5	—	GHz
上升时间	t_r	$M=100$	—	550	—	ps
最佳增益			50	60	—	
过剩噪声因子		$M=100$	—	25	—	
过剩噪声指数		$M=100$	—	0.2	—	
噪声电流		$M=100$	—	1.0	—	$pA/\sqrt{Hz}$
最大增益			200	—	—	
噪声等效功率	NEP	$M=100$, $\lambda=905$ nm	—	2×10^{-14}	—	$W/\sqrt{Hz}$

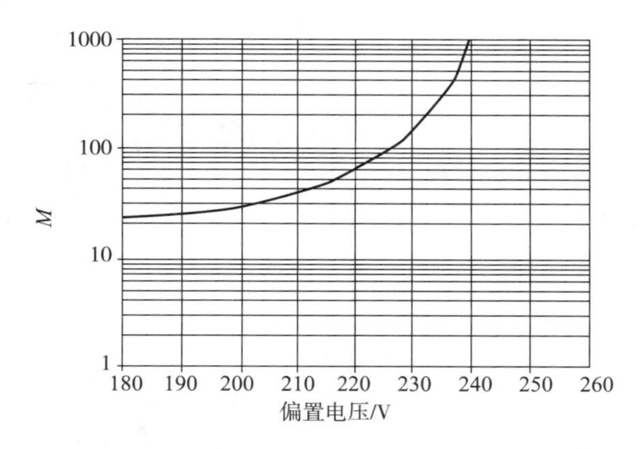

图3－31　APD偏置电压和倍增因子的曲线

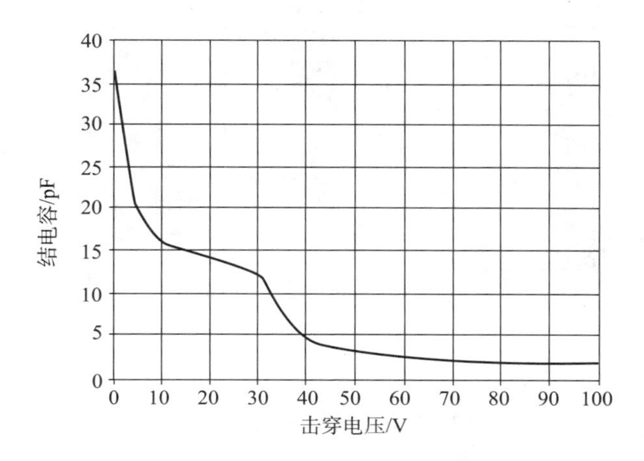

图3－32　APD击穿电压和结电容的曲线

3）线阵APD阵列

以AA16－0.13－9 SOJ22GL为例进行说明，其封装形式为TO－5，实物如图3－34所示，封装尺寸如图3－35所示。

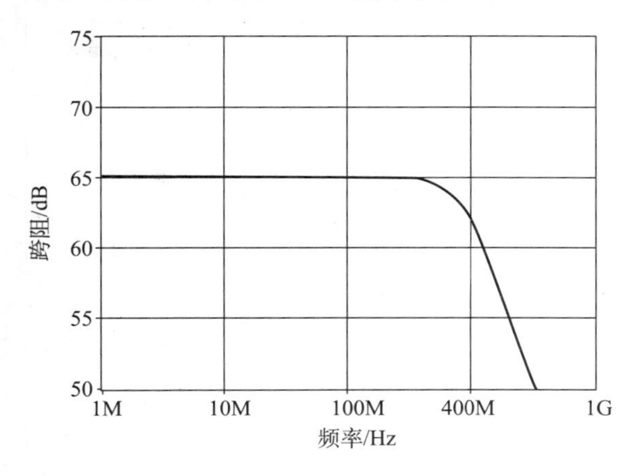

图3－33　频率响应曲线

图3－34　AA16－0.13－9实物

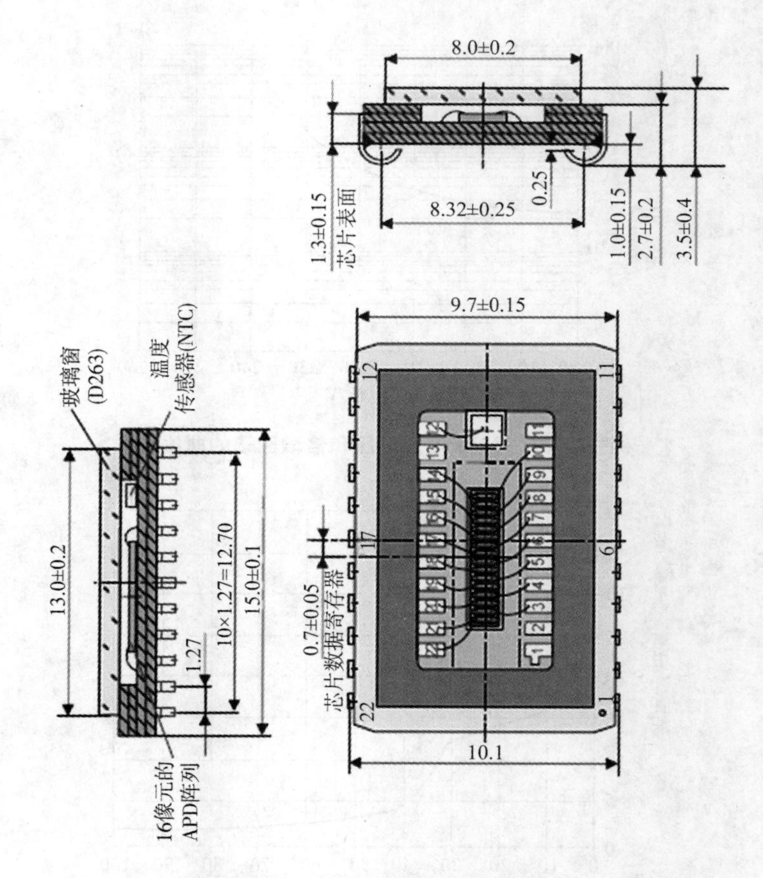

图 3－35　AA16－0.13－9 尺寸

AA16－0.13－9 SOJ22GL 的性能参数如表 3－12 所示。

表 3－12　AA16－0.13－9 SOJ22GL 参数

参数	测试条件	典型值	单位
像元数		16	个
每个像元的有效面积		648 × 208	μm × μm
像元间距		112	μm
厚度		320	μm
光谱范围		450 ~ 1 050	nm
光谱响应度	950 nm，$M = 100$	60	A/W
最大增益	$I_{po} = 1$ nA	100	
暗电流	$M = 100$	5	nA
结电容	$M = 100$	1.5	pF
击穿电压	U_{BR} ($I_D = 2$ μA)	100 ~ 300	V
上升时间	905 nm，50 Ω 时	2	ns

续表

参数	测试条件	典型值	单位
串扰	905 nm	50	dB
光电流一致性	$M=50$	5	%
电阻一致性	$M=50$	±5	%
阻抗	+25 ℃	10	kΩ
工作温度		-20 ~ +70	℃
储存温度		-40 ~ +100	℃
封装形式	AA16-0.13-9 SOJ22GL		

该器件的特性曲线与前述 APD 器件的特性曲线类似，在此不再赘述。

4）面阵 APD 阵列

以 25AA-0.16-9 SMD 为例进行说明，图 3-36 所示为 5×5 APD 面阵实物。其电光特性如表 3-13 所示。

图 3-36　5×5 APD 面阵实物

表 3-13　电光特性（23 ℃）

参数	符号	测试条件	最小值	典型值	最大值	单位
像元数				25		个
有效面积				405×405		μm×μm
像元间距，厚度				95，500		μm
暗电流	I_d	$M=100$；$\lambda=880$ nm；每个像元		1.2		nA
电容	C	$M=100$；每个像元		4		pF
响应度	Re	$M=100$；$\lambda=905$ nm	55	60		A/W
上升时间	t_r	$U_R=10$ V；$\lambda=905$ nm；$R_L=50$ Ω		4		ns
击穿电压	U_{BR}	$I_R=2$ μA		200		V

续表

参数	符号	测试条件	最小值	典型值	最大值	单位
温度系数			1.45			V/K
串扰		$\lambda=905$ nm		50		dB
光电流一致性		$M=50$		±5	±20	%
暗电流一致性		$M=50$		±5	±20	%

该器件的特性曲线与前述 APD 器件的特性曲线类似，在此不再赘述。

5）盖革模式雪崩光电二极管（Gm - APD）

盖革模式就是雪崩光电二极管上所加的反向偏压超过击穿电压这种工作状态。当反向电压超过了击穿电压，在耗尽区上，由于碰撞产生的电子 - 空穴对速度非常大，一般呈幂指数增长（见图 3 - 37）。反向加的偏压越大，则电流增长得越快。只要加在耗尽区上的电压的变化相对于电子 - 空穴对变化的速率可以忽略，电流就会持续地增长。如果在二极管上存在一个连续的电阻，随电流的增长耗尽区上的分压就会下降，最终达到一个稳定状态。此时，电子 - 空穴对的产生速率和抽运速率平衡，这个连续的电阻为电流的漂移提供一个负反馈。如果这个稳定电流不是很小，它就会不断地漂移。如果雪崩二极管接收到一个光子，就会发生雪崩现象，使电流达到最大值，这个过程一般是瞬态的（一般不到 1 ps）。

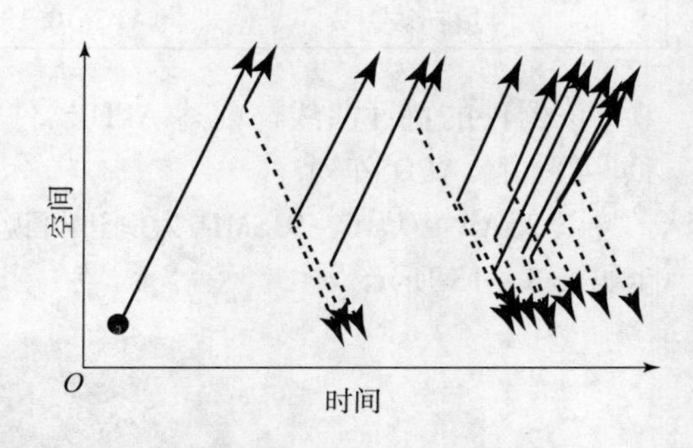

图 3 - 37　雪崩击穿电压概念

带有组件和集成块的 APD 和 CMOS 焦平面阵列如图 3 - 38 所示。其中 APD 工作区像元直径分别为 30 μm 和 40 μm，像元与像元间距为 100 μm，填充系数分别为 7% 和 13%。林肯实验室研制的盖革模式 APD/CMOS 焦平面特性见表 3 - 14。

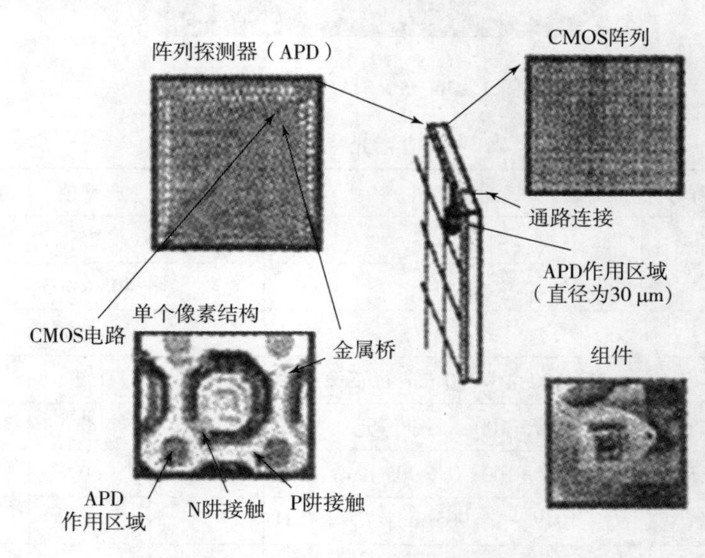

图 3 - 38　集成的 APD 和 CMOS 焦平面阵列

表 3-14　盖革模式 APD/CMOS 焦平面特性

参数	典型值	单位
APD 工作区像元直径	30 和 40	μm
探测效率	大于 20	%
像素间距	100	μm
CMOS 时钟频率	500	MHz
正常工作像素	大于 99	%

文献中介绍了一种像元数为 61 的盖革模式 APD，响应波长范围为 700 ~ 1 700 nm。面阵布局如图 3-39 所示。

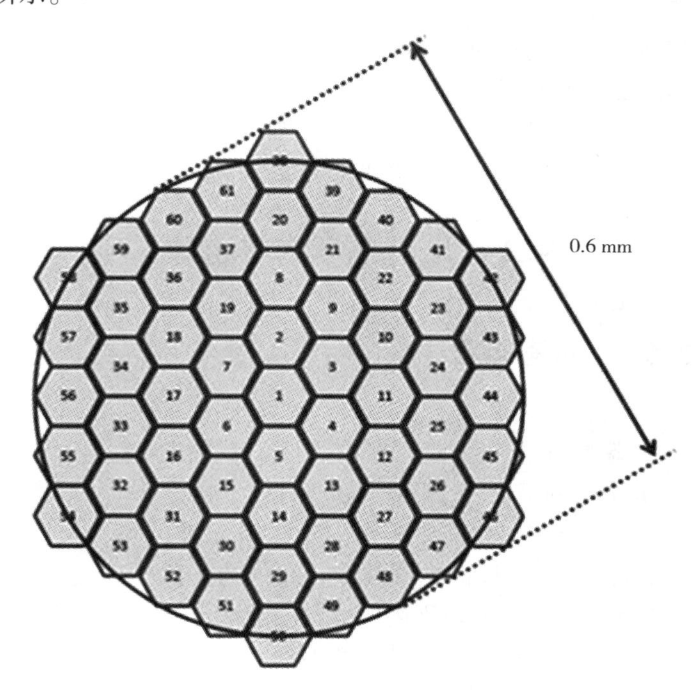

图 3-39　61 阵列的盖革模式 APD

第 4 章
光学系统设计

激光引信以激光为载体对空间目标进行探测和识别，光学系统的设计在一定程度上决定了激光引信的探测能力。发射光学系统对激光器发出的光束进行整形，接收光学系统将目标反射回来的激光聚焦在光电探测器的光敏面上。

本章在分析光学系统设计原理的基础上，对几何光学基本定律、球面和共轴球面系统、光学系统像差进行了介绍，并对光学设计中应用的光学材料和典型光学元件也进行了介绍。给出了常用光学系统设计软件，同时给出了典型的设计。

4.1 几何光学基本定律

4.1.1 几何光学的基本概念

1. 光波

光是一种电磁波，既具有波动性又具有粒子性。一般来说，除了研究光和物质作用的情况下必须考虑光的粒子性之外，其他情况下都可以把光作为电磁波看待，称为光波。图 4－1 表示了从 γ 射线到无线电波的电磁波谱，图中的波长采用对数标尺。波长在 400～760 nm 范围内的电磁波能被人眼所感觉，称为可见光。超出这个范围人眼就感觉不到。在可见光波段范围内，不同的波长引起不同的颜色感觉。具有单一波长的光称为单色光，几种单色光混合而成为复色光。用红、橙、黄、绿、蓝、靛、紫这 7 种颜色的光按一定比例混合即可得到白光。

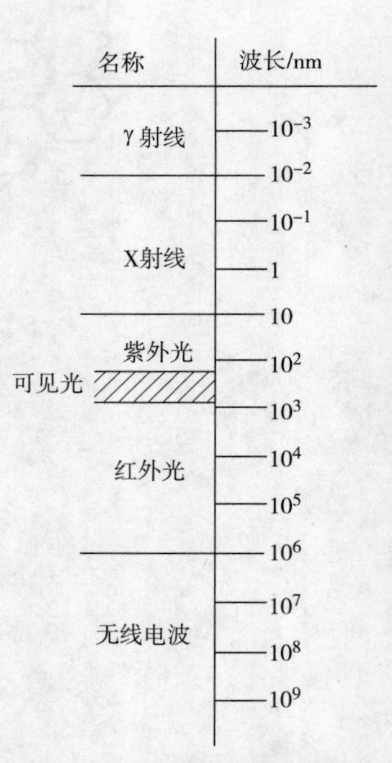

图 4－1　电磁波谱示意图

2. 光源

从物理学的观点来看，辐射光能的物体称为发光体，或称为光源。当光源的大小与辐射光能作用距离相比可以忽略时，可认为是点光源。在几何光学中，不考虑发光点所包含的物理概念（如光能密度等），认为发光点是一个既无大小也无体积而只有位置的发光几何点。任何被成像的物体（发光体）均由无数个发光点组成。在研究光的传播与物体成像问题时，通常选择物体上某些特定的点来进行讨论。

3. 波面

发光体向四周辐射光波，在某一瞬时，光振动位相相同各点所构成的曲面，或者说，某一瞬间光波所到达的位置称为波阵面，简称波面。

波面按形状可以分为球面、平面和任意曲面。在各向同性的均匀介质中，发光点所发出的光波波面是以发光点为中心的一些同心球面，这种波称为球面波。对有一定大小的实际发光体，在光的传播距离比光源线度大得多的情况下，它所发出的光波也可近似视为球面波。在距发光点无限远处，波面形状可视为平面，这种波视为平面波。偏离上述规则波面的任意曲面为不规则波面，亦称为变形波面。

4. 光线

光既然是电磁波，研究光的传播问题应该是一个波动传播问题。但是，几何光学中研究光的传播，并不把光看作电磁波，而是把光看作能够传输能量但没有截面大小，只有位置和方向的几何线。这样的几何线叫作光线。发光体发光就是向四周发出无数条几何线，沿着每一条几何线向外发散能量。根据物理光学观点，在各向同性介质中，辐射能量是沿着波面的法线方向传播的，因此，物理光学中的波面法线就相当于几何光学中的光线。换句话说，光线必定垂直于波面，如图 4－2 所示。

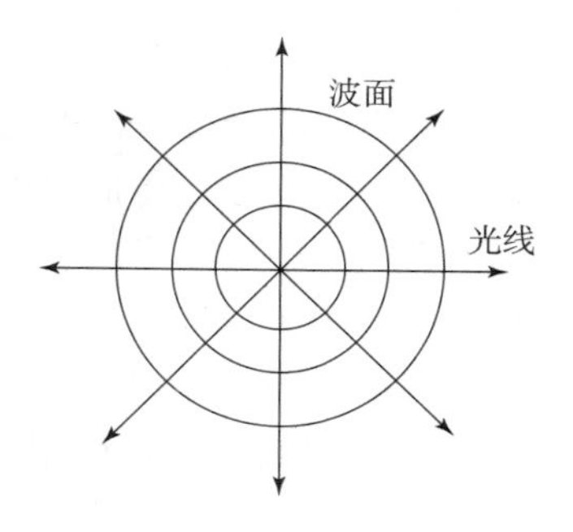

图 4－2　光线示意图

5. 光束

与波面对应的法线（光线）集合称为光束。对应于波面为球面的光束称为同心光束，按光束传播方向的不同又分为会聚光束和发散光束。它们的波源可以认为是一个几何点，但会聚光束的所有光线实际通过一点，如图 4－3（a）所示。可以在屏上接收到亮点，也可以是光线的延长线通过一点，如图 4－3（b）所示。发散光束可以是由实际的点发出的，如图 4－3（c）所示，也可以是光线的延长线通过的一点，如图 4－3（d）所示。发散光束不能在屏上会聚成亮点，但能被人眼直接观察到。与平面波对应的光束称为平行光束，如图 4－3（e）所示，它是同心光束的一种特殊情况。

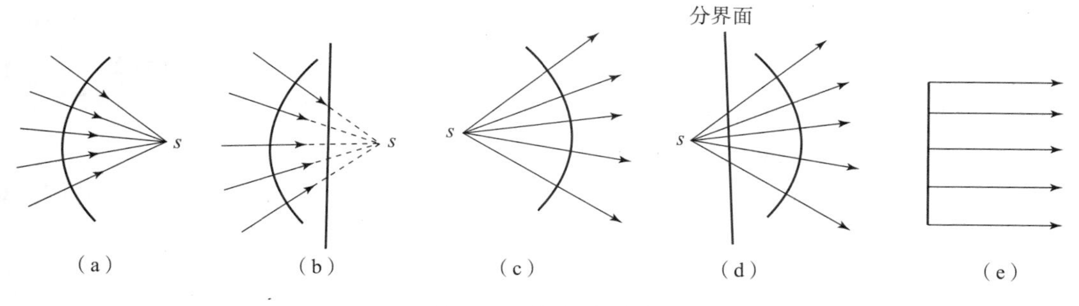

图 4－3　光束示意图

一般来说，球面波通过实际的光学系统总是要发生变形的，而不再是球面波。相应的光束（法线束）不再会聚在一点，即不再是同心光束。

4.1.2 几何光学的基本定律

1. 直线传播定律

在各向同性的均匀透明介质中，光是沿着直线传播的，称为光的直线传播定律。但是应注意，光的直线传播定律只有在一定的条件下才成立，这就是光必须在各向同性的均匀介质中传播，且在行进途中不会遇到小孔、狭缝和不透明的小屏障等阻挡。试验表明，光在传播途中若遇到小孔或狭缝，则根据波动光学的原理将发生衍射现象而偏离直线；光若在不均匀介质中传播，光的轨迹将是任意曲线。

2. 独立传播定律

从不同的光源发出的光束以不同方向通过空间某点时，彼此互不影响，各光束独立传播，称为光的独立传播定律。光的独立传播定律仅对不同光源发出的光（非相干光）来说是正确的。如果由光源上同一点发出的光分成两束单色光（相干光），通过不同而长度相近的路径到达空间某点时，可能发生光的干涉现象。此时，光的合成作用不是简单的叠加，有可能是相互抵消，则独立传播定律不适用。

3. 反射定律和折射定律

这是研究光在两种均匀透明介质分界面上的传播规律的定律。一般来说，光在两种均匀介质分界面处将产生复杂的现象：在光滑分界表面（指表面任何不规则度小于等于波长数量级）上，将产生规则的反射和折射；而在粗糙分界表面处将产生漫反射和漫折射，反射和折射定律指的是在光滑界面上的光传播定律。

如一束光投射到两种介质分界面上，如图 4-4 所示，其中一部分光线在分界面上反射到原来的介质，称为反射光线；另一部分光线透过分界面进入第二种介质，并改变原来的方向，称为折射光线。反射和折射光线的传播规律就是反射和折射定律。

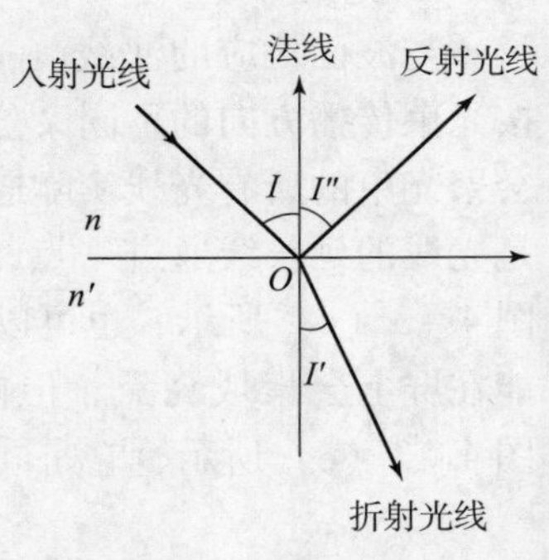

图 4-4 反射、折射示意图

设入射光线和界面法线间的夹角 I 称为入射角，反射光线和界面法线间的夹角 I''称为反射角，折射光线和界面法线间的夹角 I'称为折射角，入射光线和界面法线构成的平面称为入射面。

反射定律如下：

（1）反射光线位于入射面内。

（2）反射角等于入射角，即

$$I'' = I \tag{4-1}$$

折射定律如下：

（1）折射光线位于入射面内。

（2）入射角和折射角正弦之比，对两种一定的介质来说是一个与入射角无关的常数，它等于折射光线所在介质折射率 n'与入射光线所在介质折射率 n 之比，即

$$\frac{\sin I}{\sin I'} = \frac{n'}{n} \tag{4-2}$$

式中，n、n'为介质的绝对折射率，指真空中光速 c 与介质中光速 v（或 v'）之比，即

$$n = \frac{c}{v} \tag{4-3}$$

$$n' = \frac{c}{v'} \tag{4-4}$$

4.1.3　马吕斯定律和费马原理

马吕斯定律是表述光线传播规律的另一种形式，其内容如下。

与某一曲面垂直的一束光线，经过任意次折射、反射后，必定与另一曲面垂直，而且位于这两个曲面之间的所有光线的光程相等。

该定律首先肯定了和光束垂直的曲面，即波面永远连续存在，而且这些曲面按照等光程的规律传播。

费马原理是光线传播规律的又一种形式，从“光程”的角度阐述光的传播规律。该原理为：实际光线沿着光程为极值的路径传播，或者说，光沿光程为极小、极大或常量的路径传播。

光程是指光在介质中经过的几何路径 l 与该介质折射率 n 的乘积，光程用 s 表示为

$$s = nl = ct \tag{4-5}$$

光在某种介质中的光程等于光在同一时间内在真空中所走过的路程。光程又称为光的折合路程。

如光线通过多层（如 m 层）均匀介质，则光线由许多段折线组成，其光程为

$$s = \sum_{i=1}^{m} n_i l_i \tag{4-6}$$

式中，n_i 和 l_i 分别为第 i 层介质的折射率和光路长度。

若光线通过连续变化的非均匀介质，即折射率 n 为位置的函数，则光线实际所走过的路程为一条空间曲线。若光由点 A 传到点 B，则光程可表示为

$$s = \int_{A \to B(L)} n \mathrm{d}l \tag{4-7}$$

式中，L 为光线在介质中所走过的实际路程。

在均匀介质中，折射率为常数，要求光程为极值，也就是要求几何路程为极值。两点之间直线最短，对应的光程为极小值，所以，均匀介质中光线按直线传播。

由费马原理可以导出直线传播定律、折射定律和反射定律，感兴趣的读者可参考相应书籍或文献。

几何光学的基本定律、马吕斯定律和费马原理，都能够说明光线传播的基本定律，都可以作为几何光学的基础，只要三者中任意一个已知，即可导出其余的两个。几何光学的基本定律是按不同的具体情况分别说明光线的传播规律，而马吕斯定律和费马原理则是用统一的形式加以说明，因而更具有普遍性。

4.2　球面和共轴球面系统

4.2.1　光线经过单个折射球面的折射

绝大部分光学系统由球面和平面（折射面和反射面）组成，各球面球心在一条直线上，

形成该系统的对称轴，即光轴。这样的系统称为共轴球面系统。

光线经过光学系统是逐面进行折射的，光线光路计算也应是逐面进行的。因此，首先对单个折射球面进行讨论，然后过渡到整个系统的计算。这种计算称为光线的光路计算。

通过光轴的截面称为子午面，本小节主要讨论子午面内光线的光路计算公式，目的是推导出近轴光计算公式和讨论光学系统近轴光的特性。

1. 符号规则

在图 4－5 中，折射面 OE 是折射率为 n 和 n'的两个介质的分界面，C 为球心，OC 为球面曲率半径，以字母 r 表示。通过球心的直线就是光轴，它与球面的交点称为顶点，以字母 O 表示。显然，单个折射球面的光轴可以有无限多个。

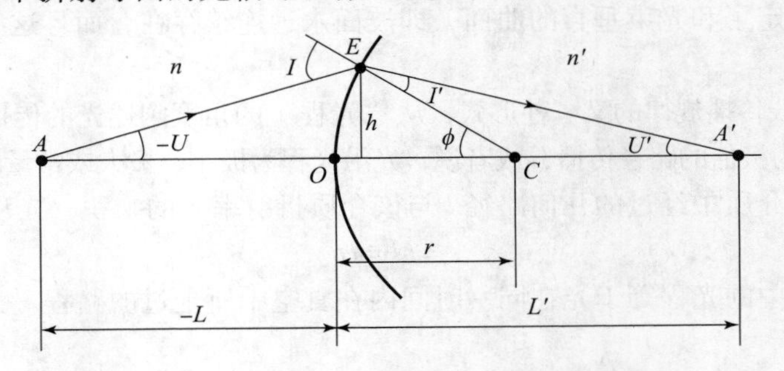

图 4－5　单个折射球面的有关参量

在包含光轴的子午面内，入射于球面的光线，其位置可由两个参量决定：一个是顶点 O 到光线与光轴的焦点 A 的距离，以 L 表示，称为物方截距；另一个是入射光线与光轴的夹角 $\angle EAO$，以 U 表示，称为物方孔径角。光线 AE 经过球面折射后，交光轴于点 A'。光线 EA' 的位置的确定与 AE 相似，用加“′”的相同字母表示，即 $L'=OA'$，$U'=\angle EA'O$，称为像方截距和像方孔径角。

为了对光线的描述更准确，必须对图 4－5 中的参量及其他有关量的符号加以规定。

沿轴线段如 L、L'和 r，以折射面（或反射面）的顶点 O 为原点，如果由顶点 O 到光线与光轴交点或球心的方向与光线传播方向相同，其值为正；反之为负。光线传播方向通常被规定自左向右。

垂轴线段以光轴为准，在光轴以上者为正，在光轴以下者为负。

光轴与光线的夹角 U 和 U'通常由光轴和光线间的锐角来度量，是由光轴转向光线所成的角度。顺时针转成者为正，逆时针转成者为负。

光线与法线间的夹角，如入射角 I 和折（反）射角 I'（I''）的夹角，规定由光线以锐角方向转向法线，顺时针转成者为正，逆时针转成者为负。

光轴与法线的夹角 ϕ 由光轴以锐角方向转向法线（球面曲率半径），顺时针转成者为正，逆时针转成者为负。

此外，折射面之间的间隔以字母 d 表示，规定由前一个折射面顶点到后一个折射面顶点的方向与传播方向相同者为正；反之为负。在折射光学系统中，d 值恒为正。

图 4－5 所示的有关量均按上述规则进行了标定。必须注意，在光路图中负的线段或负的角度必须在表示该量的字母和数字前加负号。符号规则是人为规定的，不同的书上可能有所不同，但在使用中只能选择其中的一种，不能混淆；否则不能得到正确的结果。只有使用

符号规则，才能使光路计算公式有普遍意义。

2. 实际光线经过单个折射球面的光路计算公式

若给定单个折射球面的 r、n 和 n'，利用下述光路计算公式，如图 4－5 所示，由已知入射光线的坐标 L 和 U 可以求得折射光线的坐标 L'和 U'。

入射角 I 的计算公式为

$$\sin I = \frac{L-r}{r}\sin U \tag{4-8}$$

折射角 I'的计算公式为

$$\sin I' = \frac{n}{n'}\sin I \tag{4-9}$$

像方孔径角 U'的计算公式为

$$U' = U + I - I' \tag{4-10}$$

像方截距 L'的计算公式为

$$L' = r + r\frac{\sin I'}{\sin U'} \tag{4-11}$$

式（4－8）至式（4－11）就是子午面内实际光线的光路计算公式。

由以上公式组可知，当 L 为定值时，L'是角 U 的函数。如图 4－6 所示，由轴上物点 A 发出同心光束，在不同锥面上的光线有不同的 U 角，经球面折射后将有不同的 L'值，也就是在像方的光束不再和光轴交于一点，失去了同心性。所以，球上一点以有限孔径角的光束经过单个折射面成像时，一般是不完善的，这种现象称为球面像差，简称球差。

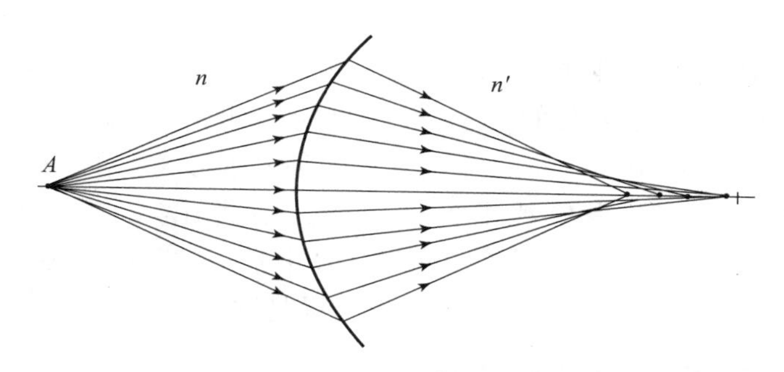

图 4－6　折射面的球差示意图

3. 近轴光的光路计算公式

在图 4－5 中，若由点 A 发出入射于球面的光线与光轴的夹角 U 非常小，其相应的角度 I、I'和 U'也非常小，则这些角度的正弦值可以用弧度来代替，这时的相应角度以小写字母 u、i、i'和 u'等表示。由于这种光线在光轴附近的区域内，故称为近轴光，也称为傍轴区。前面所述的相应的实际光线常称为远轴光。

对于近轴光的光路计算公式可由式（4－8）至式（4－11）得到。只要将角度的正弦用弧度取代，L 和 L'用 l 和 l'代替，即可得到

$$i = \frac{l-r}{r}u \tag{4-12}$$

$$i' = \frac{n}{n'}i \tag{4-13}$$

$$u' = u + i - i' \tag{4-14}$$

$$l' = r + r\frac{i'}{u'} \tag{4-15}$$

对于单个折射面，利用式（4－12）至式（4－15）可以由已知的 l 和 u，求得折射后近轴光的 l'和 u'值。由式（4－12）至式（4－15）可知，不论 u 为何值，l'为定高，这表明由轴上物点以细光束成像时，其像是完善的，常称为高斯像，高斯像的位置由 l'决定。通过高斯像点而垂直于光轴的像面称为高斯像面，构成物像关系的一对点称为共轭点。

利用式（4－12）中的 i 和式（4－15）中的 i'，代入式（4－13），并根据简单关系

$$lu = l'u' = h \tag{4-16}$$

可以推导出 3 个重要公式，即

$$n\left(\frac{1}{r} - \frac{1}{l}\right) = n'\left(\frac{1}{r} - \frac{1}{l'}\right) = Q \tag{4-17}$$

$$n'u' - nu = \frac{n' - n}{r}h \tag{4-18}$$

$$\frac{n'}{l'} - \frac{n}{l} = \frac{n' - n}{r} \tag{4-19}$$

式（4－17）表示成不变量形式，称为阿贝不变量，用字母 Q 表示。对于一个折射球面，物空间和像空间的 Q 值是相同的，其数值随共轭点的位置而异。此式在像差理论中有重要用途。

式（4－18）表示近轴光折射前后的角 u 和 u'的关系。式（4－19）表示折射球面的物像位置 l 和 l'之间的关系。已知物和像的位置 l 和 l'，可以求出相应共轭的像或物的位置 l 和 l'。

式（4－17）至式（4－19）只是一个公式的 3 种表示形式，在不同的场合下应用较为方便，知其一便知其二。如果单纯求像面位置，则式（4－18）和式（4－19）较式（4－12）至式（4－15）方便，但是在光学计算中常用一些中间数据，如 i 和 i'、u 和 u'，用式（4－12）至式（4－15）进行光路计算实际是方便的。

4.2.2 单个折射球面的成像倍率

折射球面对有限大小的物体成像时，就产生了像的倍率，以及像的虚、实、正、倒的问题，下面在近轴区内进行讨论。

1. 垂轴倍率

在折射球面的近轴区，如图 4－7 所示，垂轴小线段（也可以理解为垂轴小面积）AB 通过折射球面成像为 $A'B'$。如果由点 B 作一条通过曲率中心 C 的直线 BC，显然，该直线应通过点 B'。BC 对于该球面来说也是一个光轴，称为辅轴。由辅轴上点 B 发出的沿轴光线必然不发生折射地到达像点 B'。近轴区的物高 AB 以 y 表示，像高以 y'表示。因为倒像，故 $A'B' = -y'$。像的大小和物的大小的比值称为垂轴倍率，以希腊字母 β 表示为

$$\beta = \frac{y'}{y} = \frac{nl'}{n'l} \tag{4-20}$$

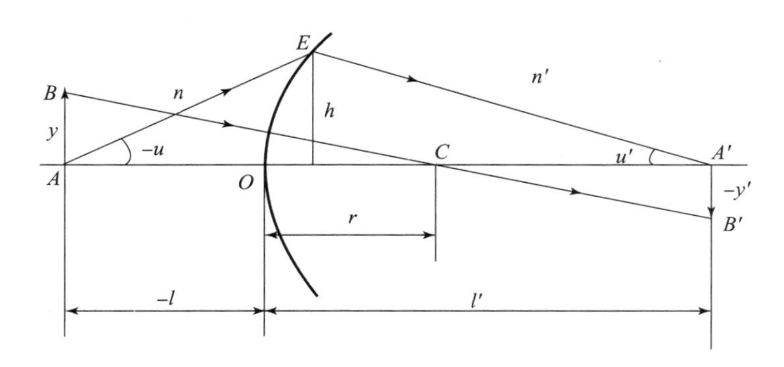

图 4－7　垂轴小线段通过单个折射球面成像

当求出轴上一对共轭点的截距 l 和 l'后，可以用式（4－20）求得通过该共轭点的一对共轭面上的垂轴倍率。若 $\beta<0$ 则表示成倒像；若 $\beta>0$ 则表示成正像。由式（4－20）可知，垂轴倍率仅决定于共轭面的位置，在一对共轭面上，倍率为常数，故像必和物相似。

2. 轴向倍率

对于有一定体积的物体，除垂轴倍率外，其轴向也有尺寸，故还有一个轴向倍率。轴向倍率是指光轴上一对共轭点沿轴移动量之间的关系。如果物点沿轴移动一个微小距离 $\mathrm{d}l$，相应的像移动 $\mathrm{d}l'$，轴向倍率用希腊字母 α 表示，定义为

$$\alpha=\frac{\mathrm{d}l'}{\mathrm{d}l} \tag{4-21}$$

单个折射球面的轴向倍率可以通过对式（4－19）微分后得到，即

$$\alpha=\frac{\mathrm{d}l'}{\mathrm{d}l}=\frac{nl'^2}{n'l^2} \tag{4-22}$$

式（4－22）两边乘以 n/n'，化简后得到

$$\alpha=\frac{n'}{n}\beta^2 \tag{4-23}$$

由式（4－23）可知，如果物体是一个正立方体，则因垂轴倍率和轴向倍率的不一致，其像不再是正立方体。还可以看出，折射球面的轴向倍率恒为正值，这表示物点沿轴移动，其像点向同样的方向沿轴移动。

式（4－22）和式（4－23）只能适用于 $\mathrm{d}l$ 很小的情况下。如果物点沿轴移动有限距离，如图 4－8 所示，则此距离显然可以用物点移动的始末两点 A_1 和 A_2 的截距差 l_2-l_1 表示，相应地，像点移动为 $l_2'-l_1'$。此时轴向倍率 $\bar{\alpha}$ 可表示为

$$\bar{\alpha}=\frac{l_2'-l_1'}{l_2-l_1} \tag{4-24}$$

对 A_1 和 A_2 两点用式（4－24），得

$$\bar{\alpha}=\frac{n'}{n}\beta_1\beta_2 \tag{4-25}$$

3. 角倍率

在近轴区以内，通过物点的光线经过折射后，必然通过相应的像点，这样一对共轭光线与光轴的夹角 u'和 u 的比值即为角倍率，用希腊字母 γ 表示为

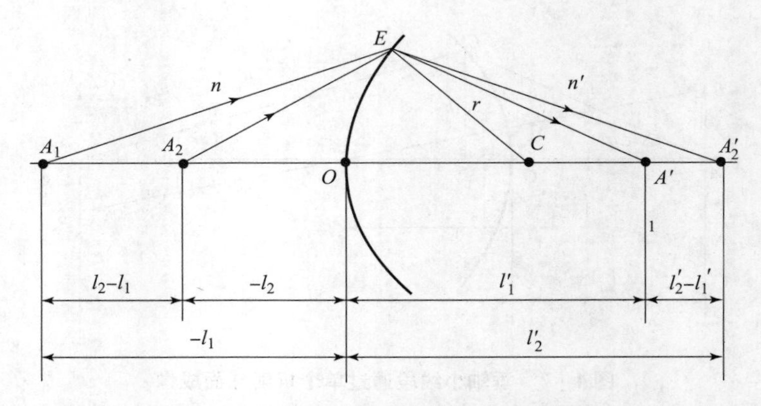

图 4-8 物点沿轴移动有限距离的示意图

$$\gamma=\frac{u'}{u} \tag{4-26}$$

利用关系式 $lu=l'u'$，可得

$$\gamma=\frac{l}{l'} \tag{4-27}$$

与式（4-20）相比较，得

$$\gamma=\frac{n}{n'}\cdot\frac{1}{\beta} \tag{4-28}$$

4. 3 个倍率间的关系

利用式（4-23）和式（4-28），得到 3 个倍率间的关系为

$$\alpha\gamma=\frac{n'}{n}\beta^2\cdot\frac{n}{n'}\frac{1}{\beta}=\beta \tag{4-29}$$

垂轴倍率、轴向倍率和角倍率也常称为垂轴放大率、轴向放大率和角放大率。

5. 拉格朗日-赫姆霍兹不变量

在式（4-20）中，利用式（4-26）和式（4-27），得到

$$nuy=n'u'y'=J \tag{4-30}$$

此公式称为拉格朗日-赫姆霍兹恒等式，简称拉赫公式。其表示为不变量形式，在一对共轭平面内，物高 y、孔径角 u 和折射率 n 的乘积是一个常数，用 J 表示。

4.3 光学系统像差

在 4.2 节中，从理想光学系统的观点讨论了光学系统的成像。但是，实际光学系统只有在近轴区才具有理想成像的性质，即只有当孔径和视场近于零的情况下才能成完善像，以细光束对近轴小物体成理想像的光学系统是没有实际意义的。

实际光学系统都具有一定大小的孔径和视场，所以，不能对物体成理想的像，即物体上任一点发出的光束通过光学系统后不能聚焦成一点，而是形成一弥散斑，从而使像变得模糊，并使像相对物发生了变形，这些成像缺陷称为像差。

光学系统以单色光成像时可产生 5 种性质不同的像差，即球差、彗差、像散、场曲和畸

变，统称为单色像差。这些单色像差中，有的仅与孔径有关，只有当成像光束孔径角加大时才产生；有的仅与视场有关，只有当成像范围加大时才产生；有的则与孔径和视场均有关系。

绝大多数光学系统都是用白光成像。白光是不同波长单色光的组合，光学材料对不同波长的光具有不同的折射率。因此，不同波长成像的差别又引起像差，称为色像差。色像差又分为位置色差和倍率色差。

本节仅对单色光成像时产生的像差进行介绍，对于色像差，可参考相关书籍和文献。

4.3.1 球差

球差是物点位于光轴上时的一种单色像差。由于绝大多数光学系统都具有圆形入射光瞳，轴上点发出的光束对光轴对称，而且经系统折射后的光束仍具有对称性质。所以，为了了解轴上点的成像情况，只需讨论位于过光轴的任一截面内，并在光轴一边的光线的会聚情况即可。

自光轴上一点发出孔径角 U 的光线，经球面折射后所得像方截距 L' 是 U 的函数，是随 U 角而改变的。对于平行于光轴的入射光线，L' 随光线的入射高度 h 而变。因此，轴上点发出的同心光束经光学系统各个球面折射后，不再为同心光束。与光轴成不同孔径角 U，或离光轴不同高度 h 的光线交光轴于不同的位置上，相对于由近轴光线决定的理想像点有不同的偏离，如图4-9所示，轴上物点 A 发出不同孔径角 U 的光线的像方截距 L' 与近轴光线像方截距 l' 之差值称为球差，即

$$\delta L' = L' - l' \tag{4-31}$$

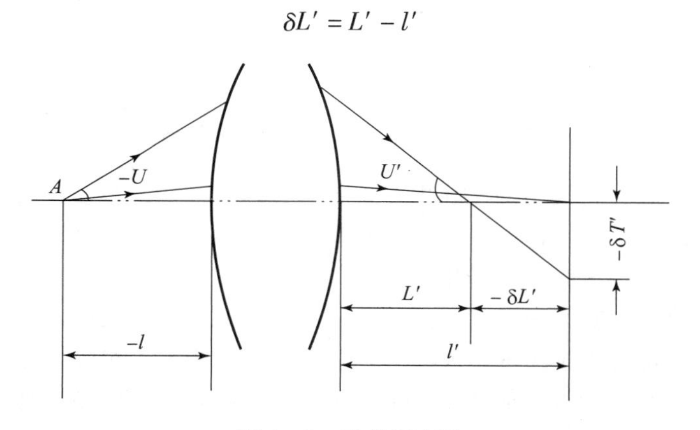

图4-9 球差示意图

由最大孔径角的边缘光线求得的球差，称为边缘光球差，以 $\delta L'_m$ 表示。由0.707带孔径光线求得的球差，称为0.707带光线球差，简称带球差，以 $\delta L'_{0.707}$ 表示。

如果 $\delta L' = 0$，则称光学系统对这条光线校正了球差。大部分光学系统只能做到对一条光线校正球差，一般是对边缘光线校正的，即 $\delta L'_m = 0$，这样的光学系统称为消球差系统。

由于球差的存在，使得在高斯像面上得到的不是点像，而是一个圆形弥散斑，其半径即图4-9中的 $\delta T'$，满足式（4-32），即

$$\delta T' = \delta L' \tan U' \tag{4-32}$$

可见，球差越大，像方孔径角越大，高斯像面上的弥散斑也越大，这将使像变得模糊不

清。所以，为使光学系统成像清晰必须校正球差，尤其对于大孔径系统，对校正球差的要求更为严格。

由式（4-32）所决定的 $\delta T'$，也称为垂轴球差（因为是垂直光轴方向度量的）。相应地，沿光轴方向度量的 $\delta L'$ 称为轴向球差，平常所说的球差都是指轴向球差。

4.3.2 彗差

彗差是物点位于光轴之外时所产生的一种单色像差。由于共轴光学系统对称于光轴，当物点位于光轴上时，光轴就是整个光束的对称轴线，即所有光线都存在着一条对称轴线——光轴，即使出射光束存在球差，仍然对光轴对称。

当物点位于光轴之外时，如图4-10所示，物点 B 发出的光束不再存在对称轴线，而只存在一个对称面，这个对称面是通过物点和光轴的面，称为子午面。从物点 B 发出到入瞳中心的光线 BZ 是主光线，子午面也就是由主光线和光轴决定的平面。通过主光线和子午面垂直的面称为弧矢面。

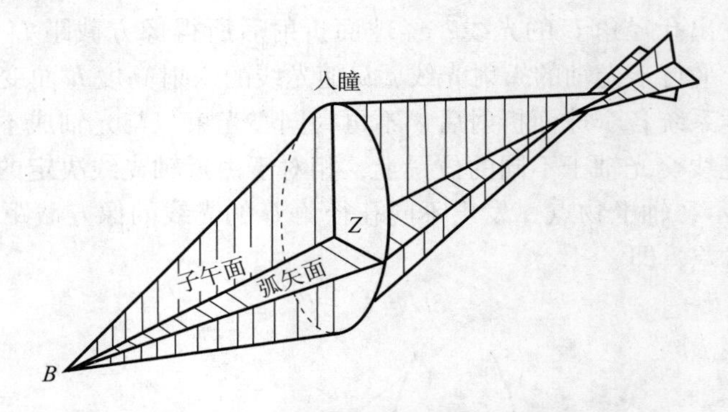

图4-10 光束在子午面和弧矢面的分布

对于光轴上的物点，它发出的光线束在子午面和弧矢面内的分布情况是一样的，但对于光轴外的物点发出的光束分布情况在子午面和弧矢面内显然是不一样的。所以，为了了解轴外物点发出斜光束的结构，必须按子午面和弧矢面两个截面分别讨论。

球差是光轴上物点以宽光束经光学系统成像所产生的像差。当物点由轴上移到轴外时，轴外物点发出宽光束经光学系统成像又将会出现另一种像差——彗差。下面以单个折射球面为例来说明彗差的成因和量度。如图4-11所示，B 为物面上一个光轴外的点，对于单个折射球面，B 点也可认为是辅轴上的一个轴上点。从 B 点发出3条通过入瞳上、下边缘和中心的子午光线，分别用 a、b、z 表示。对辅轴而言，a、b、z 这3条光线相当于由轴上点发出的3条不同孔径角的光线，由于折射球面存在球差，而且球差随孔径角不同而不同，所以这3条光线经球面折射后将交辅轴于不同的点，于是使本对主光线对称的上、下光线，经球面折射后，就失去了对主光线的对称性，即折射后的主光线已不再是出射光束的中心轴线，主光线相对于上、下光线的交点 B_t' 在垂直光轴方向上有一偏离 K_t'，这个偏离量的大小反映了光束偏离对称的程度，把这种导致偏离光束对称性的像差称为彗差。由于 K_t' 是对子午光束度量的，称为子午彗差。K_t' 的符号规则是以主光线作为原点计算得到上、下光线的交点，向上为正、向下为负。

为了计算子午彗差，并不是像上面所定义的那样，真正地求出一对对称光线的交点相对

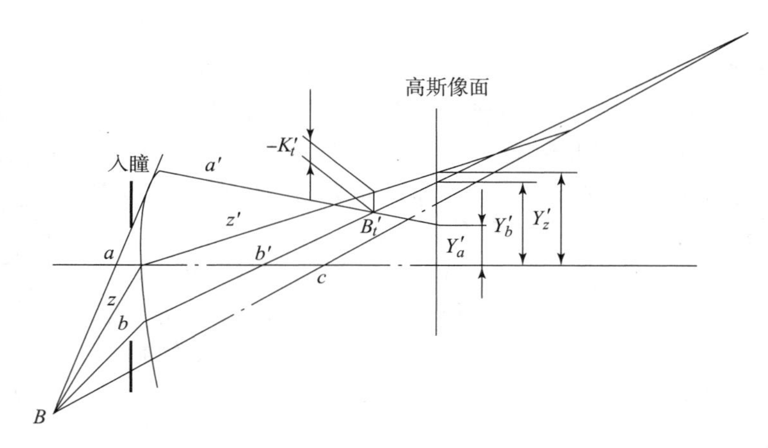

图4-11 子午彗差示意图

于主光线的偏离，而是以这对光线与高斯像面交点高度平均值与主光线交点高度之差来表征，如图4-11所示，对于子午彗差，可表示为

$$K_t' = \frac{1}{2}(Y_a' + Y_b') - Y_z' \tag{4-33}$$

式中，光线和高斯像面交点高度 Y_a'、Y_b'、Y_z' 可通过实际光线光路计算求得。

弧矢面内光束分布情况如图4-12所示。弧矢光束的前光线 c 和后光线 d 经折射后为 c' 和 d'，它们相交于 B_s' 点。由于 c' 和 d' 对称于子午面，故 B_s' 点应位于子午面内，B_s' 点到主光线的垂直于光轴方向的距离为弧矢彗差，以 K_s' 表示，K_s' 的符号规则同样是以主光线为计算原点，计算到 c' 和 d' 的交点 B_s'，向上为正、向下为负。c' 和 d' 在理想像面上交点的高度是相同的，以 Y_s' 表示，则弧矢彗差的数值表达式为

$$K_s' = Y_s' - Y_z' \tag{4-34}$$

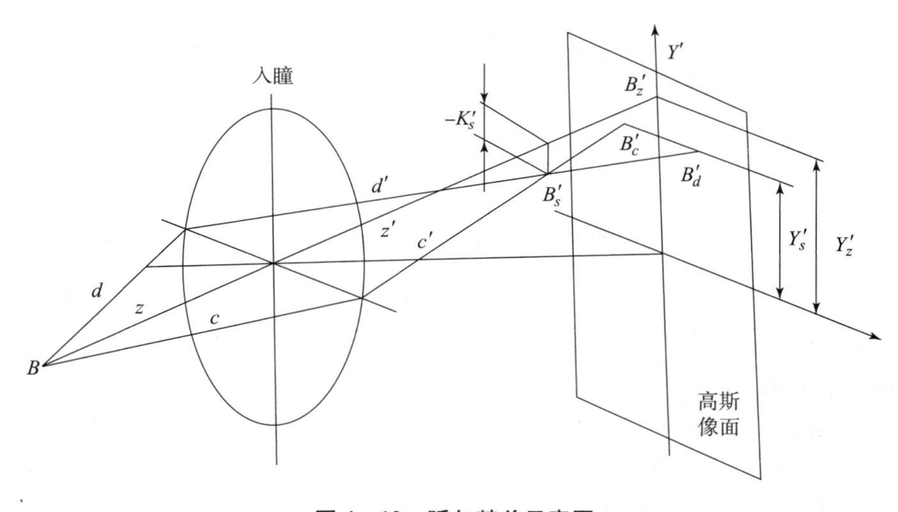

图4-12 弧矢彗差示意图

彗差是轴外像差中的一种，它随视场而变化，对于同一视场，由于孔径不同，彗差也不同。所以说，彗差是与视场和孔径都有关的一种垂轴像差。

彗差使轴外一物点的像成为一个弥散斑，由于折射后的光束失去了对称性，所以弥散斑不再对主光线对称，主光线偏到了弥散斑的一边。图 4－13 所示为纯彗差时的弥散斑几何图形，在主光线和像面交点 B'_z 处聚集的能量最多，因此最亮，其他处能量逐渐散开，慢慢变暗。所以，整个弥散斑成了一个以主光线和像面交点为顶点的锥形弥散斑，其形状似拖着尾巴的彗星，故得名彗差。

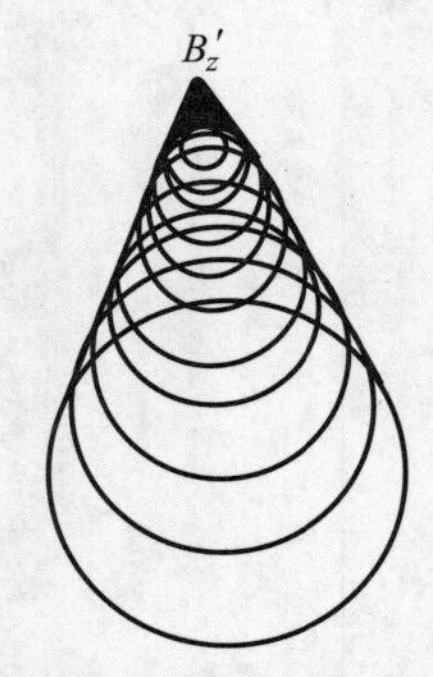

图 4－13　子午彗差放大示意图

由以上讨论可知，对于单个球面，彗差是因为球差而引起的，彗差为球面所固有，所以对轴外物点，即使离光轴很近的点，彗差也总是存在，彗差使轴外像点变成彗星状弥散斑，严重破坏成像清晰度，是一种应引起人们高度重视的像差。

4.3.3　像散和场曲

彗差是一种表征轴外物点发出的宽光束偏离对称性的像差。若把孔径光阑缩到无限小，只允许沿主光线的无限细光束通过光学系统，则彗差不再存在，但又会出现另一种新的轴外像差。

如图 4－14 所示，轴外点 B 发出的光束通过一个很小的孔径光阑后投射到球面上，物点 B 和孔径光阑中心连线为主光线，也即 B 点发出光束的中心光线。由于这条中心光线和球面对称轴线不重合，即使这束斜光束很细小，研究光束的折射光路时也必须按子午面和弧矢面两个截面进行。

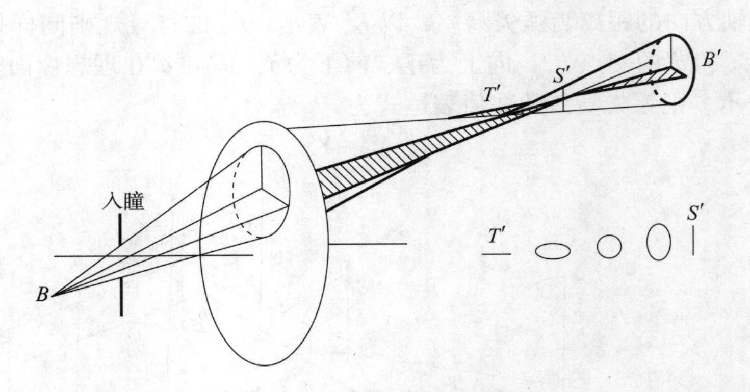

图 4－14　细光束像散示意图

由图 4－14 可知，该斜光束对子午面而言是对称的，子午光束经球面折射后仍在子午面内，并且由于光束很细，没有球差和彗差，所以子午光束经球面折射后必会聚于主光线上一点 T'，T'称为子午像点。由于弧矢细光束对称于子午平面，因此，它经球面折射后的交点 S'也必定在主光线上，S'称为弧矢像点。因为子午面和弧矢面相对折射球面的位置不同，子午面和弧矢面在球面上的截线曲率不等。所以，子午像点 T'和弧矢像点 S'并不重合在一起，这两个像点之间的位置差异称为像散。

如果光学系统不是对点成像，而是对线成像，由于像散的存在，其成像质量与直线方向密切相关。图 4－15 所示为垂直光轴平面上 3 种不同方向的直线分别被子午细光束和弧矢细光束成像的情况。图 4－15（a）是垂直于子午面的直线，因为其上每一点都被子午光束成一垂直于子午面的短线，因此该直线被子午光束所成的像为一系列与直线同方向的短线叠合而成的直线，像是清晰的，但被弧矢光束所成的像由一系列平行的短线所组成，像是不清晰的。图 4－15（b）是位于子午平面的直线，同理可知，子午像是模糊的，弧矢像是清晰的。图 4－15（c）是既不在子午面上，又不垂直于子午面的倾斜直线，它的子午像和弧矢像都不是清晰的。

像散是以子午像 T' 和弧矢像 S' 之间的距离来描述的，它们都位于主光线上，通常将其投影到光轴上，以两者之间沿光轴距离来度量，用符号 x'_{ts} 表示，如图 4－16 所示。

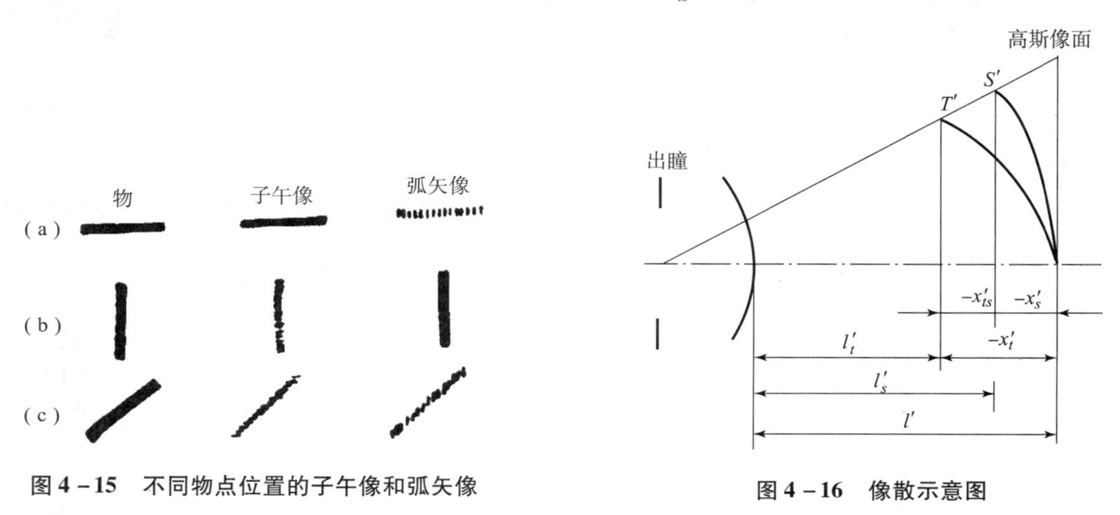

图 4－15　不同物点位置的子午像和弧矢像

图 4－16　像散示意图

光学系统如存在像散，一个物面将形成两个像面，在各个像面上不同方向的线条清晰度不同。

像散的大小随视场而变，即物面上离光轴不同远近的各点在成像时像散值各不相同，并且子午像点 T' 和弧矢像点 S' 的位置也随视场而异。因此，与物面上各点对应的子午像点和弧矢像点的轨迹，即子午像面和弧矢像面是两个曲面。因轴上点无像散，所以此曲面相切于高斯像面的中心点。在图 4－16 中，两弯曲像面偏离于高斯像面的距离称为像面弯曲，简称场曲。子午像面相对于高斯像面的偏离量称为子午场曲，用 x'_t 表示。弧矢像面相对于高斯像面的偏离量称为弧矢场曲，以 x'_s 表示。像散值和场曲值都是对一个视场点而言的。由图 4－16 可得

$$x'_t = l'_t - l' \tag{4-35}$$

$$x'_s = l'_s - l' \tag{4-36}$$

$$x'_{ts} = x'_t - x'_s = l'_t - l'_s \tag{4-37}$$

球面光学系统存在场曲也是球面本身的特性所决定的。如果没有像散，子午像面和弧矢像面将重合在一起，但仍然存在像面弯曲。当光学系统存在严重场曲时，就不能使一个较大的平面物体上各点同时清晰成像。若把中心调焦清晰了，边缘就变得模糊；反之，边缘清晰后则中心变模糊。所以，对于摄影、投影等大视场镜头，必须很好地校正场曲，这样才能使实际像面与底片、光电靶面及屏幕等接收平面吻合。

以上对细光束的像散和场曲进行了讨论，而光学系统都是以宽光束成像的，实际参与成像的子午宽光束的上下光线经光学系统折射后的交点到高斯像面的距离称为宽光束子午场

曲，以 X'_T 表示。同理，弧矢宽光束的前后光线折射后的交点到高斯像面的距离称为宽光束弧矢场曲，以 X'_S 表示。宽光束场曲与细光束场曲之差通常称为轴外点球差。

4.3.4 畸变

从理想光学系统的成像关系可知，一对共轭物像平面上的垂轴放大率是常数，即物像平面上各部分的垂轴放大率都相等。但是，对于实际光学系统，只有当视场较小时才具有这一性质。而当视场较大时，像的垂轴放大率就要随视场而异，也就是物像平面上不同部分具有不同的垂轴放大率，这样就会使像相对于物体失去相似性。这种使像变形的成像缺陷称为畸变。

设某一视场的实际垂轴放大率为 $\bar{\beta}$，它与理想垂轴放大率 β 之差（$\bar{\beta}-\beta$）与理想放大率 β 之比的百分数就作为该视场的畸变，以 q 表示，即

$$q=\frac{\bar{\beta}-\beta}{\beta}\times 100\% \tag{4-38}$$

式中，$\bar{\beta}$ 以实际主光线与高斯像面的交点高度 Y'_z 和物高 y 之比表示，则

$$q=\frac{\dfrac{Y'_z}{y}-\dfrac{y'}{y}}{\dfrac{y'}{y}}\times 100\%=\frac{Y'_z-y'}{y'}\times 100\% \tag{4-39}$$

式中，y' 为理想像高。

当物体在无穷远时，y' 可按式（4－40）计算，即

$$y'=-f\tan\omega \tag{4-40}$$

式中，ω 为光束与光轴的夹角；f 为物方焦距。

当物体在有限远时，可按式（4－41）、式（4－42）计算得到 β 后再乘以物高 y，即

$$\beta=\frac{f'}{x} \tag{4-41}$$

$$\beta=\frac{l'}{l} \tag{4-42}$$

式中，x 为以物方焦点为原点到物点的距离；l 为以物方主点为原点到物点的距离；l' 为以像方主点为原点到像点的距离；f' 为像方焦距。

式（4－39）表示的畸变称为相对畸变，也可以直接用主光线和高斯像面交点高度 Y'_z 与理想像高 y' 之差来表示畸变，即

$$\delta Y'_z=Y'_z-y' \tag{4-43}$$

式中，$\delta Y'_z$ 为光学系统的线畸变。

存在畸变的光学系统对物体成像时，由于实际像高与理想像高不等，而且这种不相等数量随不同视场而不同，所以使整个实际像相对理想像发生变形，像与物之间不再保持相似关系。当对正方形网格的物面成像时，如果光学系统具有大的正畸变（实际像高大于理想像高），则像的变形如图 4－17（a）所示，这种畸变称为枕形畸变；反之，光学系统具有大的负畸变时，则像的变形如图 4－17（b）所示，这种畸变称为桶形畸变。图中虚线表示的是理想像。

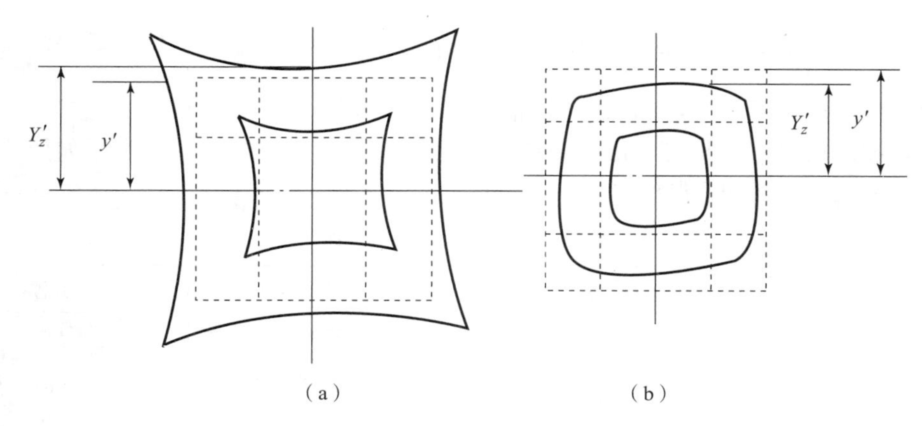

图 4－17　畸变示意图

（a）枕形畸变；（b）桶形畸变

畸变仅由主光线的光路决定，它只是引起像的变形，而对像的清晰度没有影响。因此，对于一般的光学系统，只要接收器感觉不出它所成像的变形，这种畸变像差就无妨碍。比如在目视仪器中，畸变可允许到 4%。但对某些要利用像来测定物体大小和轮廓的光学系统，畸变就成为主要缺陷了，它直接影响测量精度，必须予以严格校正。计量仪器中的物镜，畸变要求小于万分之几。

产生畸变的原因是主光线通过光学系统时存在着球差的缘故。畸变和其他几种单色像差一样，均由折射球面本身的特性所引起。

4.4　光学材料

任何光学系统都是由折射元件和反射元件组成的。现代光学系统所要工作的波段范围很宽，因而要求折射材料能对所工作的波段透明，反射元件能对所工作的波段有高的反射率。

4.4.1　透明光学材料

透射材料的光学特性主要由对各种色光的透过率和折射率决定。大部分光学元件是由光学玻璃制成的。一般光学玻璃能通过波长为 0.35～2.5 μm 的各种色光，超过这个范围的色光将被光学玻璃强烈地吸收。用特殊工艺熔炼的光学玻璃可以透过特定的波段。光学元件制造商经常在样本中给出所使用的标准光学材料的数据。

透射材料中，各种光学镜头的应用日益广泛。光学晶体的使用能使光学系统工作在比一般光学玻璃更宽的波段范围。此外，光学塑料已被广泛应用于光学系统中，但这类镜头多用模压或注塑而成，成本较低，生产效率高，由于热膨胀系数比光学玻璃大，所以还不能用于技术要求高的光学系统中。

透射材料一般以夫琅禾费特征谱线的折射率来表示折射特性，如表 4－1 所示。常规光学玻璃以 D 光或 d 光的折射率 n_D 或 n_d，以及 F 光和 C 光的折射率 n_F 和 n_C 为主要折射特征。这是因为 F 光和 C 光接近人眼灵敏光谱区的两端；而 D 光和 d 光在它们中间，比较接近于人眼最灵敏的谱线（555 nm），实际上 e 光更接近这个波长。n_D 称为平均折射率，$n_F - n_C$ 称为平均色散，参见图4－18。另外，透明光学材料还有几个特征量：$\frac{n_D-1}{n_F-n_C}$称为阿贝常数或平均色散系数，用符号 υ_D 表示；任一对谱线的折射率差（如 n'_G-n_F 等）称为部分色散，它和平均色散的比值称为相对色散系数或部分色散系数。色散曲线的示意图如图4－18所示。几种透明光学材料的色散曲线如图4－19所示。

表4－1　夫琅禾费特征谱线

符号	颜色	波长/mm	元素
红外		<770.0	
A′ B C	红	766.5 709.5 656.3	K He H
C′	橙	643.9	Cd
D d	黄	589.3 587.6	Na He
E	绿	546.1	Hg
F G	青	486.1 435.8	H Hg
G′	蓝	434.1	H
H	紫	404.7	Hg
紫外		<400.0	

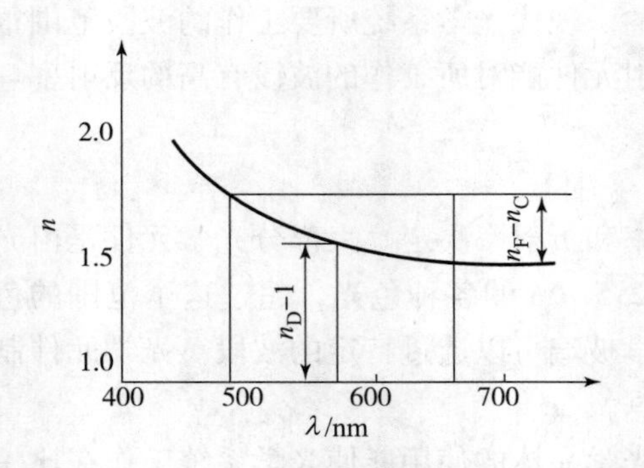

图4－18　色散曲线示意图

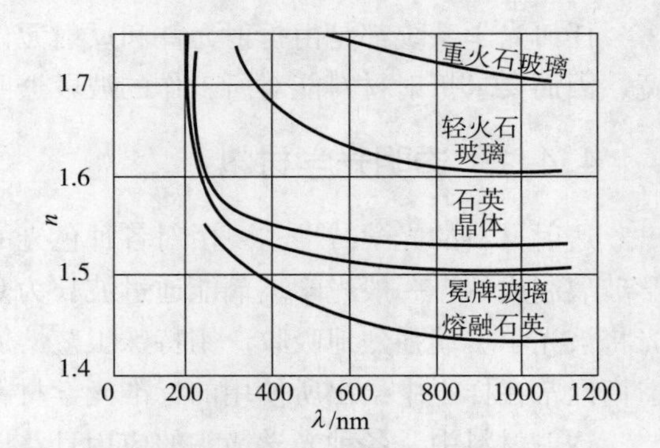

图4－19　几种透明光学材料的色散曲线

光学玻璃目录中，通常列出以下光学常数。

（1）D光或d光的折射率 n_D 或 n_d，以及其他若干谱线的折射率 n_F、n_C 等。

（2）平均色散 n_F-n_C。

（3）阿贝常数 $\upsilon_D=\frac{n_D-1}{n_F-n_C}$或$\frac{n_d-1}{n_F-n_C}$。

（4）若干对谱线的部分色散 $n_{\lambda 1}-n_{\lambda 2}$。

（5）若干对谱线的相对色散$\frac{n_{\lambda1}-n_{\lambda2}}{n_F-n_C}$。

光学玻璃目录中，除上述光学常数外，还列有一些标志物理、化学性能的有关数据，如密度、热膨胀系数、化学稳定性等。此外，对光学均匀性、应力消除程度、玻璃中的气泡度、杂质、条纹等都有一定的标准和规定。

为了设计质量高的光学系统，需要很多种类的光学玻璃。光学玻璃大体上可分为两大类，即冕牌玻璃（用字母 K 表示）和火石玻璃（用字母 F 表示）。每一大类又可分为许多种类，如轻冕（QK）、冕（K）、磷冕（PK）、钡冕（BaK）、重冕（ZK）、镧冕（LaK）、冕火石（KF）、轻火石（QF）、火石（F）、钡火石（BaF）、重钡火石（ZBaK）、重火石（ZF）、镧火石（LaF）、特种火石（TF）等。每一个种类的玻璃又分为许多种牌号，如冕玻璃分为 K1、K2、…、K12 等。

一般来讲，冕牌玻璃为低折射率、低色散，火石玻璃为高折射率、高色散。光学玻璃的折射率 n_D 和阿贝常数 υ_D 之间有一定规律，图 4－20 所示为我国光学玻璃 $n_D-\upsilon_D$ 曲线。由图 4－20 可知，大多数玻璃符合折射率高、色散高的规律。这对高性能光学系统设计有一定限制。近年来已生产了许多高折射率、低色散光学玻璃，如 LaK 和 LaF 等，使光学系统设计有很大的进展。

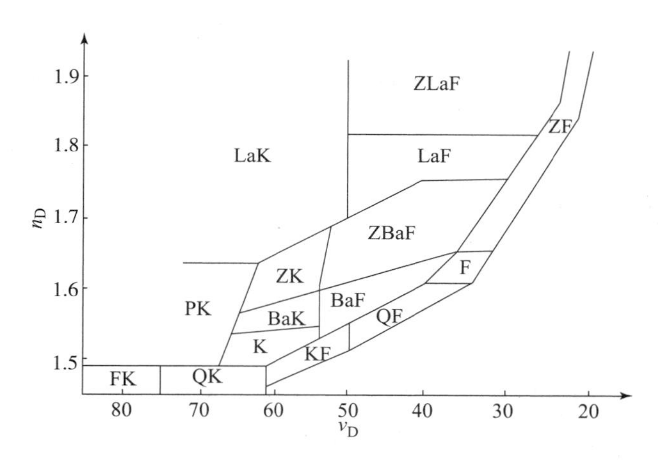

图 4－20　我国光学玻璃 $n_D-\upsilon_D$ 曲线

各国光学玻璃目录中对玻璃品种的标志方法不同，选用时要查相关光学玻璃目录。

4.4.2　玻璃选择原则

光学设计中重要的一步是核对每种玻璃的参数，包括可用性、价格、透射特性、热特性、染污性等，要确保最优化选择玻璃。

1. 可用性

玻璃被分为三类，即首选玻璃、标准玻璃和查询玻璃。首选玻璃主要指玻璃存货，标准玻璃指玻璃公司目录中所列出的玻璃品种，查询玻璃指可以订货得到的玻璃品种。

2. 透射性

大多数光学玻璃可以良好透射可见光和近红外区的光。但是，在近紫外区，大多数玻璃都或多或少地吸收光。如果光学玻璃必须透射紫外光，最常用的材料是熔融二氧化硅和熔融石英。某些重火石光学玻璃，在深蓝波长区有低的透射比，具有微黄的外观。

3. 双折射特性

一般光学玻璃是各向同性的，由于机械和热应力会使之变成各向异性。这意味着光的 s 和 p 偏振分量有不同的折射率。高折射率的碱性硅酸铅玻璃（重火石玻璃）在小的应力作用下显示较大的双折射。硼硅酸盐玻璃（冕牌玻璃）对应力双折射不是非常敏感。如果光学系统传输偏振光，必须在整个系统或部分系统中保持偏振状态，则材料的选择是很重要的。

4. 化学稳定性

玻璃给出抵抗环境和化学影响的特性包括：玻璃的抗气候性，主要是抵抗空气中水蒸气影响的耐性；抗染污性，是对非气化弱酸性水影响的抵抗性；当玻璃接触酸性水介质时的抗酸性、抗碱性。

5. 热特性

光学玻璃具有正的热膨胀系数，即玻璃随温度的升高而膨胀。对于光学玻璃，热膨胀系数介于 $4\times10^{-6}\sim16\times10^{-6}\ \mathrm{K}^{-1}$ 范围。在设计工作于给定温度范围的光学系统时，需要考虑以下几个问题：光学玻璃的热胀冷缩性质应与镜头结构件的热胀冷缩性质尽量一致；光学系统可能必须被无热化，即在温度变化导致透镜形状和折射率变化时保持系统的光学特性不变；温度变化可能在光学玻璃中产生温度梯度，导致温度诱导的应力双折射。

大多数光学设计程序多有不同温度下进行系统优化的能力。这些程序能考虑玻璃元件的膨胀及形状的变化，也能考虑镜筒和透镜间隔圈的膨胀及玻璃材料折射率的变化。

4.4.3 塑料光学材料

塑料光学元件与玻璃材料相比，具有较低的质量、较高的抗冲击性，并能提供更多的形状。外形适应性是塑料光学材料的最大优点之一。非球面透镜和其他复杂的形状都可以被塑造。

塑料的主要缺点是较低的耐热性。塑料的熔化温度比玻璃低，表面耐磨性和抗化学性较差。镀膜的附着性低，因为其熔化温度低，薄膜的沉积温度受到限制；塑性透镜上膜层的耐用性也低或寿命短。塑料镀膜可使用离子束辅助沉积（离子束辅助沉积，简称 IBAD，是在气相沉积的同时辅以离子束轰击的薄膜制备方法，可在低温下合成致密、均匀的薄膜）提供较坚固而耐用的薄膜。

光学塑料材料品种的选择自由度有限，一个重要的限制是热膨胀系数高和折射率温度变化的依赖性强。塑料材料的折射率随温度的升高而减小（玻璃是增加的），变化量大约比玻璃高 50 倍。塑料的热膨胀系数大约比玻璃高 10 倍。高质量的光学系统可以用玻璃和塑料透镜的组合来实现设计。

塑料光学元件可以被注塑成型、压塑成型，或者用浇注的塑料块制造。用车削和抛光、浇注塑料块的工艺制造塑料元件是经济的。压塑成型可提供高精度和对光学参数的控制。模型制造是昂贵的，但在大批量生产中是成功的。为制造样品可用金刚石车削塑料光学元件，车削槽纹的散射影响常会得到控制。有时还需要“事后抛光”以去掉车削痕迹残余。

几种最常用的塑料材料是聚甲基丙烯酸甲酯（丙烯酸）、聚苯乙烯、聚碳酸酯、烯丙基二甘醇碳酸酯和 COC（环烯共聚物）等。

（1）聚甲基丙烯酸甲酯（PMMA）。聚甲基丙烯酸甲酯简称丙烯酸，俗称有机玻璃。它在可见光范围内有很好的透射比（达92%）；有较高的阿贝数（55.3）；有很好的机械稳定性，比玻璃高7～18倍；易于加工和抛光，是注塑成型的良好材料；紫外线透过率为73%，而普通玻璃只能透过0.6%。

（2）聚苯乙烯。聚苯乙烯比丙烯酸便宜，在深蓝光谱区吸收略高。它的折射率（1.59）比丙烯酸高，但阿贝数（30.9）较低。它的抗紫外辐射性和刮擦性比丙烯酸低。丙烯酸和聚苯乙烯形成可行的消色差材料对。

（3）聚碳酸酯。聚碳酸酯比丙烯酸贵，具有很高的抗撞击强度，在宽温度范围内有很好的性能。CR－39型聚碳酸酯被用于塑料眼镜片。

（4）烯丙基二甘醇碳酸酯（CR－39）。烯丙基二甘醇碳酸酯简称 CR－39，也称为哥伦比亚树脂，是一种透明度良好的热固性光学塑料，折射率为1.498，最高使用温度可达100 ℃。与玻璃相比，它具有密度小、模塑性良好、抗机械冲击性能高、易着色等优点；其缺点是耐磨性差、表面硬度低等。

（5）COC。COC 为碳氢原子组成的环状烯烃聚合物，是光学工业中相对较新的材料。它有许多类似于丙烯酸的特性，但它的吸水性低得多。COC 具有较高的热变形温度，但容易碎。COC 也称为 Zeonex。

光学塑料的光学特性和物理特性对比如表4－2所示。

表4－2 光学塑料的光学特性和物理特性

性能＼材料	聚甲基丙烯酸甲酯（PMMA）	聚苯乙烯（PS）	聚碳酸酯（PC）	烯丙基二甘醇碳酸酯（CR－39）	环状烯烃聚合物 Zeonex（COC）
折射率 n_D（23 ℃）	1.490 21	1.593 70	1.585 13	1.498	1.533
阿贝数 v	57.4	30.8	30.3	53.6	56.2
线膨胀系数/(×10^5 ℃)	6.3	8	7	9.10	6.5
折射率随温度的变化/℃	－0.000 12	－0.000 15	－0.000 14		－0.000 65
外部透过率	92	88	89		91
热变形温度/℃	65～100	70～100	100～140	140	120～180
密度/(g·cm^{-3})	1.19	1.0	1.2	1.32	1.02
洛氏硬度	M80～100	M65～90	M70～118	M100	
拉伸强度/MPa	56～70	35～63	59～66	35～42	40～70
冲击韧度/(kJ·m^{-2})	2.2～2.8	1.4～2.8	80～100	35～42	
热导率/[4.2×10^{-7} kW·(m·K)$^{-1}$]	4～6	2.4～3.3	4.5		
饱和吸水率/%	2.0	0.1	0.4		

4.4.4 反射光学材料

反射光学零件一般是在抛光玻璃表面镀以金属的反射层。反射面不存在色散现象，对于任何色光，其反射角均等于入射角。反射光学材料的唯一特性是反射率。反射面多用金属材料镀制，不同金属的反射面有不同的反射特性，即随入射光波长的不同而有不同的反射率。图4-21给出了几种金属材料的反射特性曲线，可以看出不同波段的色光应选取不同的金属材料来镀制反射膜层。由图可知，银（Ag）反射层在可见光区间有很高的反射率，平均为94%~96%，但在紫外光波段急剧下降。银反射层在空气中易被腐蚀，故需加保护层或保护玻璃。铝（Al）反射层的反射率略低于银，平均为88%~92%，在紫外波段其反射率仍在80%以上。铝膜层在空气中自然形成厚度约为5 nm的透明氧化铝膜层，使铝膜层得到保护，故铝膜在制造反射元件中得到了广泛的应用。金（Au）在可见光波段反射率较低，但在红外区反射率很高。在波长为0.1 μm的紫外区，铝膜层易透过，只能用铂膜层，但反射率很低。

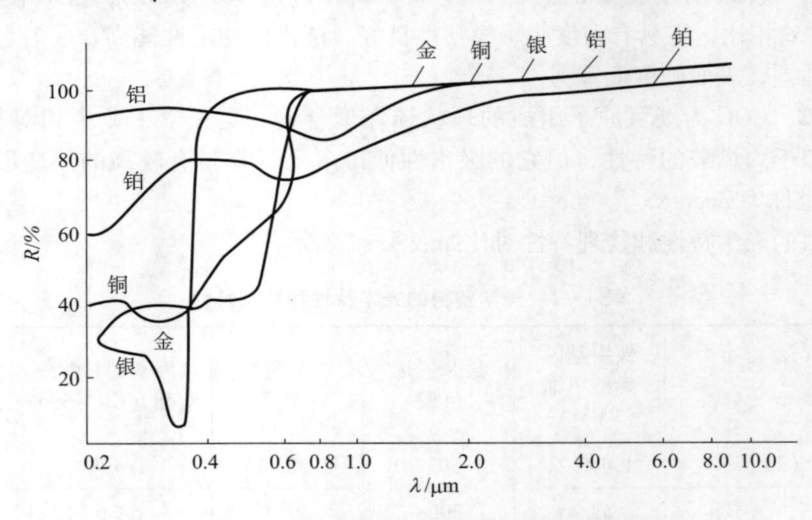

图4-21 几种金属材料的反射特性曲线

4.5 典型光学元件

4.5.1 透镜

透镜用高质量的光学玻璃或石英玻璃支撑，具有聚焦、准直和成像功能。分为单透镜、双胶合透镜、双分离透镜等。单透镜又可分为平凸透镜、平凹透镜、双凹透镜、双凸透镜、弯月透镜等。其中平凸透镜用于聚焦、扩束及成像；平凹、双凹透镜多用于光束发散，与平凸透镜组合可用于扩束；双凸透镜用于聚焦、成像；弯月透镜多与双胶合透镜配合使用，进行准直、成像。双胶合透镜用于对轴上及近轴点校正球差、色差和彗差，在要求较高的场合用于准直、聚焦，组合后可用于成像。双分离透镜对轴上及近轴点球差、色差和彗差的校正比双胶合透镜更完善，用于光束准直、聚焦，组合后可用于成像，外径大于50 mm时通常采用双分离形式。透镜的分类、特点及用途如表4-3所示。

表 4－3　透镜的分类、特点及用途

类型		特点及用途
单透镜	平凸透镜	聚焦、扩束及成像
	平凹、双凹透镜	光束发散、与平凸透镜组合可用于扩束
	双凸透镜	聚焦、成像
	弯月透镜	与双胶合透镜配合使用，进行准直、成像
双胶合透镜		对轴上及近轴点校正球差、色差和彗差，在要求较高的场合用于准直、聚焦，组合后可用于成像
双分离透镜		对轴上及近轴点球差、色差和彗差的校正比双胶合透镜更完善，用于光束准直、聚焦，组合后可用于成像，外径大于 50 mm 时通常采用双分离形式

透镜的材料不同，适用的波段不同。如石英玻璃可用于从紫外区 200 nm 到红外区 2 500 nm；CaF_2 材料可用于 250 nm ~ 7 μm 波段，透过率大于 90%；Ge 材料可用于 3 ~ 12 μm 波段，通常用于中红外成像系统；ZeSe 材料可用于 600 nm ~ 16 μm 波段，通常用于 CO_2 激光器。

以平凸透镜为例，如图 4－22 所示。其中 ϕ 表示外径，T_e 表示边缘厚度，T_c 表示中心厚度，f_b 表示后截距，f' 表示焦距。其技术参数要求如表 4－4 所示。

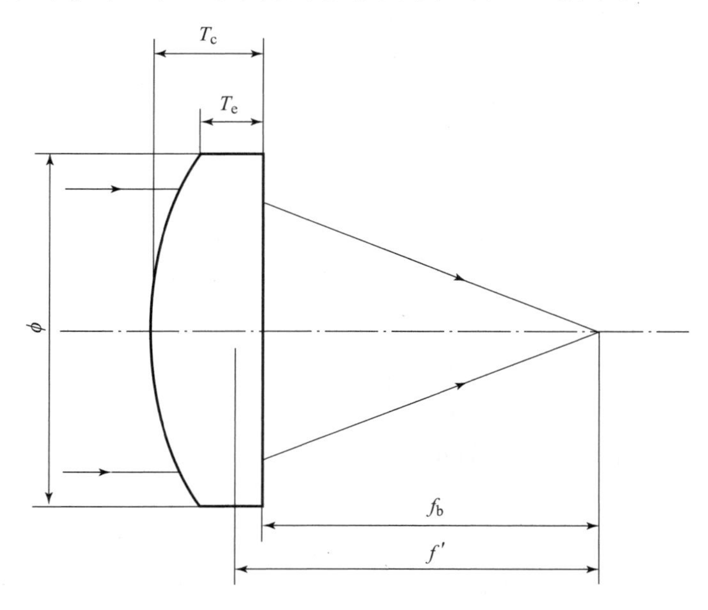

图 4－22　平凸透镜光路及参数

典型平凸透镜参数如表 4－5 所示。双凹透镜的光路及参数如图 4－23 和表 4－6 所示。

表 4－4　技术参数要求

材料	K9 精退火
焦距 f'	±2%@587.6 nm
直径公差 ϕ	+0.0/－0.20
中心厚度 T_c	±0.1
中心偏差	3
光圈	1~5
局部光圈	0.2~0.5
表面粗糙度	$\sqrt{Ra\ 1.6}$
镀膜	MgF_2 增透膜
通光孔径	>90% ϕ

表 4－5　典型平凸透镜参数

型号	ϕ/mm	f'/mm	f_b/mm	T_c/mm	T_e/mm	质量/g
GCL－010101	6.0	9.8	8.5	2.0	1.0	1
GCL－010102	6.0	19.0	17.7	2.0	1.5	1
GCL－010103	6.0	38.1	36.8	2.0	1.8	1
GCL－010131	10.0	10	6.8	4.8	1.1	1
GCL－010132	10.0	15.0	13.1	2.9	1.1	1
GCL－010133	10.0	20.0	18.4	2.4	1.1	1
GCL－010134	10.0	30.0	28.8	1.9	1.1	1
GCL－010104	12.7	12.7	8.7	6.0	1.1	2
GCL－010105	12.7	25.4	22.8	4.0	2.4	2
GCL－010106	12.7	38.1	36.1	3.0	2.0	2
GCL－010107	12.7	50.8	48.8	3.0	2.2	2
GCL－010135	20.0	30.0	26.2	5.7	2.2	4
GCL－010152	60.0	600.0	595.8	6.4	5.0	41
GCL－010153	60.0	800.0	796.0	6.1	5.0	40
GCL－010122	76.2	175.0	165.8	14.0	5.6	115
GCL－010123	76.2	300.0	293.4	10.0	5.2	90
GCL－010124	76.2	500.0	494.7	8.0	5.2	76
GCL－010125	76.2	700.0	695.4	7.0	5.0	70

表 4－6　典型双凹透镜参数

型号	ϕ/mm	f'/mm	f_b/mm	T_c/mm	T_e/mm	质量/g
GCL－010401	6.0	－9.8	－10.4	2.0	2.9	1
GCL－010424	10.0	－15.1	－15.8	2.0	3.6	1
GCL－010423	10.0	－30.0	－30.7	2.0	2.8	1
GCL－010402	12.7	－19.0	－19.7	2.0	4.2	1
GCL－010403	12.7	－25.4	－26.0	2.0	3.6	1
GCL－010404	12.7	－38.1	－38.8	2.0	3.0	1
GCL－010422	20.0	－30.0	－30.8	2.7	6.0	3
GCL－010421	20.0	－40.0	－40.9	2.7	5.1	3

双胶合消色差透镜由低折射率（如冕牌玻璃）的正透镜和高折射率（如火石玻璃）的负透镜组成。当用于聚焦准直时，凸透镜或小曲率半径的面通常朝向准直光；当用于成像时，凸透镜必须朝向物距或像距较长的一面。双胶合消色差透镜的光路及参数如图 4－24 所示。典型双胶合消色差透镜参数如表 4－7 所示。

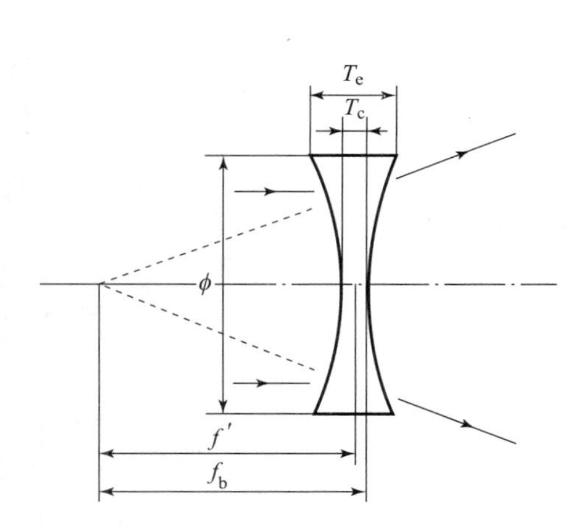

图 4－23　双凹透镜光路及参数

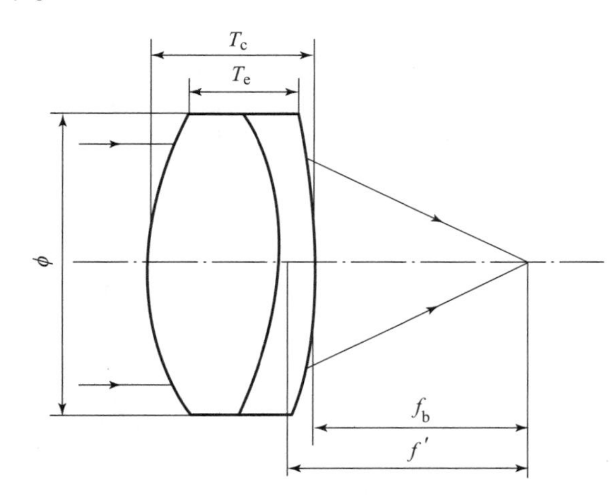

图 4－24　双胶合消色差透镜光路及参数

表 4－7　典型双胶合消色差透镜参数

型号	ϕ/mm	f'/mm	f_b/mm	T_c/mm	T_e/mm	质量/g
GCL－010661	6.0	10.0	7.8	4.2	3.0	1
GCL－010662	6.0	20.0	18.6	3.1	2.5	1
GCL－010601	6.0	30.0	28.8	2.8	2.4	1
GCL－010612	10.0	20.0	17.0	5.0	3.4	1
GCL－010613	10.0	30.0	28.2	3.7	2.7	1
GCL－010602	12.7	50.0	48.1	4.3	3.3	2

续表

型号	ϕ/mm	f'/mm	f_b/mm	T_c/mm	T_e/mm	质量/g
GCL－010603	12.7	75.0	73.3	3.8	3.1	2
GCL－010620	20.0	40.0	35.5	8.5	5.4	7
GCL－010621	20.0	50.0	46.4	7.4	4.9	6
GCL－010622	20.0	60.0	56.8	6.7	4.6	6
GCL－010604	25.4	100.0	96.4	7.7	5.7	11

4.5.2 柱面镜

柱面镜用于光束在单方向放大，如将激光束变为线光源或片状光束，或在不改变像宽度的前提下改变像的高度。有平凸柱面镜、平凹柱面镜和柱透镜等。柱面镜光路及参数如图4－25所示。柱透镜是圆柱面抛光而两个端面为磨砂面的透镜，它的光学性能与柱面镜一样，当准直的圆光斑通过后，光斑被整形为线性光斑。典型柱面镜参数如表4－8和表4－9所示。

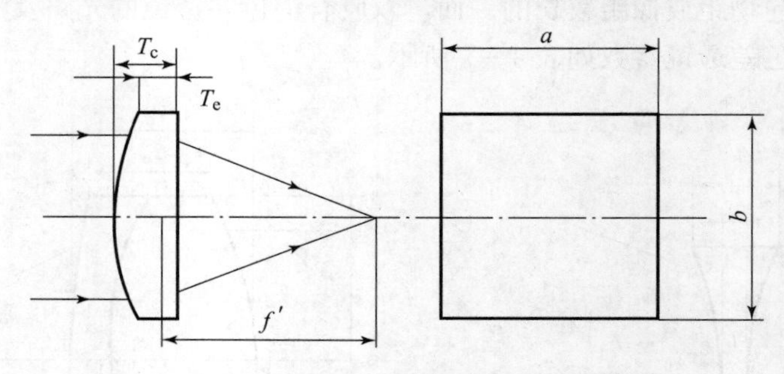

图4－25　柱面镜光路及参数

表4－8　典型平凸柱面镜参数表（一）

型号	$a \times b$/(mm×mm)	T_c/mm	f'/mm
GCL－110101	15.0×15.0	5.0	40.0
GCL－110102	25.4×25.4	5.0	200.0
GCL－110103	40.0×40.0	5.0	400.0

表4－9　典型平凸柱面镜参数表（二）

型号	ϕ/mm	f'/mm	f_b/mm	T_c/mm	质量/g
GCL－110114	25.4	25	17.09	12	12.9
GCL－110115	25.4	50	47.03	4.5	4.7
GCL－110116	25.4	75	72.89	3.2	3.4
GCL－110117	25.4	100	97.89	3.2	3.6
GCL－110118	25.4	150	147.89	3.2	3.8

4.5.3　折反棱镜

折反棱镜常用于在光路中改变光束传播方向或实现像的旋转或倒置。常用的棱镜有直角棱镜、五角棱镜、45°半五角棱镜、直角屋脊棱镜、角锥棱镜和道威棱镜等。其光束反射角见表 4－10。

表 4－10　棱镜的类型及光束反射角

棱镜名称	光束反射角
直角棱镜	90°、180°
五角棱镜	90°
45°半五角棱镜	45°
直角屋脊棱镜	90°
角锥棱镜	180°
道威棱镜	共轴、转像

直角棱镜通常用来实现光束的 90°或 180°转向，通过 90°转向棱镜的像如图 4－26 所示。通过 180°转向棱镜的像的方位发生 180°旋转。一般情况下 $a=b=c$，可取 5 mm、10 mm、12.7 mm、20 mm、25.4 mm、30 mm、40 mm、50.8 mm 等。如果等边棱镜的 3 个角都是 60°，也称为色散棱镜，可将不同波长的光分开。

五角棱镜是五边形棱镜，具有两个特征：一是光线虽转向 90°，但像面既无旋转也无镜面反射；二是所有透射光线均被转折 90°，如图 4－27 所示。因此，它是测距仪的关键部件，也可用于单反照相机。棱镜的反射面镀铝并涂黑漆保护。一般情况下，$a=b=c$，d 可根据 a、b、c 取值进行计算，如 $a=b=c=20$ mm，$d=21.6$ mm，光束反射角的精度在 3′以内。

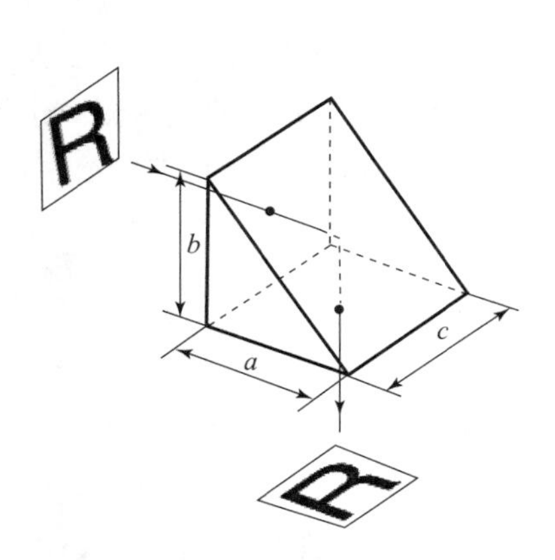

图 4－26　90°转向直角棱镜

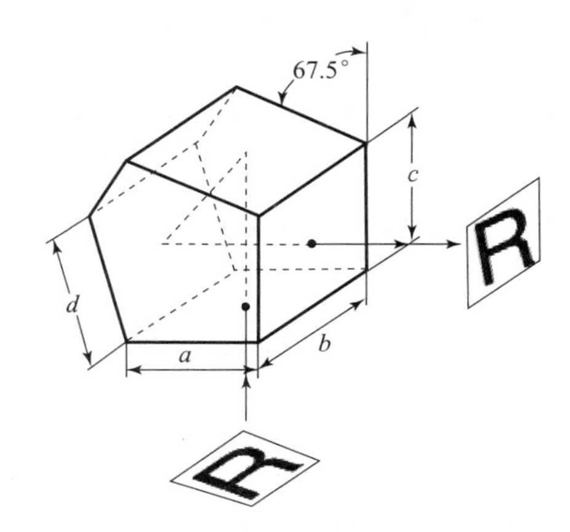

图 4－27　五角棱镜

直角屋脊棱镜，此棱镜在直角棱镜的斜面上开了一个 90°屋脊角，可应用于既要光束转向 90°，又要成正像的场合，如图 4－28 所示。

角锥棱镜的显著特点在于对任一条进入通光孔径的入射光线，无论入射角大小，光线都将按原方向反射回去。其角度误差由棱镜加工精度决定。角锥棱镜常用于光线转向困难或不易控制的场合，如图 4－29 所示。

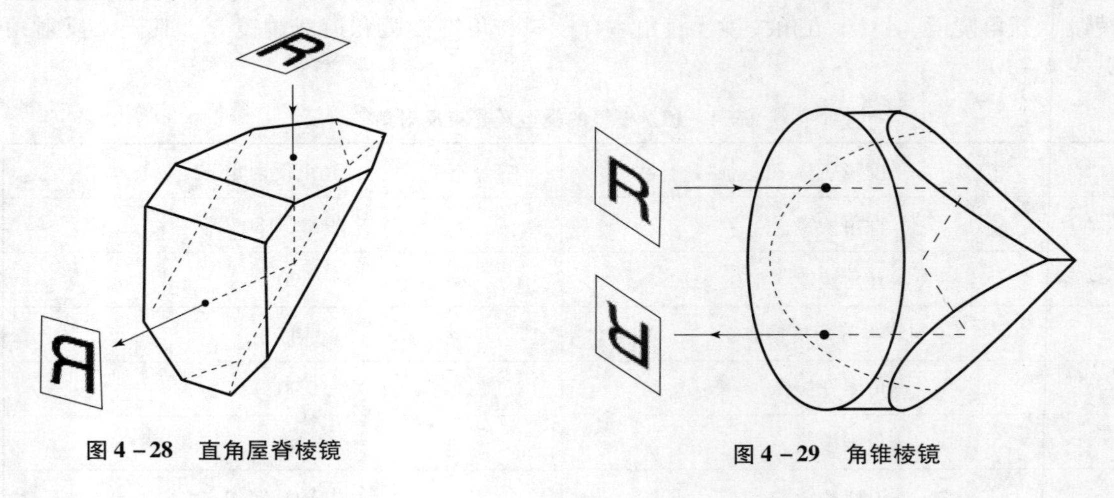

图 4－28　直角屋脊棱镜

图 4－29　角锥棱镜

4.5.4　滤光片

滤光片的作用是只让某一波段范围的光通过，而其余波长的光不能通过。通常，滤光片的性能指标有 3 个：中心波长，它是指透光率最大时的波长；透射带的波长半宽度，它是透过率为最大值一半处的波长范围，透射带的波长半宽度大者为宽带滤光片，反之为窄带滤光片；峰值透过率，它是指对应于透射率最大的中心波长的透射光强与入射光强之比。

滤光片按其结构可分为以下两类。

（1）吸收滤光片。它是利用物质对光波的选择性吸收进行滤光的，如红、绿玻璃以及各种有色液体等，具体滤光性能可参看有关手册。

（2）干涉滤光片。它是利用多光束干涉原理实现滤光的。

前者由于使用的物质有限，不能制造出在任意波长处具有所希望带宽的滤光片，而后者从原理上讲，可以制成在任何中心波长处有任意带宽的滤光片。根据光学薄膜多光束干涉原理，可分为法布里－珀罗型干涉滤光片（分为全介质干涉滤光片和金属膜干涉滤光片）、红外线滤光片及偏振滤光片。

4.6　光学系统设计软件

设计一个实用的光学系统可以分为两步。第一步称为初步设计阶段，根据光学系统的实际使用要求，确定光学系统的基本结构和构成的各个光学元件的光学参数，如光学系统应该由几个透镜构成、系统是否需要倒像系统、是否需要棱镜来改变光路以及各个透镜的焦距等，这时主要的依据就是近轴光学的成像理论。第二步为像差设计阶段，根据光学系统的具体成像要求，确定光学系统的具体结构参数，如构成透镜的材料、各个曲面的几何尺寸等，用到的理论是光学系统的像差理论。关于像差理论的知识可参考相关书籍。

由于研究光学系统的历史较早，多数实际应用光学系统已经有典型的光学结构。所以在第一阶段可以根据实际设计的光学系统的要求，查阅相关的文献，获得光学系统的基本结构。而实际应用中，由于光学系统的应用条件不同，对于系统的性能指标要求不尽相同，因而需要根据具体情况确定光学元件的具体结构参数，使得在满足成像要求和系统功能的条件下，光学系统的结构最简单、成本最低，这就是光学设计的第二阶段，即像差设计阶段。在光学设计的第一阶段，实际上得到的是设计者希望的理想光学系统，而第二阶段才是以它为目标设计一个实际的应用光学系统，因此第二阶段在光学系统设计中更为重要且有实际意义。在像差设计阶段，一般来说，计算的相关数据越多对于成像质量的分析越全面，选择的具体光学元件的结构可变参数越多，才可以得到性能更好的应用系统，因此要进行大量的光路分析和计算。所以，像差设计阶段的一个重要特点就是光路计算过程比较烦琐，重复性较强。

随着计算机技术和软件技术的快速发展，像差设计阶段的烦琐计算工作日趋简化，可以通过设计程序让计算机完成。现在已经有多家公司针对光学系统设计和分析开发了多种软件。譬如美国 Radiant Zemax 公司开发的 ZEMAX 软件、Optical Research Associates（2010 年被 Synopsys' Optical Solutions Group 兼并）公司开发的 CODE V 软件、Lambda Research 公司开发的 OSLO（Optics Software for Layout and Optimization）软件等。这些软件随着电子和光学技术的发展也在不断发展，版本也在不断提高。这些软件操作越来越方便，同时使得复杂光学系统的设计和优化变得越来越容易，光学系统性能的分析更快捷方便。随着光学理论和技术的发展，这些软件目前不仅可以研究传统的由几何光学元件构成的成像光学系统，也可以分析包含物理光学元件构成的光学系统，甚至可以分析光的偏振特性。为了满足客户不同设计的要求，也提供了宏指令，使得这些软件成为光学系统二次开发和分析的平台。

4.6.1　ZEMAX 基本概况

ZEMAX 是一套综合性的模拟、分析和辅助设计光学系统程序，它将实际光学系统的设计概念、优化、分析、公差及报表整合在一起，可进行光学组件设计与照明系统的照度分析，也可建立反射、折射、衍射等光学模型，它不仅是一套辅助设计软件，更是全功能的光学设计分析软件，具有直观、功能强大、灵活、易用等优点。目前有 3 种不同的版本，即 ZEMAX - SE（标准版本）、ZEMAX - XE（扩展版本）和 ZEMAX - EE（工程版本），其中 ZEMAX - XE 包含了 ZEMAX - SE 的所有功能，ZEMAX - EE 包含了 ZEMAX - XE 的所有功能，所以 ZEMAX - EE 版本功能最强大。

ZEMAX 功能强大，采用菜单式操作界面，容易操作，菜单条目较多。ZEMAX 的使用手册对其操作和功能进行了详细介绍，同时也有一些基本实例。在 ZEMAX 使用手册中，主要对其各项功能的适用情况进行了详细介绍，但未介绍基本的物理原理，所以要求使用者具备一定的光学理论和光学系统设计的基本知识。下面仅作为初级使用者的一个入门教程，基于前面介绍的理论，帮助大家更好地使用它的基本功能，并进行基本的光学设计，具体内容分四部分，即 ZEMAX 的设计环境介绍、光学系统结构设计、光学系统成像分析和光学系统结构优化。

4.6.2 ZEMAX 设计环境

ZEMAX 的开发环境由一些窗口构成，主要包括主窗口（Main Windows）、编辑窗口（Editor Windows）、图形窗口（Graphic Windows）、文本窗口（Text Windows）和对话框（Dialogs）。

主窗口是 ZEMAX 的重要开发环境，当 ZEMAX 程序运行后就进入该窗口。它主要由位于顶端的主菜单和工具栏以及下端的状态栏构成。菜单栏给出了 ZEMAX 各个功能的入口，也包括其他窗口的入口，主要由文件栏（File）、编辑栏（Editors）、系统栏（System）、分析栏（Analysis）、工具栏（Tools）、报表栏（Reports）、宏指令栏（Macros）、外部扩展命令栏（Extensions）、窗口栏（Window）和帮助栏（Help）组成，如图 4－30 所示。

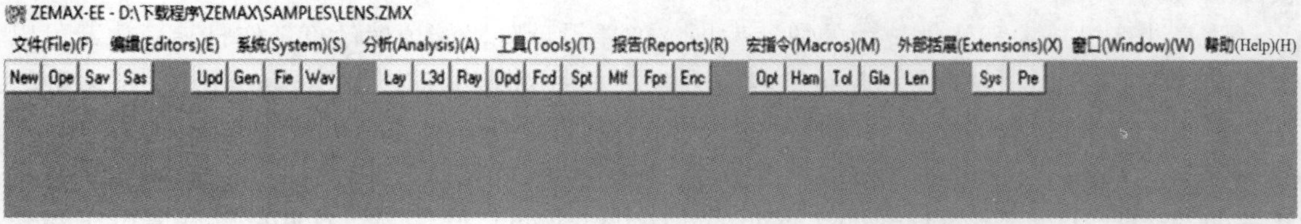

ZEMAX-EE - D:\下载程序\ZEMAX\SAMPLES\LENS.ZMX
文件(File)(F) 编辑(Editors)(E) 系统(System)(S) 分析(Analysis)(A) 工具(Tools)(T) 报告(Reports)(R) 宏指令(Macros)(M) 外部括展(Extensions)(X) 窗口(Window)(W) 帮助(Help)(H)
New Ope Sav Sas Upd Gen Fie Wav Lay L3d Ray Opd Fcd Spt Mtf Fps Enc Opt Ham Tol Gla Len Sys Pre

图 4－30 ZEMAX 主窗口

文件栏主要包括文件的生成（New）、打开（Open）、保存（Save）和重命名（Save as）、退出系统（Exit）、工作环境基本参数的设置（Preference）等菜单命令。“Preference”菜单命令可以设置工作目录、图形窗口、文本窗口、编辑窗口等基本属性。

编辑栏用于进行光学系统结构参数的输入和编辑，也包括输入的撤销命令（Undo）。单击编辑菜单项可以弹出相应的编辑或文本窗口，如用于光学系统元件参数设置的 Lens Data Editor。

系统栏用于光学系统参数的设置，如光学系统的孔径、物点在物平面上的位置、光学系统工作的波长等与成像有关的光学系统参数。单击系统栏中的菜单命令可以弹出相关参数设置的对话框。

分析栏中的命令不会改变原来设定光学系统的参数，它根据设定的系统参数画出光学系统的结构图，分析光学系统的成像特性，如分析系统的像差和色差、传递函数和光路计算结果等。单击分析栏中菜单命令或子菜单命令可以弹出相应的窗口。

工具栏的命令将整体分析优化光学系统的成像特性，它有可能改变原来光学系统的基本参数。

报表栏中的命令以文本的形式给出光学系统的基本结构参数或元件参数。

宏指令栏中的命令用于编辑和运行 ZPL 宏。

窗口栏中按照窗口标题列出了当前被激活的所有窗口，单击任何一个窗口将被置于屏幕的最前端。

帮助栏提供在线帮助文档。

4.6.3　光学系统结构设计

在采用ZEMAX分析和辅助设计光学系统之前，应该选择并输入想要设计的光学系统基本结构。本小节主要介绍在如何将选择好的模型输入到ZEMAX中，以便利用它进行成像分析和结构优化。

ZEMAX有两种程序模式，即Sequential mode和Non - Sequential mode。在Non - Sequential mode中，光线的传播比较复杂，程序会根据光学元件的空间分布追踪光线的传播，这时光线可能要多次经过一个光学元件，它一般用于光的散射等问题的分析，不用于成像光学系统。在Sequential mode中，严格按照光线在实际传播过程中经过各个光学元件的结构参数输入光学元件，主要用于光学成像系统的分析和辅助设计。这两种模式下光学系统的结构参数的设置基本相同，下面以在Sequential mode下完成一个光学系统参数的设置、分析和辅助优化为例进行介绍。

光学系统结构参数包括与系统成像有关的系统参数和光学系统的结构参数。

1. 系统参数

系统参数主要包括波长、用于光路分析和成像评价的成像物点和光学系统的结构参数。

（1）波长。单击主窗口菜单中的“System”→“Wavelength”命令，可以弹出波长设置对话框。ZEMAX支持同时设置多达12种波长，可以直接输入，也可以通过对话框下面的下拉列表框选择输入。在下拉列表框中列出了主要的原子光谱谱线波长和目视光学仪器的色差分析和矫正用的光波波长。在波长的数值后面有一个单选框，用来选择主波长，在光学系统进行近轴基点、物像共轭面位置以及像差分析、矫正色差等操作时一般采用主波长。

（2）物点。光学系统进行成像分析时许多输出和物点的位置有关，需要设置物点。单击主窗口菜单中的“System”→“Fields”命令，可以弹出物点设置对话框。在此可以设置多达12个物点。物点有4种设置方法，即Angle、Object height、Paraxial image height和Real image height，可以通过窗口顶端的单选框选择。“Angle”选项设置物点到入瞳中心的张角，“Object height”选项设置物点相对光轴的距离，“Paraxial image height”选项设置近轴区像点，“Real image height”选项设置按照主光线得到的像点。

（3）光学系统孔径。单击主窗口菜单中的“System”→“General”命令，可以弹出一个对话框，它包含多个页面，其中“Aperture”页面用于设置光学系统的孔径大小。孔径的设置可以有多种方法，如直接设置入瞳的大小、数值孔径、F数或专门指定孔径光阑，可以通过下拉式单选框“Aperture type”来选择。

2. 结构的设置

ZEMAX中的光学元件可以是几何光学元件，如透镜、平面镜、球面镜等，也可以是物理光学元件，如光栅、Fresnel波带板等。每个光学元件被分解为一个或多个界面，以便通过设置各个界面上的参数来实现目的。各个界面的参数可以包括基本参数和附加参数。

基本参数在“Lens Data Editor”窗口中设置，单击主窗口菜单中的“Editors”→“Lens Data”命令，可以弹出该编辑窗口。该编辑窗口的主体是一个可以进行文本编辑的表格，表格的行代表光学系统的一个界面，表格的列给出了界面的各个参数。当打开“Lens Data Editor”窗口时，一般有3行，分别是物面、光阑和像面，可以通过该窗口的“Edit”菜单命令在物面和像面之间选择插入或删除界面，界面按照在表格中的顺序自上而下编号，编号从0开始，即物面的界面编号为0。

各个界面的基本参数可以分为两个部分：一部分是参数界面，它的定义基本相同，可以称为通用参数；另一部分是与具体界面结构相关的15个结构参数，如图4-31所示。

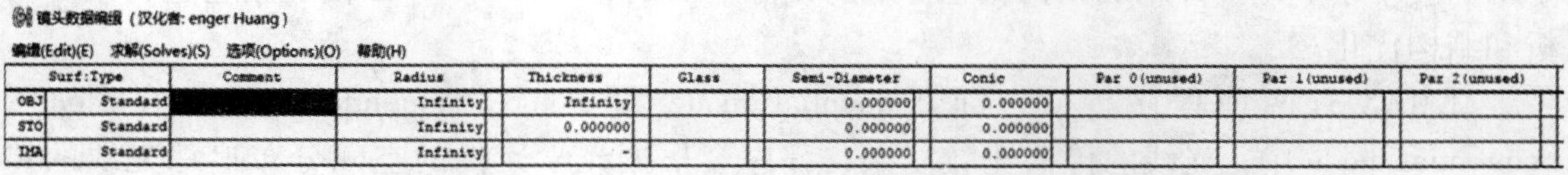

镜头数据编辑（汉化者: enger Huang）

编辑(Edit)(E) 求解(Solves)(S) 选项(Options)(O) 帮助(H)

	Surf:Type	Comment	Radius	Thickness	Glass	Semi-Diameter	Conic	Par 0(unused)	Par 1(unused)	Par 2(unused)
OBJ	Standard		Infinity	Infinity		0.000000	0.000000			
STO	Standard		Infinity	0.000000		0.000000	0.000000			
IMA	Standard		Infinity	-		0.000000	0.000000			

图4-31 “Lens Data Editor”窗口

与具体界面有关的结构参数的具体定义可以参考手册，下面主要介绍通用参数，包括以下内容。

（1）界面的类型（Type）。当光标停留在其上面时，双击可以弹出一个对话框，可以选择界面的类型，如标准球面、光栅面、波带板面等。

（2）注释（Comment）。自己可以对界面加一个注释。

（3）曲率半径（Radius）。给出界面在光轴处的曲率半径，符号规则和4.2节规定的相同。

（4）厚度（Thickness）。这是指下一个界面相对于它的位置线度，即前后两个界面的空间间隔。对于折射界面为正，反射界面为负。

（5）材料（Glass）。该界面到下一个界面间的介质。ZEMAX定义了一般光学介质材料库，可以选择。介质材料库定义了介质的色散关系，用户也可以自己定义。

（6）半孔径尺寸（Semi-Diameter）。定义界面的半孔径。当定义系统的孔径后，系统会根据已经定义的光学系统结构的参数自动设置它的大小，用户也可以自己设置。

（7）曲面特征参数（Conic）。ZEMAX的界面一般为二次曲面，它给出二次曲面特性的参数，具体使用可参考使用手册。

3. 光轴的改变

在ZEMAX中界面参数都是在界面和光轴垂直的条件下定义的，同时光路分析是所有参数以光轴为参照对象的。当光学系统中要设置倾斜放置的光学元件，或者存在平面镜、反射镜等可以改变光学系统的光轴方向的元件时，就需要用到“Coordinate Break”这一特殊的界面。

Coordinate Break是一个虚拟面，它自身并不影响光线的传播，只起到改变光学系统坐标系的作用。Coordinate Break有6个参数，分别是x和y方向的平移量，绕x、y和z轴的旋转角度，以及一个表示平移和旋转顺序的标志。

4. 像面的设置

在进行基本结构参数设定后，不仅指定了物面，也指定了像面，但这时设定的物面和像面对于设定的主波长在近轴区不一定是一对共轭面，而要手动做到这一点，必须进行一定的近轴区成像计算。在ZEMAX中，提供了近似将像面设置为物面共轭面的方法。

在ZEMAX中，倒数第二个界面（IMG面前的一个面）的参数“Thickness”不需要手动设置。可以将光标移动到倒数第二个界面的“Thickness”列，双击鼠标，出现一个对话框；

将“Solve type”由“Fixed”改为“Marginal Ray Height”，这时在结构输入表中该参数将出现一个“M”，系统会按照主波长计算系统物面的像面位置，自动设置“Thickness”。

4.6.4　光学系统成像分析

ZEMAX对光学系统及其成像的特性提供了多种分析工具，分析工具集中在系统菜单中的“Analysis”下，分析结果以图形窗口或文本窗口显示出来，各个窗口上端有进行相关操作的菜单，可以进行显示内容的设置、打印和窗口操作等。在此介绍几种常用的分析工具，主要介绍其功能。关于参数设定等操作可参考手册。

1. 系统结构图（集中在主菜单下“Analysis”→“Layout”中）

2D Layout：只有在旋转对称的系统中该功能有效，给出系统子午面的截面图，如果定义了物点和波长，同时给出几条主要的光路，显示内容的参数可以在其设置对话框中设置。

3D Layout：给出三维结构图，通过上、下、左、右光标键以及PageUp、PageDown键，可以改变观察图形的角度。

Wire frame、Solid mode：与Shade mode、3D Layout相似，给出三维结构图，只是画透镜的方式不同。

ZEMAX elementDrawing和ISO elementDrawing：给出单个界面、单镜片和双镜片的结构图。

2. 特性图（集中在主菜单下“Analysis”→“Fan”中）

Ray aberration：给出物点以不同波长发出的光束中子午面和弧矢面光线的几何像差。

Optical path：给出物点以不同波长发出的光束中子午面和弧矢面光线的波像差。

Pupil aberration：给出物点以不同波长发出的光束中子午面和弧矢面在光阑面上的像差。

3. 点列图（集中在主菜单下“Analysis”→“Spot diagrams”中）

其以光线追迹方法计算物点发出的入瞳上采样光线的光路，得到像方平面上光斑的采样图。

Standard、Full field和Matrix：以图形显示各个物点以不同波长的光波成像时在像面上的光斑。

Through focus：给出像面前后不同面上各个物点以不同波长光波成像形成的光斑。

4. 传递函数（集中在主菜单下“Analysis”→“MTF”和“PSF”中）

其给出系统的调制传递函数和点扩散函数等。

5. 像面分析（集中在主菜单下“Analysis”→“Image analysis”中）

Geometry image analysis和Geometry bitmap image analysis：以一定的扩展源而不是以点源作为物，基于光学传递函数（OTF）计算位于不同位置的物的像。

6. 像差分析（集中在主菜单下“Analysis”→“Miscellaneous”中）

Field curv/dist：有两个二维图，一个给出子午和弧矢场曲，另一个给出畸变。

Grid distortion：以二维网格形式给出畸变。

Longitudinal aberration：给出轴上物点的轴向球差。

Lateral color：给出色差与物点距光轴距离的关系。当选择“ALL wavelength”选项时，给出各定义的波长相对主波长的垂轴色差；当未选择“ALL wavelength”选项时，给出波长最大和最小的两个波长的垂轴色差。

7. 光路计算（集中在主菜单下“Analysis”→“Calculations”→“Ray trace”中）

其可以完成光路计算。光路的参数由入瞳和物面上的归一化位置坐标确定，可以在设置对话框中设置。

8. 高斯光束传输分析（集中在主菜单下“Analysis”→“Physical optics”中）

其基于物理光学方法，可以分析高斯光束在光学系统中的传播。

4.6.5 光学系统结构优化

当给出光学系统的结构后，可能给定的参数并不能满足对于光学系统成像性能参数的实际要求，ZEMAX 允许对光学系统提出一定的要求，它会给出一个能够满足用户要求的光学系统。它通过主菜单下的“Tools”→“Optimization”命令实现。在进行系统优化时，包括以下几个基本步骤。

（1）选择优化时可以更改的参数，即优化变量。在各个界面参数中可以由用户定义的参数都可以作为优化变量。设置方法很简单，将光标移动到任一变量上，单击鼠标，会弹出对话框，“Solve type”选项为下拉式单选框，选择“Variable”，这时在该参数后面将出现一个“V”，表示该参数为优化变量。在优化过程中该参数将发生变化。

（2）设定优化条件。单击主菜单中的“Editors”→“Merit function”命令，弹出编辑窗口，它的主体也是一个表格，用于进行优化条件参数的设置。首先单击该编辑窗口的“Tools”→“Default merit function”菜单命令，会弹出一个对话框，其中是一些进行优化的默认参数，其中的参数可以按照自己的要求更改，单击“OK”按钮后退出该对话框，则“Merit function”编辑窗口内的表格会出现一些基本的优化参数，在表格中可以插入和删除行，一般一行就是一个或部分优化条件，可以按照自己的要求增加行，添加系统性能的限制条件。

（3）优化。单击主菜单下的“Tools”→“Optimization”命令，系统会按照一定的算法根据设置参数进行优化。

4.7 典型光学设计

4.7.1 激光引信光束布局

目前，大探测场激光引信系统主要有 4 种常用的光束布局方式，如图 4－32 所示。

（1）多辐射方案。多辐射方案中接收器数量与发射激光器数量相等且视场匹配，发射及接收窗口在弹体周围均匀分布，多个辐射状窄光束共同形成探测场，而且发射光束与接收机视场具有很强的定向性，如图 4－32（a）所示。

（2）分区方案。由几个扇形光束构成，组成探测场，接收器数量与发射激光器数量相等且视场匹配，如图 4－32（b）所示。

（3）分区扫描方案。在分区视场内，只有发射激光器扫描形成探测场，多个探测器分区接收，如图 4－32（c）所示。

（4）同步扫描方案。发射系统和接收系统作同步扫描探测接收，如图 4－32（d）所示。

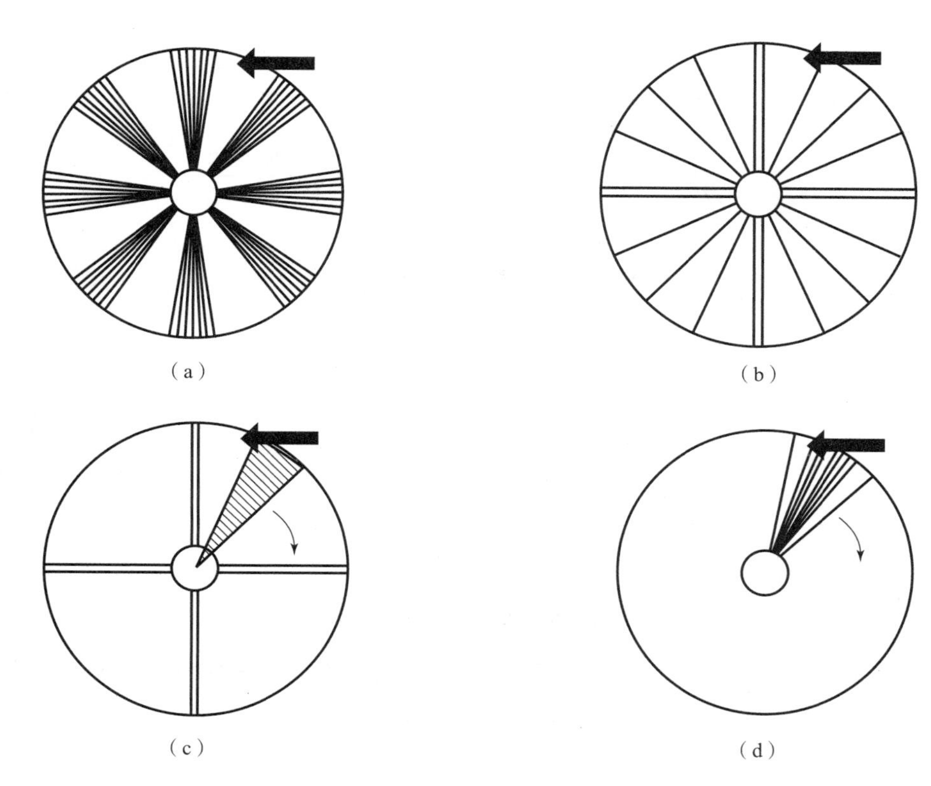

图4-32 光束空间布局方式

(a) 多辐射；(b) 分区；(c) 分区扫描；(d) 同步扫描

上述各种发射光束的光轴可与导弹轴垂直或构成一定夹角，形成圆盘状或圆锥状光束探测场。

在选择激光引信光束布局时，除了要考虑导弹作战环境外，还必须分析弹目交会的姿态。面空导弹、空空导弹攻击的目标可能是各种战机、导弹、直升机等空中目标，它们有各自不同的目标反射特性，而且在弹目交会的瞬间，激光光束对目标是一种“扫掠”探测，且相对运动速度较大，通常达到马赫数2~6以上。这就必须采用大探测场体制，有效提高光束照射到目标的可能性以及光束对目标的覆盖范围，保证接收机有足够大的接收信号功率和信噪比，而且还要求探测光束与接收机、目标、背景条件相匹配，以获得最大的目标探测概率、最小的漏警概率和虚警概率，保证在给定的控制距离和方位内使战斗部发挥最大威力。

4.7.2 周视激光引信光学系统设计

以三象限周视激光引信为例。采用隧道结激光器作为发射光源，每个激光器发光面由3个管芯线型阵列排布，发光面大小为1.7 mm×0.1 mm。激光器光束发散角度：子午方向25°，弧矢方向12°，如图4-33所示。

为实现扇形视场及360°无漏探测，发射光学系统设计指标如下。

(1) 弧矢方向光束3 dB发射角度：≥120°。

(2) 子午方向光束3 dB发射角度：≤1.1°±0.3°。

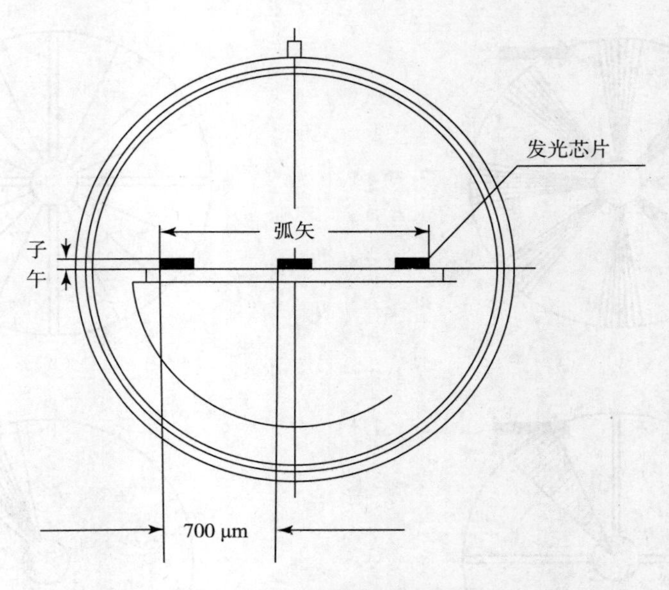

图 4－33　光束空间布局方式

(3) 光束对称特性：弧矢方向的对称性应满足弧矢方向在 ±60°处，积分光强（光功率）之差小于 1.0 dB（见图 4－34，$|A_{60°}-A_{-60°}|\leqslant 1$ dB）。

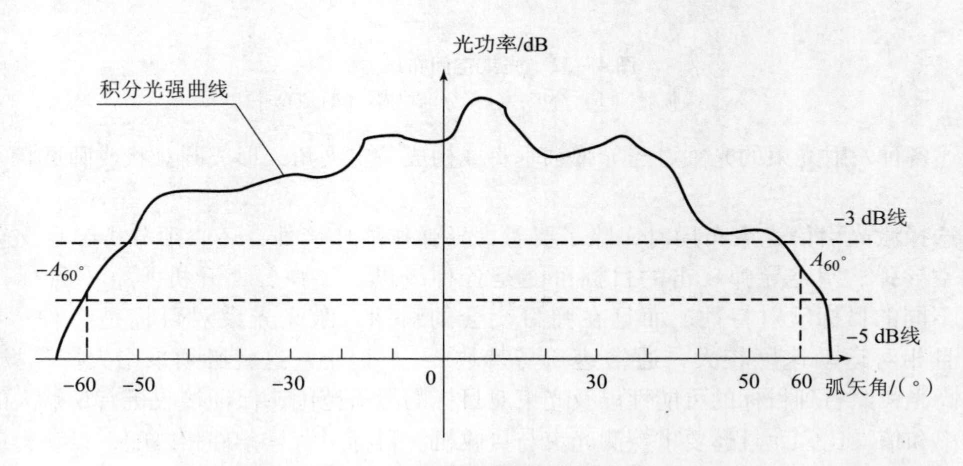

图 4－34　弧矢方向光功率分布

(4) 体积要求：不大于 10 mm×10 mm×20 mm。

对半导体激光器的发射光束整形时，由于激光器两个方向尺寸相差较大，为了充分利用激光器能量并达到小型化要求，对子午方向的发射光束进行压缩，对弧矢方向的发射光束进行发散，所以两个方向上的数值孔径、焦距均不相同，因此发射光学系统采用三片柱面镜的结构形式，一片柱面镜实现子午方向的光束准直，另外两片柱面镜实现弧矢方向的光束发散。

子午方向焦距可表达为

$$f_1 \geqslant \frac{d_1}{2\tan\frac{\alpha_1}{2}} \tag{4-44}$$

子午方向数值孔径为

$$NA_1 = \sin\frac{\theta_1}{2} \tag{4-45}$$

式中，d_1 为子午方向发光面高度；α_1 为子午发射视场角；θ_1 为激光器子午方向发散角。上式中，d_1 为0.1 mm，α_1 为1°，θ_1 为25°。经计算，子午方向焦距$f_1 \geqslant 5.73$ mm，考虑系统体积限制，取子午方向焦距f_1 为8.6 mm，子午方向数值孔径 NA_1 为0.22。

基于上述分析，确定系统的初始结构及参数后，利用 ZEMAX 软件进一步优化准直系统参数。材料选取高折射率的 ZF7 光学玻璃，高折射率材料的选取可以有效减少系统体积，用一片柱面透镜即可实现准直。优化过程中，分别将镜片曲率、厚度、间隔设置为变量，将系统焦距设置为目标函数，经反复迭代计算得到最终结构，如图4-35所示。通过仿真数据分析，子午方向光束的发散角为1°，子午方向光线准直点列图如图4-36所示，可见采用一片高折射率柱面透镜可以很好地将子午方向光束准直。

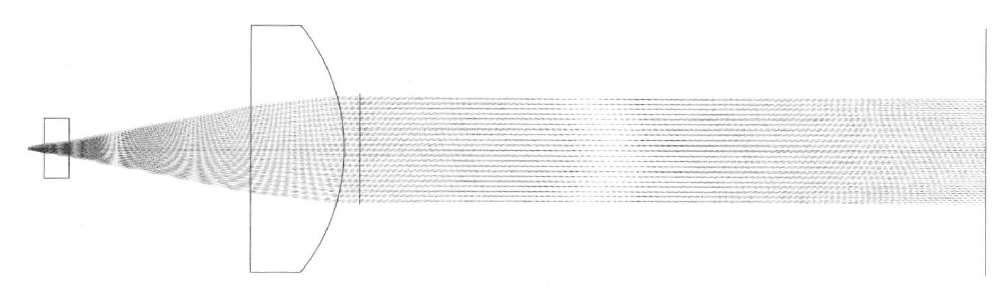

图4-35　子午方向光束准直光线追迹

对弧矢方向的光束进行发散整形有两种方法：一为凸柱面透镜；二为凹柱面透镜。凸柱面镜若不引入非球面系数，很难实现大视场均匀化发散，其光功率分布容易呈现视场中心能量集中的现象。考虑到加工难度及加工成本问题，本系统采用两片凹柱面镜的结构形式。

弧矢方向光束出射口径为 D，物距为 L，系统焦距为 f_2，光束发散角为 θ_2，光束视场角为 α_2，则有

$$D = 2L \cdot \tan\frac{\theta_2}{2} \tag{4-46}$$

$$-f_2 = \frac{D}{2\tan\frac{\alpha_2}{2}} \tag{4-47}$$

考虑到系统体积限制及装配调试空间，物距 L 为：$10\ \text{mm} < L < 40\ \text{mm}$，光束发散角 θ_2 为12°，光束视场角 α_2 为120°，计算得到弧矢方向焦距为 $-0.3\ \text{mm} > f > -2.42\ \text{mm}$，设置弧矢方向焦距$f_2$ 为 -2 mm。通过优化两片凹柱面镜的曲率半径、厚度及镜片间隔，实现弧矢方向125°的发散视场。

在仿真过程中，设置弧矢方向物高为1.7 mm，经过光学系统的优化设计，利用两片凹柱面镜对弧矢方向光束进行较好的整形，仿真效果如图4-37所示。图4-38中显示了经过

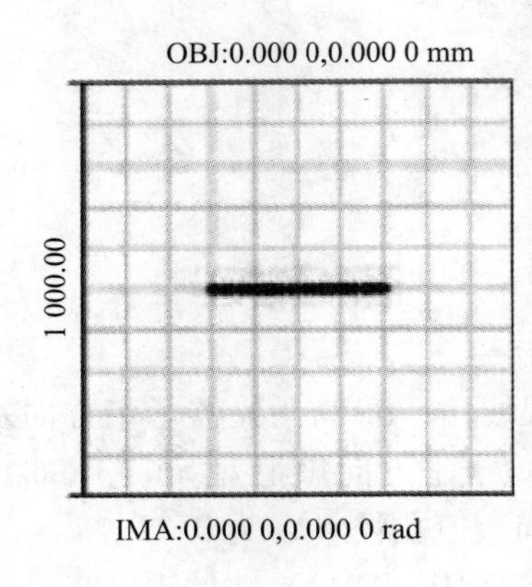

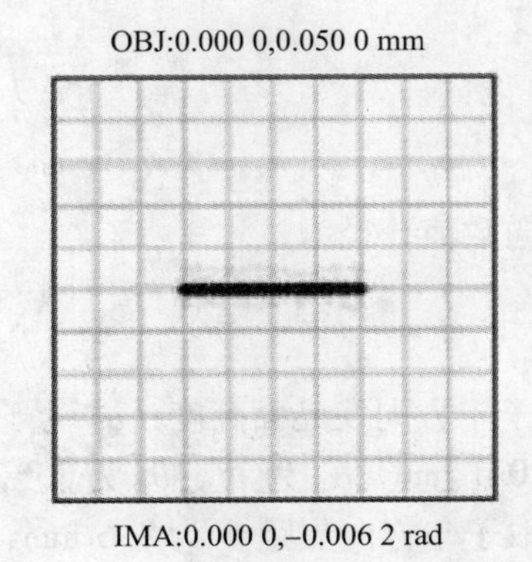

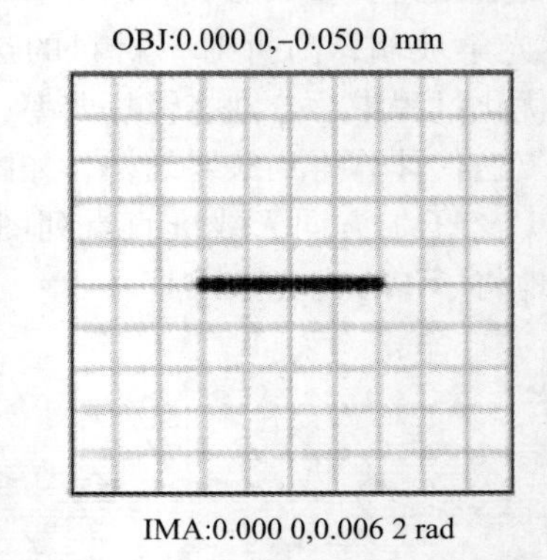

图 4－36　子午方向光束准直点列图

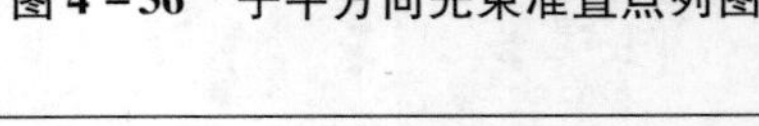

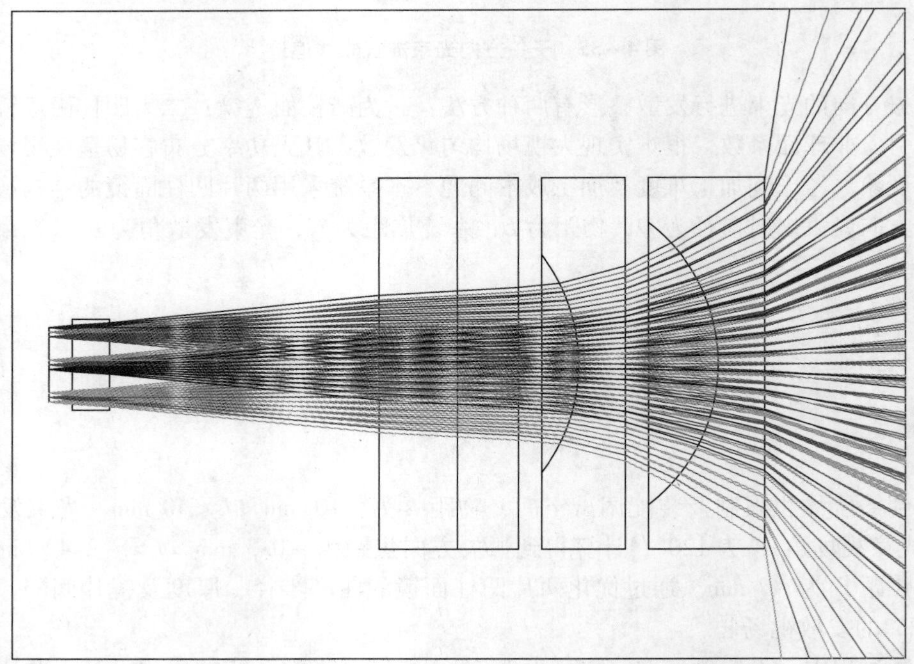

图 4－37　弧矢方向光束发散光线追迹

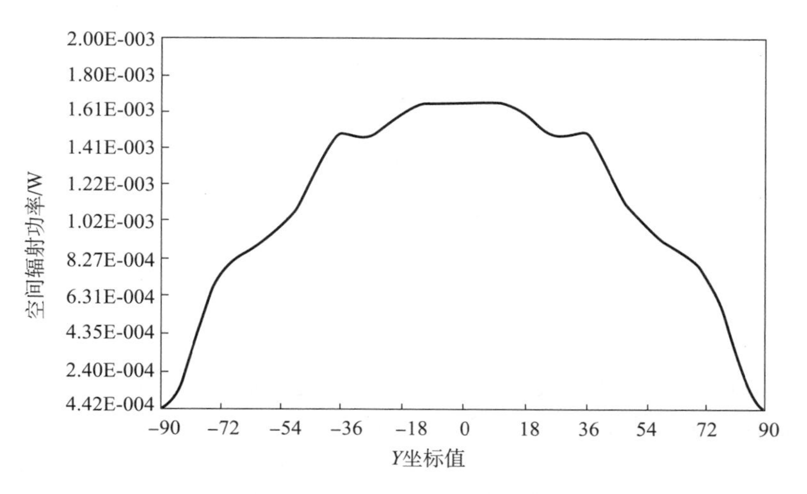

图 4－38　弧矢方向光束能量分布

整形的光束在弧矢方向的能量分布，可见两片凹柱面镜结构形式有效降低了系统的像差，分散了中心视场的能量，提高了视场能量的均匀化。图 4－39 所示为发射光学系统的点列图，可以看出出射光束满足子午方向准直、弧矢方向发散的“一”字扇形分布要求。另外，在弧矢方向设计过程中，为了达到光束对称特性的指标要求，弧矢方向预留了 ±0.5 mm 的调节余量，通过调节光学系统的中心与激光器中心的相对位置来满足对称性的要求。

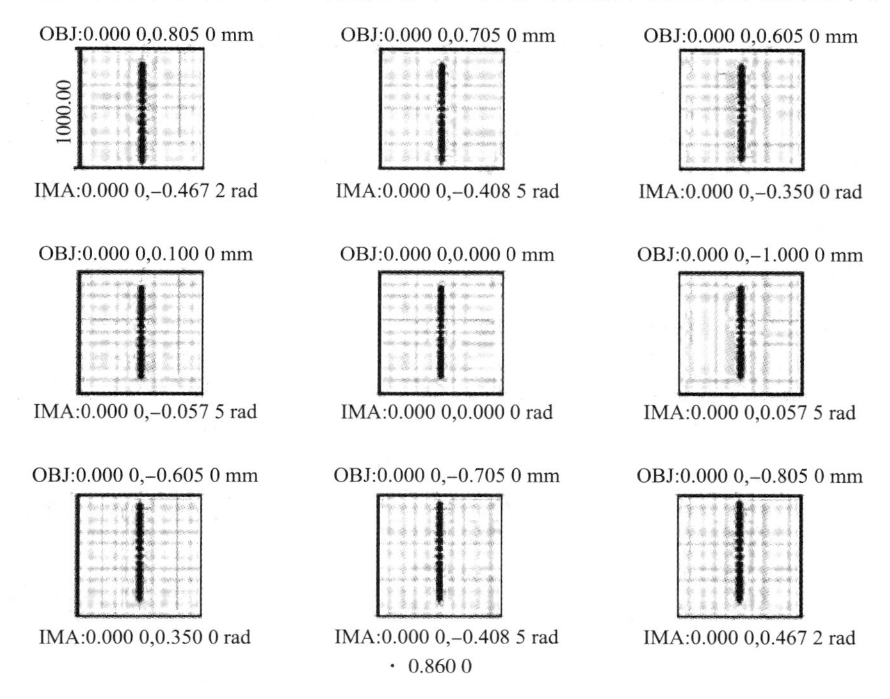

图 4－39　弧矢方向光束点列图

按照上述光学系统设计、加工、装调、实测后，弧矢方向 3 dB 视场角为 122°，子午方向 3 dB 视场角为 1.1°，±60°积分光强差为 0.8 dB。该系统体积为 8 mm×8.2 mm×15 mm，可满足激光引信小型化无漏探测的设计需求。

第5章

光散射特性

目标电磁特性的研究自20世纪50年代起一直是充满活力的研究方向，激光器的发明及其在军事中的广泛应用，使得这一研究从电磁波段扩展到了光波段。在电磁波段，波束对扩展面的散射一般简化为波束对光滑表面的反射问题，而在光波段，涉及的大多数目标散射都是具有粗糙表面介质的散射问题，近程探测更是带来了体目标效应和局部照射的问题。从理论上讲，光波作为电磁波谱的子域，其散射问题和电磁散射并无本质不同，都可以在一定的边界条件下通过麦克斯韦电磁理论进行研究，本章侧重于讨论适用于工程应用的基础理论和研究方法。其中体目标等效双向反射分布函数（Bidirectional Reflectance Distribution Function，BRDF）概念的提出是为了简化复杂目标激光散射的应用模型，其便捷性还需在工程应用中进一步验证。

5.1 涂层光散射基础理论

涂层的光散射主要来自于两方面的贡献，即涂层内部的多次散射和涂层表面的反射和散射。多次散射使得入射光强的相干分量越来越倾向于漫射分量。从涂层的上表面反射的能量主要集中在镜面方向，其角宽度取决于表面的粗糙度。本节主要描述涂层的各种光散射参数，如双向反射分布函数、反射率和透射率、方向发射率等，这些参数可以较全面地描述涂层的光散射特性。

5.1.1 涂层结构参数

双层涂层光散射模型如图5-1所示。从图中可以看出，涂层是类似于平行平面结构的分层介质，由一层或多层组成，每一层的粒子体密度、粒子尺寸各不相同。涂层结构参数包括单个粒子散射系数、消光系数、反照率、不对称因子和光学厚度等。

散射系数定义为 $C_s=\rho\sigma_s$，ρ 是粒子体密度，σ_s 是单个粒子的散射截面。对于球形粒子，可以用MIE理论计算其散射截面。

消光系数定义为 $C_t=\rho\sigma_t$，其中 $\sigma_t=\sigma_s+\sigma_a$ 是单个粒子的消光截面，而 σ_a 是单个粒子的吸收截面。

不对称因子 g 是表征单个粒子散射特性的一个重要参数。它定义为散射方向余弦用相函数加权平均，即

$$g=\bar{\mu}=\frac{\int_{4\pi}\mu p(\hat{s},\hat{s}')\,\mathrm{d}\bar{\omega}'}{\int_{4\pi}p(\hat{s},\hat{s}')\,\mathrm{d}\omega'} \tag{5-1}$$

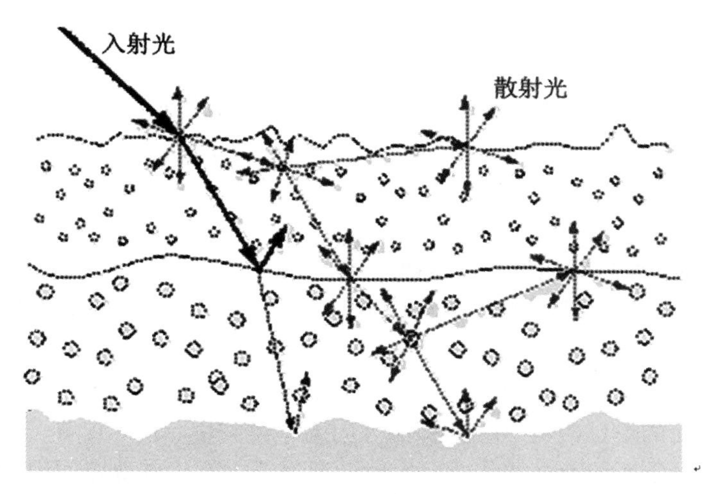

图 5－1　双层涂层光散射模型

式中，$\mu=\cos\theta_s=(\hat{s}\cdot\hat{s}')$，表示散射方向角度的余弦；$p$ 为相函数；$g>0$ 表示前向散射占主要地位，$g<0$ 表示后向散射占主要地位，$g=0$ 表示各向同性散射。

涂层的光学厚度 τ 定义为

$$\tau=\int C_t \mathrm{d}s=\int \rho\sigma_t \mathrm{d}s \tag{5-2}$$

在涂层内部的每一层内，假设只有单一类型的粒子，并且粒子分布是均匀的，因此 $\tau=C_t h$，h 是相应各层的厚度。光学厚度 $\tau=1$ 意味着在这个距离上由于散射和吸收使得功率通量减少到入射通量的 e^{-1}。

5.1.2　双向反射分布函数

在特定的条件下，包括均匀的照度、均匀且各向同性的平面和由于次平面散射而产生的边界效应，一个反射表面的几何反射特性是根据双向反射分布函数 BRDF 来确定的，BRDF 的定义如图 5－2 所示，其中下标 i 表示同入射通量相联系的量，下标 r 表示同反射辐射通量

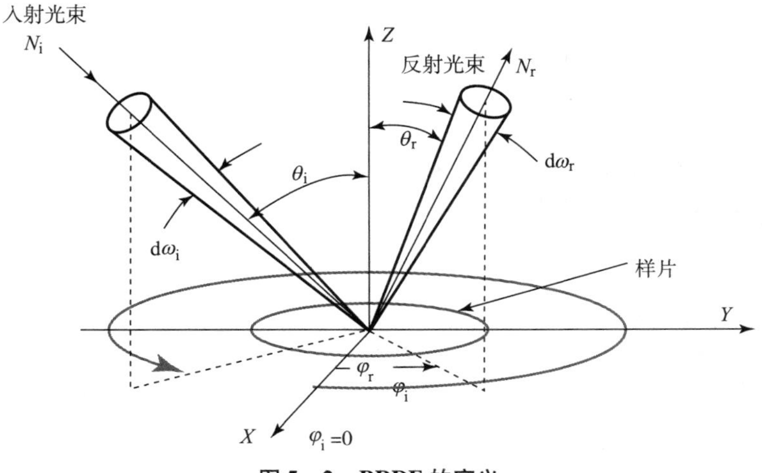

图 5－2　BRDF 的定义

相联系的量，E_i 为入射照度，L_r 为反射辐照亮度。

BRDF 的表达式为

$$f_r(\theta_i, \varphi_i; \theta_r, \varphi_r) = \frac{dL_r(\theta_i, \varphi_i; \theta_r, \varphi_r; E_i)}{dE_i(\theta_i, \varphi_i)} (sr^{-1}) \quad (5-3)$$

BRDF 是一个导数，也是一个分布函数，它描述了反射平面在一个给定方向的入射辐照下在另一方向上产生的反射辐照亮度的性质。

BRDF 满足互易性原理和能量守恒定律。

根据赫姆霍兹互易性原理，如果将入射方向与出射方向互换，得到的散射结果应该是相同的，用式（5-4）所描述的数学表达式来表示，即

$$f_r(\boldsymbol{k}_i, \boldsymbol{k}_s) = f_r(-\boldsymbol{k}_s, -\boldsymbol{k}_i) \quad (5-4)$$

式中，$\boldsymbol{k}_i$ 为入射方向的单位矢量；$\boldsymbol{k}_s$ 为探测方向的单位矢量。

互易性原理在光学系统及光波传播、反射、散射等方面均有重要应用。

能量守恒定律是指对于任何平面，其半球反射率的值不大于 1。即

$$\int f_r \cos\theta_i d\omega_i \leqslant 1 \quad (5-5)$$

5.1.3 反射率和透射率

方向反射率 $\rho_r(\omega_r, \omega_i, L_i)$ 是描述涂层表面反射特性的另一个物理量，它定义为从 ω_r 方向反射的辐射通量与 ω_i 方向入射的辐射通量之比。在立体角 ω_i 内入射到面元 dA_i 上的辐射通量 $d\phi_i$ 为

$$d\phi_i = dA_i \int L_i(\theta_i, \varphi_i)\cos\theta_i d\omega_i \quad (5-6)$$

立体角 ω_r 内测量到的反射通量为

$$\begin{aligned} d\phi_r &= dA_r \int_{\omega_r} L_r(\theta_r, \varphi_r)\cos\theta_r d\omega_r \\ &= dA_i \int_{\omega_i}\int_{\omega_r} f_r(\theta_i, \varphi_i, \theta_r, \varphi_r) L_i(\theta_i, \varphi_i)\cos\theta_i\cos\theta_r d\omega_i d\omega_r \end{aligned} \quad (5-7)$$

由此得到方向反射率 $\rho(\omega_i, \omega_r, L_i)$ 为

$$\rho_r(\omega_i, \omega_r, L_i) = \frac{d\phi_r}{d\phi_i} = \frac{\int_{\omega_i}\int_{\omega_r} f_r(\theta_i, \varphi_i, \theta_r, \varphi_r) L_i(\theta_i, \varphi_i)\cos\theta_i\cos\theta_r d\omega_i d\omega_r}{\int_{\omega_i} L_i(\theta_i, \varphi_i)\cos\theta_i d\omega_i} \quad (5-8)$$

有时，需要知道涂层表面总的反射和透射情况，这在研究生物介质的光散射特性时是必要的。涂层表面总反射率和总透射率定义为

$$R = \frac{\phi_r}{\phi_i} \quad (5-9)$$

$$T = \frac{\phi_t}{\phi_i} \quad (5-10)$$

式中，ϕ_i、ϕ_r、ϕ_t 分别为入射、反射和透射光通量。

5.1.4　方向发射率

对于镜面，基于基尔霍夫能量守恒定律，镜面发射率 ε 可以用镜面反射率 r 来表示，即

$$\varepsilon(\theta;\ p)=1-r(\theta;\ p) \tag{5-11}$$

粗糙表面散射是由单位面积双站散射截面来表征的。基尔霍夫辐射定律应用于粗糙表面情况，可得到从（θ_i，φ_i）方向观察的用单位面积双站散射截面所表示的表面发射率为

$$\varepsilon(\theta_i,\ \varphi_i;\ p)=1-\frac{1}{4\pi\cos\theta_i}\int[\sigma_{pp}^0(\theta_i,\ \varphi_i;\ \theta_s,\ \varphi_s)+\sigma_{pq}^0(\theta_i,\ \varphi_i;\ \theta_s,\ \varphi_s)]\mathrm{d}\Omega_s \tag{5-12}$$

式中，p、q 分别表示平行和垂直偏振；σ_{pp}^0 为水平/水平偏振散射单位面积双站散射截面；σ_{pq}^0 为水平/垂直偏振极化单位面积双站散射截面。

5.1.5　双向反射系数

BRDF 能够准确地反映物体的反射特性，但在一般情况下则显得非常复杂，尤其是精确测量物体表面的照度通常是很困难的，为此引入双向反射系数，其定义为目标表面反射能量与在同样入射和反射条件下的理想朗伯面的反射能量之比，即

$$R(\theta_i,\ \varphi_i;\ \theta_r,\ \varphi_r)=\frac{\mathrm{d}\Phi_r}{\mathrm{d}\Phi_{r,\mathrm{ideal}}} \tag{5-13}$$

式中，$\mathrm{d}\Phi_r$ 是面元 $\mathrm{d}A$ 反射至立体角 $\mathrm{d}\omega$ 中的能量；$\mathrm{d}\Phi_{r,\mathrm{ideal}}$ 是同样条件下理想朗伯体表面的反射能量；θ 是天顶角，投影立体角 $\mathrm{d}\Omega=\cos\theta\mathrm{d}\omega$。

$$\mathrm{d}\Phi_r=\mathrm{d}A\cdot L_r(\theta_r,\ \varphi_r)\cdot\mathrm{d}\Omega_r \tag{5-14}$$

假设在一个小的入射源立体角 $\mathrm{d}\omega$ 内，式（5－3）中的 $f_r(\theta_i,\ \varphi_i;\ \theta_r,\ \varphi_r)$ 在非零区域近似为常数，可以得到

$$L_r(\theta_r,\ \varphi_r)=f_r(\theta_i,\ \varphi_i;\ \theta_r,\ \varphi_r)\cdot\int L_i(\theta_i,\ \varphi_i)\mathrm{d}\Omega_i=f_r(\theta_i,\ \varphi_i;\ \theta_r,\ \varphi_r)\cdot E_i(\theta_i,\ \varphi_i) \tag{5-15}$$

将式（5－14）代入式（5－15）中得到式（5－16），即

$$\mathrm{d}\Phi_r=\mathrm{d}A\cdot f_r(\theta_i,\ \varphi_i;\ \theta_r,\ \varphi_r)\cdot E_i(\theta_i,\ \varphi_i)\cdot\mathrm{d}\Omega_r \tag{5-16}$$

对于理想朗伯体表面，反射亮度在上半球空间均匀，得到式（5－17）、式（5－18），即

$$\mathrm{d}\Phi_{r,\mathrm{ideal}}=\mathrm{d}A\cdot L_r(\theta_r,\ \varphi_r)\cdot\mathrm{d}\Omega_r=\frac{\mathrm{d}A}{\pi}\cdot E_i(\theta_i,\ \varphi_i)\cdot\mathrm{d}\Omega_r \tag{5-17}$$

$$R(\theta_i,\ \varphi_i;\ \theta_r,\ \varphi_r)=\pi\cdot f_r(\theta_i,\ \varphi_i;\ \theta_r,\ \varphi_r) \tag{5-18}$$

5.1.6　激光雷达散射截面

雷达散射截面（Radar Cross Section，RCS）是定量描述目标对照射雷达波的散射特性的物理量。在给定波长下，双站 RCS 定义为

$$\sigma(\theta_i,\ \varphi_i;\ \theta_s,\ \varphi_s)=\lim_{R\to\infty}4\pi R^2\frac{|\boldsymbol{E}_s(\theta_s,\ \varphi_s)|^2}{|\boldsymbol{E}_i(\theta_i,\ \varphi_i)|^2}(\mathrm{m}^2) \tag{5-19}$$

式中，$\boldsymbol{E}_s$、$\boldsymbol{E}_i$ 分别为散射波和入射波的电场强度矢量。

光波作为电磁波的子域，式（5－18）的雷达散射截面依然有效，定义为激光雷达散射截面（Laser Radar Cross Section，LRCS）。

激光雷达散射截面和双向反射分布函数都是描述目标能量散射特性的物理量，两者之间必然存在着一定的联系。定义单位面积散射截面 σ^0 为

$$\sigma^0 = \lim_{R\to\infty} 4\pi R^2 \frac{|\boldsymbol{E}_s|^2}{A_i|\boldsymbol{E}_i|^2} \tag{5-20}$$

式中，A_i 为照射面积。若有效接收口径面积为 A_r，对于非极化波，散射功率与入射功率之比为

$$\frac{\Delta P_s}{P_i} = \frac{A_r|\boldsymbol{E}_s|^2}{A_i|\boldsymbol{E}_i|^2\cos\theta_i} \tag{5-21}$$

由式（5－20）、式（5－21）得到

$$\frac{\Delta P_s}{P_i} = \frac{A_r}{A_i\cos\theta_i}\cdot\frac{A_i\sigma^0}{4\pi R^2} = \frac{\sigma^0 A_r}{4\pi R^2\cos\theta_i} = \frac{\Delta\Omega\sigma^0}{4\pi\cos\theta_i} \tag{5-22}$$

$$\sigma^0 = 4\pi f_r\cos\theta_i\cos\theta_s \tag{5-23}$$

5.2 粗糙表面双向反射分布函数模型

1970年，Nicodemus 提出了 BRDF 的概念。最初的理论是从光辐射角度定义并得到发展。在光波段和微波段的散/辐射以及遥感等领域得到了广泛的应用，并已扩展到计算机视觉等新兴的研究领域。

众多学者从理论和试验两方面均对 BRDF 进行了大量研究，评估了多种材料表面的 BRDF 特性。BRDF 的理论计算不仅需要对材料粗糙表面的物理参数和微观几何形状作大量的简化假设，而且需要准确地获取目标表面的光学常数、粗糙度统计参量。考虑到实际表面大多不是由单一材料构成，很难对它们的粗糙度统计参量和光学参量进行精确地测量和描述。即便上述条件都满足了，在进行解析计算时数值积分也要占用大量的计算机时，难以在工程应用中得到推广。试验研究只能获取典型状态时的有限值，无法评估材料全面 BRDF 特性。寻求以有限的试验结果为基础进行理论优化及统计建模建立材料 BRDF 分布模型是一种工程实用的方法。

5.2.1 粗糙表面光散射的几何理论

粗糙面光散射坐标示意图如图5－3所示，坐标系 $Oxyz$ 的 Oz 轴和粗糙表面目标的表面法线重合，入射波束平面在 yOz 上。对于粗糙度为随机起伏的粗糙表面，面元 $\mathrm{d}S$ 在（θ，φ）方向上的立体角 $\mathrm{d}\omega_R$ 内的反射通量可以看成是具有统计分布的微观面元镜面反射分量和漫射分量之和，即

$$\mathrm{d}\Phi_R = G(\psi,\theta,\varphi)f(\alpha)\cos\gamma R(\gamma)\mathrm{d}\omega_n\frac{\mathrm{d}\Phi_i}{\cos\psi} + \frac{\mathrm{d}\Phi_i}{\pi}k_D\cos\theta\mathrm{d}\omega_R \tag{5-24}$$

式中，$\mathrm{d}\Phi_i$ 为在 ψ 方向上入射到 $\mathrm{d}S$ 上的光通量；$\mathrm{d}\omega_n$ 为向立体角 $\mathrm{d}\omega_R$ 内产生镜面反射的所有微观面元的法线所在的立体角；$f(\alpha)$ 为微观面元法线处于倾角 α 内的分布函数；γ 为微观面元上的入射角；$R(\gamma)$ 为反射系数；$G(\psi,\theta,\varphi)$ 为遮蔽函数；k_D 为漫散射因子。

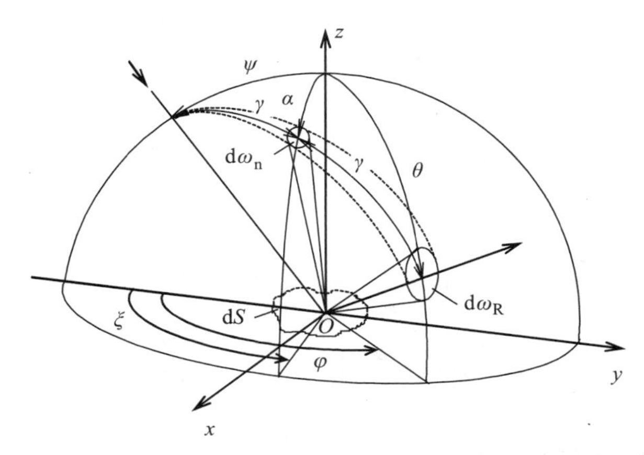

图 5－3　粗糙面光散射坐标示意图

微观面元法线分布函数由式（5－25）确定，即

$$f(\alpha, \xi)=\frac{1}{S_0}\frac{\mathrm{d}S_n}{\mathrm{d}\omega_n} \tag{5-25}$$

式中，S_0 为反射表面面积；$\mathrm{d}\omega_n$ 为（α，ξ）方向的立体角（见图 5－3）；$\mathrm{d}S_n$ 为法线在立体角 $\mathrm{d}\omega_n$ 内的微观面元面积。

对于高度起伏各向同性的粗糙表面，函数 $f(\alpha, \xi)$ 具有反射表面法线方向的对称性，即 $f(\alpha, \xi)=f(\alpha)$，根据概率理论并经试验验证，$f(\alpha, \xi)$ 表示为

$$f(\alpha)=f(0)\frac{k_R^2\cos\alpha}{1+(k_R^2-1)\cos^2\alpha} \tag{5-26}$$

此分布函数为一旋转椭球体，其旋转轴与表面法线重合。系数 k_R 等于椭球长短半轴之比。

根据球面三角公式可得

$$\mathrm{d}\omega_n=\frac{\mathrm{d}\omega_R}{4\cos\gamma} \tag{5-27}$$

$$\cos\alpha=\frac{\cos\psi+\cos\theta}{2\cos\gamma} \tag{5-28}$$

$$\cos^2\gamma=\frac{\cos\psi\cos\theta+\sin\psi\sin\theta\cos\varphi+1}{2} \tag{5-29}$$

假设入射到面元 dS 上的光通量 $\mathrm{d}\Phi_i=1$，由式（5－26）得到

$$I(\psi, \theta, \varphi)=\frac{k_B}{\pi}\cdot\frac{k_R^2\cos\alpha}{1+(k_R^2-1)\cos^2\alpha}R_0(\gamma)\frac{G(\psi, \theta, \varphi)}{\cos\psi}+\frac{k_D}{\pi}\cos\theta \tag{5-30}$$

其中，

$$k_B=\frac{\pi}{4}f(0)R(0) \tag{5-31}$$

$$R_0(\gamma)=\frac{R(\gamma)}{R(0)} \tag{5-32}$$

式中，$R(0)$ 为法向入射时微观面元反射系数；$R(\gamma)$ 为微观面元反射系数，定义为镜面方向上反射光强与入射光强之比。其垂直和平行分量的菲涅耳反射振幅系数 r_S 和 r_P 表示为

$$r_{\mathrm{S}}=\frac{a^2+b^2-\cos^2\varphi}{a^2+b^2+2a\cos\varphi+\cos^2\varphi}+\mathrm{i}\,\frac{2b\cos\varphi}{a^2+b^2+2a\cos\varphi+\cos^2\varphi} \tag{5-33}$$

$$r_{\mathrm{P}}=r_{\mathrm{S}}\left(\frac{a^2+b^2-\sin\varphi\tan^2\varphi}{a^2+b^2+2a\sin\varphi\tan\varphi+\sin^2\varphi\tan^2\varphi}-\mathrm{i}\,\frac{2b\sin\varphi\tan\varphi}{a^2+b^2+2a\sin\varphi\tan\varphi+\sin^2\varphi\tan^2\varphi}\right) \tag{5-34}$$

式中，

$$a=\left\{\frac{[(n_\lambda^2-\kappa_\lambda^2-\sin^2\varphi)^2+4n_\lambda^2\kappa_\lambda^2]^{1/2}+n_\lambda^2-\kappa_\lambda^2-\sin^2\varphi}{2}\right\}^{1/2}$$

$$b=\left\{\frac{[(n_\lambda^2-\kappa_\lambda^2-\sin^2\varphi)^2+4n_\lambda^2\kappa_\lambda^2]^{1/2}-n_\lambda^2+\kappa_\lambda^2+\sin^2\varphi}{2}\right\}^{1/2} \tag{5-35}$$

式中，n_λ 为折射率；κ_λ 为吸收系数。

假设入射光振动面与入射面夹角为 δ，面元在（θ，φ）方向的反射光的垂直偏振分量 A_{S} 和平行偏振分量 A_{P} 分别为

$$A_{\mathrm{S}}=A\sin\delta\cos\beta-A\cos\delta\sin\beta \tag{5-36}$$

$$A_{\mathrm{P}}=A\cos\delta\cos\beta-A\sin\delta\sin\beta \tag{5-37}$$

式中，A 为振幅；β 为反射面元与反射表面的夹角。由此得到镜像反射面元对平面偏振入射光束的反射系数为

$$R_{偏振}(\gamma)=(\sin\delta\cos\beta-\cos\delta\sin\beta)^2|r_{\mathrm{S}}|^2+(\cos\delta\cos\beta+\sin\delta\sin\beta)^2|r_{\mathrm{P}}|^2 \tag{5-38}$$

式中，

$$|r_{\mathrm{S}}|^2=\frac{a^2+b^2-2a\cos\varphi+\cos^2\varphi}{a^2+b^2+2a\cos\varphi+\cos^2\varphi} \tag{5-39}$$

$$|r_{\mathrm{P}}|^2=|r_{\mathrm{S}}|^2\,\frac{a^2+b^2-2a\sin\varphi\tan\varphi+\sin^2\varphi\tan^2\varphi}{a^2+b^2+2a\sin\varphi\tan\varphi+\sin^2\varphi\tan^2\varphi} \tag{5-40}$$

显然，由于非偏振入射中垂直和平行偏振分量的地位等同性，其反射系数为

$$R_{非偏}(\gamma)=\frac{(|r_{\mathrm{S}}|^2+|r_{\mathrm{P}}|^2)}{2} \tag{5-41}$$

混合入射光可表示为强度是 $D_{\mathrm{P}}J_{总}$ 偏振光和强度为 $(1-D_{\mathrm{P}})J_{总}$ 的非偏振光之和。其中 D_{P} 表示总强度为 $J_{总}$ 的入射光的偏振度。

因此，相应地，反射系数可表示为

$$R(\gamma)=(1-D_{\mathrm{P}})R_{非偏}(\gamma)+D_{\mathrm{P}}R_{偏振}(\gamma) \tag{5-42}$$

利用式（5-38）和式（5-41）得到

$$R(\gamma)=\frac{1}{2}(|r_{\mathrm{P}}|^2+|r_{\mathrm{S}}|^2)+\frac{D_{\mathrm{P}}}{2}(\cos2\delta\cos2\beta+\sin2\delta\sin2\beta)(|r_{\mathrm{P}}|^2-|r_{\mathrm{S}}|^2) \tag{5-43}$$

5.2.2 遮蔽函数

研究随机粗糙表面时，随着粗糙度的增加，表面起伏会影响反射系数的分布。例如，引起后向散射增强原因之一就是遮蔽效应。所以，在计算 BRDF 时必须把遮蔽过程考虑进去。下面讨论几种遮蔽函数。

当以大角度入射和大角度观测时，相邻微观平面对光线会产生遮蔽和掩饰，从而会改变

微观平面的反射通量。遮蔽是指入射到微观平面上的光线被遮挡；掩饰是指反射光线在观测方向上被遮挡。为了表示描述遮蔽效应，Beckmann 最早提出了遮蔽函数的概念，当时只考虑了一维粗糙面入射遮蔽的情况。对于随机表面的入射遮蔽，遮蔽函数表示表面上一点被照到的概率，即

$$G(\theta_{\mathrm{i}})=\{\text{表面上任意一点被照到的概率}\}=\frac{\text{表面上被照射到的面积}}{\text{表面的总面积}} \tag{5-44}$$

以此可以定义散射遮蔽函数 $G(\theta_{\mathrm{i}})$。在此概念的基础上，后来学者做了大量的工作，对遮蔽函数做了进一步的讨论并应用到各个方面。

1. Cook – Torrance 遮蔽函数

Torrance 和 Cook 的遮蔽函数是通过他们对于粗糙表面的微观结构的假设以及几何光学理论得出的。首先，假设微观平面以“V”形槽结构存在，且槽的两侧与表面法向量夹等角。对于不同的入射方向和观测方向，可以分为 3 种情况，如图 5 – 4 所示。

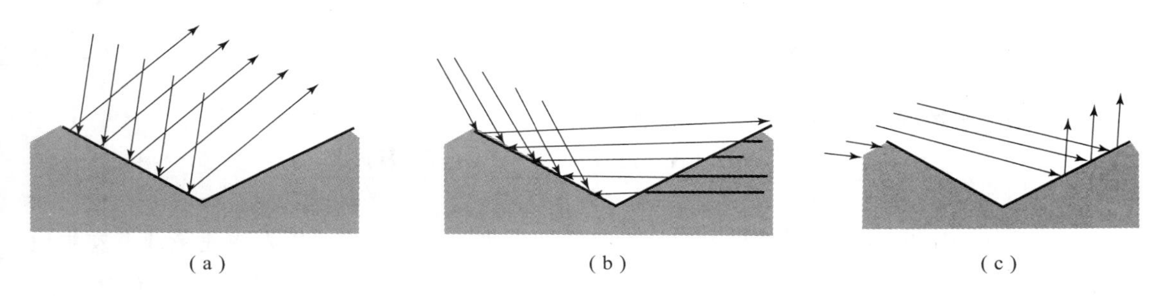

图 5 – 4　遮蔽和掩饰的几何示意图

(a) 无遮蔽和掩饰；(b) 掩饰现象；(c) 遮蔽现象

对于第一种情况，既没有遮蔽，也没有掩饰发生，所以有 $G=1.0$。

对于第二种情况，$G=1-m/l$，如图 5 – 5 所示。由于 $\boldsymbol{V}_{\mathrm{p}}$ 是 $\boldsymbol{V}$ 在包含 $\boldsymbol{N}$ 和 $\boldsymbol{H}$ 的平面上的投影，所以 $(\boldsymbol{H}\cdot\boldsymbol{V}_{\mathrm{p}})=(\boldsymbol{H}\cdot\boldsymbol{V})$，把 $\boldsymbol{V}$ 投影到包含 $\boldsymbol{N}$ 和 $\boldsymbol{H}$ 的平面上，如图 5 – 6 所示，由正弦定律知，$m/l=\sin f/\sin b$。

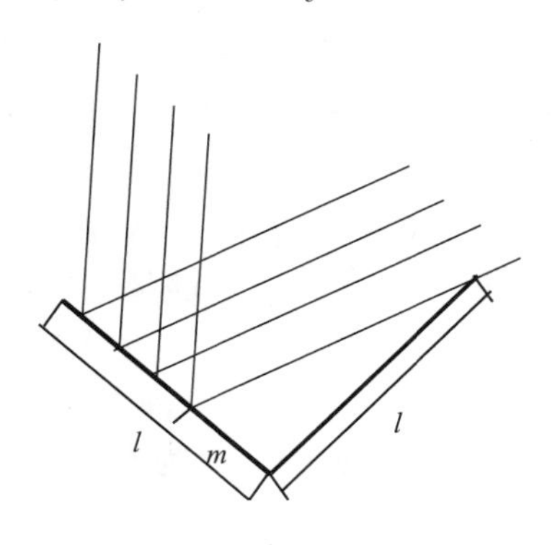

图 5 – 5　反射光占 1 – m/l

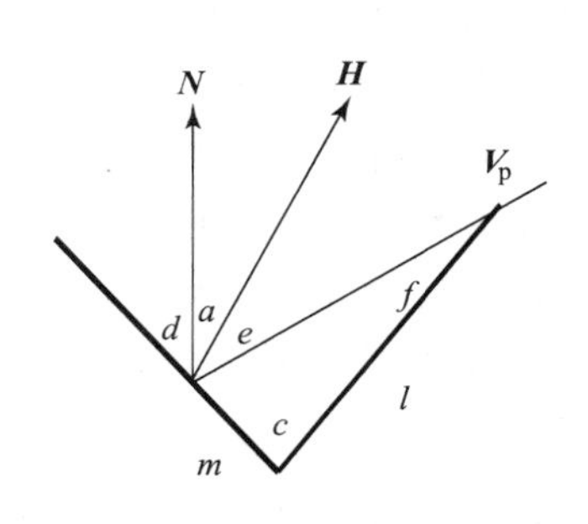

图 5 – 6　几何关系

其中，

$$\sin b=\cos e=(\boldsymbol{H}\cdot\boldsymbol{V}_{\mathrm{p}}) \tag{5-45}$$

$$\sin f = \sin(b+c) = \sin b\cos c + \cos b\sin c \tag{5-46}$$

由于 $c=2d$，所以

$$\cos c = \cos(2d) = 1 - 2\sin^2 d = 1 - 2\cos^2 a \tag{5-47}$$

$$\sin c = \sin(2d) = 2\sin d\cos d = 2\cos a\sin a \tag{5-48}$$

故有

$$\begin{aligned}\sin f &= \cos e(1-2\cos^2 a) + \sin e(2\cos a\sin a)\\ &= \cos e - 2\cos e\cos^2 a + 2\sin e\cos a\sin a\\ &= \cos e - 2\cos a(\cos e\cos a - \sin e\sin a)\\ &= \cos e - 2\cos a\cos(e+a)\\ &= (\boldsymbol{H}\cdot\boldsymbol{V}_{\mathrm{p}}) - 2(\boldsymbol{H}\cdot\boldsymbol{H})(\boldsymbol{N}\cdot\boldsymbol{V}_{\mathrm{p}})\end{aligned} \tag{5-49}$$

由于 $\boldsymbol{V}_{\mathrm{p}}$ 是 $\boldsymbol{V}$ 在包含 $\boldsymbol{N}$ 和 $\boldsymbol{H}$ 的平面上的投影，所以 $(\boldsymbol{H}\cdot\boldsymbol{V}_{\mathrm{p}}) = (\boldsymbol{H}\cdot\boldsymbol{V})$，$(\boldsymbol{N}\cdot\boldsymbol{V}_{\mathrm{p}}) = (\boldsymbol{N}\cdot\boldsymbol{V})$。

综合以上讨论，得

$$G(\boldsymbol{N}, \boldsymbol{L}, \boldsymbol{V}) = 1 - \frac{m}{l} = \frac{2(\boldsymbol{N}\cdot\boldsymbol{H})(\boldsymbol{N}\cdot\boldsymbol{V})}{(\boldsymbol{V}\cdot\boldsymbol{H})} \tag{5-50}$$

对于第三种情况，它实际上是第二种情况中 $\boldsymbol{L}$ 与 $\boldsymbol{V}$ 互换位置而已。所以

$$G(\boldsymbol{N}, \boldsymbol{L}, \boldsymbol{V}) = \frac{2(\boldsymbol{N}\cdot\boldsymbol{H})(\boldsymbol{N}\cdot\boldsymbol{L})}{(\boldsymbol{L}\cdot\boldsymbol{H})} = \frac{2(\boldsymbol{N}\cdot\boldsymbol{H})(\boldsymbol{N}\cdot\boldsymbol{L})}{(\boldsymbol{V}\cdot\boldsymbol{H})} \tag{5-51}$$

对于任何一个小面元，同时只可能有一种情况发生：直接反射或者发生遮蔽或者发生掩饰情况，不可能 3 种情况同时存在。在一般情况下，G 的有效值应该是 3 种情况中最小者，即

$$G(\boldsymbol{N}, \boldsymbol{L}, \boldsymbol{V}) = \min\left\{1, \frac{2(\boldsymbol{N}\cdot\boldsymbol{H})(\boldsymbol{N}\cdot\boldsymbol{V})}{(\boldsymbol{V}\cdot\boldsymbol{H})}, \frac{2(\boldsymbol{N}\cdot\boldsymbol{H})(\boldsymbol{N}\cdot\boldsymbol{L})}{(\boldsymbol{V}\cdot\boldsymbol{H})}\right\} \tag{5-52}$$

与遮蔽与掩饰作用相反，当视线与表面法向量之间夹角增大时，更多的光线直接从表面反射，而不被物体所吸收，故在观测处所得的光强与反射角的余弦成反比，为此把镜面反射项除以 $\cos\theta_{\mathrm{r}}$，即 $(\boldsymbol{N}\cdot\boldsymbol{V})$。

Torrance - Sparrow 的遮蔽函数 $G/\cos\theta_{\mathrm{r}}$ 如图 5-7 所示。从图中可以看到，当入射角度增大时，遮蔽函数有一个向镜像偏移的峰值，也就是说，由于镜像反射的原因，在镜像反射方向上将会产生一个峰值。

这种根据几何光学推出的 V 形槽的遮蔽函数，其一阶导数是不连续的。

下面介绍 Smith 等人推出的遮蔽函数，Smith 遮蔽函数对所有阶导数都是连续的，并且符合高斯分布的随机粗糙表面。

2. Smith 和 Wagner 推出的遮蔽函数

1967 年，Smith 给出了遮蔽函数的两种形式。表面上不被遮蔽的概率为 $G(\theta_{\mathrm{i}})$，它与表面高程及斜度无关，$G(\theta_{\mathrm{i}})$ 为

$$G(\theta_{\mathrm{i}}) = \left[1 - \frac{1}{2}\mathrm{erfc}\left(\frac{\cot\theta_{\mathrm{i}}}{\sqrt{2}m}\right)\right][1 + f(\theta_{\mathrm{i}}, m)]^{-1} \tag{5-53}$$

式中，m 为表面均方根斜度 σ/l；θ_{i} 为入射角；erfc( ) 为误差函数的余集。

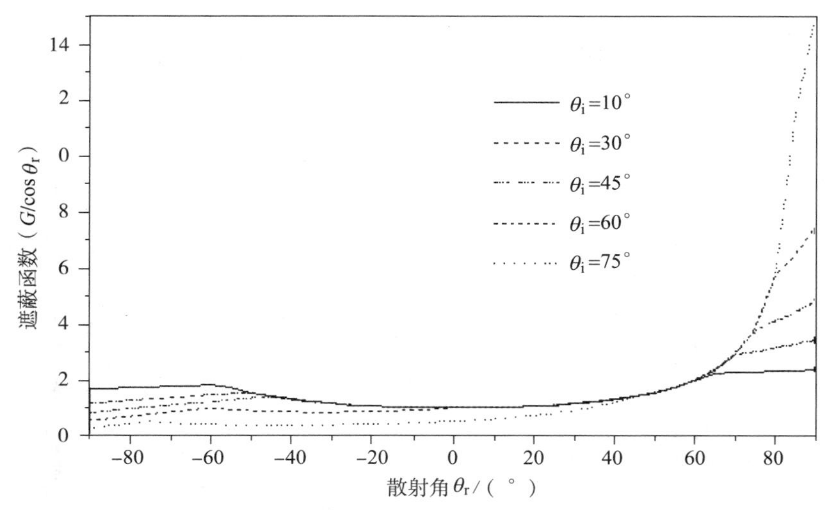

图5-7　Torrance-Sparrow 的遮蔽函数 $G/\cos\theta_r$

$$f(\theta_i,\ m)=\frac{1}{2}\left[\left(\frac{2}{\pi}\right)^{1/2}\frac{m}{\cot\theta_i}\exp\left(-\frac{\cot^2\theta_i}{2m^2}\right)-\operatorname{erfc}\left(\frac{\cot\theta_i}{\sqrt{2}m}\right)\right] \tag{5-54}$$

在驻留相位近似下，适用于基尔霍夫理论的遮蔽函数称为 $R(\theta_i)$，定义为表面上那一点不被遮蔽的条件概率。而遮蔽给出是由于它的本地斜度垂直于入射波束的缘故，即

$$R(\theta_i)=[1+f(\theta_i,\ m)]^{-1} \tag{5-55}$$

1966年，Wagner 给出的遮蔽函数 $G(\theta_i)$ 为

$$G(\theta_i)=\frac{1}{2}[1+\operatorname{erf}(V)]\frac{1-e^{-F}}{F} \tag{5-56}$$

式中，

$$V=\frac{\cot\theta_i}{\sqrt{2}m} \tag{5-57}$$

$$F=\frac{1}{2}\left[\frac{e^{-9V^2/8}}{\sqrt{3\pi}V}+\frac{e^{-V^2}}{\sqrt{\pi}V}-\operatorname{erfc}(V)\right] \tag{5-58}$$

式中，erf( ) 为误差函数。

图5-8所示为 Wagner 给出的遮蔽函数随表面粗糙度变化的曲线。当表面均方根斜度较大时，在大角度处曲线下降得很快，遮蔽效应比较明显；反之，曲线则较平滑，接近矩形。当 $m=1$ 时，即表面为镜面时，遮蔽函数为1，此时，既不存在遮蔽，也不存在掩饰，反射光线为镜面反射。

Wagner 给出的适用于基尔霍夫理论的遮蔽函数 $R(\theta_i)$ 为

$$R(\theta_i)=\frac{2G(\theta_i)}{1+\operatorname{erf}(V)} \tag{5-59}$$

3. Wagner 双站散射遮蔽函数

Wagner 对 Beckmann 提出的遮蔽函数进行了修正，将其扩展到双站散射的情况，即同时考虑入射和散射过程的遮蔽效应，并根据散射角的不同分别给出了相应的遮蔽函数的表达式。Wagner 对双站情况下的遮蔽函数给出为

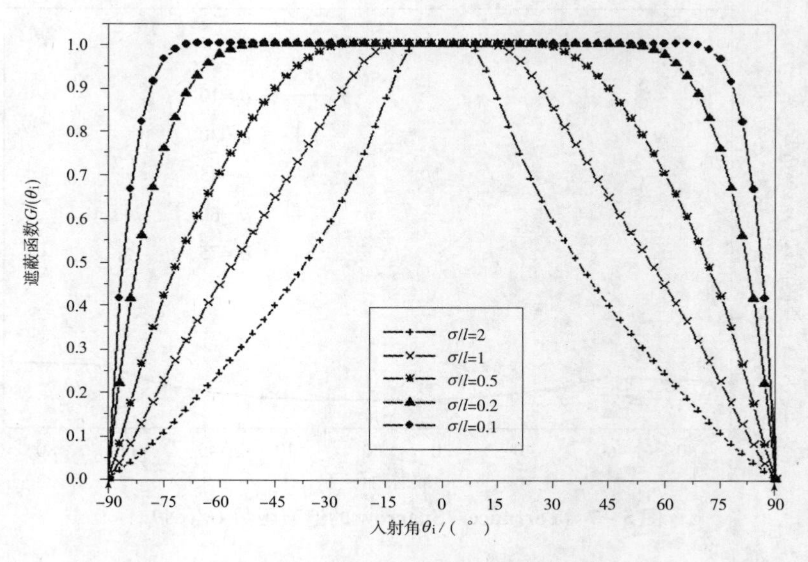

图 5-8 Wagner 遮蔽函数

$$G(\psi,\ \theta)=\{1-\exp[-(F_1+F_2)]\}\frac{\operatorname{erf}(v_1)+\operatorname{erf}(v_2)}{2(F_1+F_2)} \tag{5-60}$$

$$G(\theta_k)=[1-\exp(-F_k)]\frac{1+\operatorname{erf}(v_k)}{2F_k} \tag{5-61}$$

式中，

$$F_k=\frac{1}{2}\left[\frac{\exp\left(\frac{-9v_k^2}{8}\right)}{\sqrt{3}\pi v_k}+\frac{\exp(-v_k^2)}{\sqrt{\pi}v_k}-\operatorname{erfc}(v_k)\right] \tag{5-62}$$

$$v_k=\frac{|\tan\theta_k|}{\frac{2\sigma}{l}}\quad k=1,\ 2 \tag{5-63}$$

$$\psi=\frac{\pi}{2}-\theta_{\mathrm{i}} \tag{5-64}$$

$$\theta=\frac{\pi}{2}-\theta_{\mathrm{r}} \tag{5-65}$$

对于二维粗糙面的一阶基尔霍夫近似，假设该粗糙面的高度起伏均匀、各向同性和高斯分布，那么遮蔽函数的取值可认为是与一维粗糙面的遮蔽函数相同，即

$$G(\psi,\ \theta)=\begin{cases}G(\psi) & \pi/2\leqslant\theta\leqslant\pi-\psi\\ G(\theta) & \pi-\psi\leqslant\theta\leqslant\pi\\ G(\psi,\ \theta) & 0\leqslant\theta\leqslant\pi/2\end{cases} \tag{5-66}$$

图 5-9（a）是在 0°入射，随不同的粗糙度变化的遮蔽函数曲线，与 Wagner 单站的遮蔽函数相似，随表面均方根斜度变大，遮蔽效应越来越明显。图 5-9（b）是粗糙度一定，随不同的入射角而变化的遮蔽函数曲线。当粗糙度一定，入射角度越大，遮蔽效应越明显，对于不同的入射角，遮蔽函数曲线衰落的位置是相同的。在图 5-9（b）中，对于 $m=1$ 的

表面，衰落位置大致是在 20°附近。也就是说，当粗糙度一定，随入射角度不同，遮蔽函数只引起目标表面散射幅度的变化，而不影响其角度分布特性。

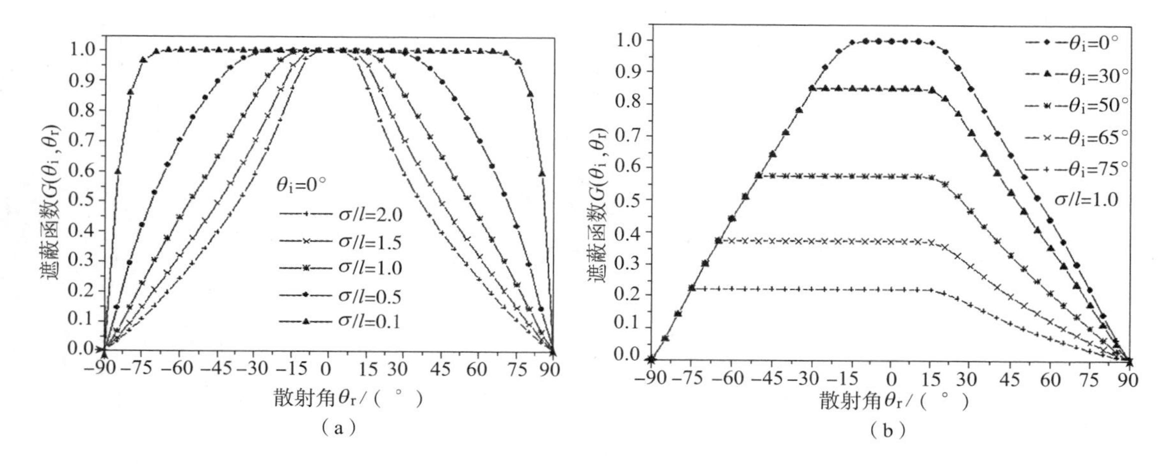

图 5－9　Wagner 的双站散射遮蔽函数

（a）随粗糙度变化的遮蔽函数；（b）随入射角变化的遮蔽函数

4. 根据条件概率得到的遮蔽函数

根据条件概率得到的双站散射遮蔽函数定义为未被遮蔽和未被掩饰的面积与粗糙表面总面积之比。遮蔽和掩饰现象是否存在取决于反射微观平面的不平度的特性，而这种特性通常是一种各态历经的随机场。由于微观不平度所表现的各态历经性，遮蔽函数实际上就代表了没有遮蔽和没有掩饰这两种随机事件共同发生的概率。

在大入射角和接收角时，必须考虑遮挡效应。遮蔽函数 $G(\psi,\theta,\varphi)$ 取决于遮蔽因子（A_S）（对于入射光而言）和伪遮蔽因子（A_R）（对于反射光而言）共同出现的概率，即

$$\begin{aligned}G(\psi,\theta,\varphi)&=P(A_SA_R|\alpha)\\&=P(A_S|\alpha)P(A_R|\alpha)+R_A\{P(A_S|\alpha)P(A_R|\alpha)[1-P(A_S|\alpha)][1-P(A_R|\alpha)]\}^{1/2}\end{aligned}\tag{5-67}$$

式中，$P(A_S|\alpha)$ 和 $P(A_R|\alpha)$ 分别是沿 α 角方向的面元和棱边的遮蔽及伪遮蔽条件概率；R_A 为 A_S 和 A_R 事件修正系数。

为得到 $P(A_S|\alpha)$、$P(A_R|\alpha)$ 概率和修正系数 R_A 简单的关系式，引入适合于一定的辐照和观察条件（ψ,θ,φ）微观起伏的一维几何模型。假设微观起伏的微细棱边法线在 xOy 平面（见图 5－3）上的投影组成的方向内有随机的特性，并且在垂直方向上有平行对称性（见图 5－10）。此时，$P(A_S|\alpha)$、$P(A_R|\alpha)$ 概率和修正系数 R_A 的确是归为研究在通过微小面元法线和表面面元 dS 法线的 $y'Oz$ 平面内的遮蔽和掩饰效应问题。平面 $y'Oz$ 情况示于图 5－11 中。图中的 ψ_p、θ_p、γ_p 是角 ψ、θ、γ 的球面投影（见图 5－10）。

对随机过程分布理论已知关系式的分析表明，没有遮蔽和掩饰的条件概率在一维情况下可以近似地表示为

$$P(A_S|\alpha)=\frac{1}{1+\omega_p(\alpha)\tan^2\psi_p}\tag{5-68}$$

$$P(A_R|\alpha)=\frac{1}{1+\omega_p(\alpha)\tan^2\theta_p}\tag{5-69}$$

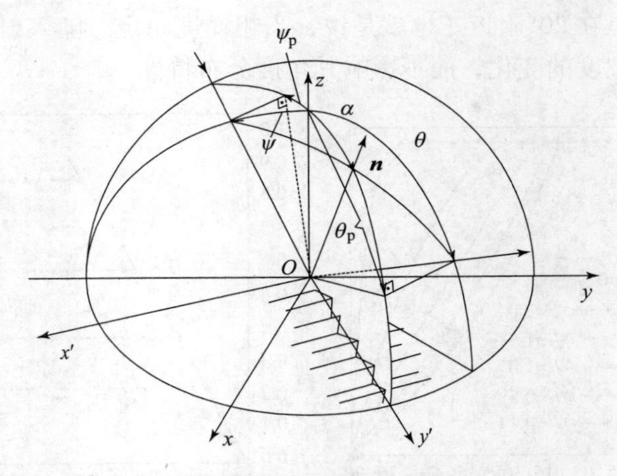

图 5-10　微观起伏模型

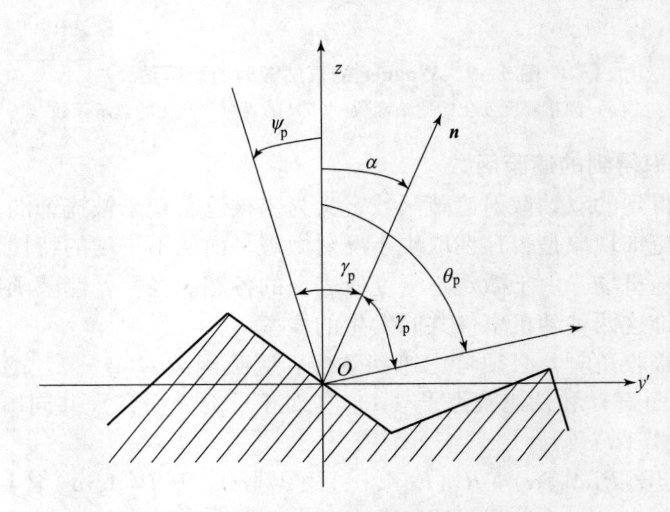

图 5-11　微观起伏截面示意图

条件概率 $P(A_S|\alpha)$ 和 $P(A_R|\alpha)$ 会随某点处切线斜角 α 的增加而降低。所以，无遮蔽和掩饰情况下，条件概率与函数 $\omega_P(\alpha)$ 有正比例关系。近似表示为

$$\omega_p(\alpha)=\sigma_p\left(1+\frac{u_p\sin\alpha}{\sin\alpha+v_p\cos\alpha}\right) \tag{5-70}$$

式中，σ_p、u_p、v_p 为经验数字参数。

通常，相对已引用的微观起伏的一维几何模型，修正系数 R_A 呈现为符合互异性条件的角 ψ_p 和 θ_p 的函数（见图 5-11）。假设修正系数 R_A 不与辐照和观察方向的绝对角值有关，而与它们之间的角 $2\gamma_p=|\theta_p-\psi_p|$ 的球面投影有关，即

$$R_A(\psi_p,\ \theta_p)=R_A(\theta_p,\ \psi_p)=R_A(\gamma_p) \tag{5-71}$$

进一步考虑到由于不存有遮蔽和掩饰事件的修正系数由式（5-72）近似地表示，即

$$R_A(\psi_p,\ \theta_p)=\frac{1}{1+\sigma_R\tan\gamma_p} \tag{5-72}$$

式中，σ_R 为经验参数。对应式（5-68）、式（5-69）、式（5-72）展开，得到

$$G(\psi,\theta,\varphi)=\frac{1+\dfrac{\omega_{\mathrm{p}}(\alpha)|\tan\psi_{\mathrm{p}}\tan\theta_{\mathrm{p}}|}{1+\sigma_{\mathrm{R}}\tan\gamma_{\mathrm{p}}}}{[1+\omega_{\mathrm{p}}(\alpha)\tan^2\psi_{\mathrm{p}}][1+\omega_{\mathrm{p}}(\alpha)\tan^2\theta_{\mathrm{p}}]} \tag{5-73}$$

其中，ψ_{p}、θ_{p}、γ_{p} 的三角函数按球面三角公式计算，表示为

$$\omega_{\mathrm{p}}(\alpha)=\sigma_{\mathrm{p}}\left(1+\frac{u_{\mathrm{p}}\sin\alpha}{\sin\alpha+v_{\mathrm{p}}\cos\alpha}\right) \tag{5-74}$$

$$\tan\psi_{\mathrm{p}}=\tan\psi\frac{\sin\psi+\sin\theta\cos\varphi}{2\sin\alpha\cos\gamma} \tag{5-75}$$

$$\tan\theta_{\mathrm{p}}=\tan\theta\frac{\sin\theta+\sin\psi\cos\varphi}{2\sin\alpha\cos\gamma} \tag{5-76}$$

$$\tan\gamma_{\mathrm{p}}=\frac{|\cos\psi-\cos\gamma|}{2\sin\alpha\cos\gamma} \tag{5-77}$$

式中，σ_{R}、σ_{p}、u_{p}、v_{p} 为经验参数。统计经验表明，取值参数为 $\sigma_{\mathrm{R}}=0.031\ 6$、$\sigma_{\mathrm{p}}=0.013\ 6$、$u_{\mathrm{p}}=9.0$、$v_{\mathrm{p}}=1.0$ 时，式（5－73）能较好地近似描述基于随机过程分布理论的遮蔽概率 $P(A_{\mathrm{S}}A_{\mathrm{R}}|\alpha)$。

5.2.3 参数化统计模型

根据双向反射分布函数的定义，由式（5－24）至式（5－35）得到三参数描述的 BRDF 模型，即

$$f_{\mathrm{r}}(\psi,\theta,\varphi)=\frac{I(\psi,\theta,\varphi)}{\mathrm{d}\Phi_{\mathrm{i}}\cos\theta}=\frac{k_{\mathrm{B}}}{\pi}\frac{k_{\mathrm{R}}^2\cos\alpha}{1+(k_{\mathrm{R}}^2-1)\cos^2\alpha}R_0(\gamma)\frac{G(\psi,\theta,\varphi)}{\cos\psi\cos\theta}+\frac{k_{\mathrm{D}}}{\pi} \tag{5-78}$$

对某材料来讲，k_{B}、k_{D}、k_{R} 是确定的参数。采用这 3 个参数就可以描述该材料的 BRDF。k_{B}、k_{D}、k_{R} 的值必须要满足在任意入射和接收方向上该材料的 BRDF。因此，参数值的选取应该根据有限的试验结果并以最优化判据来选取，表示为

$$E(k_{\mathrm{B}},k_{\mathrm{D}},k_{\mathrm{R}})=\frac{\sum\limits_k\sum\limits_j g_{\mathrm{S}}(\psi_k)g_{\mathrm{R}}(\theta_j)\left[f_{\mathrm{r}}^{测}(\psi_k,\theta_j)\cos\theta_j-f_{\mathrm{r}}(\psi_k,\theta_j,0)\cos\theta_j\right]^2}{\sum\limits_k\sum\limits_j g_{\mathrm{S}}(\psi_k)g_{\mathrm{R}}(\theta_j)\left[f_{\mathrm{r}}^{测}(\psi_k,\theta_j)\cos\theta_j\right]^2} \tag{5-79}$$

式中，$g_{\mathrm{S}}(\psi)$、$g_{\mathrm{R}}(\theta)$ 为权重函数；$f_{\mathrm{r}}^{测}(\psi_k,\theta_j)$ 为第 k 种入射角和第 j 种观察角时双向反射分布系数的试验值。

对粗糙表面的双向反射分布函数的试验测量研究发现，BRDF 函数的镜像散射分量的增长速度很快（如本章后续节中的图5－19、图5－21），为了得到更精确的近似试验数据，对反射系数模型采用指数函数进行模拟，引入两个参数 a、b。则式（5－78）变为五参数 BRDF 模型，即

$$f_{\mathrm{r}}(\psi,\theta,\varphi)=k_{\mathrm{B}}\frac{k_{\mathrm{R}}^2\cos\alpha}{1+(k_{\mathrm{R}}^2-1)\cos^2\alpha}\exp\{b(1-\cos\gamma)^a\}\frac{G(\psi,\theta,\varphi)}{\cos\psi\cos\theta}+k_{\mathrm{D}} \tag{5-80}$$

式中，

$$R_0(\gamma)=\exp\{b(1-\cos\gamma)^a\} \tag{5-81}$$

对于各向均匀的理想漫反射平面（朗伯面），其反射辐照亮度在各方向均匀，双向反射系数为标准余弦曲线（如本章后续节中的图 5-14），朗伯面的 BRDF 表达式为

$$f_r(\psi,\ \theta,\ \varphi)=\frac{\rho}{\pi} \tag{5-82}$$

半球反射率 $\rho\leqslant 1$。

5.2.4 双向反射分布函数测量系统

根据被测样品的静止与旋转，双向反射分布函数（BRDF）测量系统在结构上分为两种：样品旋转法的 BRDF 测量系统；样品静止法的 BRDF 测量系统。

样品旋转法的 BRDF 测量系统原理如图 5-12 所示。图中 A、B、C 这 3 个电动机的轴相交在样品面上。步进电动机 C 带动光源，步进电动机 B 和步进电动机 A 及样品在水平面内转动，步进电动机 B 带动步进电动机 A 和样品在垂直面内转动，步进电动机 A 带动样品转动。在转动过程中，步进电动机 B、A 的转轴方向在空间上是变化的。测量时探测器的观察方向不变，光源方向始终与 B 轴一致，并能在水平面内转动。

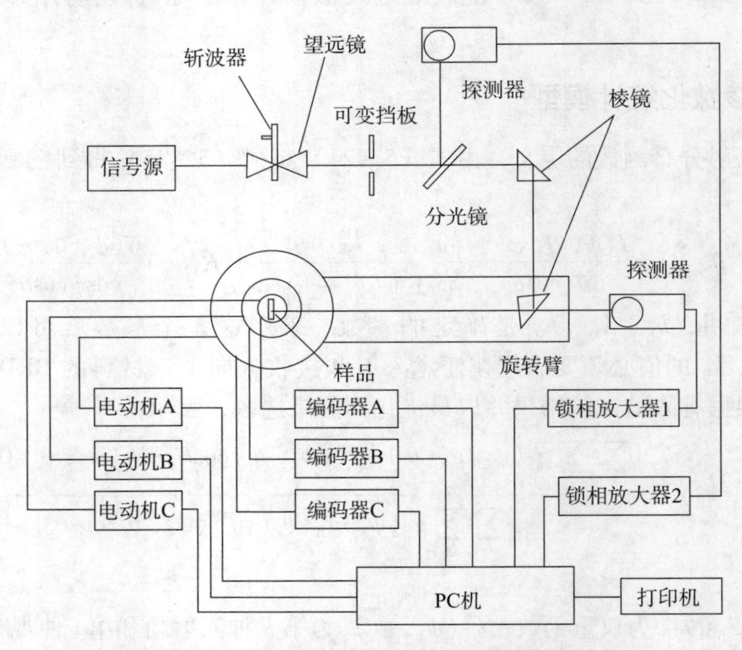

图 5-12 样品旋转法的 BRDF 测量系统原理框图

样品旋转法的 BRDF 测量系统工作原理：在合理地选择一个三轴系统的数学坐标系的前提下，通过一定的规律来旋转样品，能将复杂的三维空间的变角光度测量简化到二维平面上。电动机 A 可在 0°~90°之间变化，电动机 B 和电动机 C 可在 -180°~180°之间变化，系统的后向遮拦角小于 1°。全套系统由计算机控制。电动机的转动角度由光电编码器计数完成，转动角度分辨率为 0.1°。样品架直径为 15 cm，可以前后调节，能够保证样品面在旋转面之上，能在离轴观测时看到样品面面积，按照上面框图的结构和控制方式，可以达到对入射和反射方向 4 个变量中的 3 个独立控制，入射方位角除外。

样品静止法的 BRDF 测量系统原理如图 5-13 所示。系统由运动控制系统、入射激光

源、光电探测和信号处理系统组成。运动控制系统控制光源和探测器电动机的运动，探测器在半球空间运动，光源在一个固定平面内沿圆弧运动。激光束经准直、扩束成为平行光照射样品表面。样品处于球心位置不动，且在任何入射角下均被完全照射。散射光经过光电倍增管接收和放大，锁相放大器做相关运算提取信号，并最终把数字化的信号传输给主控计算机，计算机存储和处理试验数据，并控制整个系统的运行。

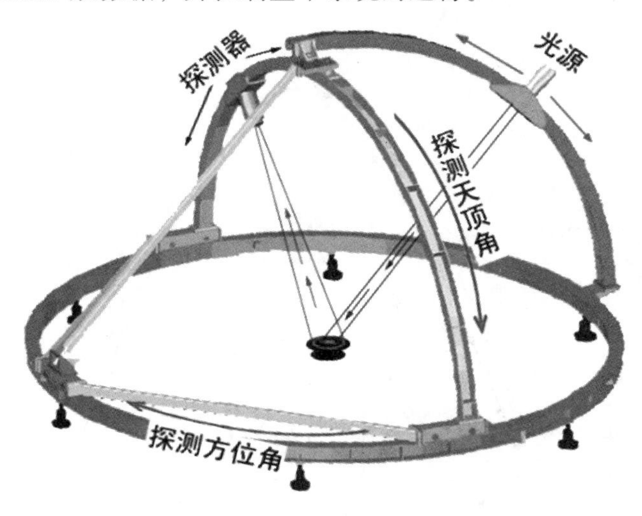

图5－13　样品静止法的BRDF测量系统

样品静止法的BRDF测量系统工作原理：探测器、光源、样品三者之间构成一个半球空间，样品处于球心位置不动，步进电动机带动探测器在整个半球空间运动，探测天顶角的变换范围是－90°～90°，探测方位角的变换范围是－180°～180°，光源在一个固定平面内沿圆弧运动，入射天顶角的变化范围是0°～90°，系统后向遮挡不大于±2°。测量过程中入射光斑覆盖整个样片，探测视场大于入射光斑。

测量中角度定义：以入射天顶弧为基准，定义其方位角度为0°，顺时针方向为正；探测天顶以其顶点为基准，顺时针方向为正，逆时针方向为负。

5.2.5　试验数据获取

采用相对法，即选用朗伯体作为基准，在相同测量条件下，分别测试目标和标准朗伯面以获取目标材料双向反射系数。通过比较测试目标样片和朗伯体的反射通量得到目标的双向反射系数。令入射、接收条件相同，因为探测器的输出电压与接收到的物体反射通量成比例，测试目标样片和标准板的反射通量可通过探测器的输出电压得到。对于探测器输出电压有：

$$U_{\text{sample}}(\theta_i, \varphi_i; \theta_r, \varphi_r) = K\Phi_0\cos\theta_i \cdot f_r(\theta_i, \varphi_i; \theta_r, \varphi_r) \cdot \cos\theta_r \cdot \Omega_r \tag{5-83}$$

$$U_{\text{ideal}}(\theta_{id}, \varphi_{id}; \theta_{rd}, \varphi_{rd}) = K\Phi_0\cos\theta_{id} \cdot f_{rd} \cdot \cos\theta_{id} \cdot \Omega_r \tag{5-84}$$

式中，U_{sample}为目标样片输出电压；U_{ideal}为朗伯体输出电压；K为响应系数；$\Phi_0\cos\theta_i = \Phi_i$为入射光通量，下标d表示朗伯板散射面。将$U_{\text{sample}}$与$U_{\text{ideal}}$相比可得双向反射系数，即

$$R(\theta_i, \varphi_i; \theta_r, \varphi_r) = \frac{f_r(\theta_i, \varphi_i; \theta_r, \varphi_r)}{f_{rd}} = \frac{U_{\text{sample}}(\theta_i, \varphi_i; \theta_r, \varphi_r) \cdot \cos\theta_{id} \cdot \cos\theta_{rd}}{U_{\text{ideal}}(\theta_{id}, \varphi_{id}; \theta_{rd}, \varphi_{rd}) \cdot \cos\theta_i \cdot \cos\theta_r} \tag{5-85}$$

需要注意，测试系统如果有较好的时间稳定性，为了缩短测量时间，可在对目标的测试之前和之后，分别进行一次固定方向的标准体测试作为定标数据，其他方向的定标数据可以根据理论值进行。朗伯板双向反射系数曲线如图 5-14 所示。由于测试系统参数漂移不可避免，这种测试方法会带来较大的系统误差。另一种最佳改善系统误差的测试方法就是在每个方向上均进行目标测试和标准体测试。

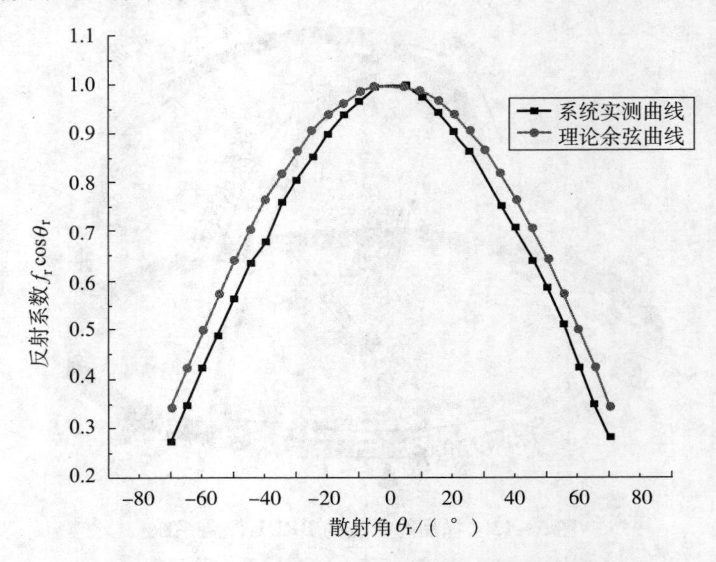

图 5-14　朗伯板双向反射系数曲线

5.2.6　模型优化方法

对于 BRDF 统计模型式（5-78）和式（5-80）中的参数值确定，需要通过试验数据进行优化拟合，优化依据为使得式（5-79）描述的均方根误差 E 为最小值。采用迭代法对 E 进行优化可以采用两个步骤，即预优化和全局优化。

预优化：在入射角不大于60°的范围内，用试验数据对式（5-79）进行逼近，得到预优化参数 k_B^{pre}、k_D^{pre}、k_R^{pre}、a^{pre}、b^{pre}，一般而言，预优化的参数结果描述的式（5-79）中的 E 应小于 2%。

全局优化：获取 k_B、k_D、k_R、a、b 的初值 k_B^{pre}、k_D^{pre}、k_R^{pre}、a^{pre}、b^{pre} 后，用所有试验数据依据式（5-79）进一步优化，得到满足 E 为最小值的 k_B、k_D、k_R、a、b 参数。通常，全局优化能保证 $E<7\%$。

采用迭代算法寻求无条件极值式（5-79）对初始值的正确选取要求很高，不合适的初值选择将不能保证有效的收敛。

k_B、k_D、k_R 初值的选取方法如下。

（1）对式（5-78）的分析可知，镜面反射方向上（即 $\theta=-\psi$，$\alpha=0$，$\gamma=\psi$），用 $f_r(0,0,0)$ 归一的相对值 $F_r(\psi,-\psi,0)=\dfrac{f_r(\psi,-\psi,0)}{f_r(0,0,0)}$ 仅与参数 $\dfrac{k_D}{k_B}$ 有关，此时 $\varphi=0$、$\alpha=0$。根据在此条件下的试验数据得到 $\dfrac{k_D}{k_B}$ 的初值。

（2）正入射时，由式（5-78）可得 $\pi \cdot f_r(0,\ 0,\ \varphi)=k_B+k_D$，根据$\dfrac{k_D}{k_B}$的初值可以选定 k_B^0、k_D^0 作为 k_B、k_D 的初始值。

（3）对 k_R 的分析表明，式（5-26）表示一旋转椭球体，系数 k_R 等于椭球长短半轴之比。其物理意义为在入射平面内的镜面方向反射图的展宽程度。

从试验结果寻找满足 $f_r^{测}(\psi,\ \theta,\ 0)=f_r^{测}(\psi,\ -\psi,\ 0)/2$ 的 θ，这样，就可以通过 k_B^0、k_D^0 从方程 $f_r(\psi,\ \theta,\ 0)=f_r(\psi,\ -\psi,\ 0)/2$ 中确定 k_R 的初值 k_R^0。

（4）入射到微面元和棱边上的入射角为切线角时（$\gamma=\pi/2$），微细棱边反射相对系数的指数幂逼近式为 $R_0(\pi/2)\approx\exp(b)$。取对数后将得到参数 b 的初始近似值 $b^0=\ln[R_0(\pi/2)]$。

（5）根据得到的 k_B^0、k_D^0、k_R^0、b^0，结合试验数据，由式（5-80）确定 a 的初始值 a^0。

5.2.7　多种涂层材料表面 BRDF 分布模型

实际目标表面大多不是由单一材料构成，或是金属合金或具有涂层，甚至涂层中含有随机分布的各类粒子，五参数模型有很好的适应性，基本可以由样片的试验数据优化出具体模型。

由式（5-78），反射系数 $R_s(\theta_i;\ \theta_r,\ 0)=f_r(\theta_i;\ \theta_r,\ 0)\cos\theta_r$ 的统计模型为

$$R_s(\theta_i,\ \theta_r,\ 0)=k_b\left[\frac{k_r^2\cos\alpha}{1+(k_r^2-1)\cos\alpha}\cdot\exp[b\cdot(1-\cos\gamma)^a]\cdot\frac{G(\theta_i,\ \theta_r,\ 0)}{\cos\theta_i}+\frac{k_d\cos\theta_r}{\cos\theta_i}\right] \tag{5-86}$$

图5-15至图5-17给出了不同基底材料涂层的BRDF测试及拟合优化模型，入射激光波长为0.94 μm，入射角分别为0°、10°、20°、30°。

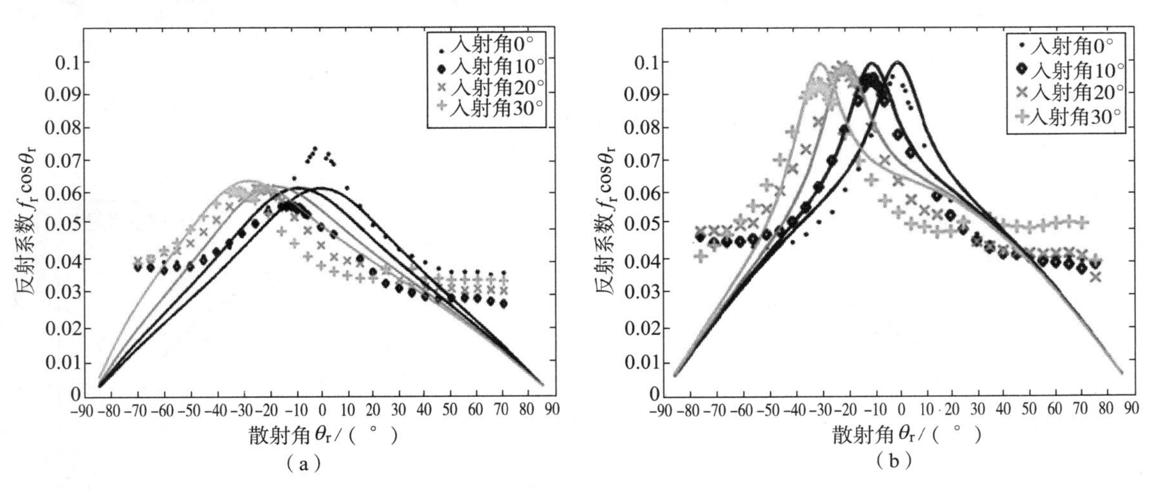

图5-15　深绿色涂层 BRDF 测试及优化模型

（a）基底：G4 钢质；（b）基底：675#钢质

图5-18是光学隐身材料不同表面粗糙度时 BRDF 测试数据和优化模型［对于粗糙度，图（a）>图（b）>图（c）>图（d）］，入射激光波长为1.06 μm。

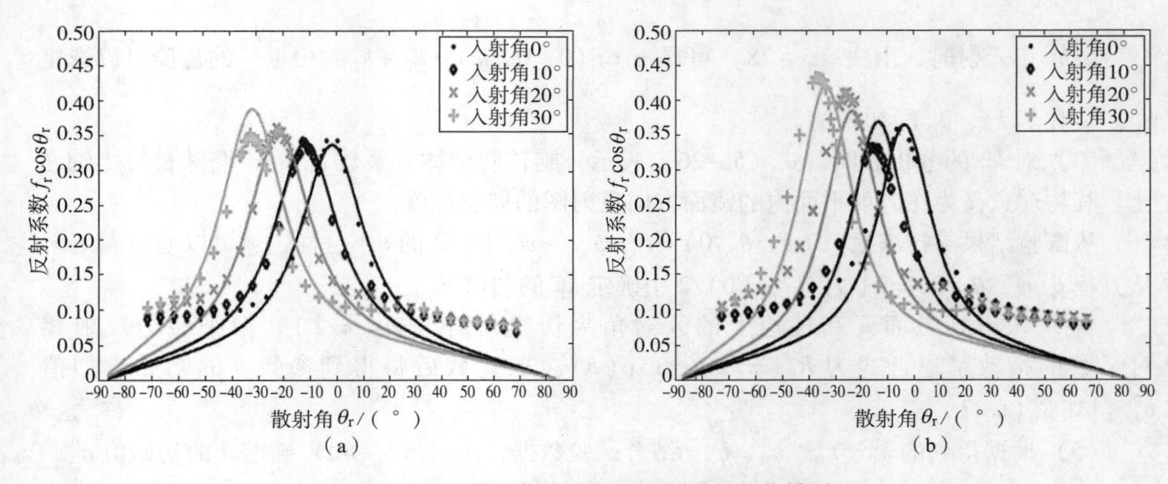

（a） （b）

图 5-16 翠绿色涂层 BRDF 测试及优化模型

（a）基底：G4 钢质；（b）基底：675#钢质

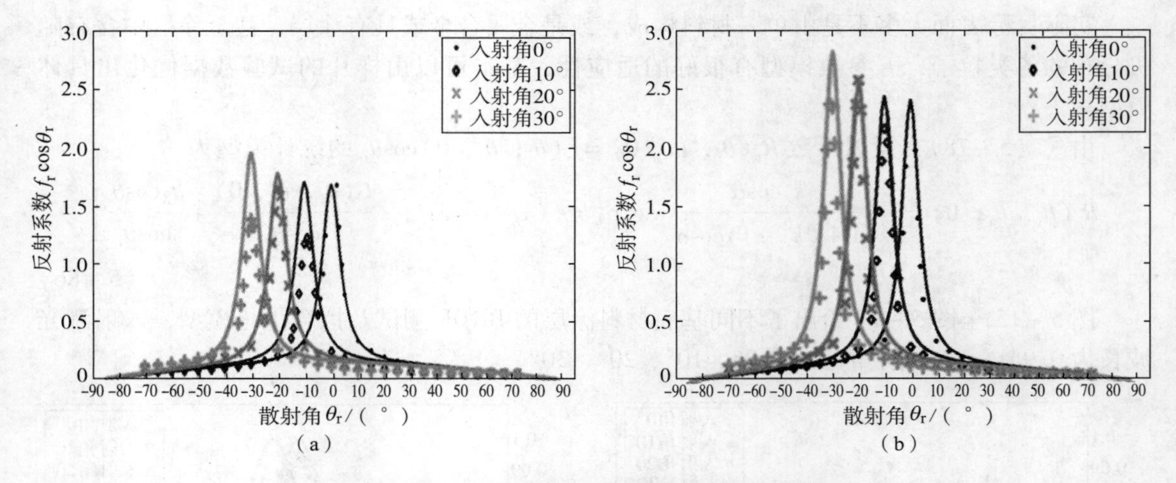

（a） （b）

图 5-17 土黄色涂层 BRDF 测试及优化模型

（a）基底：G4 钢质；（b）基底：675#钢质

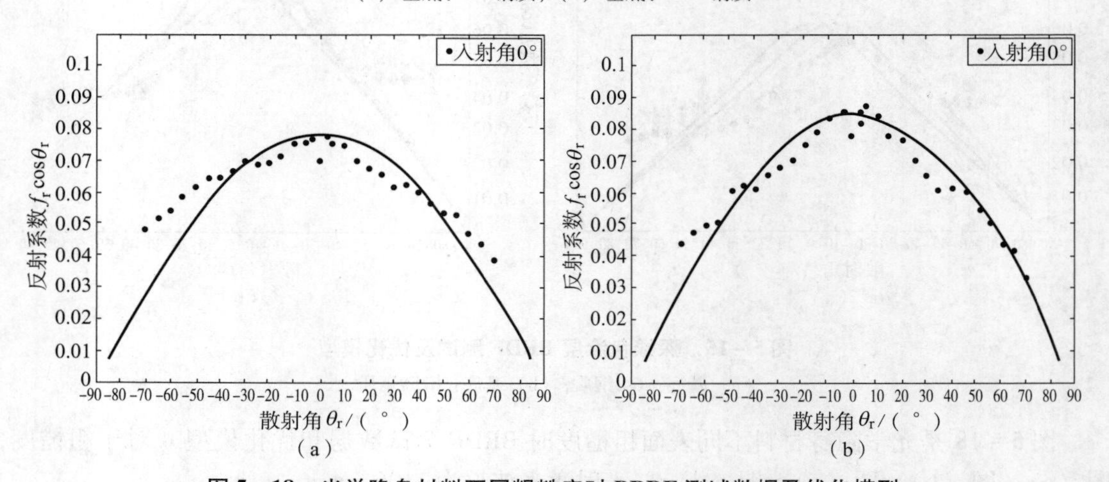

（a） （b）

图 5-18 光学隐身材料不同粗糙度时 BRDF 测试数据及优化模型

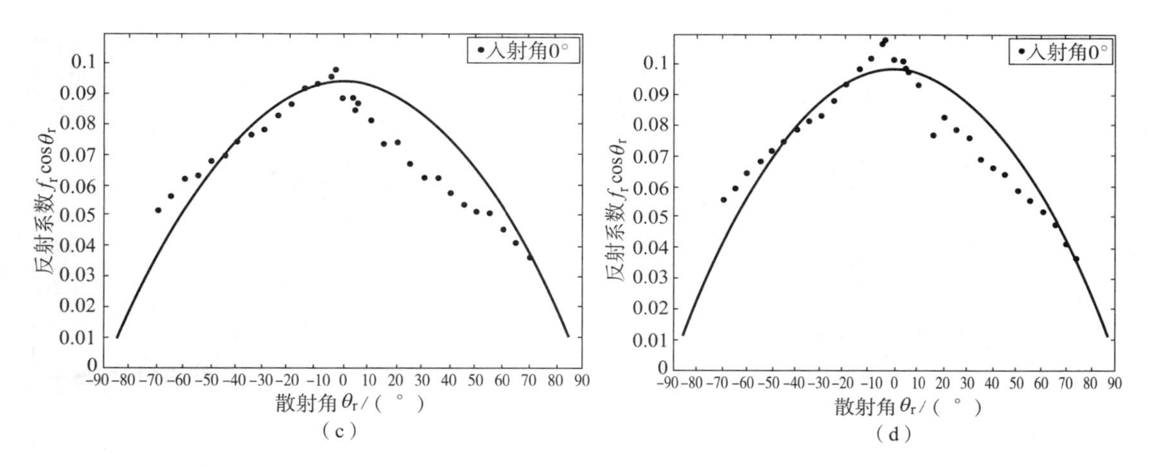

图 5－18　光学隐身材料不同粗糙度时 BRDF 测试数据及优化模型（续）

图 5－19 至图 5－21 给出了相同基底材料涂覆不同漆层时的测试数据及优化模型，入射激光波长为 0. 94 μm，分别选用不同的入射角。

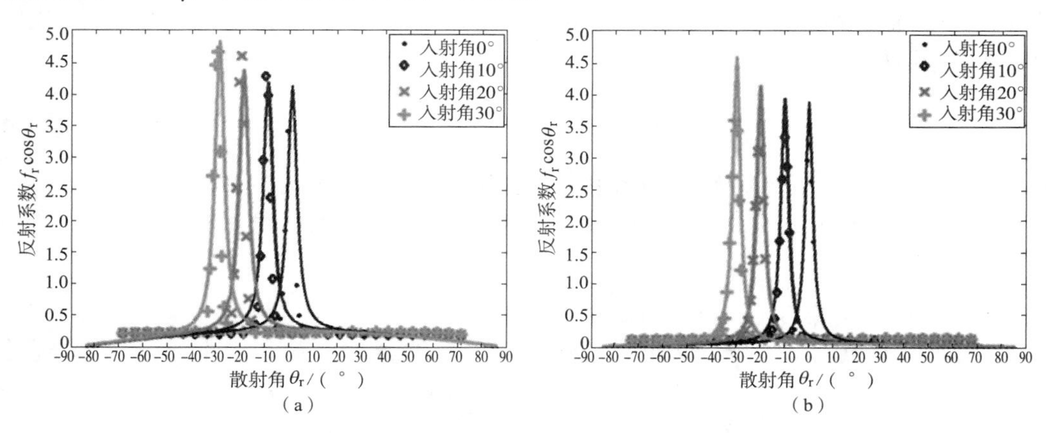

图 5－19　675#钢涂覆漆层后的 BRDF 测试数据和优化模型（0°～30°）

（a）聚氨酯白色；（b）聚氨酯土黄

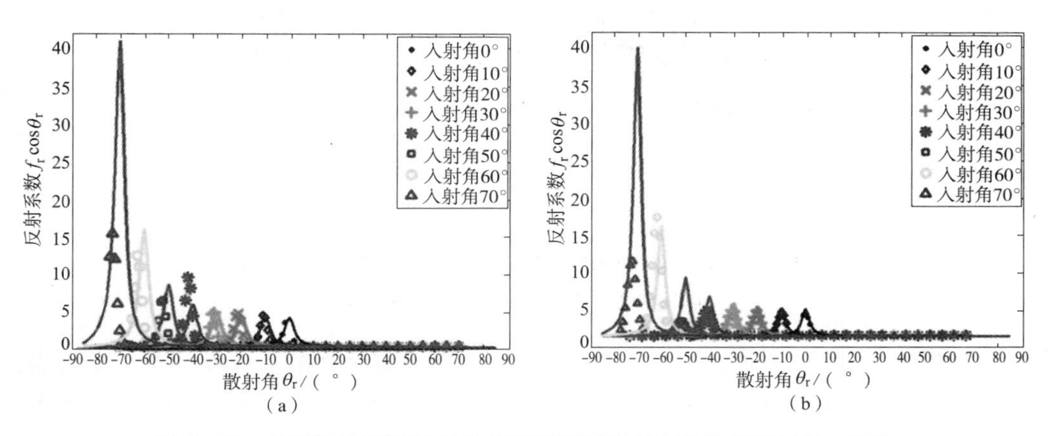

图 5－20　675#钢涂覆漆层后的 BRDF 测试数据和优化模型（0°～70°）

（a）聚氨酯白色；（b）聚氨酯土黄

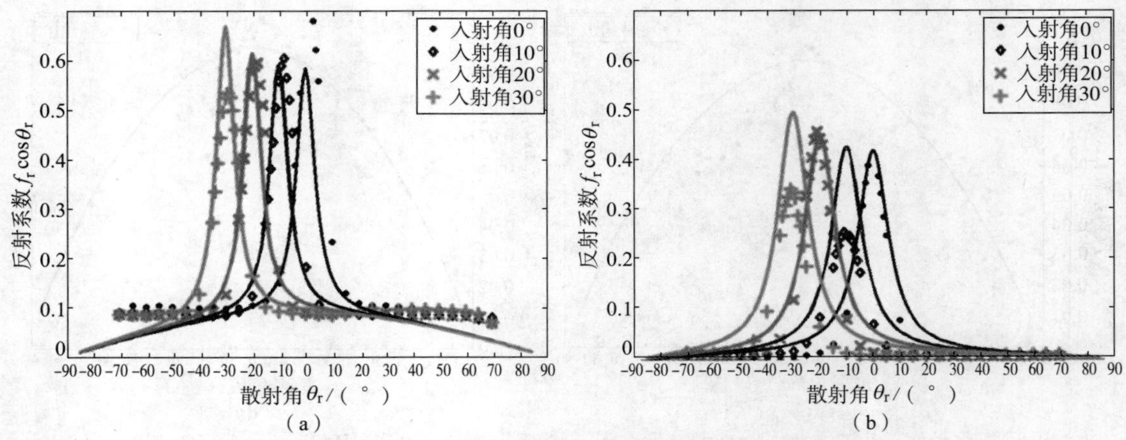

图 5-21　675#钢涂覆漆层后的 BRDF 测试数据和优化模型（0°~30°）

（a）聚氨酯军绿色；（b）聚氨酯黑色

通常，在所知信息不足的情况下可以优先选用五参数模型，但在工程应用中根据所知的信息有时也可将五参数模型进行简化，计算更方便。比如，对粗糙钢板，采用了一个比较简单的三参数指数模型，即

$$R_s(\theta_i,\ \theta_r,\ 0)=\frac{a\cdot\exp[-b\cdot(\theta_i-\theta_r)^2+c\cdot\cos\theta_r]}{\cos\theta_i}\tag{5-87}$$

式中，第一部分用一个指数函数来表示单次反射分量，第二部分为多次反射分量。图 5-22 给出了双向反射分布函数的试验测量值和由上述两个模型计算的曲线。

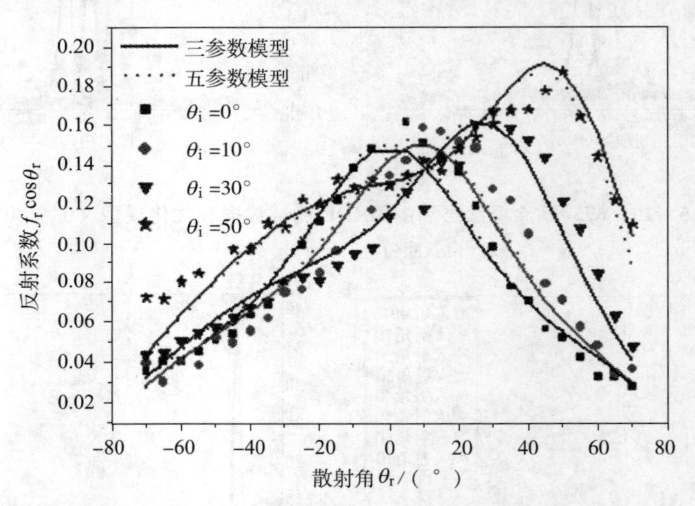

图 5-22　钢板的 BRDF 测量值（离散点）与式（5-80）（点）和式（5-83）（线）优化模型

五参数模型［式（5-80）］对于比较光滑的表面也有很强的适应性，对于光滑表面的卫星表面材料，五参数模型可以进行适当的简化，此时基本无遮挡，遮蔽因子可取为 1，即

$$R_s(\theta_i,\ \theta_r,\ 0)=k_b\left[\frac{k_r^2\cos\alpha}{1+(k_r^2-1)\cos\alpha}\cdot\exp[b\cdot(1-\cos\gamma)^a]\cdot\frac{1}{\cos\theta_i}+\frac{k_d\cos\theta_r}{\cos\theta_i}\right]\tag{5-88}$$

可以利用上述简化的五参数模型和一个比较简单的双指数模型，对试验数据进行拟合，即

$$R_s(\theta_i,\ \theta_r,\ 0)=\frac{a\cdot\exp[-b\cdot(\theta_i-\theta_r)^2]}{\cos\theta_i} \tag{5-89}$$

结果比较如图5-23所示。在二维数据拟合过程中，多数情况下五参数模型所得的误差较简化的模型或简单模型要小，但对有些样片差别也不太大，此时五参数模型表现出来的主要优势是可以建立样片三维BRDF分布。

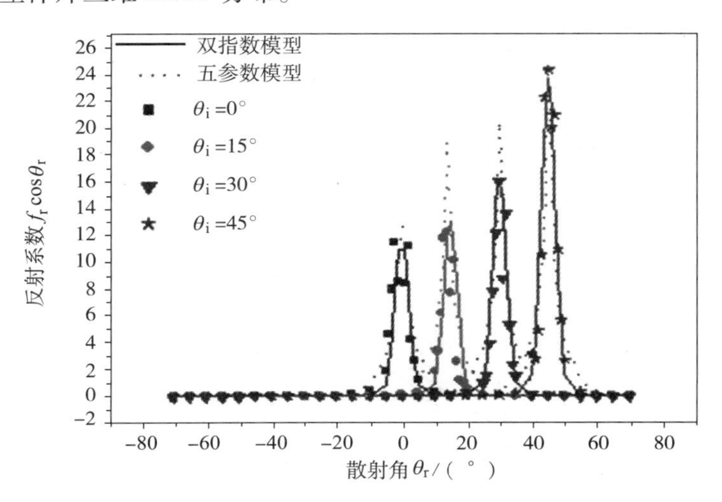

图5-23　卫星表面的BRDF测量值（离散点）与式（5-88）（点）和式（5-89）（线）优化模型

改变入射角和方位角时，测量双站BRDF数据，采用多参数优化算法，可以良好地获得五参数BRDF模型参数。图5-24给出了 $\theta_i=30°$，一种涂层材料 $f_r(\theta_i,\ \theta_r,\ 0)\cos\theta_r$ 随 φ_r、θ_r 变化的三维空间分布。图5-25模拟了20°、45°两束激光入射的一种卫星绝热材料光散射三维BRDF分布。

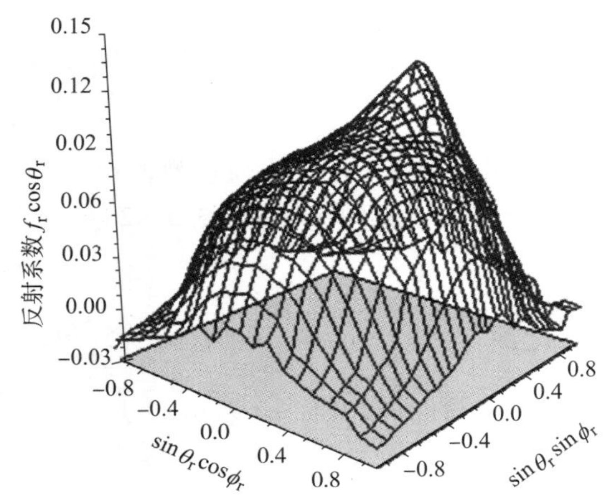

图5-24　当入射角为45°时涂层粗糙表面的BRDF随散射角变化的分布

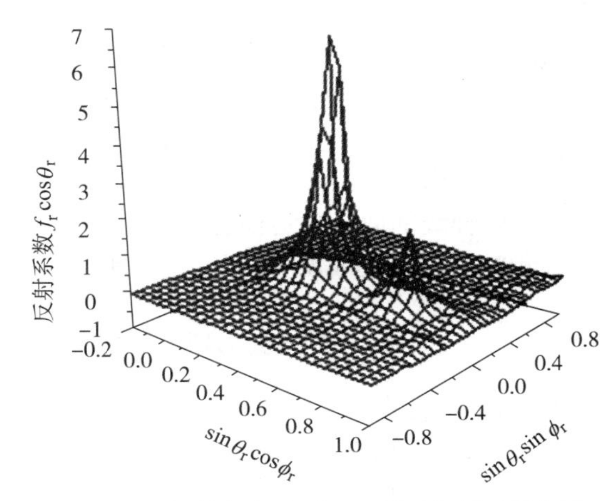

图5-25　入射角为20°和45°同时入射时具有卫星绝热材料表面的BRDF随散射角变化的分布

5.3 复杂目标激光反射特性

5.3.1 近程探测中的目标特性模型

根据几何光学原理，在近场弹目交会段目标表面面元空间坐标示意图如图 5－26 所示。激光稳定照射的目标表面微小面元反射至探测面的瞬态脉冲光通量的表达式为

$$\mathrm{d}\Phi=\frac{S_{\mathrm{R}}}{R_2^2}\cos\xi\cdot\frac{1}{\pi}\cdot M_{\mathrm{S}}r_{\lambda}(\psi,\ \theta,\ \gamma)\cdot\cos\theta\cdot\cos\psi\mathrm{d}S \tag{5-90}$$

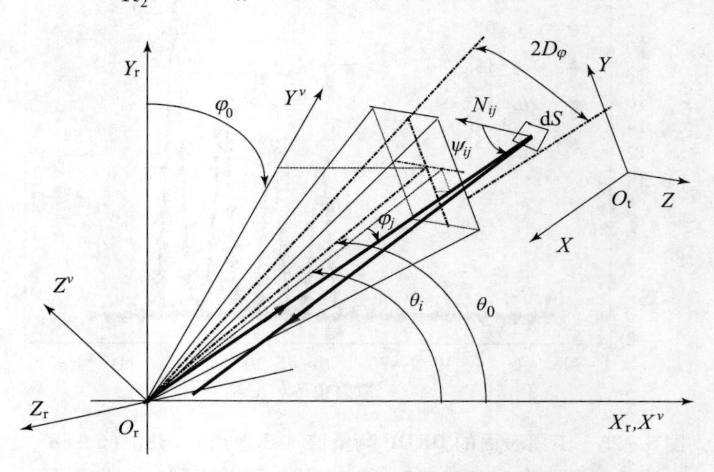

图 5－26 弹目交会段目标表面面元空间坐标示意图

式中，S_{R} 为光学接收系统接收瞳孔的面积；R_2 为面元 $\mathrm{d}S$ 至探测器的距离；ξ 为接收方向与照射方向的夹角；$\mathrm{d}S$ 为微分面元的面积；M_{S} 为入射光束截面归一化光通量密度；$r_{\lambda}(\psi,\ \theta,\ \gamma)$ 为面元 $\mathrm{d}S$ 的反射系数；ψ 为 $\mathrm{d}S$ 上光的入射角；θ 为 $\mathrm{d}S$ 上光的反射角；γ 为 $\mathrm{d}S$ 的法线与接收方向的夹角。

对目标表面被照射面积进行积分，可得探测器接收口面上的光通量为

$$\Phi=\frac{1}{\pi}S_{\mathrm{R}}\iint_{(S)}\frac{\cos\xi}{R_2^2}\cdot M_{\mathrm{S}}r_{\lambda}(\psi,\ \theta,\ \gamma)\cdot\cos\theta\cdot\cos\psi\mathrm{d}S \tag{5-91}$$

对激光引信应用来讲，发射光束一般为扇形，定义扇形光束子午面为通过弹轴 $O_{\mathrm{r}}X_{\mathrm{r}}$ 和扇形光束轴线的面，赤道面为通过 $\mathrm{d}S$ 的法线并垂直于子午面（见图 5－27、图 5－28）。因此有 $\mathrm{d}S=R_1^2\mathrm{d}\theta\mathrm{d}\varphi/\cos\psi$。则式（5－91）变为

$$\Phi=\frac{S_{\mathrm{R}}}{\pi}\iint\delta_1(\theta,\ \varphi)\delta_3(\theta,\ \varphi)M_{\mathrm{S}}(\theta,\ \varphi)r_{\lambda}(\psi,\ \theta,\ \gamma)\cos\theta\cdot\cos\xi\frac{R_1^2}{R_2^2}\mathrm{d}\theta\mathrm{d}\varphi \tag{5-92}$$

式中，$\delta_1(\theta,\ \varphi)$、$\delta_3(\theta,\ \varphi)$为脉冲函数，定义光束照射在目标表面上时 $\delta_1(\theta,\ \varphi)=1$，反之 $\delta_1(\theta,\ \varphi)=0$；$\mathrm{d}S$ 处于接收视场内时 $\delta_3(\theta,\ \varphi)=1$，反之 $\delta_3(\theta,\ \varphi)=0$。

R_1 为面元 $\mathrm{d}S$ 与光源之间的距离。

假设照射光束在扇形区域内分布均匀，有

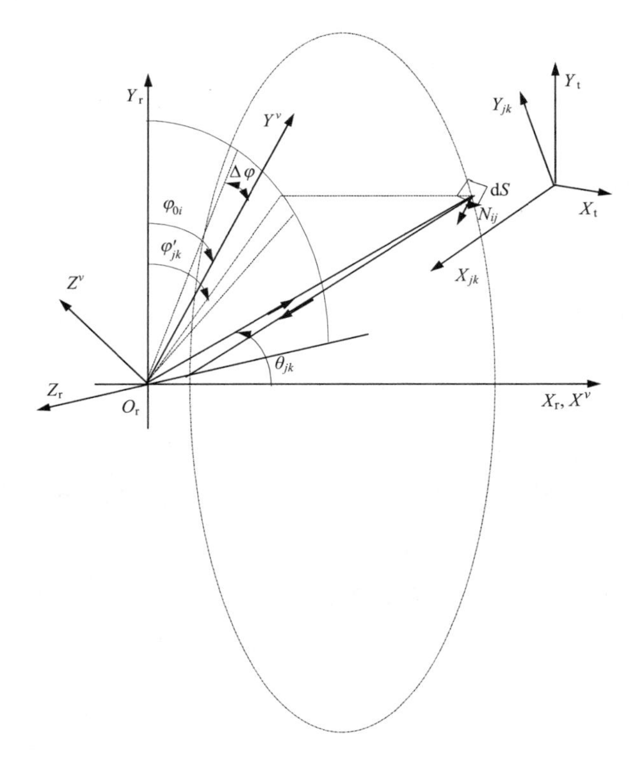

图5-27　面元在θ、φ坐标中的几何示意图

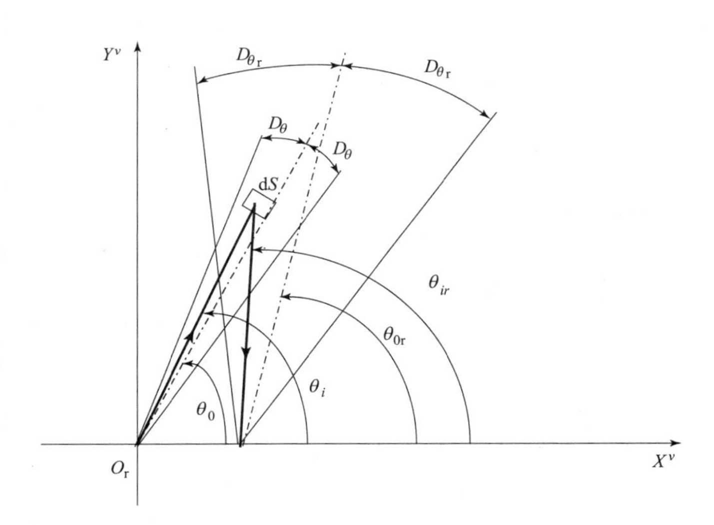

图5-28　目标面元在光束子午面上的投影

$$M_S(\theta,\ \varphi) = \frac{P_s}{4D_\theta D_\varphi R_1^2} \tag{5-93}$$

式中，P_s 为扇形区内的光功率；$2D_\theta$、$2D_\varphi$ 为子午面和赤道面上的扇形角。

对式（5-92）的积分式进行叠加计算，有

$$\Phi = \frac{P_s S}{4i_m j_m} \cdot \frac{1}{9}\sum_{i=-i_m}^{i_m}\sum_{j=-j_m}^{j_m} K_i K_j \Phi_{i,j} \tag{5-94}$$

式中：$i_m=\text{int}(D_\theta/\Delta)+1$，$j_m=\text{int}(D_\varphi/\Delta)+1$，$\Delta=\sqrt{\Delta S/R_2}$。

$K_i=1$ 时，$i=-i_m$，$i=i_m$。

$K_i=4$ 时，$i=-i_m+(1,3,5,\cdots,i_m-1)$。

$K_i=2$ 时，$i=-i_m+(2,4,6,\cdots,i_m-2)$。

$K_j=1$ 时，$j=-j_m$，$j=j_m$。

$K_j=4$ 时，$j=-j_m+(1,3,5,\cdots,j_m-1)$。

$K_j=2$ 时，$j=-j_m+(2,4,6,\cdots,j_m-2)$。

$$\Phi_{i,j}=\delta_1(\theta_i,\varphi_j)\delta_3(\theta_i,\varphi_j)r_\lambda(\psi_{i,y},\theta_{i,j},\gamma_{i,j})\cos\theta_{i,j}\cdot\cos\xi_{i,j}\frac{1}{(R_2)_{i,j}^2} \tag{5-95}$$

ΔS 为目标表面上的微小面元。

按步长$\frac{D_\theta}{i_m}\times\frac{D_\varphi}{j_m}$把扇形照射光束分为 $2i_m\times 2j_m$ 个单元光束后，确定每个单元光束 θ_i、φ_i 与目标表面的交点。

确定照射光束与目标表面的交点采用 O_tXYZ 坐标，该坐标系的原点在目标中心，O_tX 轴的方向指向照射光源。这样，在 O_tXYZ 坐标系中，照射光源的坐标为

$$\|x_0\ y_0\ z_0\|=\|-x_t^v-y_t^v-z_t^v\|*\|\boldsymbol{V}_{ms}\| \tag{5-96}$$

式中，

$$\|\boldsymbol{V}_{ms}\|=\begin{Vmatrix}\cos(\varphi_j+\pi)\cdot\cos\theta_i & \sin\theta_i & \sin(\varphi_j+\pi)\cdot\cos\theta_i\\ \sin\theta_i\cdot\cos(\varphi_j+\pi) & \cos\theta_i & \sin\theta_i\cdot\sin(\varphi_j+\pi)\\ -\sin(\varphi_j+\pi) & 0 & \cos(\varphi_j+\pi)\end{Vmatrix} \tag{5-97}$$

O_tXYZ 坐标系的余弦矩阵与 $OX^vY^vZ^v$ 坐标系是有联系的，$OX^vY^vZ^v$ 坐标系的 OX^v 轴和导弹的轴线重合，而 X^vOY^v 平面与扇形光束的子午面重合。

(X_t^v, Y_t^v, Z_t^v)：目标中心在 $OX^vY^vZ^v$ 坐标系中的坐标。

在计算光束（y_0，z_0）与目标表面交点的截距 X_u 时，以及在 $l\ll R_1$ 条件下计算被照射点（x_u，y_0，z_0）的余弦 $\boldsymbol{N}_{ij}$时，没有考虑目标表面其他面元对 dS 的遮挡。

如果面元 dS 不在接收视场中，则 $\delta_3(\theta_i,\varphi_j)=0$。图 5－28 中给出了其在扇形子午面上的投影。

定位点（x_u，y_0，z_0）的条件为

$$\theta_{0r}-D_{0r}\leqslant\theta_{ir}\leqslant\theta_{0r}+D_{0r} \tag{5-98}$$

式中，

$$\theta_{ir}=\arctan\frac{R_1\cdot\cos\varphi_j\cdot\sin\theta_i}{-l+R_1\cdot\cos\varphi_j\cdot\cos\theta_i}+\begin{cases}0, & l\leqslant R_1\cos\theta_i\cos\varphi_j\\ \pi, & l>R_1\cos\theta_i\cos\varphi_j\end{cases} \tag{5-99}$$

$$R_1=X_0-X_u \tag{5-100}$$

式中，θ_{0r}为接收系统的视野角；$2D_{0r}$为接收系统的视场角；l 为光源和接收器之间的距离（在弹体上）。

在 dS 的法线方向反射区内（$\gamma\approx 0$），式（5－80）的遮蔽函数 $G(\psi,\theta,\varphi)$ 可以表示为

$$G(\psi,\ \psi,\ 0)=G(\alpha)=\frac{1}{1+\omega_{\mathrm{p}}\tan^{2}\alpha} \tag{5-101}$$

被激光照射的面元法线与接收方向的夹角 2γ 表示为

$$\cos 2\gamma_{ij}=\frac{R_1(R_1-l\cos\theta_i\cos\varphi_j)}{R_1\sqrt{l^2+R_1^2-2lR_1\cos\theta_i\cos\varphi_j}} \tag{5-102}$$

2γ 近似地等于其在子午面上的投影，如图 5 – 28 所示。

$$2\gamma_{ij}=\theta_{i\mathrm{r}}-\theta_i \tag{5-103}$$

在大脱靶交会条件下，可以假设 $\gamma_{ij}=0$，$\theta_{ij}=\alpha_{ij}=\psi_{ij}$。

为了计算可被引信探测到的目标交会区域 $Z_k^{\max}$ 和 $Z_k^{\min}$ 以及目标表面有效反射扇形区域，可以在目标表面给出边界点系列。由引信探测系统确定目标进入和离开探测区的问题可描述为：计算目标外形和以 O_{r} 为顶点、以 $O_{\mathrm{r}}X_{\mathrm{r}}$ 为轴、顶角为 $2\theta_0$ 的锥面的交点坐标。

引信对目标的可探测范围是一个以 $O_{\mathrm{r}}X_{\mathrm{r}}$ 为轴、顶角为 $2\theta_0$ 的锥体所包含的区域，其方程式为

$$(z_{\mathrm{r}})^2\cos^2\theta_0+(y_{\mathrm{r}})^2\cos^2\theta_0=(x_{\mathrm{r}})^2\sin^2\theta_0 \tag{5-104}$$

目标在弹体坐标系中的坐标$(x_{\mathrm{r}}^g,\ y_{\mathrm{r}}^g,\ z_{\mathrm{r}}^g)$为

$$\begin{gathered} z_{\mathrm{r}}-z_{\mathrm{r}}^g=\tan\psi(x_{\mathrm{r}}-x_{\mathrm{r}}^g)\\ y_{\mathrm{r}}=y_{\mathrm{r}}^g \end{gathered} \tag{5-105}$$

对式（5 – 104）和式（5 – 105）联合求解，得到相对弹道运动轨迹和锥体交点相对 X_{r} 的二次方程，即

$$A(x_{\mathrm{r}})^2+2Bx_{\mathrm{r}}+C=0 \tag{5-106}$$

式中，

$$A=\tan^2\psi\cos^2\theta_0-\sin^2\theta_0 \tag{5-107}$$

$$B=-(x_{\mathrm{r}}^g\tan\psi+z_{\mathrm{r}}^g)\tan\psi\cos^2\theta_0 \tag{5-108}$$

$$C=[(x_{\mathrm{r}}^g\tan\psi+z_{\mathrm{r}}^g)^2+(y_{\mathrm{r}}^g)^2]\cos^2\theta_0 \tag{5-109}$$

边界点在 $O_{\mathrm{t}}X_{\mathrm{t}}Y_{\mathrm{t}}Z_{\mathrm{t}}$ 坐标系中的坐标$(x_{\mathrm{t}}^g,\ y_{\mathrm{t}}^g,\ z_{\mathrm{t}}^g)$可由坐标变换公式得到。

通过求解式（5 – 106）得到的正根 $X_{\mathrm{r}j}$，即为边界点轨迹与定位锥面的交点坐标。确定弹目交会弹道中目标（$X_{\mathrm{r}0j}$，$Y_{\mathrm{r}0j}$）可被引信探测的条件是式（5 – 106）是否有解析根。依此求得的边界点系列可以确定目标区域（$Z_k^{\max}$ 和 $Z_k^{\min}$）及目标的有效反射表面区域。

5.3.2　体目标等效双向反射分布函数

半主动激光制导系统的几何示意图如图 5 – 29 所示，激光照射源位于 O_1，接收器空间位置为 O_2。

在接近小角度时，当光斑尺寸远小于收发距离时，背景和目标在光学接收器上形成的照射强度为

$$E_{\mathrm{n}}(t)=\frac{\Phi}{\pi L_{02}^2}\iint_{(S)}M(y_1,\ z_1)\delta_1\left(t-\frac{L_1+L_2}{c}\right)r(\psi,\ \theta,\ \gamma)\cos\psi\cos\theta\,\mathrm{d}S \tag{5-110}$$

式中，L_{02}为目标中心 O_{t} 到接收器的距离；Φ 为入射光通量；$M(y_1,\ z_1)$ 为面元 $\mathrm{d}S$ 上入射光束截面的密度分布；$(y_1,\ z_1)$ 为 $\mathrm{d}S$ 在照射光束截面中的坐标；$\delta_1(t)$ 为脉冲函数；L_1、

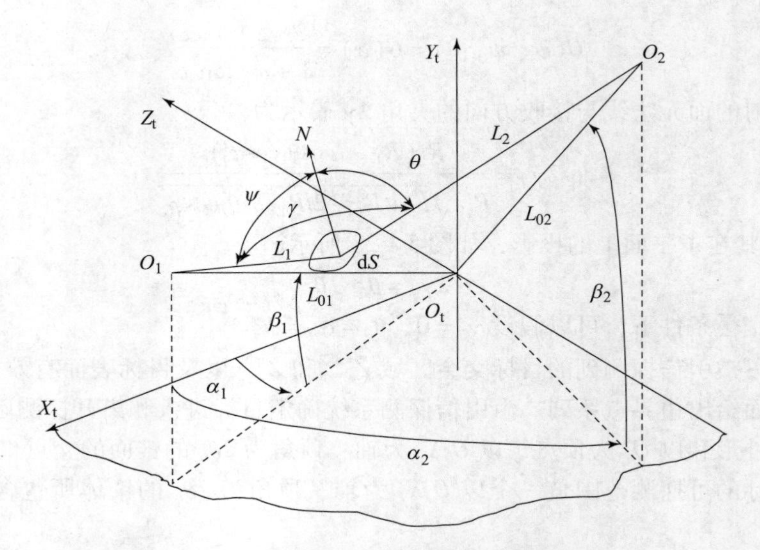

图 5-29　半主动激光导引系统空间几何示意图

L_2 为 dS 到光源和接收器的距离；c 为光速；$r(\psi,\ \theta,\ \gamma)$ 为 dS 的反射系数；ψ、θ 为本地入射角和反射角；γ 为面元 dS 上入射和反射方向的夹角；S 为被激光照射且在探测视场中的目标表面。

对于半主动激光制导应用来讲，通常照射光斑的尺寸与目标的尺寸相当，目标的反射特征常用标准朗伯靶标定。由式（5-110）可知，正入射时，处于标准靶面垂线上（$\theta_c=0$），且距离为 L_{02} 的接收器上的定标体的照度为

$$\iint\limits_{(S_c)} M(y_1,\ z_1)\cos\psi_c \mathrm{d}S = \iint\limits_{-\infty}^{+\infty} M(y_1,\ z_1)\mathrm{d}y_1\mathrm{d}z_1 = 1 \tag{5-111}$$

得到

$$E_c(t) = \frac{\Phi}{\pi L_{02}^2} r_c \delta_1\left(t - \frac{L_{01}+L_{02}}{c}\right) \tag{5-112}$$

式中，r_c 为朗伯板的反射系数。

式（5-110）与式（5-112）之比给出了稳定照射条件下的相对于标准靶的目标和背景表面反射特性。

$$R(t) = \frac{r_c E_\pi(t)}{E_c(t)} = \iint\limits_{(S)} M(y_1,\ z_1)\delta_1\left(t - \frac{L_1+L_2}{c}\right) r(\psi,\ \theta,\ \gamma)\cos\psi\cos\theta \mathrm{d}S \tag{5-113}$$

$R(t)$ 就是体目标等效 BRDF 模型，为一定照射条件下的体目标对入射激光的反射系数模型，如图 5-30 所示。

定义光束坐标系 $O_t x_1 y_1 z_1$（$O_t x_1$ 指向光源），有 $\mathrm{d}y_1\mathrm{d}z_1=\cos\psi\mathrm{d}S$，由式（5-113）有

$$R(t) = \int_{Y_{01}(t)-R_y}^{Y_{01}(t)+R_y} \mathrm{d}y_1 \int_{Z_{01}(t)-R_z\varphi(y_1)}^{Z_{01}(t)+R_z\varphi(y_1)} \delta_2(y_1,\ z_1)M(y_1,\ z_1)\delta_1\left(t - \frac{L_1+L_2}{C}\right) r(\psi,\ \theta,\ \gamma)\cos\theta \mathrm{d}z_1 \tag{5-114}$$

式中，函数 $\delta_2(y_1,\ z_1)$ 定义为面元 dS 是否被照射，若被照射，则 $\delta_2(y_1,\ z_1)=1$；否则

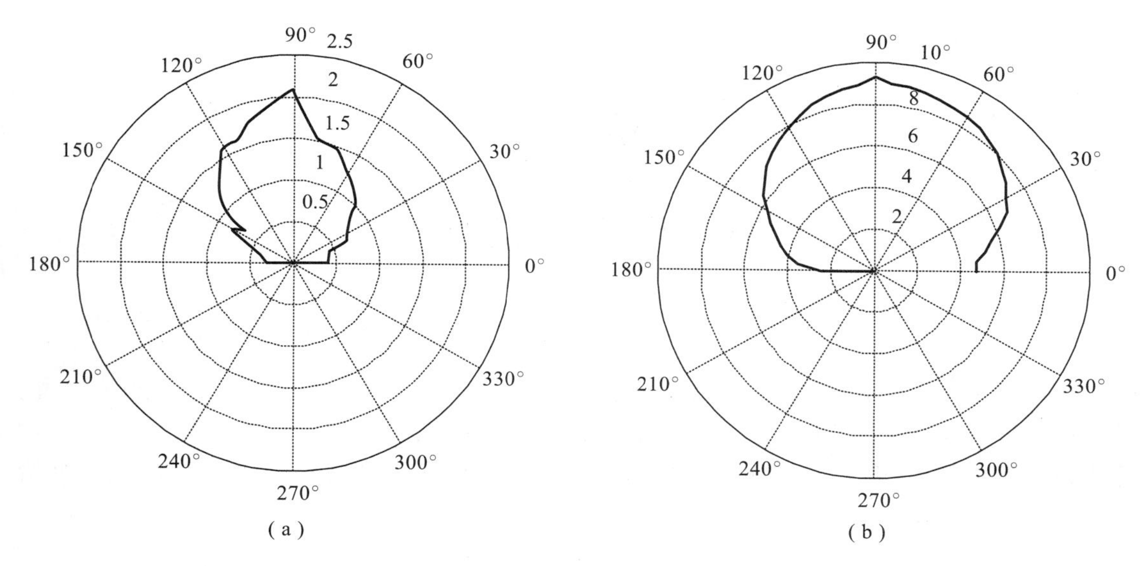

图 5－30　正入射时，计算得到的两种目标在照射平面内的反射系数分布

(a) 水面目标；(b) 地面目标

$\delta_2(y_1, z_1)=0$。

照射激光光束截面通常为椭圆形状，其光束截面的功率密度分布表示为

$$M(y_1, z_1)=\frac{\ln 10}{\pi R_y R_z}\exp\left\{-\left\{\frac{[y_1-Y_{01}(t)]^2}{R_y^2}+\frac{[z_1-Z_{01}(t)]^2}{R_z^2}\right\}\ln 10\right\} \tag{5-115}$$

$$\varphi(y_1)=\sqrt{1-\frac{[y_1-Y_{01}(t)]^2}{R_y^2}} \tag{5-116}$$

式中，$Y_{01}(t)$、$Z_{01}(t)$ 为光束指向目标所在平面上相对于目标中心的坐标，它是由跟踪误差引起的，如照射吊舱的抖动等；R_y、R_z 为光束截面半径。

由式（5－114）可知，计算目标激光照射条件下的等效反射系数分布需要目标表面材料的 BRDF 分布和三维模型。采用 5.2 节方法完成对目标表面材料双向反射系数的计算，通过建立目标三维模型，由式（5－110）和式（5－114）便可得到在稳定激光照射下，目标在接收器口面上的二次辐照度的表达式为

$$E_{\pi}(t)=R(t)\frac{\Phi}{\pi L_{02}^2} \tag{5-117}$$

第6章
脉冲激光引信技术

脉冲激光引信技术是目前激光引信中相对成熟的技术，具有较强的抗电磁干扰能力，已广泛应用于空空导弹、航弹、无人机、战术导弹及战略导弹等多种平台和装备型号中。本章重点讨论脉冲激光发射电路、脉冲激光接收电路、脉冲激光回波信号处理方面的内容，并给出测距精度误差分析。

6.1 脉冲激光发射电路

6.1.1 驱动电路等效模型分析

脉冲半导体激光器发射激光脉冲的脉宽和上升沿的时间由其驱动电流脉冲的脉宽和上升沿的时间决定，驱动电流脉冲由半导体激光器驱动电路产生。脉冲半导体激光器驱动电路的设计有以下两个难点：

（1）要实现大峰值功率激光脉冲的输出，需要激光器的驱动电路提供较大的电流脉冲，而普通电源不能直接产生大的输出电流，需要采用能量压缩技术，将较小的瞬时电流经过相对较长时间的存储后再瞬时释放，从而产生较大的输出电流脉冲。

（2）要实现高精度的脉冲激光测距，要求输出激光脉冲信号的脉宽在几纳秒到十几纳秒之间，对驱动电流脉冲的脉宽也有相同的时间要求。在实际电路中，产生的电流脉冲信号的脉宽受放电开关器件的开关速度和电路寄生参数（在大电流情况下寄生电感的影响尤其严重）的限制，不易产生能达到要求的驱动脉冲信号的输出。

脉冲半导体激光器驱动电路本质上是一种大电流放电开关电路，其一般形式和等效电路如图6-1所示。

图6-1（a）中，HV为高压直流电源，C_1 为储能电容，R_1、R_2 分别为充电限流电阻和放电回路电阻，LD为半导体激光器，VD_1 为保护二极管。当开关K断开时，HV通过限流电阻 R_1 为 C_1 充电，使 C_1 两端电压近似等于电源电压，此时激光器不导通；当开关闭合时，C_1 通过开关K和 R_2 快速放电，激光器导通并发射激光。当开关K快速完成闭合和打开动作时，放电回路即产生窄脉冲电流，驱动激光器发射脉冲激光。

在图6-1（b）中，C 为储能电容，R 为放电回路的总电阻（包括半导体激光器等效电阻、开关元件电阻和回路串联电阻等），L 为寄生电感（包括放电电容、开关元件、放电回路内部的寄生电感等），R_C 为储能电容 C 的充电回路限流电阻。从等效电路可以看出，半导体激光器驱动电路实质为 RLC 充放电回路。由电路分析的知识，假设 t_0 时刻电容 C 通过电

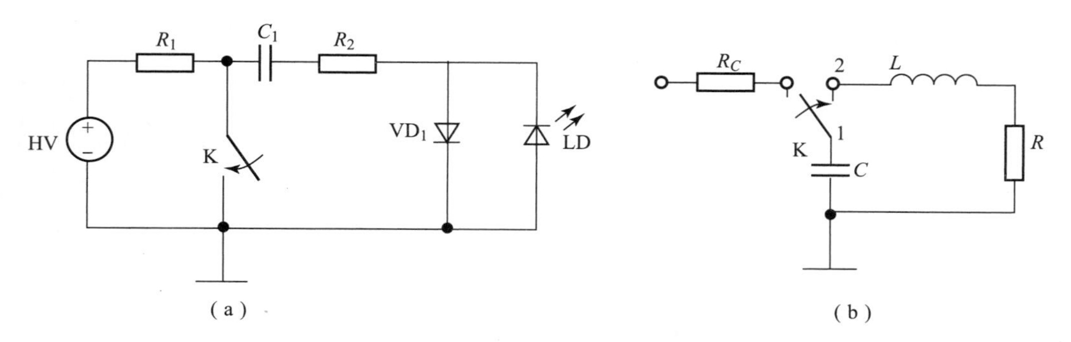

图 6-1　脉冲半导体激光器驱动电路原理

(a) 一般形式；(b) 等效电路

阻 R 充电达到静态电压 U_0，开关 K 闭合，回路放电，此时该电路可以看作零输入响应的 RLC 串联回路，回路方程式为

$$L\frac{\mathrm{d}i}{\mathrm{d}t}+Ri+\frac{1}{C}\int i\mathrm{d}t=0 \tag{6-1}$$

对式（6-1）两边微分得到

$$L\frac{\mathrm{d}^2 i}{\mathrm{d}t^2}+R\frac{\mathrm{d}i}{\mathrm{d}t}+\frac{1}{C}i=0 \tag{6-2}$$

二阶电路系统的响应有 3 种状态，即

$R<2\sqrt{\dfrac{L}{C}}$时，电路响应为欠阻尼状态。

$R=2\sqrt{\dfrac{L}{C}}$时，电路响应为临界阻尼状态。

$R>2\sqrt{\dfrac{L}{C}}$时，电路响应为过阻尼状态。

图 6-2 所示为这 3 种状态的响应波形。从图中可以看到，在欠阻尼状态下可以得到脉宽窄、峰值大的输出波形，即要求 RLC 回路满足 $R<2\sqrt{L/C}$。

开关闭合瞬间回路电流为零，电容和电感两端的电压为 U_0，即放电回路的初始状态满足

$$\begin{cases} i=0 \\ L\dfrac{\mathrm{d}i}{\mathrm{d}t}=U_0 \end{cases} \tag{6-3}$$

对二阶微分方程式（6-2）求解，得到回路电流方程为

$$i=A\mathrm{e}^{-\alpha t}\sin(\omega t+\theta) \tag{6-4}$$

其中，

$$\begin{cases} \alpha=\dfrac{R}{2L} \\ \omega=\sqrt{\dfrac{1}{LC}-\left(\dfrac{R}{2L}\right)^2} \end{cases} \tag{6-5}$$

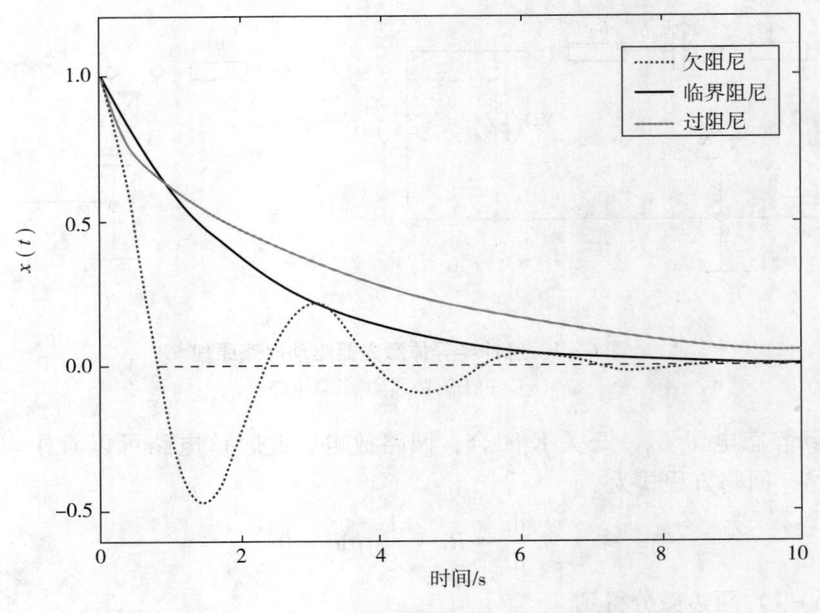

图 6－2　二阶电路的 3 种响应

将初始条件代入式（6－4），得到

$$\begin{cases}\theta=0\\ A=\dfrac{U}{\sqrt{\dfrac{L}{C}-\dfrac{R^2}{4}}}\end{cases}\tag{6-6}$$

可以看出，回路电流以正弦规律衰减，其中参数 α 称为阻尼系数，代表了衰减的缓急，ω 代表了电流的周期，A 代表电流的幅度。通过分析可得出以下结论：

（1）α 值越大电流衰减越快，越容易形成脉宽窄的输出波形，同时由于只需要第一个正弦脉冲输出为需要的脉冲，其余电流脉冲应越小越好，从而减小负脉冲对激光器的损坏和多余激光脉冲的输出。由 α 表达式易得电路设计时应尽量减小回路的寄生电感。

（2）A 越大输出脉冲幅值越大，这就要求充电电容初始电压 U_0 要高，电容 C 容量要适当加大，放电电阻 R 要小。

（3）ω 越小，电流衰减周期越小，越有利于形成陡的脉冲上升沿，这就要求电容 C 值不能太大，让放电过程尽快完成。

以上分析结果可以为脉冲激光驱动电路设计时元件参数的选择提供很好的理论依据。

6.1.2　高速开关器件选择

从脉冲激光驱动电路等效模型可以看出，放电开关器件是脉冲驱动电路中的关键元件，其放电速度和可通过脉冲电流峰值的大小是决定脉冲驱动电源性能指标的主要参数。常见的应用于脉冲激光驱动电路的开关器件及其主要性能指标如表 6－1 所示。

表6-1 使用不同开关器件的驱动电路的性能参数

放电开关器件	脉冲电流峰值/A	脉冲宽度/ns	脉冲电流上升沿/ns	重复频率/kHz
电子管	<200	250	10~20	500
机械放电管	<20	300	0.5	0.2
普通晶闸管	<200	5 000	100~200	10
小功率氢闸流管	<200	1 000	3~20	50
高频功率晶体管	<20~50	5 000	50~100	1 000
快速晶闸管	<100~200	1 000	15~30	20
雪崩晶体管	5~100	10~300	1~20	100
VMOS 管	1~100	不受限制	2~150	1 000
晶体管组合	<200	不受限制	2~150	1 000
GaAs 场效应管	0.05~1	不受限制	0.05~0.5	<5

若要求脉冲驱动电路输出指标的脉冲电流峰值为50 A，脉冲宽度小于20 ns，上升沿时间小于3 ns，脉冲重频为10 kHz，由表6-1可知，可使用雪崩晶体管、VMOS管（功率场效应管）或晶体管组合等作为放电开关器件设计脉冲半导体激光器驱动电路。以下对目前最常用的雪崩晶体管和功率场效应管的工作原理和应用做详细介绍。

6.1.3 雪崩晶体管

三极管自身可以作为开关使用，常用的三极管开关的工作原理是使三极管工作在截止区和饱和区两个状态，分别对应开关的关断与导通。雪崩三极管窄脉冲发生电路实质也是一种三极管开关电路，不同的是在三极管集-射极之间加高压使三极管工作在雪崩状态，这种状态下三极管的开关速度非常快，输出电流大，因此可以作为高速开关来使用，输出产生大电流窄脉冲。

晶体三极管有4个工作区域，即截止区、线性区、饱和区和雪崩区。对于NPN型三极管，其特性曲线如图6-3所示。

根据发射结和集电结的状态不同，三极管的工作状态也不同。当发射结反向使用、集电结也反向使用时，晶体管处于截止区；当发射结正向使用、集电结反向使用时，晶体管处于放大区；当发射结和集电结都处于正向使用状态时，晶体管处于饱和区。在放大区工作时，如果将集电极和发射极间的电压u_{CE}增加到一定程度，就会使集电结发生雪崩击穿，击穿后集电极电流急剧上升。

在图6-3中，BV_{CEO}为基极开路时集电极-发射极反向击穿电压，BV_{CBO}为发射极开路时的集电极-基极之间的雪崩击穿电压。通常所用的晶体管放大电路中，三极管工作在线性区，$u_{CE}<BV_{CEO}$。当基极电流$i_B<0$时，发射结反向偏置，集电极电流i_C随u_{CE}和$-i_B$急剧变化，这一区域称为雪崩区。

常用于雪崩发生电路的晶体管型号如表6-2所示。其中由ZETEX公司生产的型号为ZTX415的NPN型晶体管为专用雪崩晶体管，其雪崩峰值电流可以达到60 A，可以单个使用，也可串联或并联使用，特别适合产生高速窄脉冲陡上升沿的脉冲。

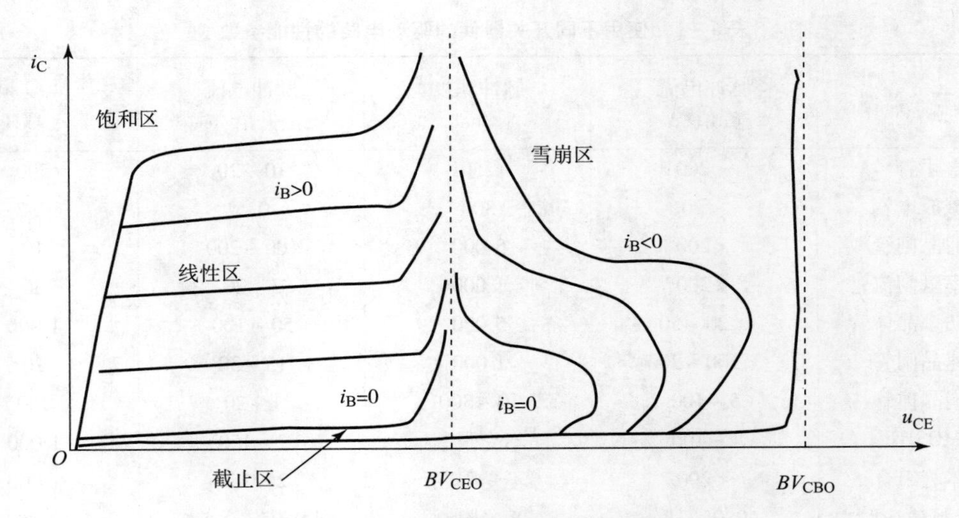

图 6-3　NPN 型晶体三极管输出特性

表 6-2　雪崩晶体管型号及参数

型号	BV_{CEO}/V	BV_{CBO}/V	$U_{CE(sat)}$/V	I_C/A
2N5179	12	20	0.4	0.05
2N2369	15	40	0.25	0.5
2N5551	160	180	0.2	0.6
ZTX415	100	260	0.5	60

典型的单个雪崩晶体管脉冲发生电路及输出脉冲波形如图 6-4 所示。可以看出，晶体管雪崩电路图与基本的三极管开关电路一样，通过三极管结间导通和截止输出脉冲波形，可得到峰值电流 45 A、脉宽 8 ns 的脉冲波形。由于放电回路未增加补偿网络而工作在较大的

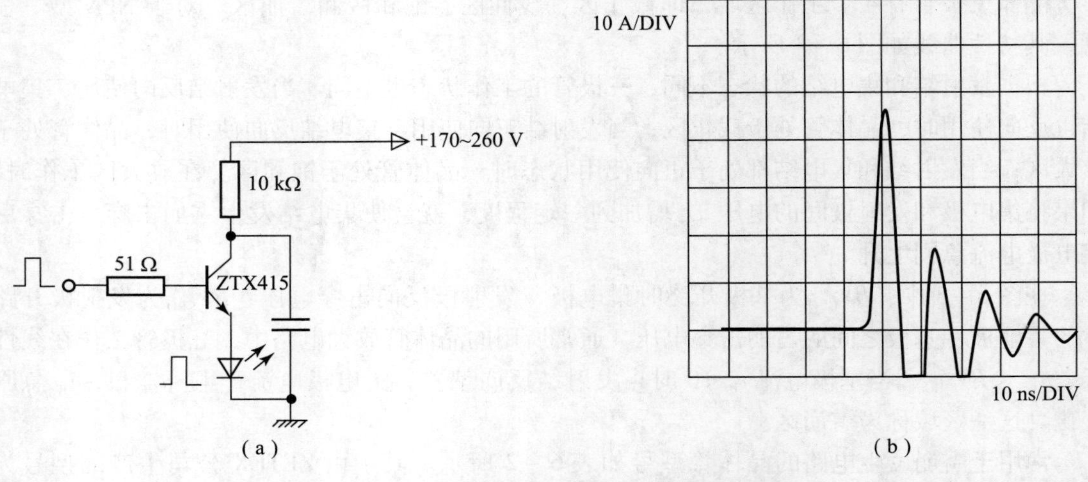

图 6-4　单个雪崩管窄脉冲发生电路及输出波形

(a) 雪崩管窄脉冲发生电路；(b) 输出波形

欠阻尼状态下，因此脉冲尾部振荡较剧烈。可以在放电回路中加入补偿网络来减小脉冲输出后的振荡电流，如图 6－5 所示，其中 LC 回路组成脉冲形成补偿网络，根据需要调节 LC 参数值，可得到满足需要的脉冲波形。

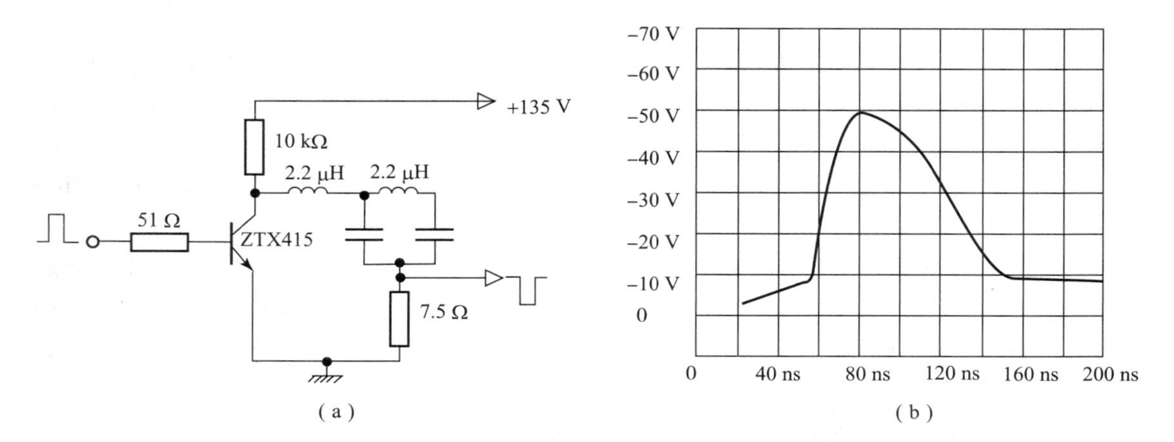

图 6－5　带补偿网络的雪崩管窄脉冲发生电路及输出波形

（a）雪崩管窄脉冲发生电路；（b）输出波形

6.1.4　功率场效应管

基于 MOSFET 的脉冲发生电路与雪崩管脉冲发生电路没有本质区别，只是从开关效果来说，以 MOSFET 作为开关器件具有更大的优势。MOSFET 为电压控制器件，相比晶体管的电流控制工作方式来说，它的工作状态更容易控制，而且其作为开关器件具有工作电压高、开关速度快、允许的峰值电流大、驱动电路相对简单等优点。因此，以 MOS 管作为核心开关器件的设计方法更为常见。

1. MOSFET 开关原理

MOSFET 为典型的电压控制器件，通过栅源电压来控制漏极电流的大小，输入阻抗很高，低频时不需要考虑自身的寄生参数，对驱动电路的要求也不高。但作高速开关时必须考虑自身的寄生参数，需要较大的栅极电流来对其驱动。MOSFET 作高速开关的等效模型如图 6－6 所示。

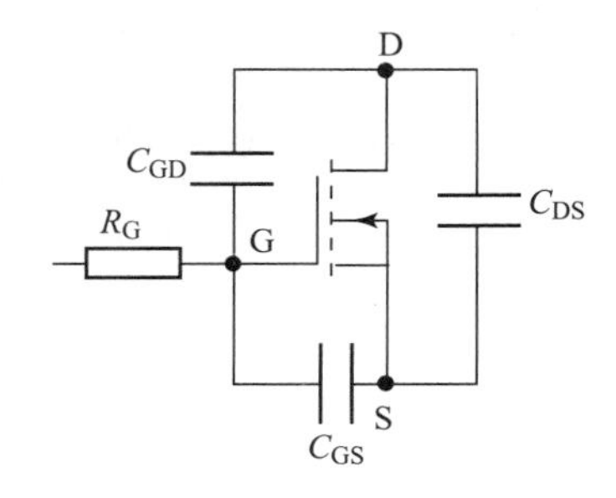

图 6－6　MOSFET 等效模型

根据 MOS 管的构造特点，栅极与源极和漏极之间都是介质层，因此栅源和栅漏之间必然存在寄生电容 C_{GS} 和 C_{GD}，沟道未形成时漏源之间同样存在寄生电容 C_{DS}。一般 MOSFET 数据手册上会给出 3 个参数，即 C_{ISS}、C_{OSS} 和 C_{RSS}，其中输入电容 $C_{ISS}=C_{GS}+C_{GD}$，输出电容 $C_{OSS}=C_{DS}+C_{GD}$，反馈电容 $C_{RSS}=C_{GD}$，也称为米勒电容。

使用时在栅极和源极之间加驱动脉冲信号 u_i，漏源之间加直流电压 U_{DD}。MOS 管的开关过程可以分为 3 个阶段。

（1）当驱动信号到达的瞬间，MOS 管处于关断状态，C_{GS} 上的电荷量为零，$u_{GS}=0$，$u_{GD}=-U_{DD}$。随后 u_i 通过栅极电阻 R_G 向 C_{GS} 充电，u_{GS} 逐渐升高，直至到达开启阈值电压 U_{th}。在这之前 MOS 管一直处于关断状态，$u_{DS}=U_{DD}$。

（2）当 u_{GS}到达阈值电压时，漏极开始流过电流 i_D，u_{GS}继续上升，i_D 也逐渐上升，u_{DS}仍然保持 U_{DD}。当 u_{GS}上升到米勒平台电压 U_{GP}时，i_D 也上升到负载电流最大值，也就是 MOS 管的工作状态进入恒流区。u_{DS}的电压开始从 U_{DD} 下降，C_{DS}上的电压也随之减小，也就伴随着 C_{GD}的放电。

（3）C_{GD}放电完成后，u_i 继续对 C_{GS}和 C_{GD}充电，此时 MOS 管已经充分导通，u_{DS}稳定在一个值上，满足 $u_{DS}=i_D R_{DS(on)}$。$R_{DS(on)}$为 MOS 管导通电阻，在数据手册中可以查到，一般为几毫欧姆。开启过程至此完成。

通过以上分析可以看到，MOS 管的开关过程其实是寄生电容的充放电过程。要想 MOS 管开关速度快，寄生电容的充放电过程就必须越短越好，也就是说寄生电容要尽量小。

另外，对 MOS 管寄生电容的充电需要短时瞬间大电流，而且沟道开通后必须维持合适的栅源电压，一般为 10 ~ 15 V。若用普通控制芯片或单片机提供的脉冲信号直接驱动，则输出电压不高，输出电流也不高，不能实现 MOS 管快速开关动作。所以 MOS 管开关需要栅极驱动器来完成。

2. MOS 管激光驱动电路

典型的 MOS 管激光驱动电路如图 6 – 7 所示。EL7104 作为 MOS 管栅极驱动器，其输入端的触发脉冲可通过 FPGA 提供。触发脉冲经 EL7104 放大后输出驱动能力更强的大电流脉冲，驱动 MOS 管快速闭合，储能电容快速放电，驱动激光器发射脉冲激光。

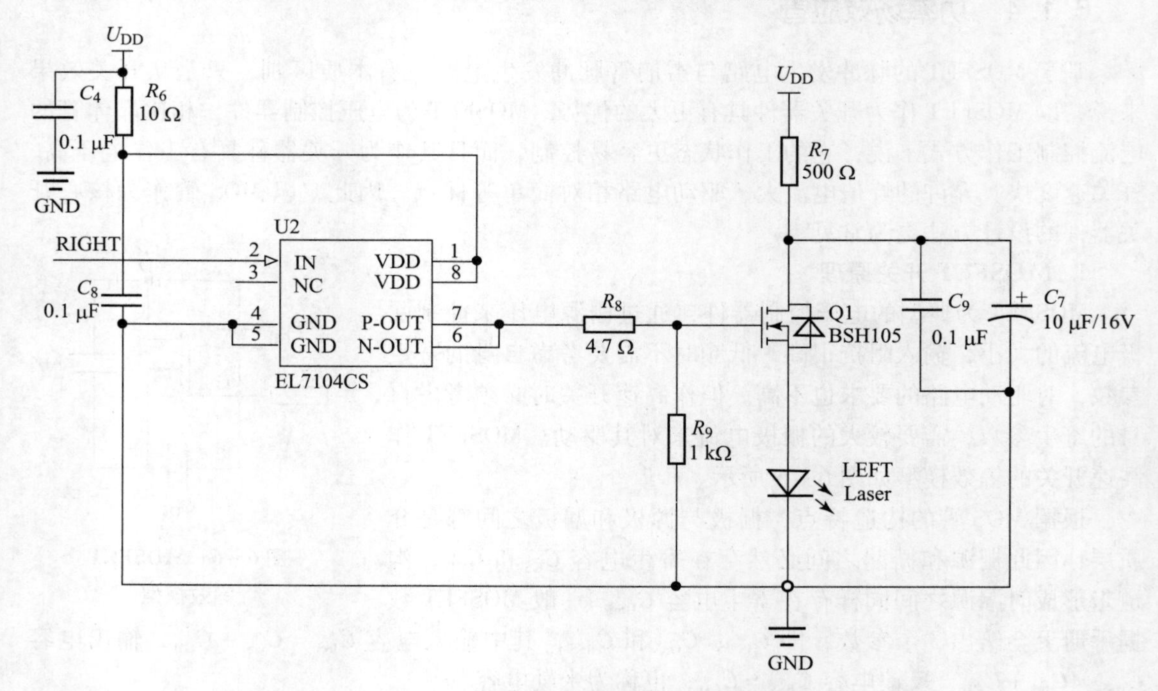

图 6 – 7　MOSFET 脉冲发生电路原理

脉冲半导体激光器的输出功率由驱动电路输出的脉宽、重频及充放电回路的偏置电压决定。以 905D1S 型脉冲半导体激光器为例，其中心波长为 905 nm，峰值功率为 75 W。图 6 – 8 所示为利用光功率计实测得出的激光器输出功率与不同变量之间的变化关系曲线。可以看出，激光器输出光功率与偏置电压成正比，在脉宽 40 ns、重频 1 kHz 和偏压 26 V 的条件下，激光器峰值功率接近 75 W；在偏压和重频一定的条件下，激光脉宽与输出平均功率成正比，而与峰值功率成反比；在偏压和脉宽一定的条件下，激光脉冲重频与输出平均功率近似成正比，而与峰值功率近似成反比。可根据以上结果，结合具体工程需要，选择合适的激光器脉宽、重频与偏置电压来获得最佳的脉冲发射激光。

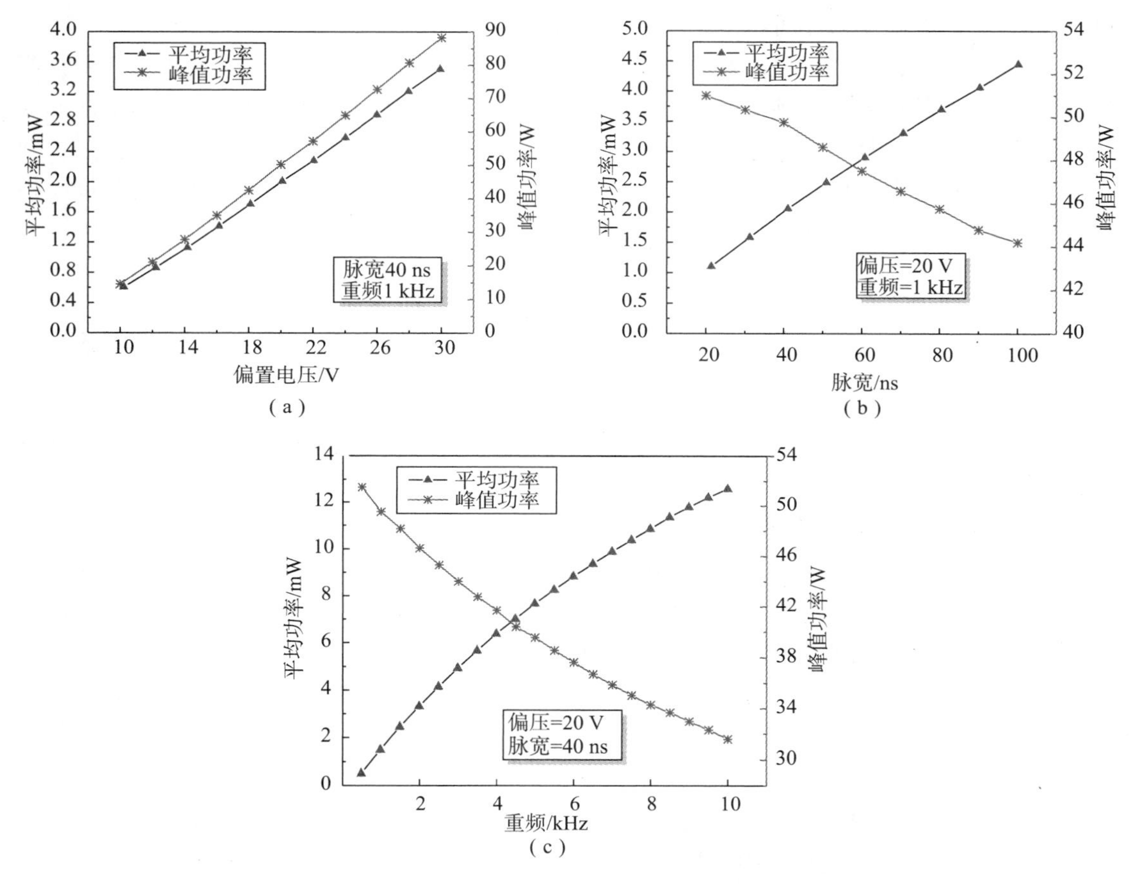

图 6-8　激光器输出光功率变化关系曲线

(a) 激光功率-激光器偏置电压的关系；(b) 激光功率-脉冲宽度的关系；(c) 激光功率-脉冲重频的关系

6.2　脉冲激光接收电路

脉冲激光回波信号的接收与检测通过光电探测器实现，利用光电探测器直接把接收到的光强变化转换为电信号变化，然后通过低噪声放大电路提取回波脉冲，并最大限度地抑制噪声。因此，脉冲激光回波接收电路的设计主要包括光电探测器的选择与低噪声放大电路的设计。

6.2.1　接收电路主要技术参数

脉冲激光回波接收电路设计需要考虑的主要技术参数包括灵敏度、噪声系数、频率特性、带宽、增益特性和动态范围等。

1. 灵敏度和噪声系数

灵敏度表示接收模块接收微弱回波脉冲的能力。灵敏度越高，接收模块所能接收的回波脉冲越微弱，作用距离越远。通常灵敏度以最小可探测功率 S_{min} 来表示，如果信号功率低于此值，信号将淹没在噪声干扰中，不能被辨别出来。最大作用距离与最小可探测功率的 4 次方根成反比，因此减小最小可探测功率能加大作用距离。

要提高灵敏度，首先要提高接收模块的增益。然而加大接收模块的增益并不能无限提高灵敏度，灵敏度的极限还受到噪声电平的限制。因此，要提高灵敏度必须在提高增益的同时尽量减小噪声电平。噪声主要包括外部干扰噪声和接收模块的内部噪声。

为了衡量接收系统内部噪声的大小，通常用噪声系数 F 表示。噪声系数定义为接收模块输入信噪比与输出信噪比的比值，其表达式为

$$F=\frac{(\mathrm{SNR})_{\mathrm{in}}}{(\mathrm{SNR})_{\mathrm{out}}}=\frac{\dfrac{S_{\mathrm{i}}}{N_{\mathrm{i}}}}{\dfrac{S_{\mathrm{o}}}{N_{\mathrm{o}}}} \tag{6-7}$$

噪声系数单位通常用 dB 表示。显然，如果 $F=1$，说明接收系统内部没有噪声，当然这只是一种极限的理想情况。

灵敏度和噪声系数之间的关系表示为

$$S_{\min}=kT_0B_nFM \tag{6-8}$$

式中，k 为玻尔兹曼常数，$k\approx1.38\times10^{-23}$ J/K；T_0 为室温的热力学温度，$T_0=290$ K；B_n 为系统噪声带宽；M 为识别系数，一般情况下 $M=1$。

在设计接收模块时要优先考虑噪声指标的要求，然后再考虑带宽、增益等技术要求。低噪声设计可以归纳为 4 个方面。

（1）选择低噪声放大器芯片。

（2）减小偏置电路和反馈电路的噪声影响。

（3）降低前置放大电路的附加噪声影响。有 3 种技术途径，即：增加放大器第一级的增益或者选择具有高内增益的光电探测器；按照放大器最佳源电阻的选择原则，实现光电探测器与前置放大器的噪声匹配；选择低噪声放大器芯片。

（4）选择工作频率和带宽。合理选择光信号的调制频率，在保证满足信号带宽的条件下尽可能压缩带宽。

2. 频率特性和带宽

接收模块必须具有选择所需要的信号而滤除邻频干扰的能力，该能力与接收模块的频率特性有关。在保证可以接收到所需信号的条件下，带宽越窄或谐振曲线的矩阵系数越好，则滤波性能越高，所受到的邻频干扰也就越小，即选择性越好。

接收模块的频率特性主要由光电探测器、前置放大电路和主放大电路等环节确定。按照傅里叶级数理论，任何复杂的周期信号可以分解成若干不同谐波分量的叠加。因此，可以通过分析和计算单元环节对于不同谐波分量的频率响应，从而得到系统的综合频率特性。

带宽也称为通频带，带宽根据信号的频谱特性来确定。以 τ 代表脉冲宽度，Δf 代表带宽，则接收模块需满足

$$\Delta f=\frac{0.35}{\tau} \tag{6-9}$$

带宽太小会使某些谐波分量的幅度和相位发生变化导致波形的畸变，即引起频率失真；带宽过大会引起过多的噪声，导致输出信噪比降低。所以在保证信号有效带宽的前提下，限制带宽可以有效抑制噪声。通常带宽的选择是以保持信号频谱中绝大部分能量通过而削掉部分频谱能量较低的高频分量为原则，折中考虑频率失真和信噪比。因此，接收模块的带宽和输出噪声功率两者是互相制约的因素，存在一个最佳带宽，使得接收模块能够获得最大的信噪比。

对于脉冲激光引信，其作用在高速运动状态下，为了保证发射脉冲在较窄（如10 ns）的情况下波形不失真，接收模块的带宽需达到$2\Delta f$，即最大带宽70 MHz，适当牺牲一定的信噪比以保证回波脉冲的波形特征，防止回波脉冲被过多地展宽，能够较好地获得回波脉冲的上升时间，有利于时刻鉴别电路的处理，减小测量误差。

3. 增益特性和动态范围

增益表示接收模块对回波脉冲的放大能力，它是输出信号与输入信号的功率比，即

$$G=\frac{S_o}{S_i} \tag{6-10}$$

接收模块的增益确定了接收模块输出信号的幅度。增益并不是越大越好，它是由整个测距系统的要求确定的。在实际接收模块设计中，增益及其分配与噪声系数和动态范围都有直接的关系。

动态范围表示接收模块正常工作所允许的输入信号的强度变化范围。所允许的最小输入信号强度通常取最小可探测功率S_{min}，所允许的最大输入信号强度则根据正常工作的要求而定。当输入信号太强时，接收模块将发生饱和，从而使较小的目标回波信号显著减小甚至丢失。为了保证信号不论强弱都能正常接收，要求接收模块的动态范围要大。若要求动态范围大，则接收弱信号时应具有足够高的增益，接收强信号时增益相应降低而不限幅。

6.2.2　光电探测器选择原则

光电探测器是利用光电效应制成的器件，是脉冲激光接收电路的核心器件，用于将目标反射回来的光信号转化为电信号。

光电探测器在激光测距技术中占有重要的地位，其灵敏度、增益、响应时间、光谱响应范围等特性参数直接影响测距系统的总体性能，选取光电探测器时主要考虑以下几点：

（1）首先考虑光谱响应范围，最好使光谱响应的峰值波长和激光器以及光学系统在光谱特性上保持一致。

（2）灵敏度高。光电探测器用来接收的是从目标反射回来的一部分微弱光信号，因此光电探测器必须具有高灵敏度。

（3）响应速度快。由于需要精确测量激光脉冲的飞行时间而且激光脉冲宽度很窄，只有几十个纳秒，因此光电探测器必须具有较快的响应速度。

（4）暗电流小。暗电流引起的散粒噪声会影响光电探测器的灵敏度，而且暗电流是温

度的函数，其会影响光电探测器在高低温下的灵敏度，因此光电探测器的暗电流要越小越好。

目前适用于脉冲激光引信的光电探测器主要有两种，即 PIN 光电二极管（PIN Photo Diode，PIN PD）和雪崩光电二极管（Avalanche Photo Diode，APD）。详见第 3 章前面的内容。

6.2.3 放大电路的设计

光电探测器输出的电信号可能是电流信号，也可能是电压信号，区别在于所选光电探测器是否自带前置放大器。一般而言，自带前置放大器的光电探测器价格昂贵，实际应用中考虑成本因素，大多选择不自带前置放大器的光电探测器。因此，脉冲激光回波放大电路的设计一般包括前置放大电路和主放大电路两部分，前置放大电路负责将光电探测器输出的弱电流信号跨阻放大为电压信号，主放大电路则负责将弱电压信号放大至后续信息处理电路所需要的电平大小。

1. 前置放大电路

前置放大电路主要完成将探测器输出的微弱电流信号转换为电压信号，最常用的设计方法是采用集成运放跨阻放大电路，其具有电路集成度高、噪声低和易于调试等优点。

集成运放前置放大电路通过跨阻放大原理实现，其电路原理如图 6-9 所示。

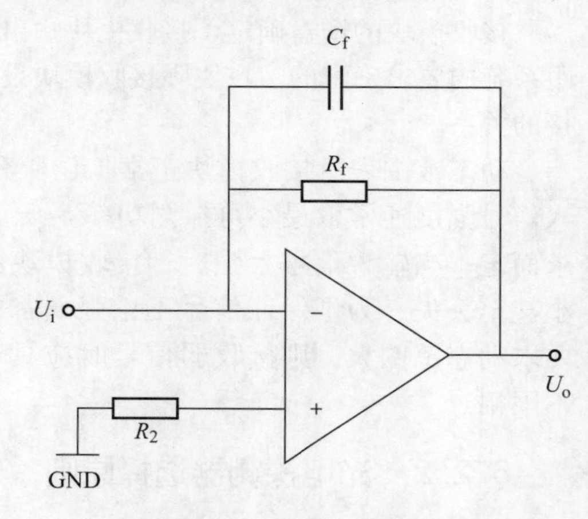

图 6-9 跨阻放大电路原理

在图 6-9 所示的跨阻放大电路中，光电探测器的暗电流与运放输入端的偏置电流流过反馈电阻 R_f 会造成输出端的直流误差，因此，需要加入补偿电阻 R_2 来抵消光电探测器的暗电流与运放输入端的偏置电流产生的直流误差。此时，输出电压可表示为

$$U_o = I_p R_f + [(I_{B-})R_f - (I_{B+})R_2] + I_L R_f \tag{6-11}$$

式中，I_p 为输入光电流；I_L 为漏电流；I_{B-} 和 I_{B+} 为运放输入端的偏置电流。若 $R_f = R_2$，则式（6-11）中第二项为零。同时考虑到 I_L 一般情况下非常小，可以忽略不计。

另外，对于 PIN 或 APD 探测器，其内部 PN 结之间存在等效电容，一般在 20 pF 以内，这个电容等效于在运放输入端增加了输入电容 C_{IN}。若 C_{IN} 值过大，其与运放内部各级放大器之间相移叠加，则运放的闭环相移可能会接近 -180°，引起运放的自激振荡。因此，需加入反馈电容 C_f 进行相位补偿。C_{IN} 的值是固定的，但是电路本身还存在寄生电容，使得输入端电容总和很难测得，因此 C_f 的值需根据实际测量结果进行调整。实际得到的输出电压与输入光电流的关系可表示为

$$U_o = I_p Z_f,\ Z_f = R_f // C_f \tag{6-12}$$

2. 主放大电路

前置放大电路一般存在倍数限制，其产生的信号往往难以满足后续信息处理电路输入电平的要求，需要加入后级放大器继续放大，直到满足一定的电压幅度，提供给后续的信息处

理电路。

主放大电路的设计可采用反相比例运算放大电路，其电路基本原理如图 6－10 所示。

对于理想反相比例运算放大器来说，电路的放大倍数主要由 R_f 与 R_1 的比例决定。设输入信号为 U_i，输出信号为 U_o，根据运放的虚短和虚断原理，流入运放反相输入端的电流为 0，根据节点电流定律，设流入该节点电流为正，流出该节点电流为负，则输出电压与输入电压的关系为

$$U_o = -\frac{R_f}{R_1}U_i,\ R_2 = R_1 // R_f \qquad (6-13)$$

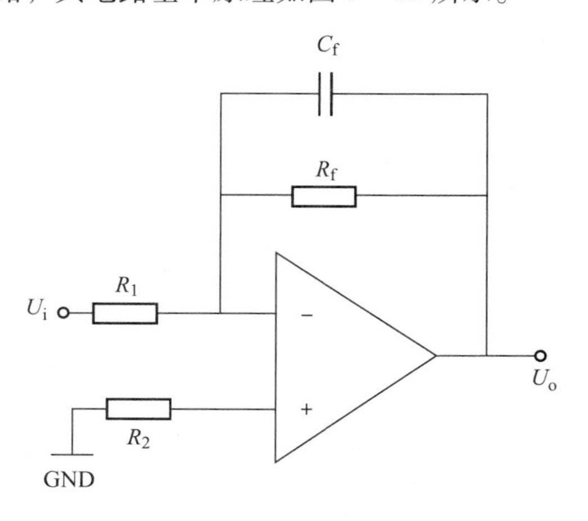

图 6－10 反相比例放大电路原理

由于非理想运放输入端存在偏置电流，所以在反相比例运放中需加入平衡电阻 R_2 来平衡由于偏置电流带来的影响，补偿直流偏置误差。同时，考虑到反相比例放大器的放大倍数较大，加之运放内部多级放大的级间相移，可能会引起自激振荡。因此，在反馈电阻 R_f 上并联补偿电容 C_f，补偿运放的相位，防止运放自激。补偿电容 C_f 根据实际测试结果调整，一般选择几 pF 的电容。

由于回波放大电路须满足对微弱且变化迅速信号的检测与无失真放大，要求所选的运算放大器具有快压摆率、宽带宽和高信噪比。常用的运算放大器有 TI 公司的 OPA657 和 OPA847、ADI 公司的 AD8009 以及 MAXIM 公司的 MAX4305 等。可综合考虑放大电路的性能、体积和成本等因素选择合适的运算放大器。

另外，主放大电路的设计也可采用自动增益控制（Automatic Gain Control，AGC）的设计方法，其主要作用体现在以下两方面。

（1）采用 AGC 方法设计的放大电路，可以防止由于信号太强导致的接收模块过载。因为被测目标有远近之分，因此反射信号的强弱程度可能变化很大。当被测目标处于近距离时，其反射信号很强，这就可能发生过载现象，破坏接收模块的正常工作。为了防止强信号时接收模块过载，就要求接收模块的增益可以进行调节，当信号强时使接收模块工作在低增益状态，当信号弱时使接收模块工作在高增益状态。

（2）补偿接收模块增益的不稳定。由于电源电压不稳定、工作温度变化、电路工作参数变化等，都可能引起接收模块增益的不稳定，用 AGC 可以补偿这种增益的不稳定。

满足自动增益控制放大电路设计的运算放大器如 ADI 公司的 AD603 和西门子公司的 CLC5523 等器件，其具有可自动调节放大器增益、低噪声和高带宽等特性，适用于脉冲激光回波 AGC 放大电路的设计。图 6－11 所示为利用 CLC5523 运算放大器设计的 AGC 放大电路。

6.2.4 回波信号数字检测方法

在远距离或在烟雾、云雾等恶劣环境进行脉冲激光测距时，光电探测器和放大器噪声往往比激光回波信号强，信号淹没在噪声中，导致信噪比过低而无法检测到激光回波脉冲。信噪比过低直接影响探测能力，同时也增加了虚警概率。增大激光发射功率、压缩发散角、增

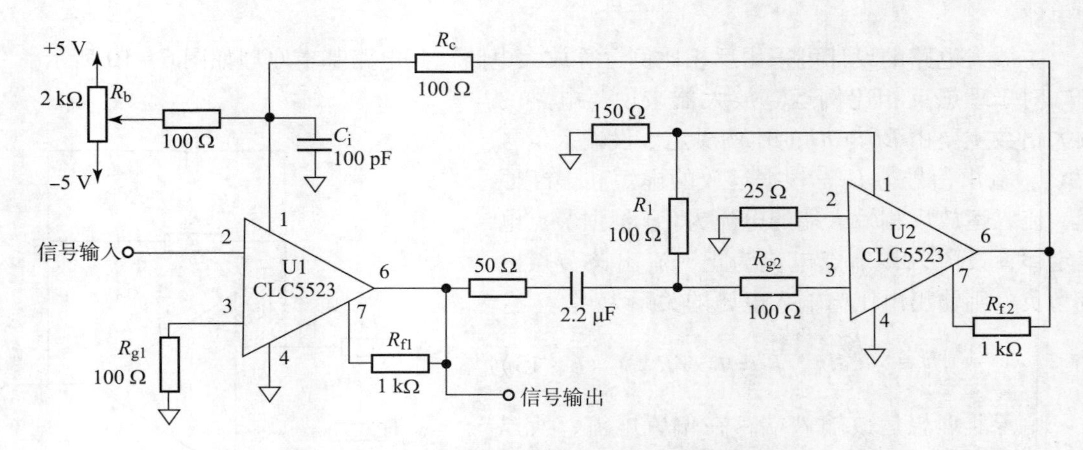

图 6－11　基于 CLC5523 的 AGC 放大电路

大接收光学口径都可以直接提高测程，但同时也带来诸多缺点，扩大了测距机的体积及重量，以及压缩发散角会加大调试难度。现代数字信号处理理论和电子技术的高速发展为微弱信号检测数字化提供了理论基础和工程手段。对于恶劣环境下的脉冲激光微弱回波信号，适合采用数字的方法对回波信号进行检测，提高测距系统的信噪比。

微弱信号检测技术主要是通过研究被测信号和噪声的统计特性及其差别，从背景噪声中检测出有用信号。常用的微弱信号检测技术有窄带滤波法、调制放大解调法、锁定接收法和相关检测法等。根据脉冲信号频率成分非常丰富、时频对应关系不明显的特征，适合采用相关检测法进行检测。相关检测法对微弱脉冲信号多点采样并求和后利用信号的相关性和噪声的非相关性来提高输出信噪比，从而检测出有用信号。下面介绍两种微弱信号数字相关检测方法。

1. 多脉冲相干累积法

多脉冲相干积累方法基于噪声的随机性和信号的周期性来提高探测信噪比，其基本原理是对多个脉冲采样，将其结果依据脉冲的相对位置对应相加。最常采用的是线性累加平均法，假设光电探测器的输出信号为

$$x(t)=s(t)+n(t) \tag{6-14}$$

式中，$s(t)$ 为激光回波信号，其幅度为 A；$n(t)$ 为零均值高斯白噪声，有效值（均方根值）为 σ，为各态遍历平稳随机过程。假设每个脉冲信号周期中的采样通道数为 $j=0$，1，2，…，M，取样间隔为 Δt，重复次数 $i=0$，1，2，…，$N-1$，如图 6－12 所示。

第 i 个脉冲的第 j 个采样值为

$$x(t_i+j\Delta t)=s(t_i+j\Delta t)+n(t_i+j\Delta t) \tag{6-15}$$

式中，t_i 是第 i 个脉冲的采样起始时刻，因为 $s(t)$ 是周期信号，所以对于不同周期数的脉冲，第 j 道的采样值相同，用 s_j 表示，而噪声 $n(t)$ 是随机的，其数值同时取决于 i 和 j，所以式（6－15）可简记为

$$x_{ij}=s_j+n_{ij} \tag{6-16}$$

将每个脉冲的 M 点采样值经模/数转换后存储在存储器中，与上一个脉冲的 M 点采样值

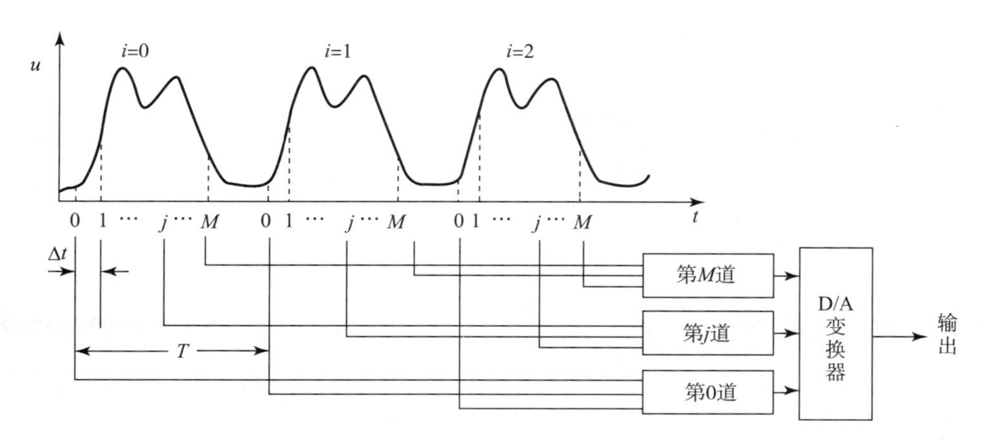

图 6－12　线性累加平均法的取样与运算过程

对应相加，N 个脉冲全部采样完成后，第 j 点累加和为

$$\sum_{i=0}^{N-1} x_{ij} = \sum_{i=0}^{N-1} s_j + \sum_{i=0}^{N-1} n_{ij} \tag{6-17}$$

根据相干性，对于确定性脉冲信号 $s(t)$，累加后的幅度会增加 N 倍，故 $\sum_{i=0}^{N-1} S_{ij} = NA$。而噪声的幅度是随机的，累加的过程不是简单的相加，只能从统计的角度分析。取样累加后噪声的均方值为

$$\begin{aligned}\overline{n_{ij}^2} &= E[n_{0j} + n_{1j} + \cdots + n_{(N-1)j}]^2 \\ &= E[\sum_{i=0}^{N-1} n_{ij}^2] + 2E[\sum_{i=0}^{N-2}\sum_{m=i+1}^{N-1} n_{ij}n_{mj}]\end{aligned} \tag{6-18}$$

式中，$E[\sum_{i=0}^{N-1} n_{ij}^2]$ 为各次噪声信号取样值平方和的期望；$2E[\sum_{i=0}^{N-2}\sum_{m=i+1}^{N-1} n_{ij}n_{mj}]$ 为噪声信号在不同时刻的取样值两两相乘之和的数学期望。根据高斯白噪声的性质可知，n_{ij} 和 $n_{mj}(i \neq m)$ 是互不相关的，故 $2E[\sum_{i=0}^{N-2}\sum_{m=i+1}^{N-1} n_{ij}n_{mj}]$ 为零，则

$$\overline{n_{ij}^2} = E[n_{0j} + n_{1j} + \cdots + n_{(N-1)j}]^2 = E[\sum_{i=0}^{N-1} n_{ij}^2] = N\sigma_n^2 \tag{6-19}$$

故式（6－17）可表示为

$$\sum_{i=0}^{N-1} x_{ij} = NA + \sqrt{N}\sigma \tag{6-20}$$

定义输入信噪比 $\mathrm{SNR_i} = A/\sigma$，可知经多脉冲相干累积后的输出信噪比为

$$\mathrm{SNR_0} = \frac{NA}{\sqrt{N}\sigma} = \sqrt{N}\mathrm{SNR_i} \tag{6-21}$$

可见经 N 次累加平均后，输出信噪比提高了 $\sqrt{N}$ 倍。图 6－13 所示为采用多脉冲相干累积算法的输出信噪比仿真结果，图 6－13（a）所示为噪声淹没下的信号，此时已看不出脉冲信号的形状，图 6－13（b）～(e）是分别经 $N = 10$、50、100、1 000 次相干积累后的结果，可以看出，随着积累次数 N 的增加，信噪比逐渐提高。但同时也带来处理时间的增加，

因此采用该算法需要考虑实时性的要求。

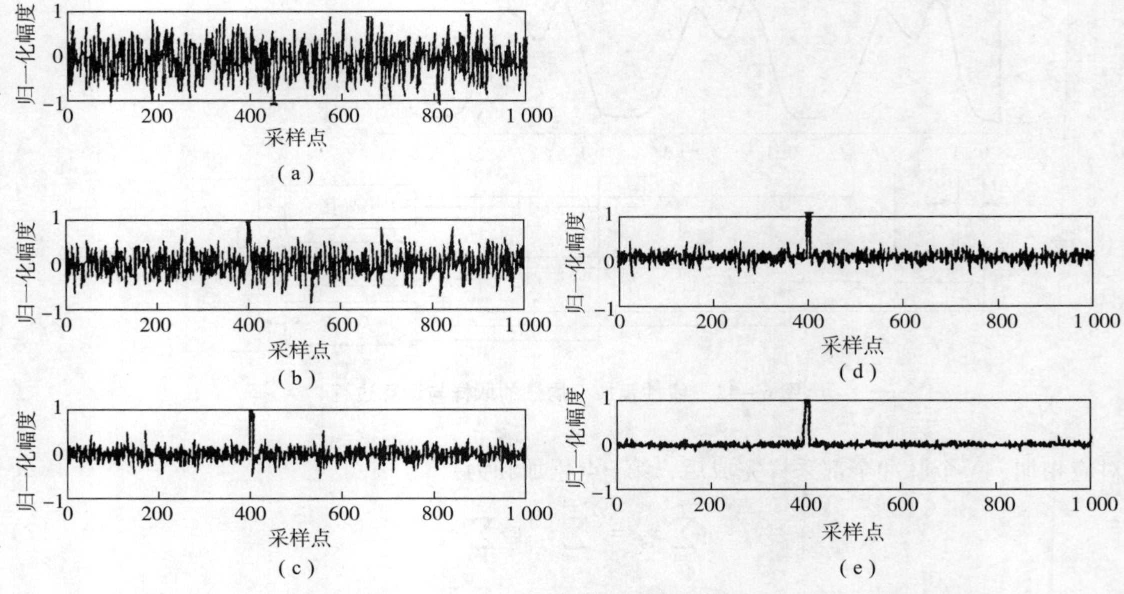

图 6-13 脉冲相干累积法信噪比改善情况

(a) 淹没在噪声中的信号 (SNR=0 dB); (b) $N=10$; (c) $N=50$; (d) $N=100$; (e) $N=1\ 000$

2. 单脉冲累积法

单脉冲累积法是对一个脉冲周期内的采样值累加，其实质也是利用信号的相关性和噪声的非相关性提高输出信噪比，等效于用一个滑动滤波器对信号做滤波处理。归一化的滤波器表达式为

$$h(n)=\begin{cases}1, & 0\leqslant n\leqslant L-1\\ 0, & \text{其他}\end{cases} \tag{6-22}$$

式中，n 为采样点位置；L 为滤波器宽度。设 f_s 为采样频率，τ 为脉冲宽度，则 τf_s 为脉冲采样点数。当滤波器宽度 $L=\tau f_s$ 时为匹配滤波，这时输入信号完全进入滤波器，输出信息可被充分利用且不存在冗余信息，是最理想的情况。因此，对于单脉冲累积算法，通常选择脉冲采样累加点数等于脉冲宽度内的采样点数。

对于理想矩形脉冲信号，在脉宽范围内信号幅度相同。设输入信号的模型和多脉冲累积模型相同，则经单脉冲累积后输出信号可表示为

$$\sum_{k=1}^{L}x(t_k)=\sum_{k=1}^{L}s(t_k)+\sum_{k=1}^{L}n(t_k)=LA+\sqrt{L}\sigma \tag{6-23}$$

式中，A 为理想矩形脉冲信号的幅度，即非理想高斯脉冲信号的最大幅度。可见经单脉冲累积后最大信噪比可提高$\sqrt{L}$倍，结果与多脉冲累积方法相似，这是因为对于理想脉冲信号，多个脉冲的采样和一个脉冲内的多点采样，其采样值是相同的。而一般激光脉冲回波其前后沿不是很陡，近似为钟形脉冲。由于传输通道的复杂性，用准确的解析式表达实际的脉冲形状是困难的，可采用半个周期正弦波来近似表示实际脉冲，如图 6-14 所示。

采用正弦波等效的脉冲回波波形表达式为

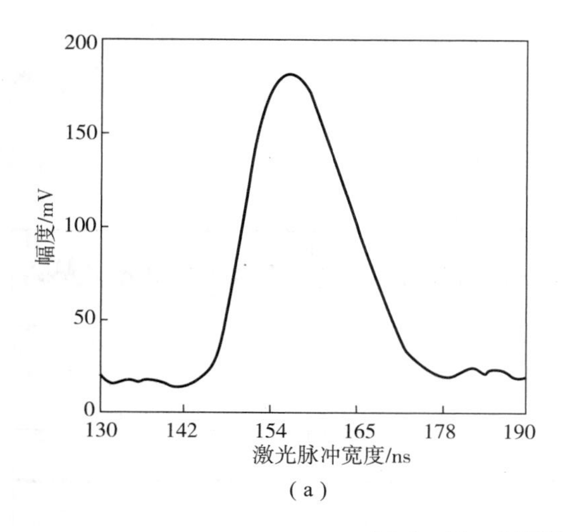

(a)

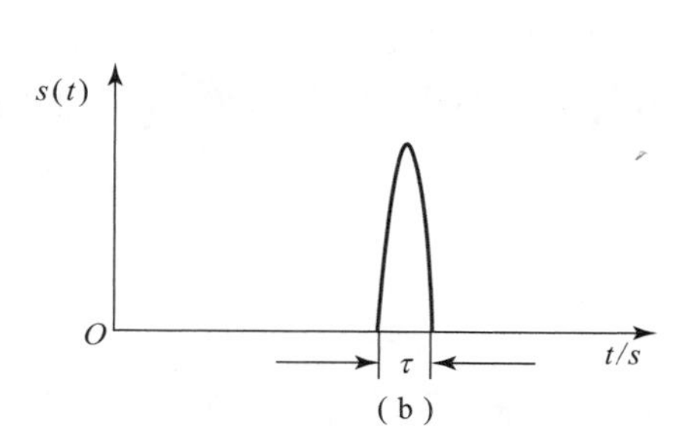

(b)

图6-14 实际激光脉冲回波信号

(a) 实测脉冲激光回波波形；(b) 正弦波等效脉冲回波波形

$$s(t)=A\sin\left(2\pi\frac{1}{2\tau}t\right)=A\sin\left(\frac{\pi}{\tau}t\right) \tag{6-24}$$

信号完全进入滤波器时的输出为单脉冲累积最大信噪比输出时刻，则当 L 足够大时，有

$$\begin{aligned}\sum_{k=1}^{L}s(t_k) &= \frac{L}{\tau}\sum_{k=1}^{L}A\sin\left(\frac{\pi}{\tau}t_k\right)\frac{\tau}{L}\\ &\approx \frac{L}{\tau}\int_0^{\tau}A\sin\left(\frac{\pi}{\tau}t\right)\mathrm{d}t = \frac{2}{\pi}LA\end{aligned} \tag{6-25}$$

故半个周期正弦波经过单脉冲累积后输出的最大信噪比提高了 $2LA/\pi$ 倍。同时可以看到，脉冲形状的改变会影响输出信噪比的结果，但不会改变信噪比提高的趋势。采用上述单脉冲累积算法对宽度为 1 μs 的理想脉冲信号仿真得到的信噪比改善结果如图 6-15 所示。可以看出，随着单脉冲积累次数 L 的增加，信噪比逐渐渐提高。

与多脉冲累积相比，单脉冲累积算法在每个脉冲周期内完成一次计算，处理时间比多脉冲累积算法要短得多，但对 A/D 转换器的速度要求较高。如对宽度 100 ns 的脉冲做 $L=100$ 的累积，要求 A/D 转换器的速度为 1 GHz。

针对两种脉冲累积算法的优缺点，有学者提出复合累积算法，即对微弱脉冲回波信号先作单个脉冲内的累积，然后再进行多个脉冲的累积，充分利用了两种累积方法的优点。工程实现的原理框图如图 6-16 所示。

图 6-16 中的微弱脉冲回波信号经放大和 A/D 转换成为数字信号后，在控制器的控制下完成单脉冲积累和多脉冲积累。若单脉冲累积长度为 L，多脉冲累积个数为 N，则通过复合累积法理论上可将信噪比最大提高 $\sqrt{NL}$ 倍，同时降低了对 ADC 和脉冲重复频率的要求，具有较高的工程应用价值。

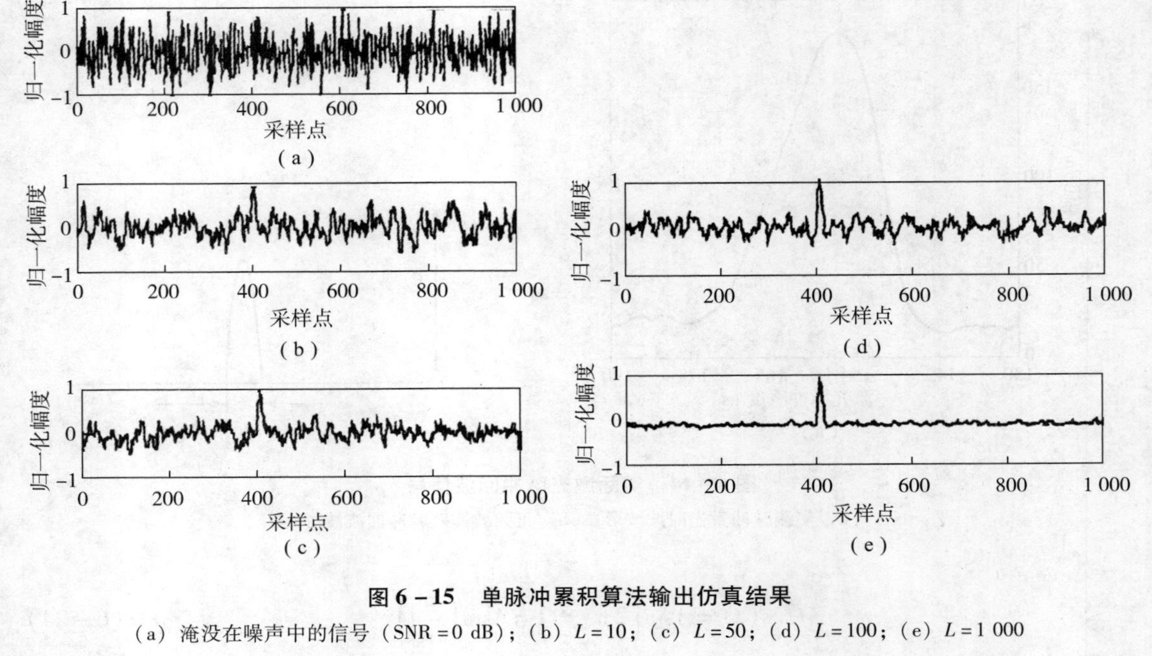

图 6-15 单脉冲累积算法输出仿真结果

(a) 淹没在噪声中的信号（SNR = 0 dB）；(b) $L=10$；(c) $L=50$；(d) $L=100$；(e) $L=1\ 000$

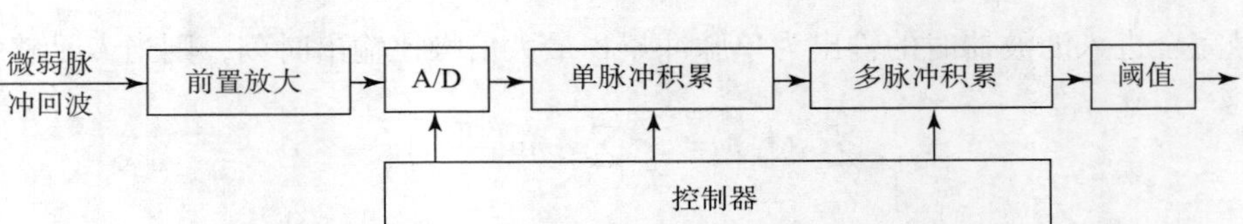

图 6-16 复合累积法原理框图

6.3 脉冲激光回波信号处理

6.3.1 时刻鉴别方法

脉冲激光回波信号的时刻鉴别用于将回波信号统一到一个电平标准，以触发计时电路，获得脉冲激光飞行时间。常用的时刻鉴别方法包括前沿阈值判别法、峰值判别法、恒定比值判别法、双阈值判别法、波形心法以及小波变换法等。

1. 前沿阈值判别法

前沿阈值判别法是一种简单的阈值判别方法，通过高速比较器设定合适的阈值电压，当回波脉冲电压不小于所设阈值电压时，判定为有效，低于阈值电压时，判定为无效。判别过程如图 6-17 所示。

前沿阈值判别法作为一种最为简单的时刻鉴别方法，可以对噪声信号进行高效滤除。当阈值的范围设置为大于干扰噪声的最大值，并且小于回波峰值的最大值时，可以有效地滤除放大电路引入的噪声。但其存在着很大的弊端，从图 6-17 中可以看出，当回波幅度不同时，阈值电压所对应的时刻有较大的偏差，鉴别时刻与回波波形相关度高，因此会带来较大

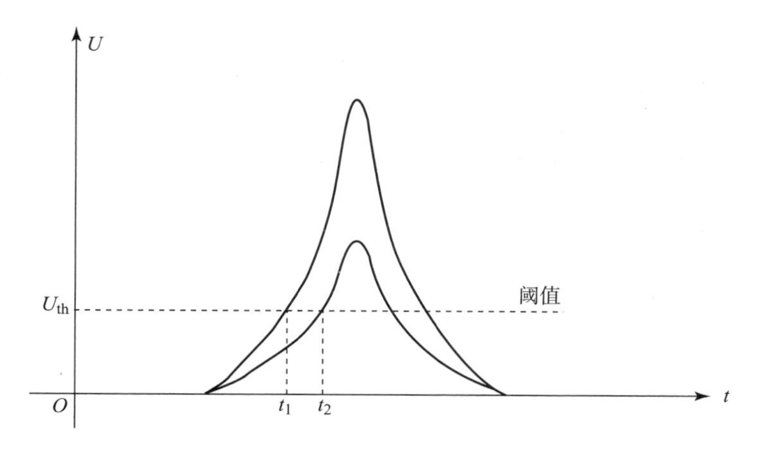

图 6－17　前沿阈值判别示意图

的判别时刻误差。

2. 峰值判别法

峰值判别法是根据回波脉冲的峰值时刻作为判定依据的判别方法，其核心是通过一个微分电路，将脉冲回波的极值点转化为零点，再采用过零检测的方法进行判别，判别过程如图 6－18 所示。

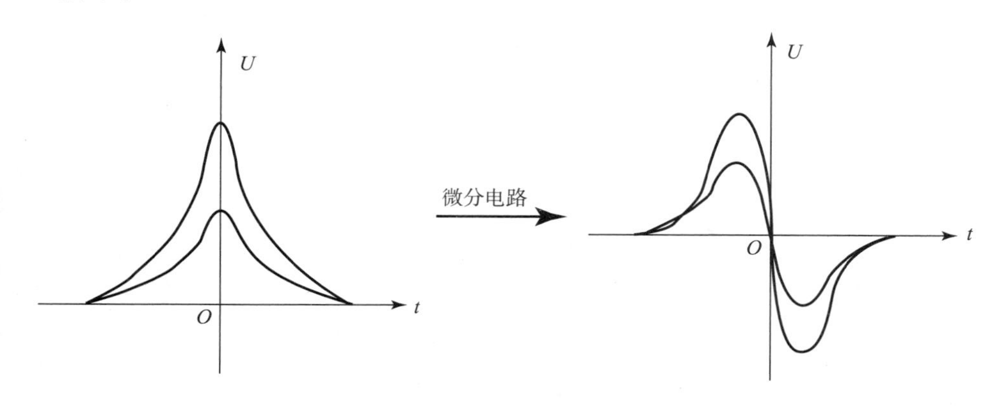

图 6－18　峰值判别法示意图

与固定阈值的前沿时刻比较判别法相比，峰值判别法在回波仅幅度不同、但波形形状相似的情况下，不同幅度的回波波形对过零点的位置影响非常小，时刻判别法较前沿判别法更加精确。但从图 6－18 中可看出，峰值判别法依然对回波波形有一定的要求。首先，峰值时刻的扰动会很大程度上影响时刻判别的精度；其次，回波峰值附近波形的平坦程度也有着至关重要的影响，若回波峰值有比较大的平坦带，则意味着回波波形导数接近于零的时间区域较大，微分变换后的波形在过零点有较大的模糊区域，加上噪声的影响，过零检测的判决时刻会有很大的偏差。此外，微分电路中的电容为非线性元件，随着测量范围的增大，测量精度会降低，并且电容受外界环境的影响较大，温度、湿度都将影响峰值判别的性能。以上这些缺点限制了峰值判别法的应用。

3. 恒定比值判别法

恒定比值判别法本质上是一种阈值自动可调的前沿时刻判别法，其核心思想是将阈值自动与本次测量回波的峰值相关联，形成固定的比例关系，从而得到判别时刻。具体实现原理框图如图 6－19 所示。信号被分成两路，一路经过延时电路进行一段时间延迟，另一路经过衰减电路进行一定幅值衰减，然后将这两路分别送入高速比较器的正负输入端，当比较器两输入端信号的相对大小发生改变时，比较器的输出状态即发生改变，输出判别信号。

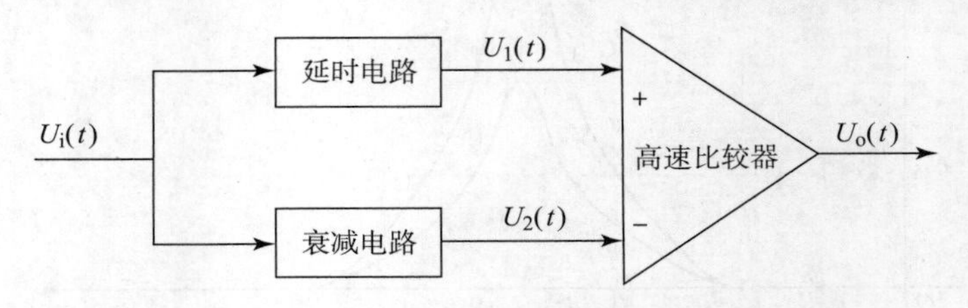

图 6－19　恒定比值判别法原理框图

图 6－20 所示为恒定比值时刻鉴别各信号的波形示意图，其中 $U_i(t)$ 为回波脉冲信号，$V_1(t)$ 是经过延时后的回波脉冲信号，$V_2(t)$ 是经过衰减后的回波脉冲信号，$V_o(t)$ 为经过高速比较器的输出信号。

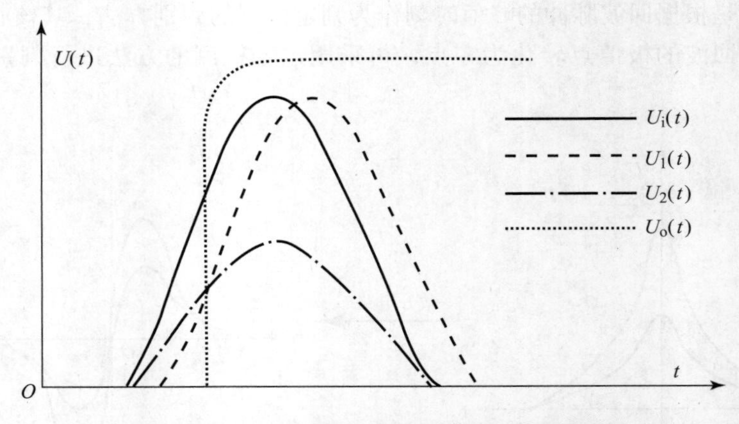

图 6－20　采用时刻鉴别法鉴别各信号波形示意图

假设回波信号延时时间为 t_d，衰减系数为 α，则有

$$\begin{cases} U_1(t) = U_i(t - t_d) \\ U_2(t) = \alpha \cdot U_i(t) \end{cases} \tag{6-26}$$

在两个波形的相交时刻点 τ 处，$U_1(t)$ 和 $U_2(t)$ 相等，则有

$$U_i(\tau - t_d) = \alpha \cdot U_i(\tau) \tag{6-27}$$

由式（6－27）可知，时刻点 τ 与延时时间 t_d 和衰减系数 α 有关，与回波脉冲的幅度没有关系，从而消除了回波脉冲幅度变化引起的误差。

回波脉冲的延时时间可由式（6－28）来确定，即

$$t_d = (1 - \alpha) t_r \tag{6-28}$$

式中，t_r 为回波脉冲信号的上升时间。

实际电路中，由于比较器的输入端并不是时刻都是有效信号，因此恒定比值判别法需要与前沿时刻鉴别法配合使用，前沿时刻鉴别电路的作用类似于一个使能开关。实际的恒定比值判别参考电路如图 6－21 所示。与门 U14 的 B 通道为恒定比值时刻判别信号，放大器输

出的回波脉冲一路经过分压电路进行幅值衰减，另一路经过 MAX3620 延时芯片进行准确延时，两路信号的第一个交叉点即为鉴别时刻点。U14 的 A 通道为前沿时刻鉴别信号，可消除恒定比值判别中的噪声干扰，防止误触发。两个通道的输出经过与门相与即得到回波信号的截止时刻。

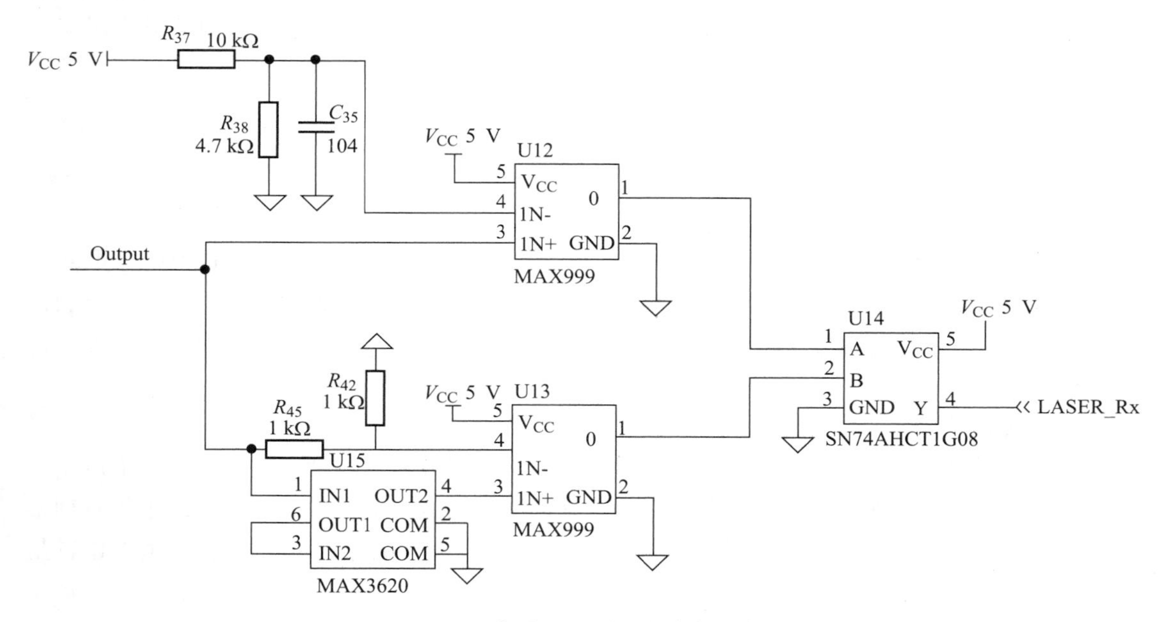

图 6－21　恒定比值判别法的参考电路

4. 双阈值判别法

双阈值判别法是对前沿阈值判别法的一种改进，其原理框图如图 6－22 所示。在前沿阈值判别法中，设定较低的阈值可减少回波幅度变化带来的时刻鉴别误差，但同时增加了噪声误触发的概率。双阈值判别法采用高低两个阈值对回波脉冲进行判别，低阈值用来做定时鉴别，高阈值用来排除噪声信号。

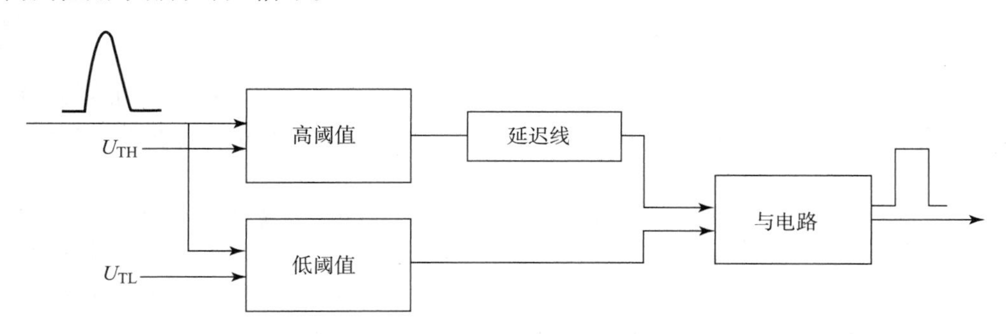

图 6－22　双阈值判别法原理框图

5. 波形心法

上述的前沿阈值判别法、峰值判别法、恒定比值判别法、双阈值判别法均属于模拟信号处理的范畴，随着数字技术的发展，特别是数字信号处理技术的发展，为脉冲激光回波的时刻判别提供了新的途径，波形心法就是其中的一种。

形心即为图形的几何中心，波形心法就是选取采样得到的回波信号包络波形的形心作为定距基准。此算法充分利用了采样得到的所有信号幅值和对应的时间信息，对回波波形做整体分析，避免了波峰检测法仅利用峰值信息以及恒比定时法仅利用脉冲上升沿信息等局部分析方法带来的误差。

设回波信号第 1，2，…，n 个采样点对应的采样值为 y_1、y_2，…，y_n，则波形心对应的采样点为

$$t=\frac{y_1+2y_2+\cdots+ny_n}{y_1+y_2+\cdots+y_n}=\frac{\sum_{i=1}^{n} iy_i}{\sum_{i=1}^{n} y_i} \tag{6-29}$$

t 乘以采样周期即为回波信号到达时刻。由式（6－29）可知，此算法的实质是求回波信号幅值的时间加权平均值，所以此算法也称为加权平均法。但是当回波波形发生较大的畸变或展宽时，波形形心会发生偏移，就不能准确地表示回波到达时刻，此算法误差扩大，将不再适用。

6. 小波变换法

小波变换法是另一种基于数字信号处理技术的脉冲回波时刻判别方法。信号的不规则突变部分通常具有非常重要的特征信息。因此，脉冲激光回波上的孤立奇异点可以用作时刻鉴别的依据，在足够小的尺度下，回波信号的孤立奇异点位置与小波变换的模极大值点位置是一致的，这为基于小波变换的数字化时刻鉴别方法提供了理论基础。小波变换算法就是建立在小波变换对信号奇异性的检测能力之上，通过对回波信号做二进制离散小波变换，获取小波变换的模极大值点的位置来获取回波到达时刻，从而实现脉冲回波的时刻判别。

虽然数字化的时刻鉴别技术有着易于集成、抗干扰能力强的优点，但也存在一些不足。例如，时刻鉴别精度严重依赖于 A/D 采样的速率，即使是 1 GHz 的高速采样，其时间分辨率最高也只能达到 1 ns。另外，对于核心计算器件的运算速度也有很高的要求，总体成本较高。

6.3.2 脉冲时间间隔测量方法

根据脉冲激光测距的基本原理，对发射与接收两个脉冲上升沿之间的时间差的测量精度决定了系统最终的测距精度。对于脉冲测距法来说，通常需要测量的时间是非常短的，光速约为 3×10^8 m/s，即时间间隔为 6.67 ns，对应测量距离为 1 m，若想达到分米级的测量精度，时间测量的精度需要在百皮秒级别。因此在整个激光测距系统中，对激光飞行时间的精确测量是一个重点和难点。根据时间间隔测量过程中有无模/数转换的参与，测量方法分为数字法和模拟法两类。由于传统的模拟方法不仅对环境极其敏感，而且采用分离的元器件，体积大，不易于集成，造成模拟法难以满足多数应用需求。随着半导体技术的快速发展和数字电路技术的日趋成熟，现在有越来越多应用数字法进行高精度的时间测量。下面介绍几种重要的时间间隔测量方法。

1. 脉冲计数法

脉冲计数法是时间间隔测量方法中最简单的一种方法，通过一个频率已知的正弦或方波信号作为参考时钟信号，脉冲计数法计时的时间基准正是基于参考时钟信号，通常该信号也

称为时基信号，测量原理是在时间间隔内对时基信号计数，来获取时间值。测量原理如图6－23所示。

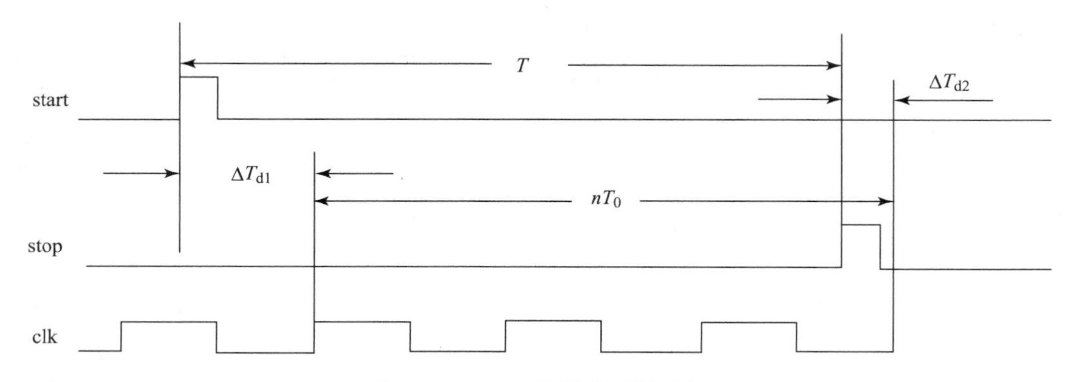

图6－23　脉冲计数法测量时序

在图6－23中，start表示时间间隔测量的开始信号，上升沿有效；stop表示时间间隔测量的结束信号，上升沿有效；时基信号clk的周期为T_0。被测的时间间隔是从start上升沿到stop上升沿，也就是图中T。而脉冲计数法实际测量值是从start上升沿到来后时基信号第一个上升沿开始，一直到stop上升沿到来后时基信号第一个上升沿为止，是时基信号周期的整数倍，即图中的nT_0。由图6－23可知，实际值和测量值之间的误差部分可表示为

$$\Delta T_{\mathrm{d}} = T - nT_0 = \Delta T_{\mathrm{d1}} - \Delta T_{\mathrm{d2}} \tag{6-30}$$

式中，ΔT_{d1}为start上升沿到随后时基信号第一个上升沿的时间值；ΔT_{d2}为stop上升沿到随后时基信号第一个上升沿的时间值，从误差公式可知，最大误差为时基时钟的一个周期，要想提高测量精度，只有提高时基时钟的频率，虽然随着集成电路、微电子技术的发展，市场上已经有上GHz的时钟芯片，但是高频率时钟会给PCB布局布线带来困难，而且也将产生很大的功耗，所以脉冲计数法多用在测量精度要求不高的场合。

2. 模拟内插法

模拟内插法是以模拟法为基础的，在介绍模拟内插法之前先介绍模拟法。模拟法主要是为了解决前面提到的脉冲计数法的不足而产生的，针对脉冲计数法所需要的计时时钟频率过高的问题，模拟法提出了时间扩展的思想，即将被测时间扩大，这样便可使用较低频率的测量时钟去计数，最后再将计数时间还原，缩小同等倍数即可得到真实的测量时间。图6－24所示为模拟法的基本思路。

在图6－24中，I_1、I_2为恒流源，K_1、K_2为待测脉冲所控制的开关，当待测脉冲的起始脉冲到来时，K_1闭合，K_2断开，此时电容C开始充电，当待测脉冲的停止脉冲到来时，K_1断开，K_2闭合，此时电容C开始放电，电容C两端电压如图6－24所示。为了保证被测量时间扩展，总体上需要保证大电流快速充电，小电流慢速放电的原则。假设I_1、I_2为理想恒流源，则电容两端的充电电压可以表示为

$$U = \frac{\int_0^{T_1} i_1 \mathrm{d}t}{C} = \frac{T_1 I_1}{C} \tag{6-31}$$

放电过程同样可以表示为

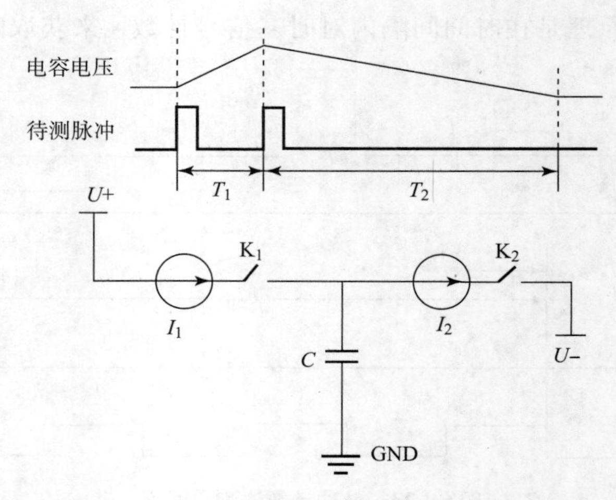

图 6-24 模拟法原理

$$U = \frac{\int_0^{T_2} i_2 \mathrm{d}t}{C} = \frac{T_2 I_2}{C} \tag{6-32}$$

若保证充放电电流关系为

$$I_1 = KI_2 \tag{6-33}$$

则可得到实际时间与测量时间关系为

$$T_2 = KT_1 \tag{6-34}$$

相当于被测时间扩大了 K 倍，也就是说，用时钟频率小 K 倍的测量时钟测量 T_2，和用原频率的测量时钟测量 T_1 得到的结果是等价的。

从图 6-24 中模拟法的测量原理可以看出，模拟法同样有很大的弊端。一是被测量时间扩展是以牺牲测量频率为代价的，每一次时间测量的时间花销，比起直接计数法增加了 K 倍，对于需要高速采集激光数据的应用来说是严重的弊端；二是测量时间的动态范围较小，由于电容耐压的限制，导致电容充电时间有限，被测时间间隔不可能太长；三是理想的恒流源很难获得，并且电容的非线性也会造成一定的误差。

为了克服模拟法测量范围较小的弊端，引入了模拟内插法。模拟内插法从本质上来讲是模拟法与直接计数法相结合的产物，其主要思想是，利用脉冲计数法对较大时间间隔做粗测，利用模拟法对待测脉冲边沿和测量时钟边沿间的微小时间间隔做精确测量，整体的测量原理如图 6-25 所示。

图中 Δt_{11} 和 Δt_{22} 为扩展后的时间，一般来说待测脉冲边沿和测量时钟边沿间的时间间隔较小，小于测量时钟的一个时钟周期，电容的充放电时间不会太长，因此比较适合用模拟法完成。

3. 时间幅值转换法

时间幅值转换法是在模拟法的基础上发展起来的，主要是为了克服模拟法在测量频率上的瓶颈。模拟法单次测量时间过长的主要原因是必须通过电容的慢速放电，从而达到被测时间扩展的目的。在时间幅值转换法中利用模/数转换代替了电容的放电过程。其原理过程如图 6-26 所示。

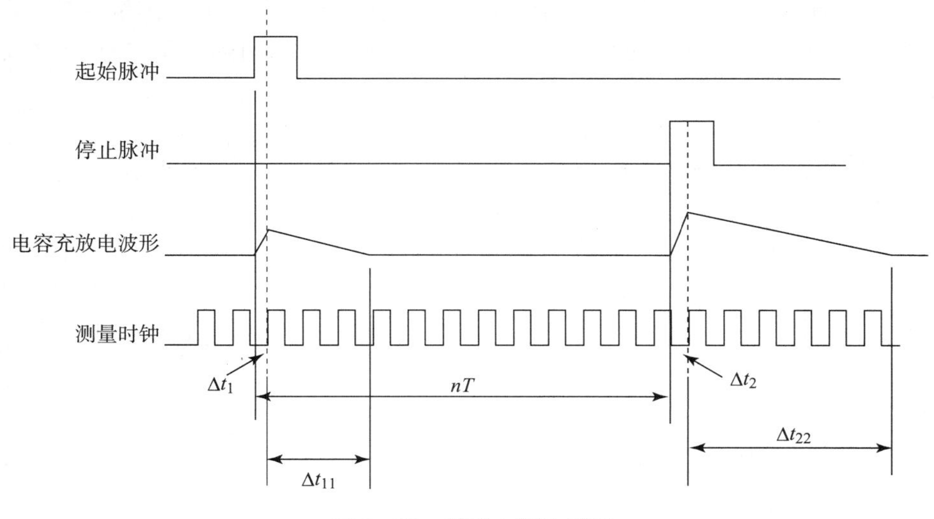

图 6－25　模拟内插法原理

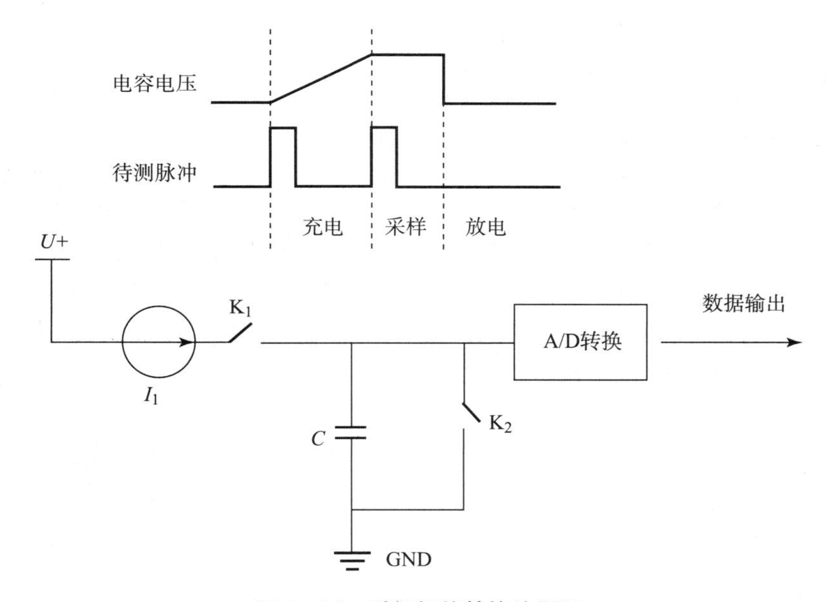

图 6－26　时间幅值转换法原理

时间幅值转换法分为电容充电、A/D 采样、放电复位 3 个步骤。其基本思想是根据电容恒流源充电时间与电容两端电压的线性关系，通过电容充电的幅值来计算充电时间的长短。由于 A/D 采样的时间远小于电容放电的时间，因此可以提高测量频率。但同样存在以下几个方面的因素影响其测量精度，首先，时刻鉴别带来的误差在测量电路中是无法修正的，使用发射脉冲上升沿更为陡峭，脉宽更窄且功率更大的激光二极管可以减小此类误差；其次，稳定的恒流源对于时幅转换法是十分关键的，其直接影响电压与充电时间的线性程度；最后，电子开关特性不够理想也存在非线性的因素，会带来误差。

4. 时间数字转换法

时间数字转换法是在 1968 年 Nutt 提出的延时线的基础上提出的。延时线一般由很多个延时单元组成，理论上每个延时单元的延时时间是固定且相等的。时间测量就是计算在特定时间内，信号通过的延时单元的个数，从而得到精确的时间间隔。基本的延时线结构如图 6－27 所示。

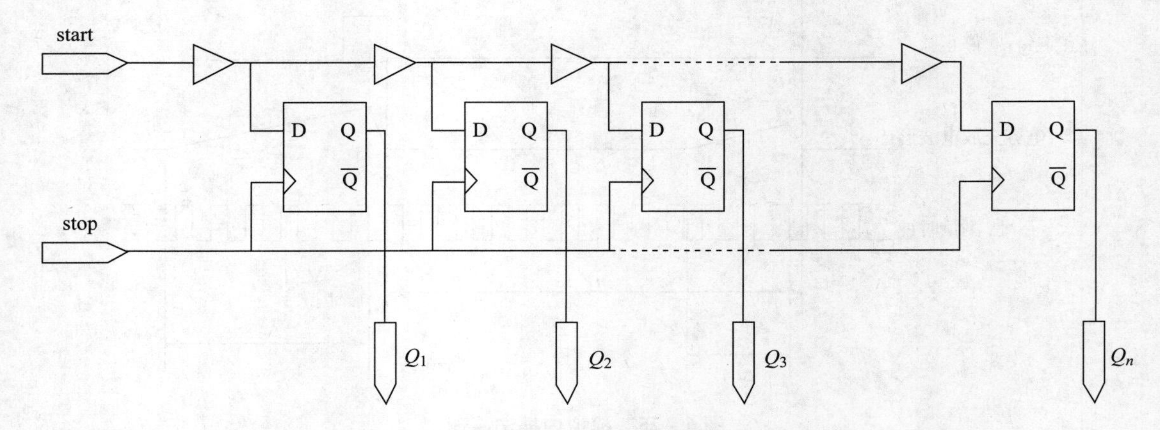

图 6－27　基本延时线结构

从图 6－27 中可以看出，每一个延时单元模块由一个延时单元和一个 D 触发器构成，每一个延时单元的输出与 D 触发器的输入端相连。测量原理：当 start 信号即待测脉冲的第一个脉冲到来时，延时线启动，假设当信号经过若干个延时单元模块后，stop 信号到来，所有锁存器锁存，此时，部分锁存器输出为高电平，其余的输出为低电平，通过输出高电平寄存器所在延时链的位置，即可判断 start 信号经过了多少个延时单元，然后乘以每一个延时单元的标称延时时间，即可得到起始信号与停止信号的时间间隔。这种结构的延时线中，每一个延时单元的延时时间是测量的最小分度，而每个延时单元的延时时间并不是可以无限制减小的。因此，当有更高测量精度需求时，这样的结构就无法满足要求了。为了进一步提高测量的分辨率，在这种延时线结构的基础上发展起来差分延时线结构，如图 6－28 所示。

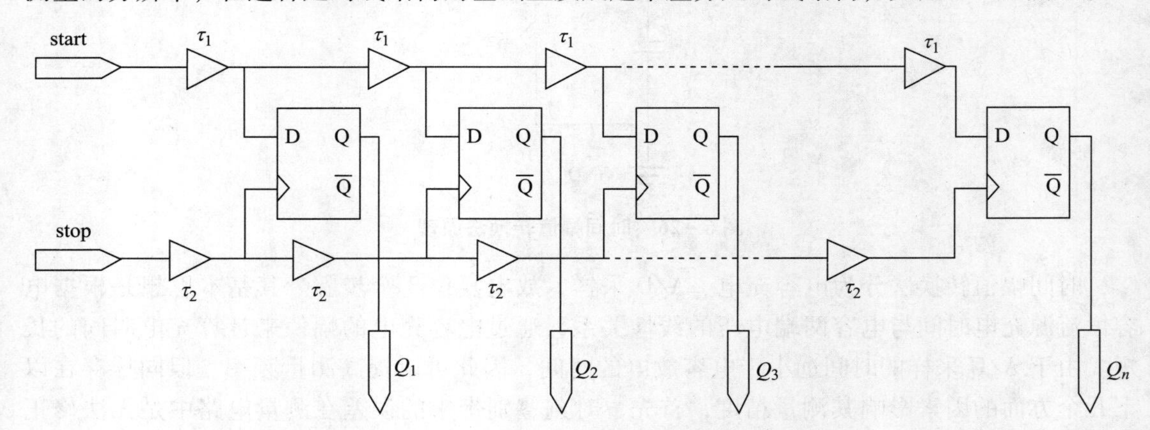

图 6－28　差分延时线结构

差分延时线与基础的延时线相比，只是在 stop 信号端加入了一串延时单元，其余结构完全一样。在这种差分延时线结构中，需要保证 start 信号端的延时单元延时略大于 stop 信号端延时单元的延时，即 $\tau_1 > \tau_2$。工作原理：当 stop 信号到来时，并不是立刻锁存所有寄存器，而是让 stop 信号慢慢“追赶” start 信号，追赶的速度取决于两路延时线的延时差值，当 stop 信号追赶上 start 信号时，所有锁存器的输出值固定，可以得到 stop 信号“追赶”上 start 信号经过锁存器的个数，再乘以两路延时单元的差值，便可计算出起始信号与停止信号的时间间隔。差分延时线的最终分辨率为

$$\tau = \tau_1 - \tau_2 \tag{6-35}$$

输出分辨率越高，所需要的延时单元节数就越多，会直接影响硬件成本。

TDC－GP22 是德国 ACAM 公司推出的新一代高精度 TDC（Time to Digital Convertor）芯片。它具有极小的封装及超低的功耗，非常适合用于脉冲激光引信时间间隔测量单元，主要特点如下。

（1）超低功耗设计，适合低功率系统的应用。

（2）测量范围可供选择，测量范围 1 为 3.5 ns～2.5 μs，测量范围 2 为 500 ns～4 ms。

（3）高精度时间间隔测量，测量范围 1 中，双通道典型精度为 90 ps，单通道双精度为 45 ps。

（4）四线制 SPI 接口，方便与单片机或 FPGA 等控制器进行通信。

（5）QFN 封装，有利于系统小型化。

TDC－GP22 的测量原理是基于延时线的时间数字转换法，应用内部的逻辑门延时来获得高精度时间间隔。其内部结构如图 6－29 所示，主要包括数据处理单元、时间数字转换器、温度测量单元、脉冲发生器、时间控制单元、配置寄存器和 SPI 接口。微处理器控制 TDC－GP22 对发射和接收脉冲进行采样，分别作为时间间隔测量的开始信号和停止信号，然后由数据处理单元测量时间间隔，并将测量结果送入配置寄存器中。再由微处理器通过 SPI 总线读取寄存器中的测量结果，进行距离计算和判断。可通过多次测量取平均值来获得更高的测量精度。

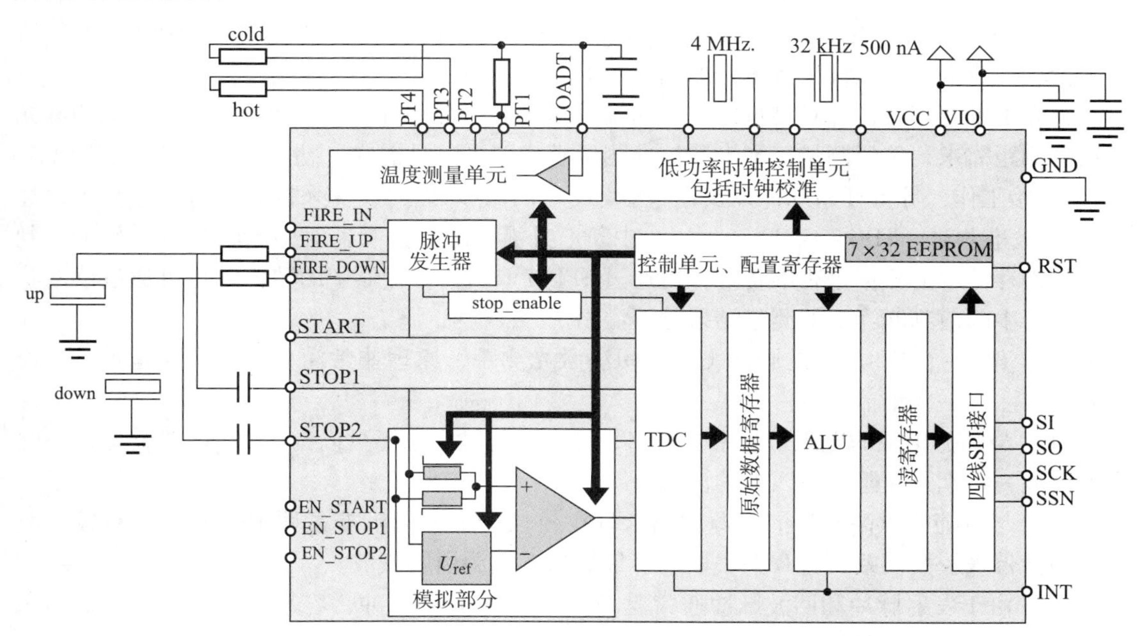

图 6－29　TDC－GP22 内部结构示意图

TDC－GP22 作为一款高度集成化的芯片，所需要的外围器件非常少。以 TDC－GP22 为核心的时间测量电路如图 6－30 所示。

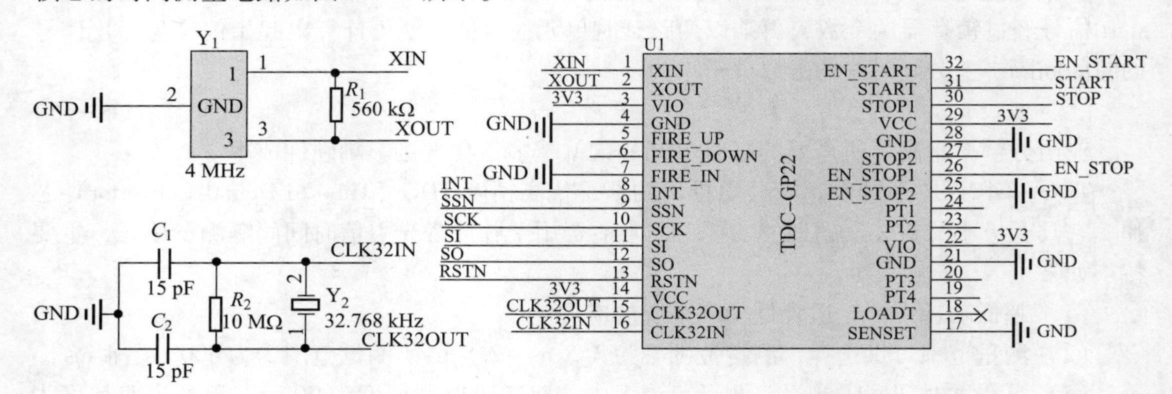

图 6－30　TDC－GP22 外围电路

TDC－GP22 根据操作模式不同最多可接两个时钟信号，高速 4 MHz 时钟用于对测量结果进行校准。低速 32. 768 kHz 时钟用于高速时钟起振和时钟校准。若高速时钟选用石英晶振，其频率稳定度已经较高，则不需要通过低速时钟进行校准，若高速时钟选用陶瓷晶振，其起振速度虽然较快，但频率稳定度较差，需要通过精准的 32. 768 kHz 晶振进行校准。

TDC－GP22 的 start 端口用来接收准备测量的起始信号，一旦接收到脉冲，TDC 测量模块就开始准备工作，等待 stop 通道的脉冲，根据配置寄存器配置情况的不同，计算单元将会计算制定脉冲之间的时间间隔，并存放在读寄存器中，同时 INT 引脚会产生中断脉冲信号，通知主控制器数据准备完毕。en_start、en_stop1 与 en_stop2 为 start 通道和 stop 通道的使能控制信号，默认为高电平有效。

TDC－GP22 所有的工作方式配置、计算结果读取，都是 FPGA 通过与其相连的 SPI 接口写入命令完成的。其软件配置流程如图 6－31 所示。

首先配置寄存器，针对测量模式、测量范围以及是否进行校准进行设置。针对脉冲激光引信的测距需求，选择测量范围 1 和校准测量模式即可满足需求。初始化完成之后，TDC－GP22 开始工作，等待开始脉冲以及结束脉冲，如未能采集到设置采样数，将产生溢出，经过 ALU 校准测试，TDC－GP22 产生一个中断上升沿，外部控制器对中断信号进行轮询，判断结果寄存器中的数据是否准备好，再通过 SPI 读取结果寄存器中的数值。也可通过读取状态寄存器中的值判断当次的测量结果是否溢出。

基于 TDC－GP22 芯片的脉冲飞行时间法激光测距，原理非常简单，但实现是难点，设计时需要注意一些细节。

（1）与晶振串联的电阻最好不要省略，该电阻与输出电容可以构成 *RC* 回路，可以滤除高次谐波，特别是在阻抗不匹配的情况下。

（2）尽可能提供高质量的电源回路，TDC 模块受电源影响非常明显，若电源有较大纹波，则会带来较大误差，PCB 上去耦电容最好贴近电源引脚安放。

（3）由于发射脉冲和回波脉冲通常是几十纳秒级的窄脉冲，容易受到干扰，因此 start 和 stop 通道的走线尽量短且平直，避开干扰区（如电源模块附近）。

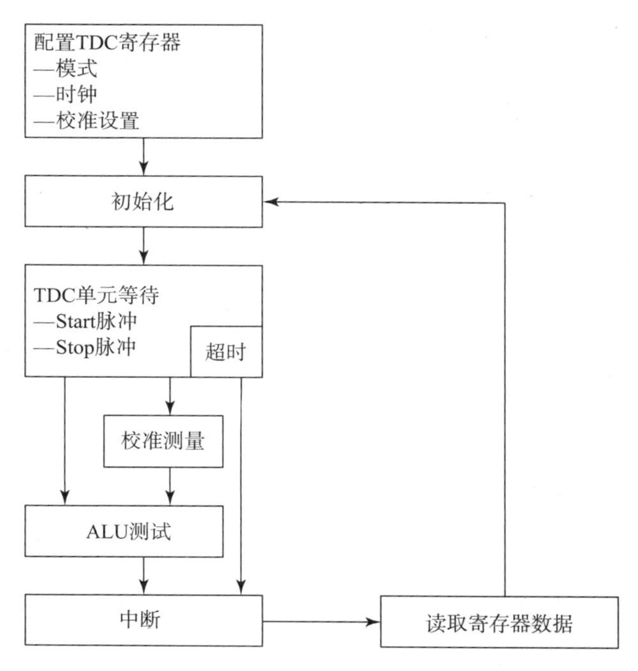

图 6-31　TDC 软件配置流程框图

6.4　测距精度误差

根据脉冲激光测距的原理可知，脉冲激光测距的误差主要来自脉冲激光飞行时间测量的误差，包括回波时刻鉴别的误差和时间间隔测量误差，同时还包括系统噪声带来的误差。

6.4.1　时刻鉴别误差

时刻鉴别系统是脉冲激光测距系统的重要组成部分，也是极其关键的部分。回波脉冲需经过时刻鉴别系统将回波脉冲转换为高、低电平，作为时间间隔测量系统的输入信号，时刻鉴别精度直接决定了脉冲激光测距精度。如果时刻鉴别精度不高，即计时的开始与结束时刻不能精确确定，那么无论后面的时间间隔测量系统精度再高，也不能准确测出飞行时间，无法提高脉冲激光测距的精度。

影响时刻鉴别精度的因素很多，如探测器或放大电路的响应速度较慢，或被测目标漫反射程度较高，导致回波脉冲上升沿变缓，从而使时刻鉴别的阈值发生漂移；采用固定阈值进行时刻鉴别时，回波幅度的不同也会导致时刻鉴别点的漂移，从而引起时刻鉴别误差。采用恒比定时时刻鉴别时，回波信号的衰减和延迟不匹配导致时刻鉴别点的漂移，从而引起时刻鉴别误差等。

6.4.2　时间间隔测量误差

时间间隔测量系统也是脉冲激光测距系统的重要组成部分，其测量精度直接决定了目标距离的测量精度。影响时间间隔测量精度的因素主要包括以下几点。

（1）当采用脉冲计数法进行时间间隔测量时，计数器的频率决定了时间间隔测量的分辨率。时间间隔测量精度与计数器时钟频率成正比。例如，当计数器时钟频率为 100 MHz 时，时间间隔测量分辨率为 ±100 ns，而当计数器时钟频率提高到 1 GHz 时，时间间隔测量分辨率提高到 ±1 ns。

（2）当采用 TDC 时间数字转换芯片时，芯片误差决定了时间间隔测量误差，如 TDC－GP22 芯片在双精度模式下的最小测量精度为 45 ps。同时为 TDC 芯片提供工作时钟的晶振频率稳定度也对测量精度有一定影响，且环境温度的不同会使晶振的工作频率发生一定的变化。

（3）系统固有延时。脉冲激光测距系统由多个光电元器件连接而成，每个器件在传递信号时都存在由自身物理特性决定的固有延时，这些延时的总和构成整个系统的固有延时，给时间间隔测量引进了误差。

6.4.3 系统噪声误差

脉冲激光测距系统在工作时会受到多种噪声的影响。当脉冲回波信号功率较弱时，很容易被淹没在各种噪声中，使得激光接收系统无法准确探测到回波信号。当脉冲回波信号功率较强时，如果噪声也很强，也可能影响接收系统准确探测回波信号。总的来说，噪声可能影响回波信号的信噪比，导致激光接收系统无法准确探测回波信号，从而影响脉冲激光测距的精度。

影响脉冲激光测距精度的噪声主要包括背景噪声和光电噪声。背景噪声主要来源于阳光，当太阳的方位和高度正好可以使阳光直接进入接收系统时，就容易将回波信号淹没，使得测距系统无法正常工作。为了减小背景噪声对脉冲激光测距精度的影响，可以利用激光单色性好这一特性，在接收系统的光学系统中加入滤光片，滤除激光器工作波长以外的所有背景光，提高回波信号的信噪比。光电噪声包括散粒噪声、热噪声等。散粒噪声是由光电子不规则发射引起的，理论上无法消除。热噪声主要由光电探测器、负载电阻和前置放大器等产生，电源或其他外部的电磁干扰都可能会增大热噪声，选择优良的电子元件和光电探测器，并在设计电路时减小内部和外部的电磁干扰，可以减小热噪声对脉冲激光测距精度的影响。

第 7 章

相干激光引信技术

激光探测是利用探测器将接收的光信号变化转变成电信号，也就是说，将光信息转换为电信息，并通过不同的信息处理方法来获取不同的信息，完成对目标的探测。激光探测技术按照探测方式不同可分为激光非相干探测（又称直接探测）和激光相干探测两种。

7.1 激光探测体制

下面分别介绍激光非相干探测体制和激光相干探测体制的基本原理。

7.1.1 激光非相干探测基本原理

激光非相干探测也称为激光直接探测或激光包络探测，其基本原理是把入射到探测器上的光功率转换为相应的光电流，即

$$I(t)=\frac{e\eta}{h\nu}P(t) \tag{7-1}$$

式中，e 为电子电荷；η 为探测器光电转换效率；$h\nu$ 为单光子能量；$P(t)$ 为激光的光功率。因此，只要将待传递的信息表现为光功率的变化，利用光电探测器的这种直接光电转换功能就能实现信息的获取。

激光非相干探测系统原理如图 7-1 所示。激光回波信号通过光学接收天线以及光学带通滤光片入射到光电探测器表面，光电探测器将入射的光子流转换为电子流，其大小正比于光子流的瞬时强度，然后经过信号处理电路完成信息的获取。

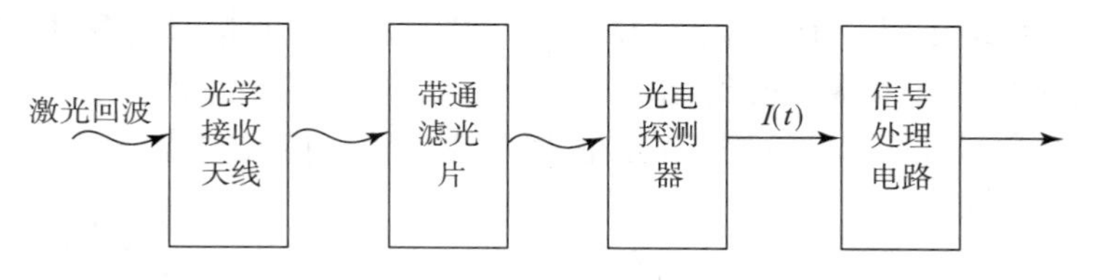

图 7-1 激光非相干探测系统原理框图

激光非相干探测系统的探测性能主要根据信噪比来判断。

设入射到光电探测器的信号光功率为 P_S，噪声功率为 P_N，光电探测器输出的信号电功率为 S_o，输出的噪声功率为 N_o，光电转换系数为 γ，由光电探测器的平方律特性有

$$S_o+N_o=\gamma(P_S+P_N)^2=\gamma(P_S^2+P_N^2+2P_SP_N) \tag{7-2}$$

考虑到信号和噪声的独立性，则有

$$S_o = \gamma P_S^2 \tag{7-3}$$

$$N_o = \gamma (P_N^2 + 2P_S P_N) \tag{7-4}$$

根据信噪比的定义，则直接探测输出功率信噪比为

$$\mathrm{SNR}_o = \frac{S_o}{N_o} = \frac{\left(\dfrac{P_S}{P_N}\right)^2}{1 + 2\left(\dfrac{P_S}{P_N}\right)} \tag{7-5}$$

（1）若（P_S/P_N）≪1，则有

$$\mathrm{SNR}_o \approx \left(\frac{P_S}{P_N}\right)^2 \tag{7-6}$$

说明输出信噪比远小于输入信噪比。

（2）若（P_S/P_N）≫1，则有

$$\mathrm{SNR}_o \approx \frac{\left(\dfrac{P_S}{P_N}\right)}{2} \tag{7-7}$$

此时输出信噪比约等于输入信噪比的一半，即经过光电转换后信噪比损失 3 dB。

从以上可知，直接探测方法会降低信噪比，不适用于输入信噪比小于 1 或者远远小于 1 的微弱光信号探测接收，比较适宜用于探测接收具备一定信噪比的光信号。由于激光非相干探测系统实现比较简单、可靠性较高，所以在激光测距、激光雷达、激光通信等领域得到广泛的应用。

7.1.2　激光相干探测基本原理

激光的高度相干性、单色性和方向性使光频段的外差探测成为可能。光电探测器除了具有解调光信号的包络变化的能力之外，只要光谱响应匹配，也同样具有实现激光相干探测的能力。激光相干探测主要基于激光的高相干性和探测器的平方律特性。它与无线电波相干接收方式的原理相同，因而同样具有无线电波相干接收方式的选择性好、灵敏度高等一系列优点。

激光相干探测系统原理如图 7－2 所示。对比图 7－1 可知，与激光非相干探测系统相比，激光相干探测系统多了一个本振激光。待探测频率为 f_S 的信号光和由本振激光器输出频率为 f_L 的本振光经过合束器入射到光电探测器表面进行相干混频，因为光电探测器仅对其差频（$f_{IF} = f_S - f_L$）分量响应，故只有频率为 f_{IF} 的中频电信号输出，再通过信号处理电路

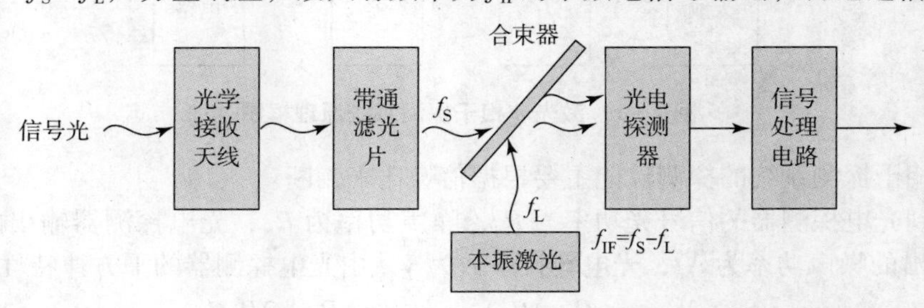

图 7－2　激光相干探测系统原理框图

进行带通滤波器并对信号进行解算，最后得到有用的信号信息。

假设在光电探测器光敏面上量子效率是均匀的，同时垂直入射到光电探测器表面上的本振光和信号光是平行且重合的平面波，此时，信号光和本振光的电场表达式分别为

$$E_S(t) = |E_S|\cos(2\pi f_S t + \phi_S) \tag{7-8}$$

$$E_L(t) = |E_L|\cos(2\pi f_L t + \phi_L) \tag{7-9}$$

式中，E_S、E_L 分别为信号光和本振光的振幅；ϕ_S、ϕ_L 分别为信号光和本振光的相位；f_S、f_L 分别为信号光和本振光的频率。

利用光电探测器平方律检测关系，输出光电流信号为

$$I_{IF}(t) = \gamma\{E_S^2(t) + E_L^2(t) + 2E_S(t)E_L(t)\} \tag{7-10}$$

式中，γ 为光电转换系数。

就目前工艺水平，光电探测器的响应频率远远小于激光频率。因此，平方项输出为直流信号，乘积项可化简为和频项和差频项，其中和频项频率远大于探测器带宽，因此输出为零，忽略直流偏置，中频电信号可以表示为

$$I_{IF}(t) = 2\gamma|E_S||E_L|\cos(2\pi f_{IF} t + \phi_0) \tag{7-11}$$

从上述分析可以得出，与激光非相干探测相比，激光相干探测具有以下特点。

（1）激光相干探测能够探测到极微弱光信号。在非相干探测中光探测器输出的光电流正比于信号光的平均功率，正常入射到光电探测器上的信号功率通常是非常小的（尤其在远距离上应用，如激光雷达、激光通信等）。因此，在直接探测中光电探测器输出的信号也是极其微弱的。而在激光相干探测中，光电探测器输出的中频功率正比于信号光和本振光平均功率的乘积。因此，尽管信号光功率非常小，但只要本振光功率足够大，仍能得到可观的中频输出。这就是激光相干探测能够探测到极微弱光信号的原因。

（2）激光相干探测可以获得光信号的全部信息。激光直接探测，光电探测器的输出电流随信号光的振幅或强度的变化而变化，光电探测器不响应信号光的频率或相位变化。激光相干探测，光电探测器输出中频信号的振幅、频率和相位都随信号光的振幅、频率和相位变化而变化。这就可以利用相干探测获取更多的目标信息。

（3）激光相干探测具有良好的窄带滤波性能。激光直接探测，光电探测器除接收信号光以外，杂散背景光也可同时入射到光电探测器上。为了抑制杂散背景光的干扰，提高信噪比，一般都要在光电探测器上加窄带滤光片。而相干探测中，只有落在中频带宽以内的杂散背景光才能进入探测系统，而且，杂散背景光不会在原来信号光和本振光所产生的相干项上产生附加的相干项。因此，对激光相干探测来讲，杂散背景光的影响可以忽略不计。由此可见，激光外差探测方法具有良好的滤波性能。

7.2　激光相干探测技术的应用

本节首先介绍激光相干探测的应用情况，然后重点针对相干激光引信介绍其优、缺点和具体的几种工作体制。

激光相干探测具有灵敏度高、携带信息丰富、能有效滤除杂散背景光等优势，在军事、测绘、通信等领域得到广泛的应用和发展，其典型应用主要有相干激光雷达系统和相干激光通信系统。

7.2.1 相干激光雷达系统

相干激光雷达系统的应用主要分为跟踪测量和环境观测两大类。前者主要从地面、飞机、舰船和空间平台上对人们感兴趣的目标进行运动状态测量和跟踪，典型应用是激光跟踪雷达系统。后者则是以远距离测量环境状态为目的，对大气、水域、陆地的各种状态进行监测，典型应用是测风测云激光雷达系统。

1. 激光相干跟踪测量雷达系统

最早的激光相干跟踪测量雷达系统是美国麻省理工学院林肯实验室于1975年建成的“火池”高精密激光跟踪雷达，并成功演示了“火池”雷达精确跟踪卫星，获得多普勒影像的能力。后期对激光器以及系统进行了多次升级，1990年对一枚从弗吉尼亚大西洋海岸发射的探空火箭进行了跟踪试验，在其他系统的辅助下，成功地获得了距离约800 km处目标的图像。

20世纪90年代，美国已将相干激光雷达应用在弹道导弹防御系统的“天基红外系统（SBIRS）”的机载光学探测器试验平台上，通过机载飞行试验成功采集到坦克、卡车及直升机等目标的距离及速度等信息的图像，为在杂乱中鉴别目标提供强大的手段。

2011年美国进行了FLASH激光相干探测系统直升机挂飞试验，该项目是在自主着陆和障碍物规避计划（Autonomous Landing and Hazard Avoidance Technology，ALHAT）的支持下，NASA的Langley研究中心所研制的，图7-3所示为原理图及挂飞试验照片。该方案主要实现飞行器三维矢量速度的测量，为行星飞行器不同下降段提供高精度距离和速度信息的组合导航系统，其不同高度段采用不同的测量系统。

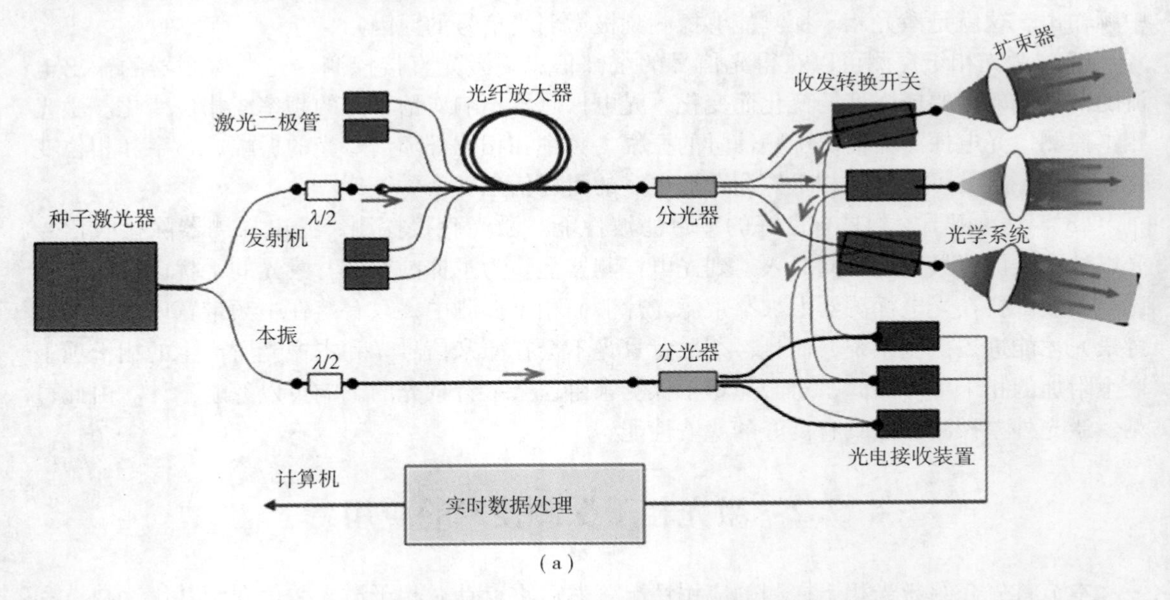

(a)

图7-3 FLASH相干激光探测系统原理图及挂飞试验照片

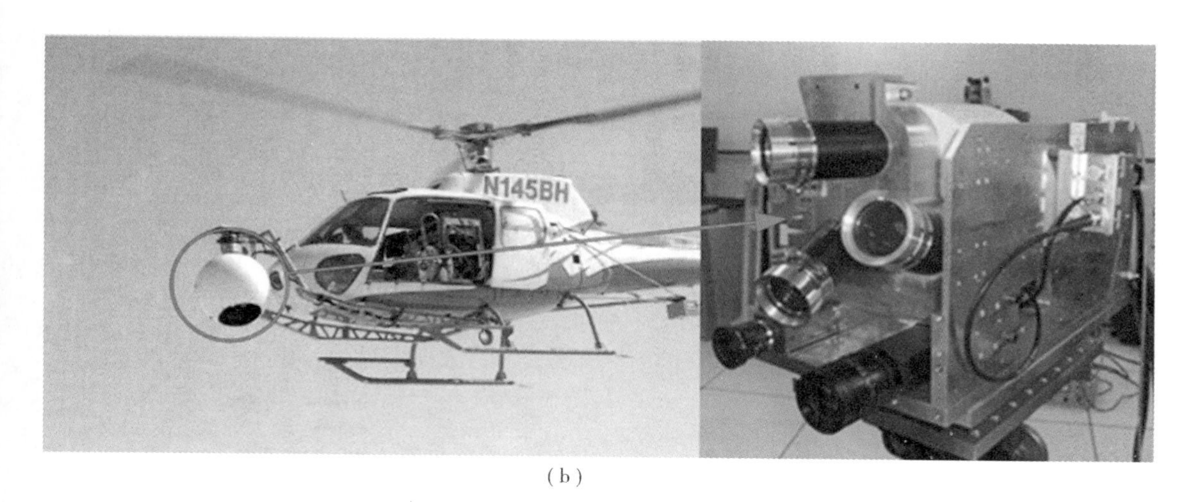

(b)

图7-3 FLASH相干激光探测系统原理图及挂飞试验照片（续）

（a）原理图；（b）挂飞试验

2. 激光相干测风雷达系统

20世纪60年代，激光相干探测技术开始应用于远程大气风速的测量。美国国家海洋局（NOAA）实验室研制成功第一代相干脉冲横向激励CO_2激光雷达，实现了实时多普勒信息处理和显示，其探测距离达到20 km。

1987年，第一台基于Nd:YAG激光器、工作在1.06 μm波段的相干激光探测系统在Stanford大学研制成功。1988年，在Stanford大学开发的固体激光探测系统基础之上，CTI（Coherent Technologies Inc）进行了改进并实现远距离的风速测量。在1991年对该系统进行升级，升级后探测精度达到了0.1 m/s，雷达系统探测距离达26 km。图7-4所示为CTI研制的WindTracer相干激光探测系统及测风数据。

2001年，Asaka等人报道了1.5 μm的Er/Yb:Glass激光器相干测风系统，测速范围为-50~+50 m/s，探测距离为5 km，图7-5所示为Er/Yb:Glass相干激光探测系统原理框图。

2004年，美国的CTI公司又研制了TODWL（Twin Otter Doppler Wind Lidar）机载相干多普勒测风雷达系统，用于在海洋强风条件下对风速的监测以及保障飞机的安全。

2006年，中国海洋大学和中国电子科技集团第十四研究所联合研制了中国第一台车载多普勒测风激光雷达，其测量结果较为准确，具有测量海表面水平风场的功能。2007年，中国科技大学也成功研制出车载多普勒测风激光雷达，探测距离可达到40 km，水平风速测速分辨率为4 m/s。

7.2.2 相干激光通信系统

20世纪70年代，欧洲航天局就已经开始了卫星激光通信技术的研究。早期主要以强度调制或直接探测等方式的非相干光通信。相干光通信中可以通过增大本振光功率来使得接收端机仅受限于量子噪声，而达到散弹噪声极限等优势，使得相干激光通信系统得到广泛研究和应用。

1990年年初，欧洲航天局启动了星间相干激光通信的专门研究项目SROIL（Short -

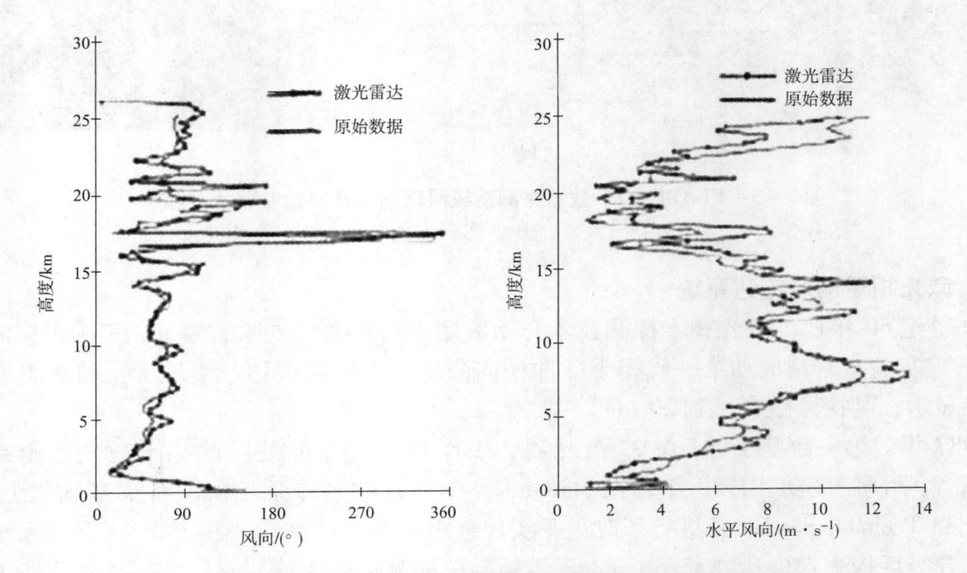

图 7-4 WindTracer 相干激光探测系统及测风数据

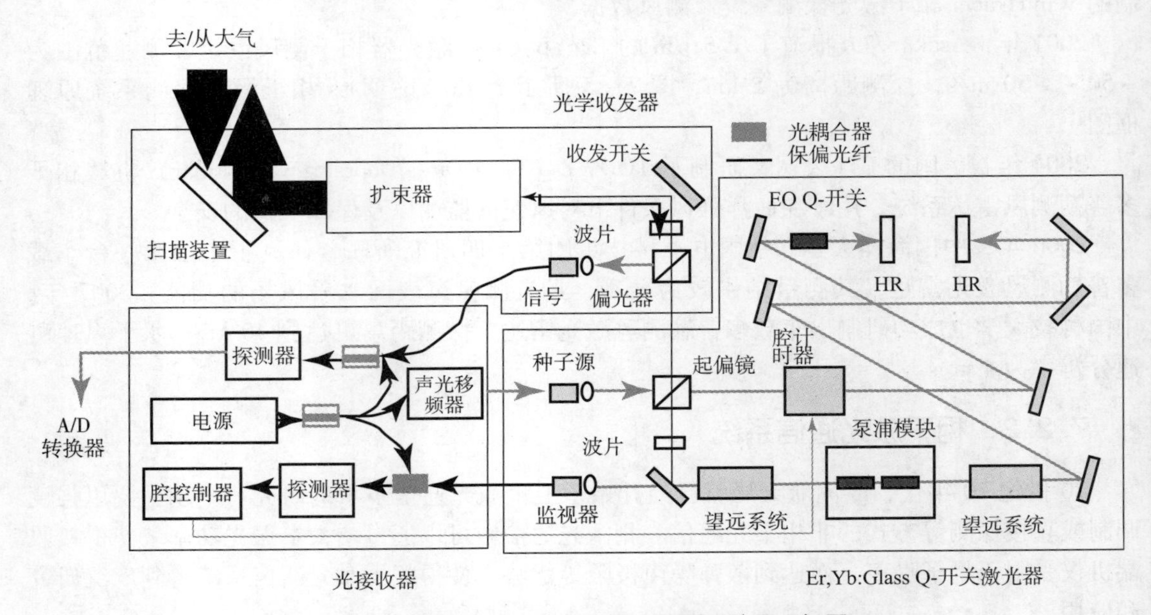

图 7-5 Er/Yb:Glass 相干激光探测系统原理框图

Range Optical Inter - satellite Link），目的是利用先进的激光器件与技术实现高码率和小型化的星载相干光通信终端。1997 年开始，欧洲航天局与德国航天中心合作进行 OGS（Optical Ground Station）研究项目，如图 7 - 6 所示，研究星地激光通信中光学地面站对 GEO 的 1.06 μm 光外差探测技术，评估了大气效应导致的波前差对外差接收机性能的影响。

图 7 - 6　研究光外差技术的 OGS 望远镜

美国林肯实验室研究了各种相干通信方案在 LEO 星间平台振动条件下的信噪比、误码率等通信性能，并提出了发射功率自适应技术方案，其相干通信试验装置通信距离为 3 000 km，误码率为 10^{-6}，码速率为 2 Gb/s。2008 年 2 月，德国的 TerraSAR - X 卫星上的激光通信终端与美国的 NFIRE 卫星上的激光通信终端成功进行了世界上首次星间相干激光通信试验，通信数据率高达 5.625 Gb/s，标志了相干激光通信空间应用的开始，如图 7 - 7

图 7 - 7　搭载激光通信终端的 TerraSAR - X 卫星

所示。在成功进行了星间链路试验后，又进行了 TerraSAR－X 卫星与地面站的星地相干激光通信试验，研究了大气湍流对星地链路的影响，目的是为后续光学地面站的优化设计提供参考。

在国内，电子科技大学已经开展了星间相干光通信的研究，并成功完成了 60 路、960 路、宽带数字大气激光相干通信系统和激光频率跟踪系统的研制。电子科技大学研制的相干体制的激光通信样机，实现了 10.6 μm CO_2 激光优于 5 km 的大气通信链路性能试验，并通过了跨河抢通、光纤通信系统联网试验。

7.2.3 相干激光引信系统

激光引信利用激光特有的方向性强、高亮度及高相干性等特点，具有高的角度和距离分辨率和强的抗电磁干扰能力，在武器系统中得到快速发展，已成为新一代先进导弹的重要标志之一，国外几乎 70% 的空空导弹都配备了激光引信。

目前，激光引信普遍采用激光非相干探测体制，利用时间间隔测量法实现对目标的探测和距离测量。但只能获得信号光功率的变化，无法获得信号光频率、相位等信息。虽然激光引信得以迅速发展，但是抗环境杂波干扰能力差等问题却严重制约了激光引信的性能提升和更广泛地应用。为此，人们在非相干探测体制上采取了多种手段，但都不能较好地解决该问题，而新型的相干探测体制激光引信可进一步提高系统的信噪比，同时可得到信号频率、相位等信息，可极大提高激光引信抗云雾及地海杂波等自然环境干扰能力。虽然相干探测体制在激光雷达和激光通信领域得到了广泛应用，但在激光引信领域尚没有大规模开展。

1. 相干激光引信的优点

相干激光引信是基于激光相干探测原理，将目标反射回来的信号光和由本振激光器输出的本振光经过合束器入射到光电探测器表面进行相干混频，获得光回波信号的振幅、频率和相位等信息，对信号进行解算得到并区分目标信息和环境干扰信息。

与非相干激光引信相比，相干激光引信具有以下优点。

(1) 相干激光引信可以获取目标的速度信息。导弹与目标交会过程中，导弹与目标相对速度与导弹相对自然环境的速度差别巨大，如图 7－8 所示。利用这一差别，可以将云、烟、雾、霾、雨、地海杂波等自然环境回波与目标回波区分开来，进而解决激光引信抗自然

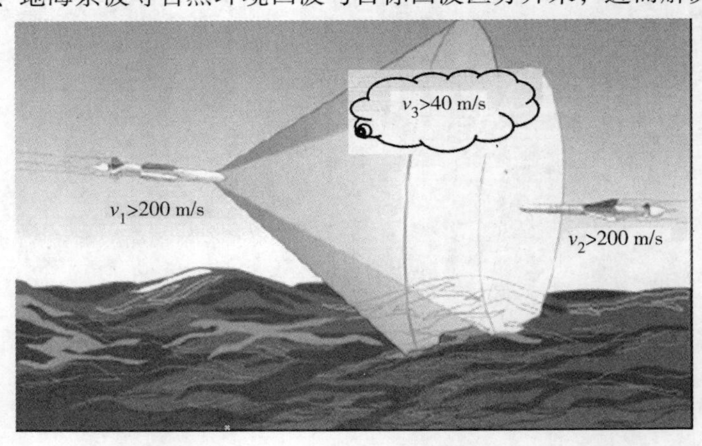

图 7－8　交会过程中相对目标与相对干扰的速度区分示意图

环境能力差的问题。非相干激光引信检测回波光功率的变化，无法得到目标的速度信息。激光相干探测通过检测激光多普勒信号，可以获得目标相对速度信息。利用这一特点，相干探测可以提高激光引信系统抗云、烟、雾、霾、雨、地海杂波等自然环境干扰的能力。

（2）相干激光引信可以提升系统的信噪比进而提升作用距离。非相干激光引信信噪比为输出光电流均方值正比于噪声光电流的均方值。探测距离较远时，信号光非常弱，非相干探测系统输出电流均方值小，信噪比变低。相干激光引信系统的信噪比与本振光均方电流值和信号光均方电流值成正比。在较远距离探测时，可以适当增大本振光功率，提高系统信噪比。

（3）相干激光引信具备更好的抗背景光干扰能力和更强的抗主动光干扰能力，通过本振光的相关性可以从体制上消除阳光等杂散光以及主动干扰光对它的影响。

2. 相干激光引信体制

将激光相干探测技术应用到激光引信中，可极大地提升激光引信的性能。相干激光引信主要有以下几种体制，单纯实现测速功能的体制主要有单频相干激光引信和双频相干激光引信；实现测速测距全功能的体制主要有脉冲多普勒相干激光引信和线性调频相干激光引信。

1）单频相干激光引信

单频相干激光引信是采用单一频率激光进行相干探测，利用激光的多普勒效应，得到目标的速度信息，其探测原理如图 7－9 所示。

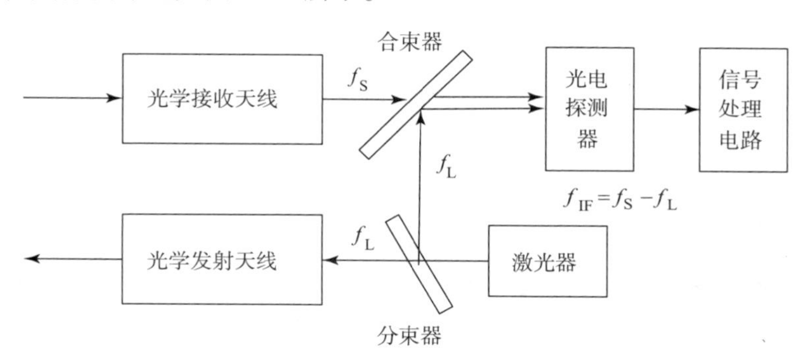

图 7－9　单频相干激光引信基本原理框图

激光器出射单频激光经分束器分为两部分光，其中小部分光作为本振光，大部分光经过光学发射天线进行整形后对目标进行探测，目标反射后由光学接收天线进行接收，得到包含目标多普勒频移的信号光；信号光和本振光同时会聚到光电探测器上得到拍频信号，即激光多普勒频移；经信号处理电路解算出目标的速度信息，完成目标的探测和识别。

单频相干激光引信可以实现对目标速度信息的获取，通过速度信息可以将云、烟、雾、霾、雨、地海杂波等自然环境回波与目标回波区分开来，从而提高系统抗自然环境干扰的能力。由于激光频率高达 10^{14} Hz 以上，目标相对速度以 1 000 m/s 计算，其多普勒频移达到 GHz 量级，要求光电探测器有足够高的响应带宽，此种方法无法应用到带宽较低的激光引信，如大视场激光引信等领域。

2）双频相干激光引信

双频相干激光引信是采用共源的双频激光进行相干探测，不同于已有的外差式双频激光测速，采用输出为同偏振的线偏振光的双频激光器作为光源，并使这两个线偏振光同时传感速度信息，具有更高的光强利用率和信噪比，可以有效提高测速上限，扩大测速范围。双频激光多普勒测速方法的原理如图 7－10 所示。

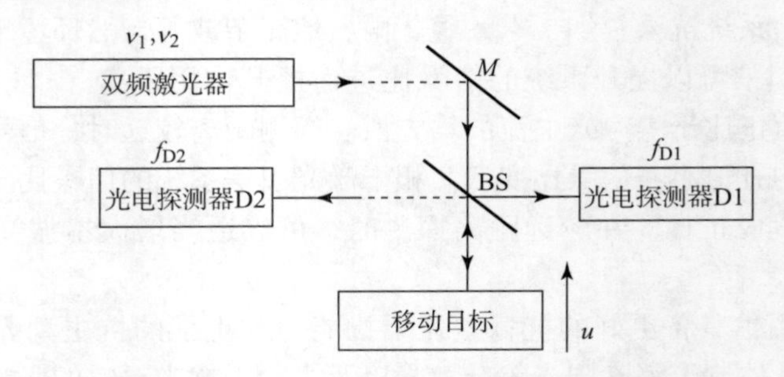

图 7－10　双频相干激光引信基本原理框图

双频激光器发出光的频率为 ν_1 和 ν_2，二者为偏振方向相同的线偏振光，频差 $\Delta\nu=\nu_1-\nu_2$。输出光经分束器 BS 分为两束光。一束反射光由光电探测器 D1 接收，测得的拍频信号 f_{D1} 作为参考信号。另一束透射光照射到以速度 u 运动的待测物体上，经待测物体反射后，具有多普勒频移的反射光由光电探测器 D2 接收，测得的拍频信号 f_{D2} 作为测量信号。光电探测器 D1 测得的参考信号的频率为 $f_{D1}=\Delta\nu$，光电探测器 D2 探测到的测量信号频率为 $f_{D2}=\Delta\nu\left(1+\dfrac{2u}{c}\right)$，参考信号 f_{D1} 和测量信号 f_{D2} 正比于待测速度，于是，待测物体的速度可表示为 $u=\dfrac{f_{D2}-f_{D1}}{2\Delta\nu}c$，即 $f_{D2}-f_{D1}=\dfrac{2\Delta\nu u}{c}$，可知当待测物体速度 u 很高时，$f_{D2}-f_{D1}$ 仍较小。即采用一定频差的双频激光器作为光源，相对于单频测速这种方法得到的频差远远小于单频相干探测方案，因此对高速目标时其不需要很大的接收带宽。

双频相干激光引信利用共源双频激光对高速目标进行探测，通过控制双频激光频率的差值，可将高速目标 GHz 量级的多普勒频率转换到 kHz 量级，有效降低了激光引信系统探测带宽的要求，并利用双频激光多普勒频移偏差解算出目标的速度信息，进而提升激光引信抗云、雾及地海杂波等自然环境干扰能力。由于双频激光多普勒频移偏差很小，要求激光器输出的双频激光具有极窄的线宽，同时双频激光频率的差值具有很高的稳定性。

3）脉冲多普勒相干激光引信

以上两种方案能够获取目标的速度信息，但是无法获得距离信息，若要同时获得距离和速度信息，可以采用脉冲多普勒或线性调频激光引信，脉冲多普勒相干激光引信是采用脉冲激光进行相干探测，通过对激光进行脉冲放大实现远距离探测，利用脉冲激光上升沿和多普勒频率信息解算出目标的距离及速度信息，完成目标的探测和识别。脉冲多普勒相干激光引信如图 7－11 所示。

激光器出射单频激光经分束器分为两部分光：一部分光作为本振光；另一部分光作为探测光。脉冲激光经过目标反射后被光学接收天线进行接收，与本振光同时会聚到光电探测器上，利用收发脉冲上升沿时间延迟得到距离信息，利用对脉冲持续时间内的信号相干探测得到多普勒信号，进而解算出速度信息。

脉冲多普勒探测激光引信利用脉冲激光对高速目标进行探测，通过激光脉冲放大器提高了激光发射功率，延长了激光引信系统的作用距离，同时通过检测脉冲激光回波的上升沿，

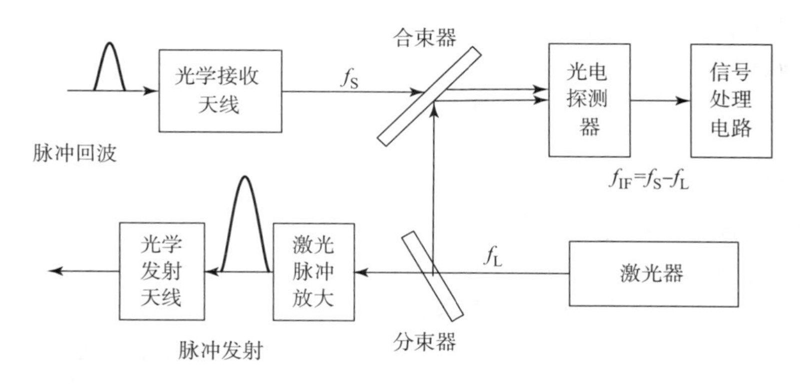

图 7－11　脉冲多普勒相干激光引信基本原理框图

可获得目标的距离信息。由于脉冲多普勒相干探测激光引信需要对激光进行脉冲放大，增加了系统结构的复杂性。

4）线性调频相干激光引信

线性调频相干激光引信是将激光频率进行线性调制后发射出去，利用线性调频技术和多普勒频率获得目标的距离及速度信息，完成对目标的探测和识别。线性调频相干探测激光引信如图 7－12 所示。

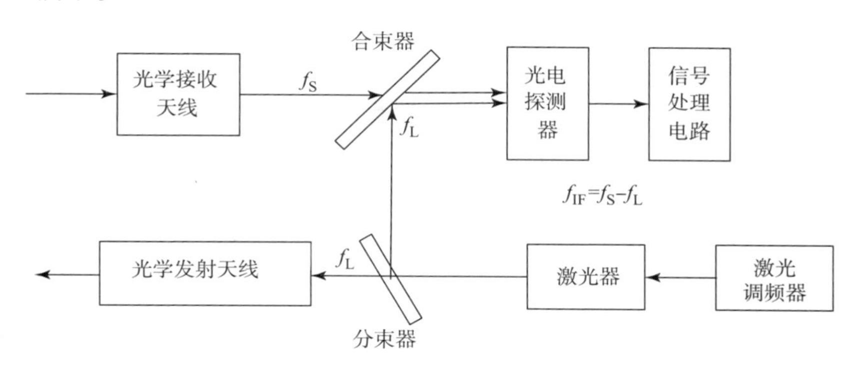

图 7－12　线性调频相干激光引信基本原理框图

直接对激光器进行内调制或者对激光器输出进行外调制，对激光频率完成线性频率调制后输出激光，经分束器分为两部分光，线性调频激光经过目标反射后被光学接收天线进行接收，与本振光同时会聚到光电探测器上，得到含有距离及速度信息的多普勒信号，经信号处理电路解算出目标的距离及速度信息，完成对目标的探测和识别。

线性调频相干激光引信利用线性调频和相干探测技术，通过检测多普勒信息，可以同时获取目标高精度的距离及速度信息，可极大提升激光引信抗云、雾及地海杂波等自然环境干扰能力。同时，内调制线性调频模块可以集成在激光器中，降低了激光引信系统的复杂性，利于实现系统的工程化。

7.3　典型线性调频相干激光引信系统

线性调频相干激光引信将调频测距原理与激光相干探测的优点相结合，具有响应速度快、距离分辨率和速度分辨率高、量程大等优点，在军事上有着重要的实用价值。本节将介绍典型的线性调频相干激光引信相关内容，主要包括该系统工作原理和系统性能分析两部分。

7.3.1 工作原理

线性调频相干激光引信通过对输出激光的频率进行线性调制，将本振光与回波信号光进行干涉拍频并对拍频信号进行分析，从而得到目标距离和速度信息。通常目标距离和速度的频谱会相互干扰，即存在距离速度耦合现象，为剔除该耦合，可采用对称三角波的调制解调方式进行处理。采用对称三角波调制连续波激光器的激光发射和接收信号的时间频率关系如图 7－13 所示。

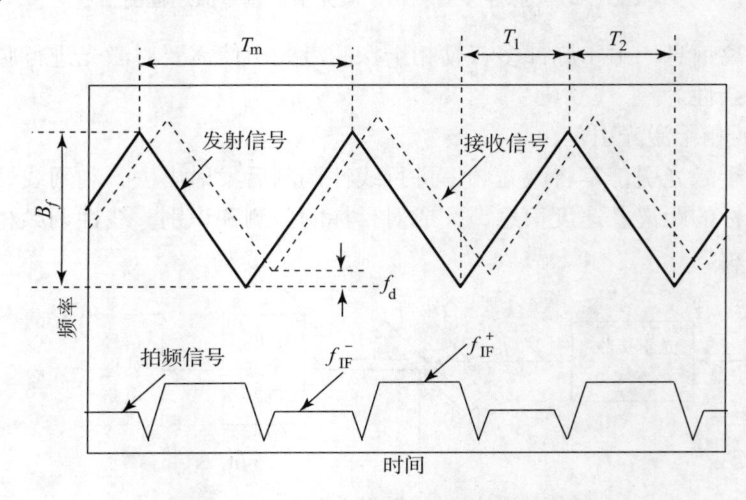

图 7－13　对称三角波调制信号时频关系

利用线性调频测距以及多普勒效应，目标距离对应的频率 f_{IF} 和速度多普勒频移 f_d 可分别表示为

$$f_{IF}=\frac{4RB_f}{T_m c} \tag{7-12}$$

$$f_d=\frac{2v\cos\theta}{\lambda} \tag{7-13}$$

式中，R 为发射天线到目标面的距离；B_f 为调频带宽；T_m 为调制周期；c 为传输介质中的光速；v 为目标的速度；λ 为发射光的波长；θ 为发射光束与目标运动径向的夹角。对于一个移动目标，其多普勒频移将叠加到总的拍频信号上，对应三角波的下降调制段频移 f_{IF}^+ 和上升调制段频移 f_{IF}^- 分别为

$$f_{IF}^+=f_{IF}+f_d \tag{7-14}$$

$$f_{IF}^-=f_{IF}-f_d \tag{7-15}$$

利用上述公式可得，距离信息的拍频信号频率及速度信息的多普勒频移可表示为

$$f_{IF}=\frac{f_{IF}^+ + f_{IF}^-}{2} \tag{7-16}$$

$$f_d = \frac{f_{IF}^{+} - f_{IF}^{-}}{2} \tag{7-17}$$

因此，目标的距离和速度可分别表示为

$$R = \frac{T_m c(f_{IF}^{+} + f_{IF}^{-})}{8B_f} \tag{7-18}$$

$$v = \frac{\lambda(f_{IF}^{+} - f_{IF}^{-})}{4\cos\theta} \tag{7-19}$$

因此，通过检测对称三角波的下降和上升频率调制段的频移大小，就可以解算出目标的距离及速度信息，从而实现目标或干扰的回波识别，实现干扰环境下的目标探测与引爆。

7.3.2　性能参数分析

线性调频相干激光引信性能主要参数包括距离及速度分辨率、信噪比、作用距离及抗自然环境干扰能力。

1. 距离及速度分辨率

距离和速度分辨率表征了系统对具有相同或相近距离和速度目标的分辨能力，决定了系统的测距测速精度。设中频信号的总采样时间为 T'，采用 FFT 解算中频频率，则此段中频信号的频率分辨率为

$$\Delta f = \frac{1}{T'} \tag{7-20}$$

对于对称三角波形式的线性调频信号，其中频采样时间的极限值为 $T' = T_m/2 - \tau \approx T_m/2$，式中 τ 为信号在目标和引信之间往返的时间差。利用中频信号的频率分辨率和距离、速度的关系式，可以得到三角波调制下的距离和速度分辨率为

$$\Delta R = \frac{T_m c}{4B_f}\Delta f = \frac{c}{2B_f} \tag{7-21}$$

$$\Delta v = \frac{\lambda}{2\cos\theta}\Delta f = \frac{\lambda}{T_m\cos\theta} \tag{7-22}$$

根据式（7-21）和式（7-22）可知，系统的距离和速度分辨率分别与调制带宽和调制周期的倒数成正比，速度分辨率同时与载波波长成正比。

2. 信噪比

噪声通过窄带滤波器，其幅值概率密度分布满足瑞利分布，系统的虚警概率可由式（7-23）给出，即

$$P_{fa} = \int_{U_T}^{\infty} \frac{A}{\sigma_N^2}\exp\left(-\frac{A^2}{2\sigma_N^2}\right)dA \tag{7-23}$$

式中，σ_N 为噪声电压的均方根偏差；U_T 为探测阈值电压；A 为检波器输出的噪声电压的幅度；P_{fa}为信号和噪声的电压幅值。

系统的探测概率为

$$P_d = \int_{U_T}^{\infty} \frac{1}{\sqrt{2\pi}\sigma_N}\exp\left[-\frac{(A - A_0)^2}{2\sigma_N^2}\right]dA \tag{7-24}$$

式中，A_0 为信号的幅度，利用上述公式，可以得到探测概率、信噪比和虚警概率的关系如图 7－14 所示。

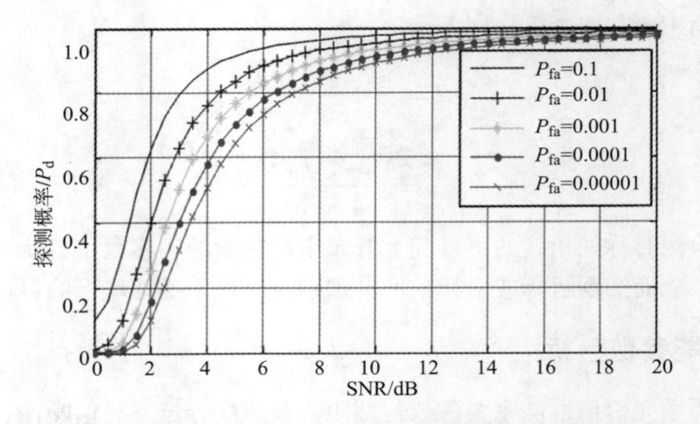

图 7－14　探测概率、信噪比和虚警概率的关系

由图 7－14 可知，激光引信系统的信噪比、探测概率和虚警概率的关系是唯一的。一般系统虚警概率取 10^{-4}，信噪比需要大于 7.8 dB 以上才能保证较高的系统探测概率。

3. 作用距离

当攻击小目标时，激光引信需要实现 360°无漏探，因此需要采用扇形收发视场，照射到目标上的激光束为线状，因此此种应用场景为线目标探测，针对线目标，作用距离表达式为

$$R_1^3 = \frac{P_0 T_F \rho_F T_Q T_C S_G L\cos\theta_T}{\pi \phi_F P_R} \tag{7-25}$$

式中，P_R 为系统的接收功率；P_0 为激光的发射功率；T_F 为发射光学系统总效率；T_C 为接收光学系统总效率；T_Q 为大气透过率；ρ_F 为物体表面反射率；L 为被发射视场覆盖的目标部位的长度；θ_T 为视线与物体表面法线的夹角；ϕ_F 为发射视场的视野角；S_G 为接收光学系统有效通光面积。

当攻击大型目标时，激光引信采用小视场收发即可，此种情况下目标大于光斑，因此此种应用场景为扩展目标探测，针对扩展目标，作用距离表达式为

$$R_2^2 = \frac{P_0 T_F \rho_F T_Q T_C S_G}{4\pi P_R} \tag{7-26}$$

由式（7－26）可知，作用距离与激光发射功率和灵敏度相关。通过增大激光的发射功率或者提高灵敏度，可以提高探测距离。激光非相干探测系统的灵敏度有限，系统通常通过增大激光器的发射功率，保证系统的探测距离。受空间体积以及功率限制，激光引信系统无法大幅提高激光器的发射功率。而线性调频相干探测激光引信系统的灵敏度与本振光的功率和信号光功率都有关。因此，系统除了增大激光发射功率，还可以提高本振光的接收功率来提高系统灵敏度，降低激光接收功率的要求，提高激光引信的探测距离。

4. 抗自然环境干扰能力

线性调频相干探测激光引信系统采用线性调频激光相干测距测速技术，可显著提升系统抗地海杂波、云、烟、雾、霾及雨雪等自然环境干扰能力。

非相干激光引信采用能量直接探测，主要通过时域回波的幅度和延时时间来辨别区分地海杂波回波与目标回波。而在复杂的地海杂波环境下，地海杂波时域回波幅度和延时与目标回波幅度和延时相近，激光引信系统难以识别目标回波信号和地海杂波回波干扰。激光频率高，采用相干探测可以获取高的速度分辨率，因此可以利用地海杂波与目标速度相差巨大这一信息，通过检测地海杂波与目标的多普勒频谱信息解算速度，利用速度差别解决激光引信抗地海杂波干扰能力弱的问题。

云、烟、雾、霾及雨雪的颗粒直径与激光波长相近或较大，其对传统激光引信的反射很强，容易产生误判。通过线性调频相干测距及测速，可将云、烟、雾、霾及雨雪等自然环境回波与目标回波进一步区分开来，从而有效解决激光引信抗云、烟、雾、霾及雨雪等自然环境能力差的问题。

综上分析，线性调频相干探测激光引信通过相干探测和频谱分析两个新的技术途径，可显著提高激光引信抗自然环境干扰能力。

7.3.3 系统组成

本节将介绍线性调频相干激光引信系统的组成，主要包括系统方案介绍、发射机组成（线性调频光源设计及发射光学系统设计）、接收机组成（接收光学系统设计及光电接收设计）及信号处理机设计四部分内容，其中收发光学系统设计及光电接收设计与非相干激光引信类产品设计相似，在此不再赘述，下面仅重点对线性调频相干激光引信的系统方案设计、线性调频光源设计以及信号处理设计进行介绍。

1. 系统方案设计

线性调频相干激光引信利用调制后的连续波激光对目标进行探测，由光电探测器进行相干接收获得目标频率信息，进而获取目标的速度和距离信息，实现对目标识别和抗干扰。图 7 – 15 给出了线性调频相干激光引信的系统方案。

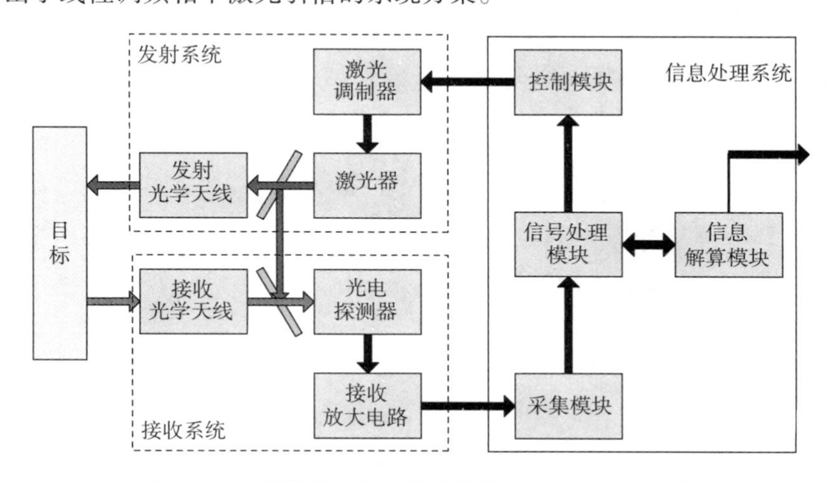

图 7 – 15 线性调频相干激光引信的系统组成示意图

线性调频相干激光引信系统主要由发射系统、接收系统、信息处理系统以及二次电源模块等部分构成。发射系统包括激光器、激光调制器以及发射光学天线；接收系统包括接收光学天线、光电探测器以及接收放大电路；信息处理系统包括控制模块、采集模块、信号处理模块以及信息解算模块。激光器通过激光调制器驱动输出线性调频连续波激光，激光束经过分束器得到本振光和信号光；信号光经发射光学天线整形后照射到目标上，经目标反射后由接收光学天线进行会聚，通过合束器实现与本振光合束，并由光电探测器进行相干接收得到回波电信号；回波电信号经过接收放大电路后由采集模块进行采集，然后通过信号处理模块以及信息解算模块得到目标的距离及速度等信息。

2. 线性调频光源设计

发射系统主要包括激光器、激光调制器以及发射光学天线等 3 个模块，这里主要介绍激光器及激光调制器。线性调频相干激光引信技术要充分考虑弹载应用的需求，因此激光器不仅要求具有高的相干度，同时还需要考虑小型化、轻量化等设计要求。激光调制器主要实现对激光器的线性调频功能，针对激光引信系统实现高的测距精度，要求激光调制器输出能够实现激光器较大的频率带宽调制以及较高的调频线性度。

1）激光器

考虑到小型化及成本，线性调频相干激光引信系统激光器一般选择连续波半导体激光器与光纤耦合输出的组合方式。

半导体激光器是近几年激光领域发展的热点之一，特别是应用到雷达探测的激光器以及应用于武器系统的高功率半导体激光器的发展更为迅猛。在同样的输出功率下，半导体激光器的效率、可靠性和体积大小等都占有优势，此外由于半导体激光器的低成本和易于实现流水线及大批量生产等特点，这都使得半导体激光器更多地进入各个领域。半导体激光器的激光输出优势还在于连续激光输出，插头效率约为 30%，同时半导体激光器更容易实现线性调频连续波激光的输出，对于提高测距能力和精度也更有优势。此外，在技术层面上，以半导体激光器为种子源与光纤耦合输出的组合方式容易实现小型化，同时又能保证功率、光束质量等性能。另外，光纤耦合输出形式可容易地实现发射功率的进一步放大，也更容易实现高效率的光纤分束，实现高效相干探测。在连续波半导体激光器方面，目前国内外比较成熟且适用于调频激光器的主要为 1 064 nm 和 1 550 nm 波段激光器两大类。为兼顾后续能量放大以及大带宽接收机的需求，常采用 1 550 nm 波长的半导体激光器，其光纤放大技术更为成熟，如图 7－16 所示。

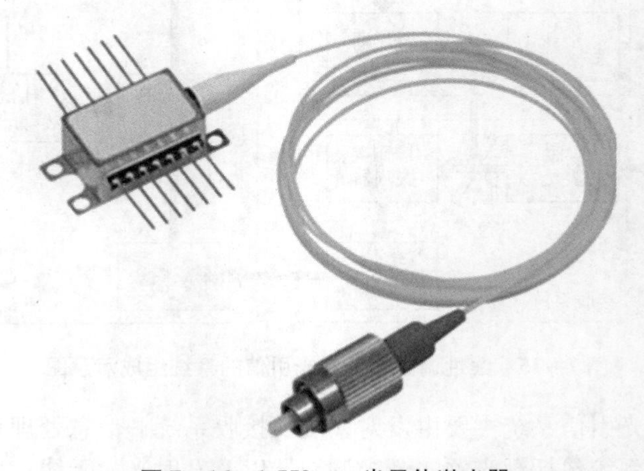

图 7－16　1 550 nm 半导体激光器

2）激光调制器

实现激光调制的方法有很多，根据激光调制器与激光器的相对关系，激光调制可分为内调制和外调制两大类。内调制是把要传输的信息转变为电流信号注入激光器里，在激光振荡过程中进行调制，改变激光的振荡参数，从而改变激光器的输出特性以实现对激光的调制。外调制是利用晶体的电光效应、磁光效应、声光效应等性质来实现对激光辐射的调制。外调制是在激光形成以后加载调制信号，其具体方法是在激光器谐振腔外的光路上放置激光调制器，在激光调制器上加调制电压，使激光调制器的某些物理特性发生相应的变化，从而实现对激光的调制。内调试相对系统更为简便紧凑，效率和精度高，调制频率也高，目前，半导体激光器采用内调制频率可以实现30 GHz的调制频率，外调制系统变得相对复杂，效率和精度偏低，调制频率低，外部调频主要是声光调制和电光调制，声光调制频率很难超过200 MHz，电光调制带宽大，可以达到几十GHz，但其主要是强度调制和相位调制，频率调制范围很有限。

线性调频相干探测激光引信系统采用半导体光源，因此可以方便地采用紧凑的内调制方式，通过改变注入电流影响激光器频率的输出，注入电流变化主要通过以下3个方面对激光器的输出波长进行调制：一是等离子效应引起有源区折射率变化；二是引起半导体激光器谐振腔腔体增益系数的改变；三是注入电流变化引起的谐振腔内部温度变化，等效于温度调谐，这主要是半导体介质的禁带宽度变化引起的。在以上3个方面中，以等离子效应引起的有源区折射率的改变对输出波长的影响最大。根据上述分析，描述半导体激光器调谐特性的解析模型可表示为

$$\lambda(I,\ T)=(k_1T+k_2)I^2+(k_3+k_4T)I+k_5T+\lambda_0 \tag{7-27}$$

式中，待定系数k_1、k_2、k_3、k_4、k_5、λ_0可以由具体型号激光器静态调谐特性辨识得到。因此，通过控制注入电流的变化，可实现半导体激光器频率的线性输出。

3. 信息处理系统

信息处理系统主要功能：通过控制模块产生调制信号驱动电流信号变化，进而使激光器实现线性调频输出；通过采样模块对接收系统输出的带有多普勒信息的信号进行采样；对信号进行傅里叶变换，进而得到目标回波的频域信息；通过频域信息解算出目标速度和距离等信息；根据计算的信息完成对目标和干扰的识别，进而进行后续动作。同时信号处理机需要处理来自接收机的多路回波信号，并进行实时傅里叶变换，还需要进行实时的干扰与目标识别，数据处理量相当大，对硬件的设计和软件的优化提出了很高的要求。

1）激光调制控制模块

激光调制控制模块用于产生驱动信号对激光器实现线性调频。由于DDS技术具有高速频率捷变能力及高度的频率和相位分辨率，常采用DDS来实现激光调制信号的输出。

Analog Device公司生产的DDS芯片AD9958双通道直接数字频率合成器，其内部有两个DDS核，能够提供两个可独立编程输出通道，可进行独立的频率、幅度和相位控制。系统由DDS内核、参数控制器、时钟源、D/A转换器和I/O缓冲器组成。芯片可通过设置不同的工作模式实现线性频率扫描功能。

2）采样模块

采样模块的作用主要是对接收放大电路处理后的回波信号进行采样，然后送入核心处理芯片进行算法处理。

而对于引信等测速范围较大的应用场合，回波信号带宽较大，对 A/D 采样速率提出了较高的要求；并且在采样数据长度一定的情况下，限制了多普勒信号频率估计精度的提高，进而限制了系统的测速精度。为了改善中频带通采样体制对探测器输出信号带宽的适应性和可扩展性，可采用时分信道化接收机解决方案，即采用了二次变频将信号带宽 B_S 分割为几个带宽为 B 的中频信号，并通过混频将各个中频信号统一变换到某一个中频，然后再进行采样、解调和算法处理等，如图 7－17 所示。

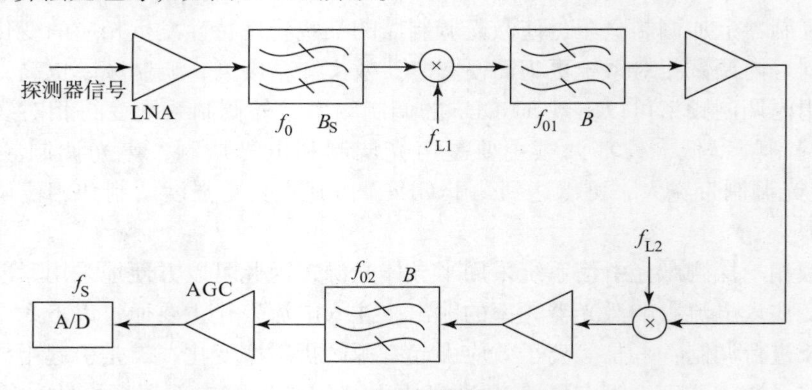

图 7－17　二次变频结构采集前端

二次变频接收前端利用两级混频将含多普勒信息的探测器输出信号转换到统一的中频段。第一本振 f_{L1} 采用数字锁相环产生所需要的频率，通过预置可产生频率步进的混频信号，频率预置为 $f_{L1}=f_0+f_{01}+f_{step}$（$f_{step}$ 为步进频率）。混频后，将信号通过中心频率为 f_{01} 的带通滤波器后，获得的信号载波为 f_{01}。紧接着将该信号送入二次混频器，第二本振 f_{L2} 产生正弦信号的频率固定设置为 $f_{L2}=f_{01}+f_{02}$，混频后通过中心频率为 f_{02} 的中频滤波器，得到的中频信号载波频率固定为 f_{02}。这样通过改变本振频率 f_{L1}，就可以完成对不同频率回波信号的数字化，而这时 A/D 前的信号中心频率是固定不变的 f_{02}，大大降低了采样及处理难度。

3）信号处理及解算模块

信号处理及解算模块通过采样模块获得接收机输出的回波信号并对其进行数字算法处理，提高信噪比，从而实现对目标速度及距离的测量，实施目标信号的检测，提高对目标的探测概率，降低引信的虚警概率。其中信号处理的核心为傅里叶变换和目标识别算法。

常用的傅里叶变换算法（即 FFT 算法）主要有频率跟踪法、过零检测法、计数器法、数字相关法和频谱估计法等。频谱估计法较其他信号处理方法在低信噪比的情况下有明显优势，能够得到相对较低的估计误差。为了突破频率估计精度受 FFT 频率分辨率影响的限制，常采用激光多普勒测速的高精度处理算法即频偏校正法，其算法信噪比优，精度和运算量也更具有一定优势，能满足系统对低信噪比情况下的解算精度要求。

第 8 章 脉冲激光成像引信技术

现代战争中实现精确打击一直为导弹系统追求的目标，同时，随着科技的发展，战场环境越加复杂，如何使导弹系统具有适应现代战争复杂环境的要求，抵抗战场主要干扰因素又具备精确打击能力，则为现代导弹技术发展的重要方向。

为提高激光引信抗干扰（电磁干扰、云烟雾干扰等）能力，以及具备云烟雾中识别目标的能力，增强适应复杂环境能力，实现引信对目标的精细化探测，较好地识别目标及特定部位，改善引战配合效率，从而提高对目标的毁伤效果。成像技术便顺理成章地成为引信探测技术的一个重要发展方向。根据可查资料显示，成像引信技术的发展主要集中在光学引信中，而激光成像引信的研究一直在各国相关领域持续进行中。本章对国内正在研究的推扫式脉冲激光成像引信进行介绍。

8.1 脉冲激光成像引信的工作原理及性能参数

8.1.1 工作原理

脉冲激光成像引信的工作原理：通过脉冲激光引信发射系统产生一定频率的脉冲激光束照射目标，目标表面的反射回波经引信接收光学系统成像，将目标相应部位的回波光信号投射到阵列探测器相应像元（像点），通过信号处理获取目标的反射回波信息，如回波强度、目标表面至探测器的距离等。依靠脉冲激光的特性，结合引信弹体安装条件及探测距离等因素，采用推扫成像方式，随着弹目交会过程，按其发射频率不断产生目标的行图像，再通过所有图像生成模块，将行图像排列组合成目标轮廓图像，以此可形成具有灰度、距离以及外形轮廓的目标图像。

如图 8-1 所示，引信与目标成尾追交会状态，t_1 时刻引信产生脉冲激光束照射到目标某位置，探测系统接收到该位置回波信号，经信号处理系统后得到一行 $n \times 1$ 像素的目标行图像。随着交会过程的进行，引信不断得到 $n \times t$ 行的目标行图像，最后通过图像生成模块排列组合形成目标图像。图 8-2（a）所示为二维轮廓图像，图 8-2（b）所示为灰度轮廓图像。

8.1.2 性能参数

由于导弹使用环境的特点，使其线性推扫成像方式更加适应激光成像引信。通过引信周向组合布置 n 元线阵探测器形成列像素，引信按设置采样频率 T 对目标进行连续采样形成行

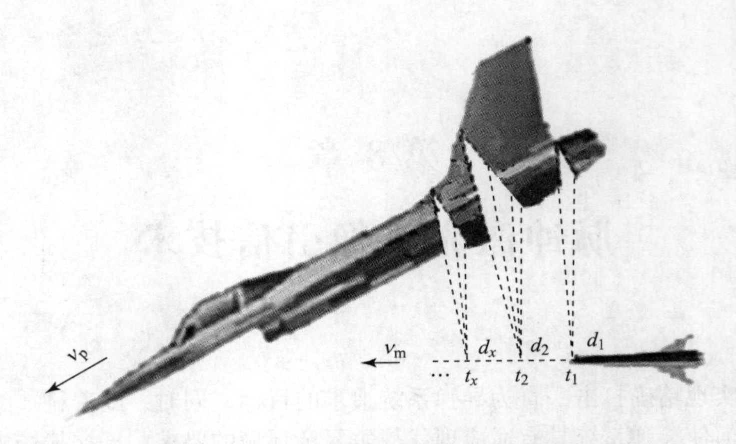

图 8-1　激光成像引信推扫成像工作原理示意图

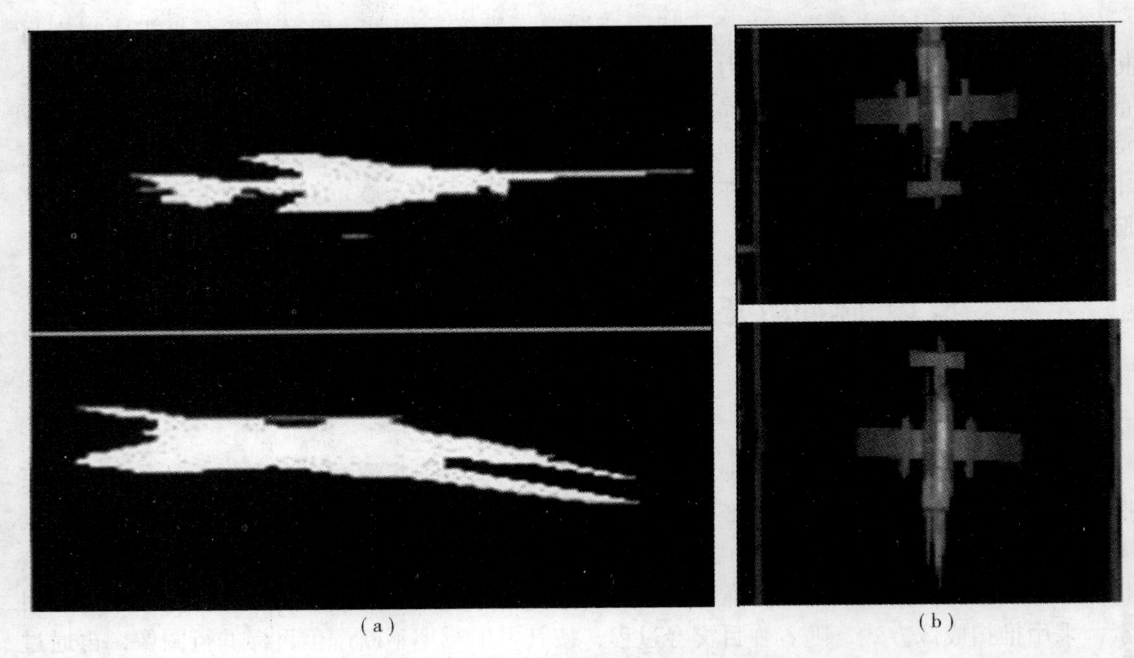

(a)　　(b)

图 8-2　二维轮廓图像和灰度轮廓图像

(a) 二维轮廓图像；(b) 灰度轮廓图像

像素，同时每个像素获取的回波信号可进一步提取出回波强度、探测器与目标距离等信息，最终得到包含目标特征的图像。当所得目标图像无强度、距离等信息时，可称之为目标二维图像；具有强度信息时，可称之为目标灰度图像；强度、距离均有时，则可称之为三维距离激光图像。目标图像包含的信息越多，理论上对引信有效识别目标、易损部位及提高引战配合效率、抗干扰能力等越有利。同时获取的回波信息越多，其探测系统和信号处理系统越复杂。

1. 总体布局和参数定义

以脉冲推扫灰度成像激光引信为例，其中总体布局以及部分参数的定义需要明确，便于理解，角度示意如图 8-3 所示。

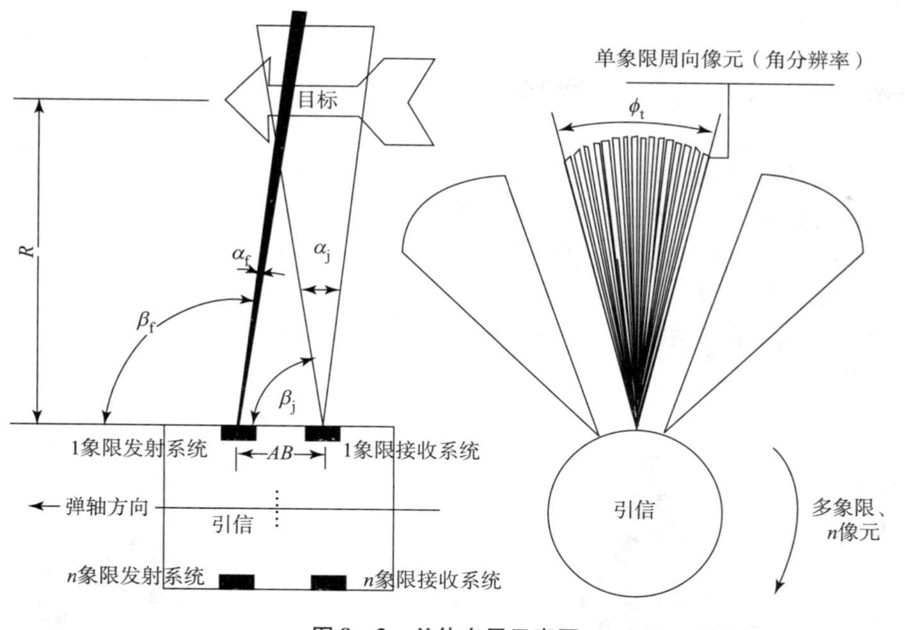

图 8 – 3　总体布局示意图

1）视场角

视场角指经过弹轴的平面内探测系统的光学角度，主要包括发射系统视场角 α_f、接收系统视场角 α_j 等。

2）视野角

视野角指探测系统在垂直弹轴截面内的光学角度，主要包括发射系统扩束视野角 ρ、接收系统视野角 ϕ_t 等。

3）象限

由于引信的安装位置（特别是空空导弹）均紧随导引系统安置于全弹中前部位，为实现垂直弹轴面 360°全周向连续探测，因此需要在周向均布多个探测系统组合形成 360°连续探测场，图 8 – 3 所示为脉冲激光成像引信总体布局示意图。在此将单个探测系统定义为一个象限。

4）收发基线

收发基线表示一组探测系统中，发射系统中轴线与接收系统中轴线沿弹轴方向的距离，图 8 – 3 中以 AB 表示，收发基线与发射系统、接收系统形成探测场。

5）周向角分辨率

周向角分辨率表示探测系统在视野角范围内，单像素所覆盖的视野角度。

2. 探测场关系

引信探测场采用多象限收、发配合，发射与接收形成交叉探测，如图 8 – 3 所示。采用交叉探测方式可以得到探测目标的距离截止效果以及近距盲区。

$$\frac{AB}{R}=\frac{\tan\beta_j+\tan\beta_f}{\tan\beta_j\tan\beta_f} \tag{8-1}$$

式中，β_f 为发射系统前倾角；β_j 为接收系统前倾角（可以靠结构，也可使用光学偏转实现)；R 为导弹脱靶量（m）；AB 为光学系统基线（m）。

式（8－1）可确定以上各项参数值，为了得到更好的引信作用距离，发射系统为视野角范围曲线分布、视场角范围能量集中的薄扇形光束；基线距离的作用是拉开收发间距，有利于引信内部光隔离，减少近距干扰等。

3. 周向角分辨率（列像素）

激光成像引信周向角分辨率由周向像元数量决定，图像反映为列像素的大小。列像素越多，所能反映的目标外形轮廓变化越精细，图 8－4 所示为相同采样频率下不同的周向像素所得的原理图像。图 8－4（a）所示为 360°周向 8 像元所得原理图像，图 8－4（b）所示为 360°周向 24 像元所得原理图像。通过对比不难发现，像元越多原理图像所能反映的目标轮廓相对越精细。

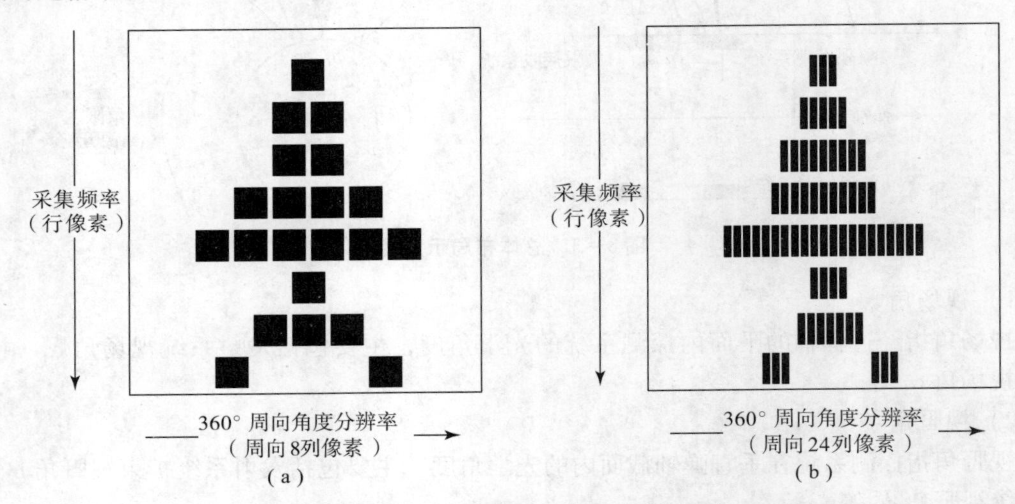

图 8－4　两种周向角分辨率条件下的目标原理图像对比

同理，采样频率越快，相同时间内所能得到的行图像就越多，配合周向像素，可以获取更加精细化的目标轮廓图像。

像素的大小需要考虑一个合适的值，并非越大越好。像素的增加首先会造成硬件研制难度、成本的增大，其次大像素图像会影响到图像处理的速度，对于引信这种末端探测的装置是致命的影响。因为高机动的末端交会，其交会过程往往只有短短十几毫秒的时间，且由图 8－4 表明，引信推扫成像过程是伴随弹目交会过程进行的，考虑引战配合的需求，如果在获取目标完整图像后再进行目标识别处理将错过最佳起爆点。因此，在设计目标识别算法时，不但需要尽可能地降低处理时间，还需要采用目标局部图像的识别方式。

周向角分辨率的确定，可根据引信实际最远作用距离时，主要的作战目标形体大小覆盖引信视场的大小，且列像素大小足以反映出目标的形体变化，目标识别算法能够通过这些形体变化正确识别目标进行综合考虑。例如，如图 8－4 所示，周向 8 像素的图像已经能够反映出目标的形体变化，且形体的变化特性也能为目标识别算法正确使用，在进行系统设计时就应当优先选取周向 8 像素的硬件实现方式。

4. 采样频率（行像素）

成像引信的采样频率决定了所得图像的行像素数量，即相同的交会时间内，对相同交会姿态的同一目标进行成像时，采样频率越大，得到的目标图像行数越多，直观表现为目标图像的压缩或拉伸，采样频率的确定主要参考以下 3 个方面。

（1）激光器的脉冲频率。激光引信的探测属于能量探测，激光器的功率直接影响到探测系统的作用距离，而激光器的功率与脉冲频率是一对相互制约的参数。

（2）引信对目标成像时的最短交会距离。通常引信与目标成垂直交会姿态时，交会时间最短，能够采集到的目标形体最小，此种交会姿态实际作战时出现的概率极小，但在进行频率设计时具有较大的参考价值。

（3）弹目交会相对速度。相同采样频率条件下，相对速度越高，所得到的行像素越小。

综合以上 3 方面的共同影响，系统设计过程中应结合目标识别算法确定采样频率。

5. 探测距离

探测距离是成像探测系统的基本参数，它受发射功率、目标反射特性、照射光束与目标表面法线夹角、放大器输出电平等因素影响。在简化条件下，依据雷达探测距离公式演变为以下激光探测距离公式进行估算。

$$R_{\mathrm{F}}^{3}=\frac{\rho P_{0\mathrm{t}}T_{\mathrm{t}}T_{\mathrm{r}}A_{\mathrm{r}}LK_{0}R_{\mathrm{e}}R_{\mathrm{L}}}{\pi U_{\mathrm{A}}\phi_{\mathrm{t}}}\cos\psi \tag{8-2}$$

式中，U_{A} 为放大器输出信号电压幅度（V）；K_0 为接收电路电压增益；R_{e} 为探测器响应度（A/W）；R_{L} 为探测器负载电阻（Ω）；ρ 为目标反射系数；$P_{0\mathrm{t}}$ 为单象限发射功率（W）；T_{t} 为发射光学系统透过率；T_{r} 为接收光学系统透过率；A_{r} 为接收系统通光口径面积（m^2）；L 为单像元接收目标被照射面的最小尺寸（m）；R_{F} 为探测距离（m）；ϕ_{t} 为单象限发射系统视野方向覆盖角（rad）；ψ 为入射光束与目标表面法线的夹角（rad）。

注意，由于引信探测距离通常在 10 m 左右，上述计算公式忽略了大气衰减。

值得注意的是，计算成像引信探测距离时，应考虑目标相对引信视野方向所形成的张角，造成大张角处探测距离的增加。

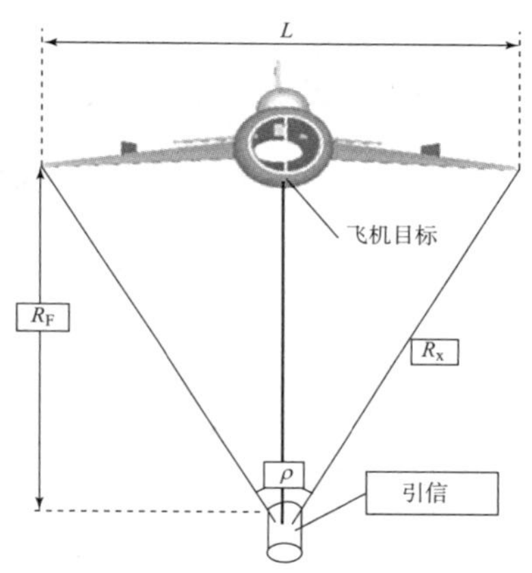

图 8－5　探测距离与视野张角关系图

如图 8－5 所示，当探测距离设定为 R_{F}时，由于目标宽度相对引信在视野方向形成张角，造成随着张角的增加，边缘探测距离则需达到 R_{x}，因此，在设计时应按 R_{x}进行功率计算。

8.1.3　激光成像引信的优缺点

与红外引信以及能量型激光引信相比，激光成像引信具有以下优点。

（1）具有抗干扰（包括电磁干扰、地物背景、环境、阳光等）能力强，具备较强的反隐身能力，不易受环境温度及阳光变化的影响。

（2）能够获取丰富的目标图像信息（如三维距离像、强度像、方向角信息等），有利于识别目标及特定部位，改善引战配合效率，提高毁伤效果。

(3) 通过目标形体等特征的识别，实现精细化探测，有利于区分目标，且具备在云烟雾等干扰环境内识别目标的能力。

其缺点在于以下几点。

(1) 对系统组件部件的要求较高，设计相对复杂，硬件工程化实现相对困难，目前国内还没有转型运用的具体型号。

(2) 适用于引信的目标识别算法研制难度非常大，如何快速、准确地识别出目标，成为激光成像引信当前研究的重点。

8.2 脉冲激光成像引信系统设计

8.2.1 系统组成

由于引信中的各分组部件所能使用的空间有限，对于发射、接收等系统均要求尽可能体积小巧，单象限探测系统的视野角越大设计难度也越大，特别是光学系统的实现难度较大。因此，一般采用6象限或12象限组合形式，对应单象限系统则为视野角60°或视野角30°。

脉冲激光成像引信采用多象限线阵推扫成像探测方式，按主要功能可将引信划分为发射光束整形系统、激光驱动电路、线阵成像接收系统、高速预处理电路、图像信号处理识别系统、电源板及总体结构组成，如图8－6所示。

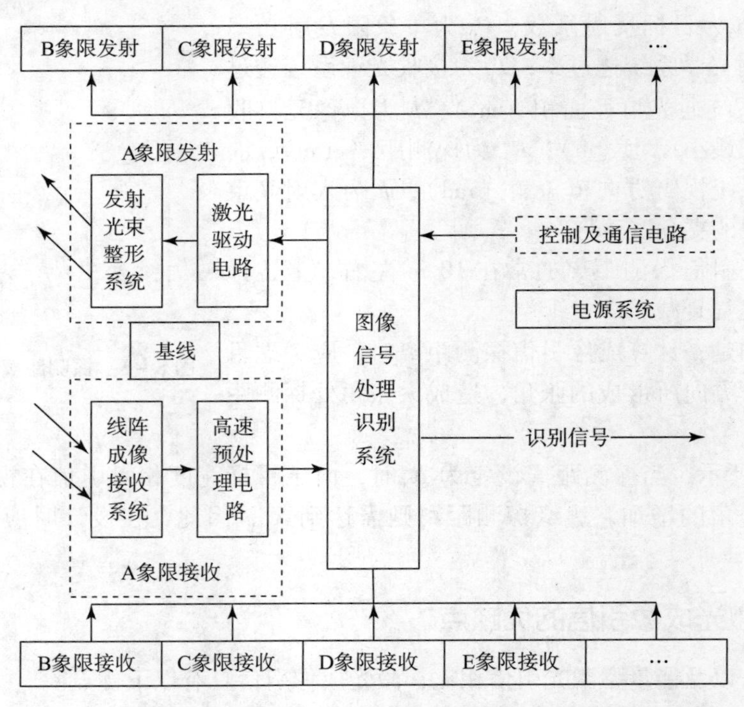

图8－6 脉冲激光成像引信系统组成原理框图

各组成部分的功能如下。

(1) 发射光束整形系统。通过发射光学系统，将激光器产生的光束按设计要求进行整形扩束，每个激光器配置一套整形光学系统，多个发射系统的薄扇形光束组合成 360°全视野覆盖。

（2）激光驱动电路。驱动脉冲激光器发光，且多象限轮流发射，控制单路输出光脉冲宽度和重复频率。

（3）线阵成像接收系统。通过接收光学系统汇聚目标反射回波信号，每个线阵探测器配置一套接收光学系统，其视野角与发射系统一致，分辨率满足系统周向角分辨率要求。

（4）高速预处理模块。线阵探测器将接收光学系统汇聚到像元上的目标回波光信号经光电转换成电信号，并对电信号进行放大、比较，然后传输到图像信号处理识别系统。

（5）图像信号处理识别系统。本系统是将放大、比较后的电信号进行灰度、距离信息提取、目标图像生成，最终通过设计的识别算法进行图像识别判断，给出识别结果。

（6）电源系统。为引信各部分组件提供必要的二次电源输入。

（7）总体结构。完成各部分组件结构连接、固定，通过结构支架的装调实现收发基线的确立，收发视场的配合，引信输入输出信号和供电接口的固定、装配。

8.2.2　激光发射子系统

激光发射子系统的作用是驱动激光器发光，并对激光器产生的光束进行整形，使其发射光束满足成像探测系统要求。此处以视野角 30°为例介绍设计过程。

激光发射子系统主要由半导体激光器、激光驱动电路、整形光学系统、发射窗口组成，如图 8－7 所示。

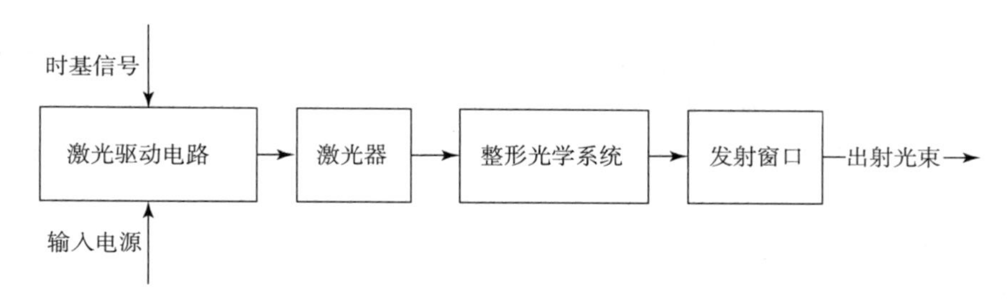

图 8－7　激光发射子系统组成原理框图

激光发射子系统由电源系统提供输入电源，图像信号识别处理系统通过控制接口输入时基信号，驱动电路中时序电路将时基信号分频，经功率放大到足以驱动激光器，使其发出按照时序要求、具有一定脉宽及功率的脉冲激光。整形光学系统将激光器产生的椭圆光束整形为薄扇形光束，经发射窗口向外发射脉冲激光束照射目标。

激光发射子系统的主要技术指标有以下几个。

（1）发射功率：P_{out}。

（2）发射视场：视野角（弧矢面）、视场角（子午面）。

（3）发射脉冲重复频率：f_{F}。

（4）输出光脉冲宽度：τ。

（5）视野角范围内能量分布：通常要求能量分布均匀或边缘视野角大于中心视野角。

1. 半导体量子阱激光器

本系统选用国产量子阱阵列激光器，国内制造工艺已非常成熟。采用多个 PN 结以串/

并联方式形成管芯阵列，可实现较大峰值功率。管芯排布方式及单管芯发射光束形状如图 8-8 所示。

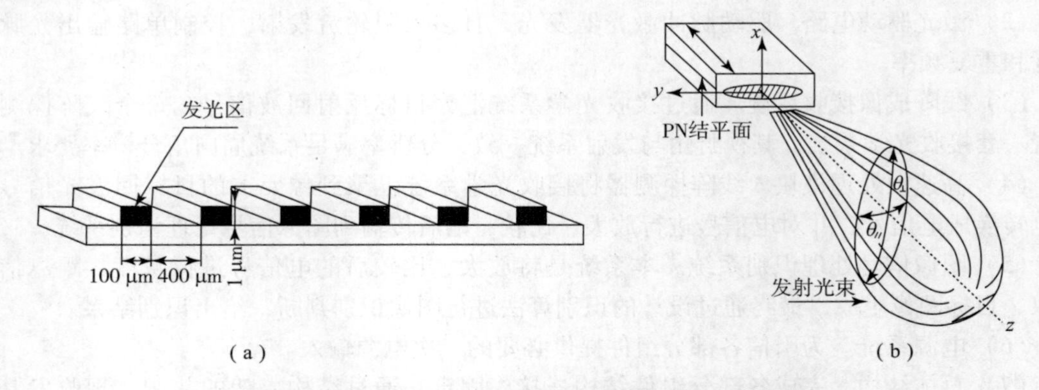

图 8-8 量子阱激光器管芯排布及单管芯发射光束形状

(a) 管芯排布；(b) 单管芯发射光束形状

从图 8-8 可以看出，对激光器产生的光束在一定传输距离上作垂直截面，为椭圆光斑，子午（垂直 PN 结方向）和弧矢（平行 PN 结方向）两个方向的发散角均较大，且两个方向的发散角不一致，通常子午方向发散角大于弧矢方向发散角。典型指标为：子午方向发散角不大于25°，弧矢方向发散角不大于12°（均为半功率点的全宽度），重复频率为 15 kHz，峰值功率大于 200 W，脉冲宽度为 20 ~ 100 ns。

2. 激光驱动电路

激光驱动电路的作用是为多个发射子系统提供多象限轮流发射的驱动电压，驱动激光器发出按照时序要求、具有一定脉宽及功率的脉冲激光。激光驱动电路主要包括时序电路、脉冲形成及电压预放大电路、功率开关电路以及电源变换电路等，如图 8-9 所示。

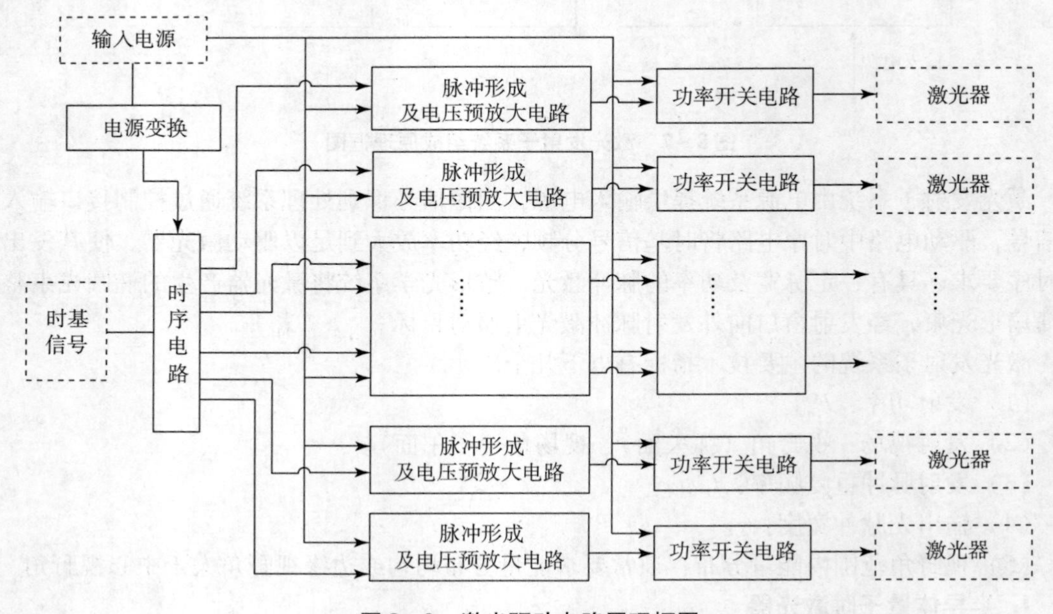

图 8-9 激光驱动电路原理框图

1）时序电路

时序电路是将信号处理系统输入的时基信号进行分频，且形成顺序多路轮流驱动信号。可选用现场可编程逻辑器件完成实时顺序扫描，其输出结构为可编程的逻辑宏单元，硬件结构设计可由软件完成，具有编程灵活、集成度高、设计开发周期短、适用范围宽等特点，并可由该器件自身产生时基信号供电路检测使用。一种可采用的时序电路原理图如图 8－10 所示。

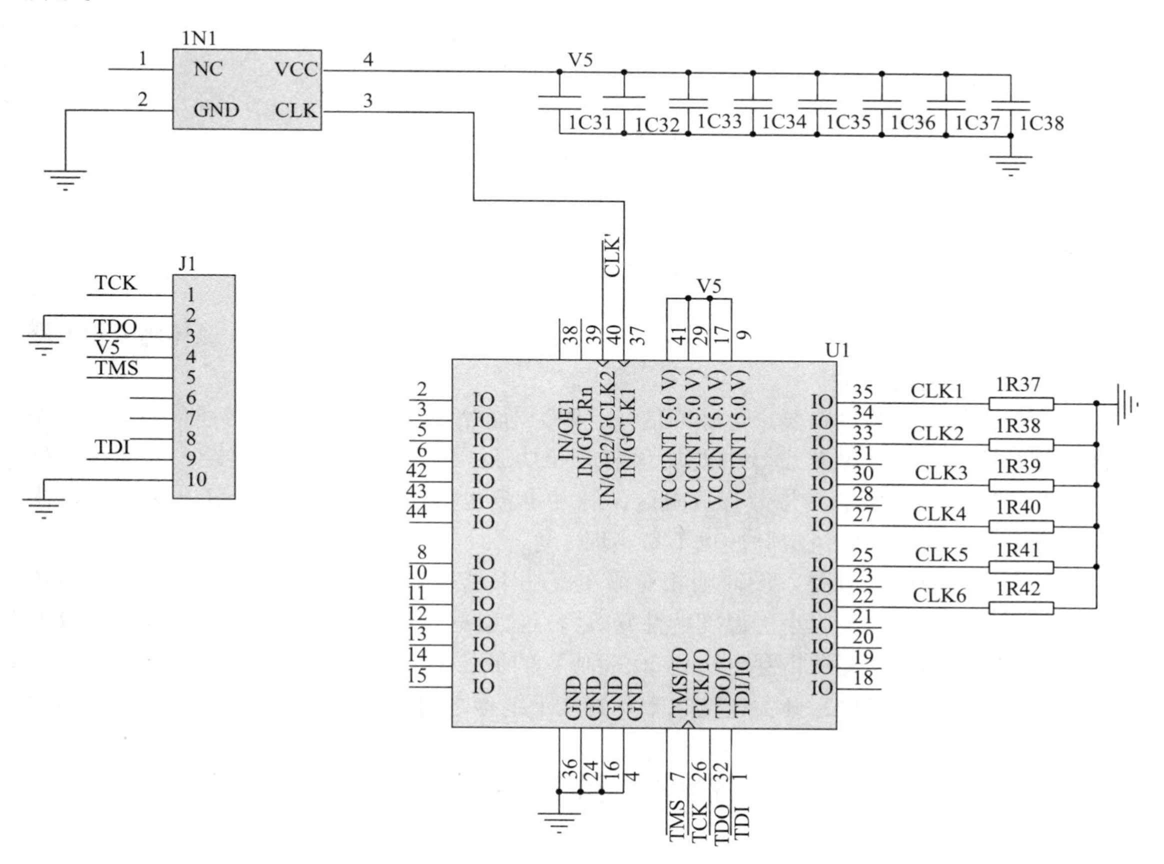

图 8－10　时序电路原理图

2）脉冲形成及电压预放大电路

单象限发射电路的工作原理：时序电路输出的时序信号作为脉冲形成及电压预放大模块的输入，通过模块内部单稳态触发器生成一定脉冲宽度的 TTL 脉冲信号，晶体管实现电平变换，并具有电流驱动能力。其他象限发射电路的设计相同。此外，脉冲宽度调制电路可根据激光器的功率要求，通过调整脉冲开关驱动器模块输出的脉冲信号占空比来调整驱动电流，脉冲形成及电压预放大模块的工作原理框图如图 8－11 所示。

3）功率开关电路

激光器驱动电路具有输出脉冲窄、占空比小以及脉冲工作电流大等特点。

驱动电路是根据脉冲半导体激光器的主要光电特性而设计的。半导体激光器具有动态电阻小、脉冲电流大的特点，在低电源电压工作条件下，给电路设计带来一定困难。目前，半

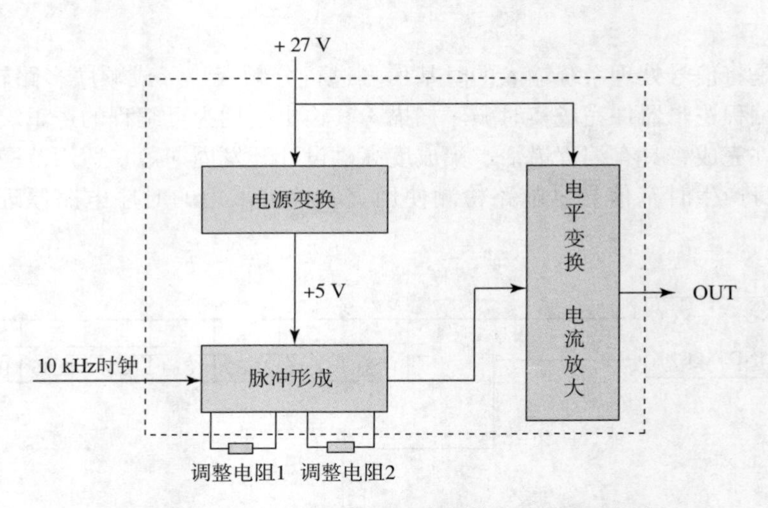

图 8-11　脉冲形成及电压预放大模块工作原理框图

导体激光器驱动电路所用功率器件大体有 3 种，即大功率晶体管开关电路、晶体闸流管电路和功率场效应管电路。

大功率晶体管开关电路要产生脉冲信号，因为对前沿要求苛刻，所以必须采用工作频率很高的高频功率管，在电路设计中要加预前放和功放，使电路变得十分复杂，因此很少采用。晶体闸流管电路简单，并带有负阻区，脉冲电流也可做得较大，但受到开关速度的限制，在低电压下获得大电流窄脉冲也不易实现。

选用功率场效应管电路，设计则相对简单。功率场效应管具有输入阻抗高、输出电流大、开关速度快、导通电阻小、温度特性好等特点。有些器件能在几十甚至几百安培的脉冲工作电流下工作，即使漏源击穿电压为 30～60 V 的低压器件，在脉冲工作条件下，脉冲工作电流也能达到几十安培，开关速度在十几到几十纳秒之间，远高于晶体闸流管电路，所以特别适合在低压情况下作激光器的驱动开关。

发射电路 V_{CC} 为供电电源，激光器导通电阻设为 R_S，工作时脉冲电流设为 I_P，则功率开关导通时其导通电阻为

$$R_{DS(on)} \leqslant \frac{V_{CC} - R_S I_P}{I_P} \tag{8-3}$$

在设计中其他需要考虑的因素主要有反向耐压、脉冲工作电流、器件响应速度等，综合考虑各参数的要求，本例设计电路中选用了国际整流器公司的 P 沟道 VDMOS 器件 IRFR5505 作为功率开关。功率开关部分电路如图 8-12 所示。

3. 整形光学系统

整形光学系统的作用是将激光器产生的椭圆面光束（见前述）整形扩束为薄扇形光束。相应的性能指标主要有视野扩束角 ρ、视场发散角 α、视野范围能量曲线分布。整形光学系统发射光束形状如图 8-13 所示。

（1）视野扩束角 ρ 根据引信象限数确定。

（2）视场发散角 α 通常要求越小越好，理想状态是达到准直。

（3）视野范围能量分布一般要求均匀，理想状态是边缘视野角能量大于中心视野角能

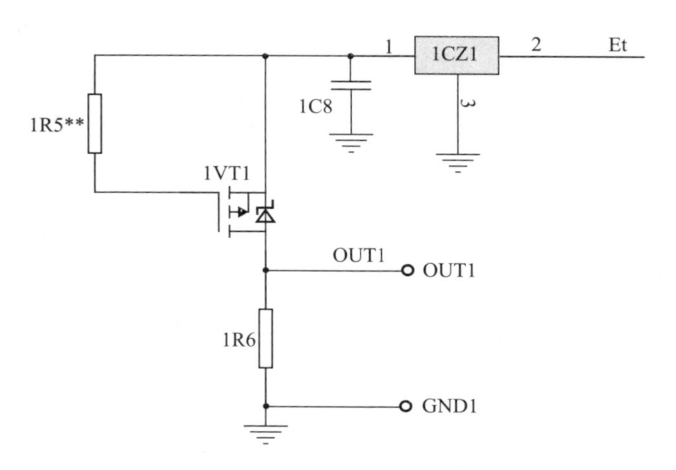

图 8-12　功率开关部分电路

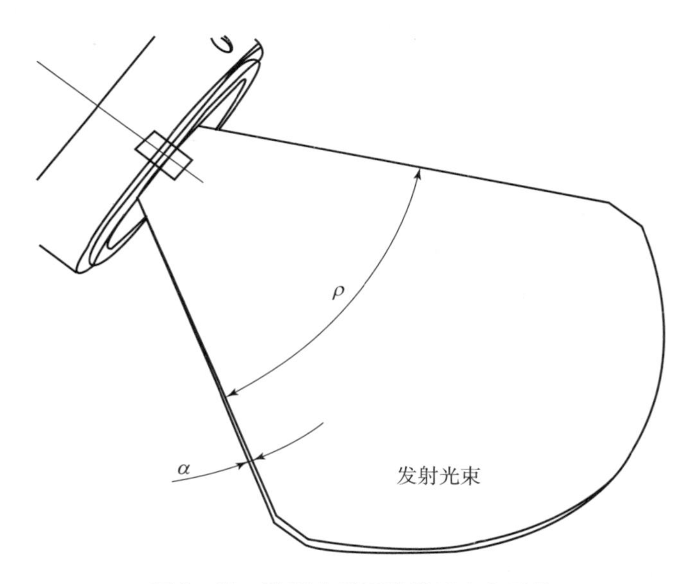

图 8-13　整形光学系统发射光束形状

量，以此弥补接收光学系统边缘视野探测能力的降低，达到全视野范围内探测性能一致。

为提高能量利用效率，整形光学系统对激光束子午（垂直 PN 结）方向进行准直压缩，对弧矢（平行 PN 结）方向进行扩束。

随着国内激光器技术、光学微透镜技术和制造工艺的进步，部分研发制造单位已经具备制造集成整形光学系统和驱动电路半导体激光器的能力，因此，激光发射子系统可作为单独元器件，对激光引信技术的发展起到了积极的促进作用。

4. 发射窗口

发射窗口的作用是保证激光束高效通过的同时，为引信内部提供密封保护环境。设计过程中主要考虑光学材料的选择，由于窗口玻璃位于弹体侧方，因此，对温度、强度的要求并不苛刻，通常采用 K9 光学玻璃，特殊情况下可使用蓝宝石玻璃。

如总体要求前向探测时，发射窗口还可以设计成带倾角的棱镜与接收窗口配合，实现引信探测系统的光学偏转。光学偏转可节省引信内部空间，特别是轴向长度，但会造成探测系统光路配合复杂。

8.2.3 激光接收子系统

激光接收子系统的作用是汇聚接收目标表面回波信号，并对光电转换的电信号进行放大、比较输出像元数字信号。激光接收子系统由接收窗口、成像光学系统、线阵探测器、预处理电路组成，组成原理框图如图 8-14 所示。

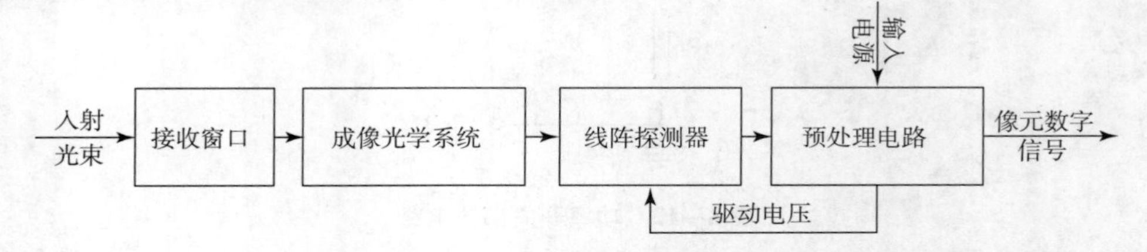

图 8-14 激光接收子系统组成原理框图

工作流程：成像光学系统将目标表面的反射激光信号进行汇聚，并投射到线阵探测器相应像元。探测器将落入各自像元的光信号转换为电转换，进入预处理电路并行处理多路电信号并输出数字信号。

激光接收子系统主要技术指标如下：

（1）周向角分辨率（像元数量）ω。

（2）接收视场：水平视场（弧矢面）、垂直视场（子午面）。

（3）放大器电压总增益 G。

（4）主放输出噪声电平 V_n。

（5）比较器门限电平 V_t。

1. 接收窗口

接收窗口的作用参考发射窗口的叙述。

2. 探测器的选取

前述已表明，推扫成像方式的列像素由线阵探测器的像元数决定，因此，探测器像元的确定由总体要求的周向角分辨率来确定。研究结果表明，周向角分辨率不大于 5°已基本满足飞机类目标的形体识别，即列像素不少于 72 元即可，再将周向均分为多个象限，由此探测器元数即确定完成。如总体设定为 6 象限，则单个线阵探测器为 12 元。

其次，成像探测系统主要依靠探测回波光信号的强弱，由于目前的激光发射功率、引信弹体等限制因素，目前的试验研究表明，雪崩光电管线阵探测器（APD 阵列）才能够满足小像元探测的使用距离。APD 线阵探测器具备转换效率高、响应速度快、低噪声、微光探测等优点，可较好地满足激光成像引信探测系统的需求。目前，此类产品种类很多，如德国 SILICON SENSOR 公司生产的 AD-LA-16-9-DIL 18 型号，如图 8-15 所示。国内中电四十四所等单位均有相关产品生产。

图 8-15 德国 SILICON SENSOR 公司 16 元 APD 线阵探测器

3. 成像光学系统

常用成像光学系统有两种实现方式，即透射式轴对称光学系统、反射式离轴光学系统，而前者的使用更为广泛，因此以前者光学系统为例进行说明。

激光成像引信所使用的成像光学系统设计方式与普通透射式成像系统一致，但也具有其自身的一些特点及设计难点。

目前引信中所使用的半导体激光器裸管峰值功率多为200 W以内，目标表面反射率设计值通常为0.3，结合10 m左右的探测距离以及较大的视场，因此，接收系统的入瞳直径通常要求不小于10 mm，而线阵探测器的光敏面尺寸偏小，这样往往就要求成像光学系统的相对孔径 $D:f\geqslant 1$，这对校正系统像差不利，设计中可加入1~2片非球面以减少镜片数量、缩小系统体积。

1）光学系统视场和焦距的确定

激光成像引信接收光学系统视场按引信中相关定义仍可区分为视野和视场两个方向。其中视野角 ρ 根据象限数和角分辨率确定；视场角 α 则根据探测距离、收发基线、探测器像元大小，依据光学设计原理进行确定。在视场以及探测器确定后，系统焦距可根据光学系统焦距公式计算得出，即

$$\tan\left(\frac{\alpha}{2}\right)=\frac{d}{2f} \tag{8-4}$$

从式（8-4）可以看出，视场、像高、焦距互为影响，在保持某一参数不变的情况下，其他两项参数必然同时变化，线阵探测器像元通常较小，光学系统设计中可利用光敏面尺寸结构起到视场光阑的作用，简化设计难度。

2）光学系统入瞳的确定

光学系统入瞳直径直接影响引信探测距离，在目标反射功率不变的情况下，入瞳越大，能进入光学系统的光信号越多，像面照度就越高，探测距离也越大。但因为光学参数及系统像差的限制，入瞳直径越大光学系统设计实现越困难，因此不可能无限制增加，此时需要通过引信探测距离公式计算。

根据探测距离公式，计算 A_r（接收系统通光口径面积）参数时，其他参数均可以确定，以此得到接收光学系统所需的通光面积，从而可得到入瞳直径 D。

完成以上几项关键参数的确定后，即可完成光学系统的设计与仿真工作。

4. 预处理电路

预处理电路的作用是将APD线阵探测器多像元接收到的光信号转换成的电信号进行实时放大并比较处理，转换为TTL电平信号输出到信号处理系统。通常情况下为达到实时处理采用多路并行处理的方式，即 n 元探测像元对应 n 路放大器和比较器，硬件实现时可将 n 路均分为多套模块形式。

预处理电路的主要技术指标如下。

（1）输入电源电压：u（典型值+5 V）。

（2）探测器接收到的脉冲重复频率：f_F（同脉冲激光器重复频率）。

（3）探测器接收到的光脉冲宽度：τ（激光器脉冲宽度）。

（4）放大器电压总增益：G。

（5）接收机主放3 dB带宽：ΔB。

（6）主放输出噪声电平：V_n。

（7）比较器门限电平：V_t（典型值1 V）。

（8）比较器输出的脉冲极性：5 V（高），0 V（低）。

预处理电路原理框图如图8－16所示，功能模块由 n 元APD线阵探测器、n 路放大电路以及 n 路比较器组成。接收电路在APD线阵探测器上建立偏置电压，并提取探测器上经光电转换后的回波脉冲，经放大电路，将幅度起伏可能很大的回波脉冲放大到适合比较器使用的信号，以便供给信号处理电路进行数据综合处理。

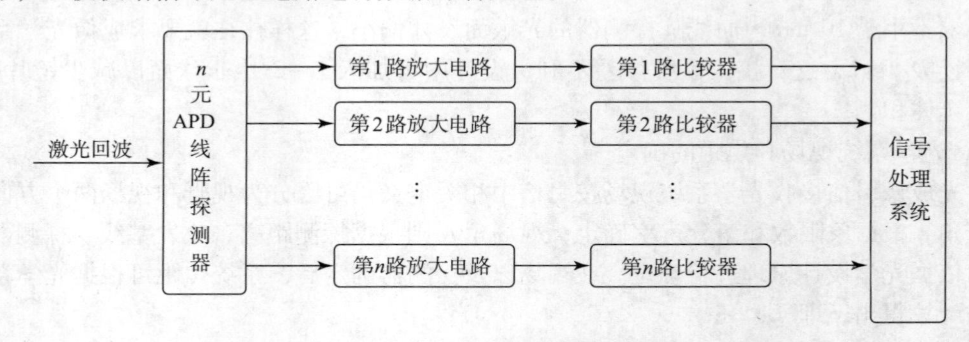

图8－16　预处理电路原理框图

放大电路的作用是对光电转换器上得到的微弱电流信号进行放大，以便比较器对其进行相应处理。放大电路原理如图8－17所示。考虑探测系统功能实现需求，图示电路采用了跨阻（Transimpedance Amplifier，TIA）电路，其特点在于动态范围大、波形失真小、灵敏度高、输入输出阻抗小、可以有效降低输入输出的加载效应。图中选用了OPA657放大器模块。

电阻 R_4 用来满足放大器的开环增益，放大器输出电压为

$$U_o = I_i R_4 \tag{8-5}$$

式中，R_4 为反馈电阻。

TIA放大器在系统稳定工作时的上限截止频率为

$$f_{H0} = \sqrt{\frac{GBP}{2\pi R_f C_s}} \tag{8-6}$$

式中，R_f 为反馈电阻，即图8－17中 R_4；C_s 为探测器电容与放大器输入电容之和。

而TIA放大电路的实际工作时的上限截止频率为

$$f_H = \frac{1}{2\pi R_f C_f} \tag{8-7}$$

式中，C_f 是与 R_f 并联的反馈电容。

放大电路的下限频率与隔直电容和输入阻抗有关，可根据公式综合考虑，即

$$f_L < \frac{1}{2\pi R_7 C_9} \tag{8-8}$$

比较器主要起到选择阈值、电平转换的作用。本系统对接收数据采取二值化处理，因此阈值的选择关系到有效数据的利用问题，阈值过高可能屏蔽有效数据，过低会引入相关噪声，进而影响到后续信号处理器的效能。

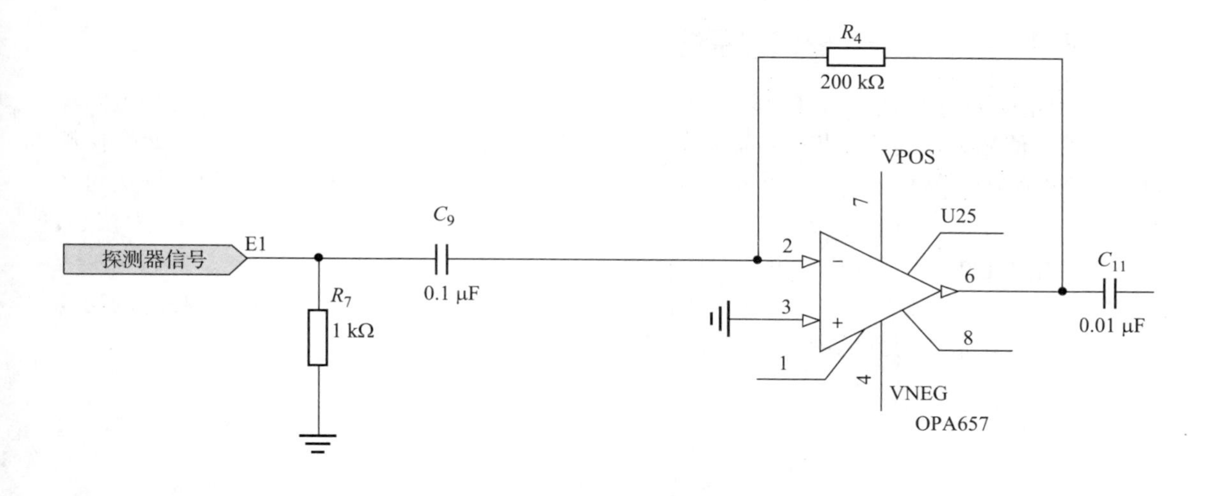

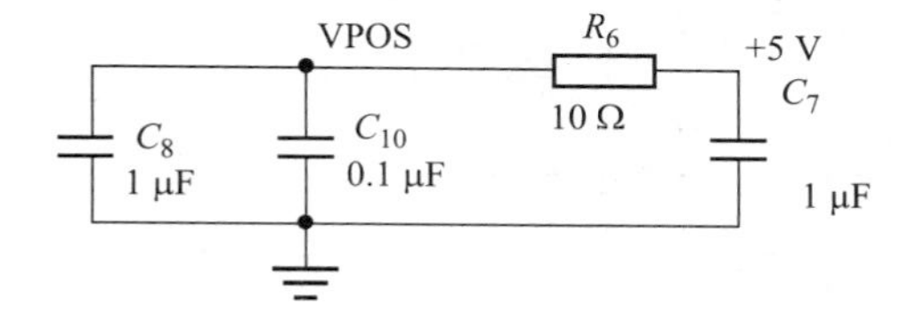

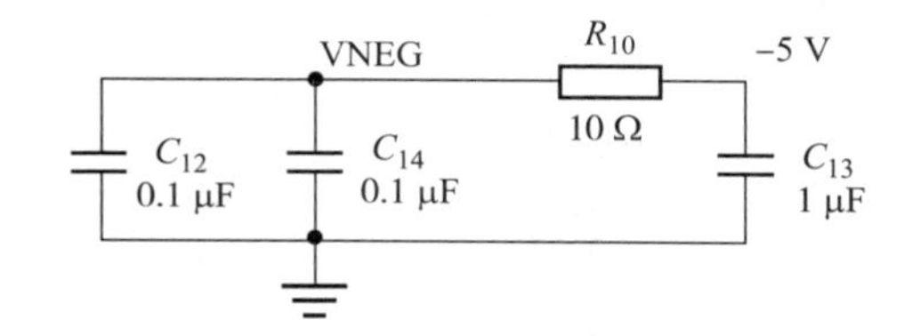

图 8－17　放大电路原理图

图 8－18 所示为比较电路原理图，调整 R_5、R_{11} 可设置比较器门限电平。其中在输出端负载电阻 R_8 的主要作用为：首先当后级短路时起到电流保护作用；其次起到端接作用，防止前后级电阻不匹配时后级对前级的干扰。

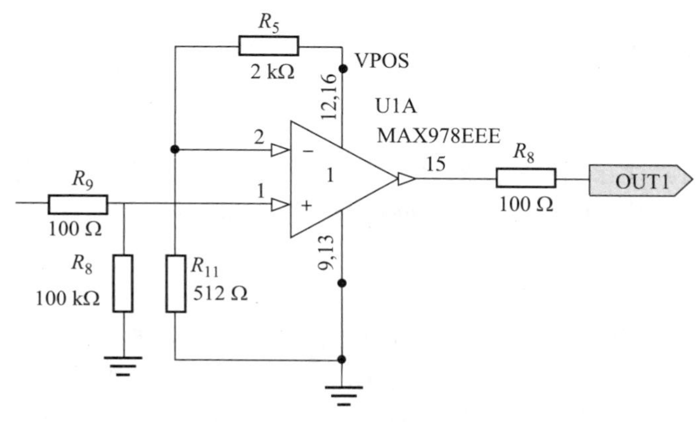

图 8－18　比较电路原理图

8.2.4 图像信号处理识别系统

激光成像引信图像信号处理部分是一套复杂的功能系统，主要功能为：对预处理电路输出的比较器信号进行高速采集，按需对每路信号进行灰度鉴别、像点测距等，并将每个探测周期得到的数据拼接成一行图像数据，缓存在 FPGA 内部 RAM 中。根据目标识别算法对多个探测周期积累的多行图像数据进行抗干扰识别，信号处理板以一片高性能 FPGA 为核心，主要功能都在 FPGA 中实现。

图像信号处理识别系统工作流程如图 8－19 所示，其中采样模块可按需选择相应的功能块，不同功能块最终得到的图像所包含的目标特征也各具差异。

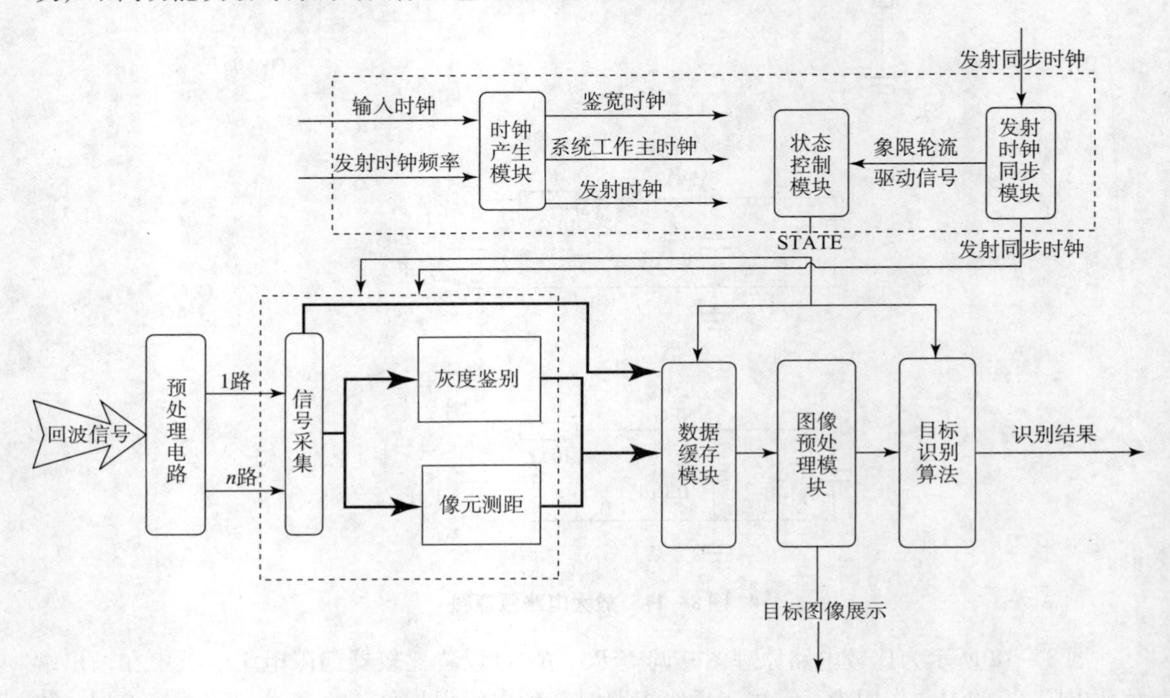

图 8－19　图像信号处理识别系统工作流图

1. 时序控制

时序控制模块是生成控制系统所有需要的时钟，包括时钟产生模块、发射时钟同步模块和状态控制模块。

1）时钟产生模块

由晶振输入时钟产生出所有需要时钟，包括系统工作主时钟、鉴宽时钟、频率可调的激光发射时钟等。该模块由 DCM（数字时钟管理模块）和时钟分频器等组成。

2）发射时钟同步模块

信号处理电路提供激光发射时钟给发射电路，发射电路进行分频后得到各个象限的发射时钟，并将第一象限发射时钟反馈给信号处理电路作为同步时钟。为了对回波信号进行高速鉴宽，需在发射时钟后沿之后开启时间门，所以需要得到发射时钟后沿到来的时间。而为了得到正确的灰度数据，需要得知当前发射象限。该模块的功能就是根据发射同步时钟到来时刻推算其他象限发射时刻，给出各象限发射同步信号以及当前发射象限编号。

激光器发光是在发射时钟后沿之后几十纳秒后，第一象限发射时刻即为发射同步时钟后沿，所以当检测到发射同步时钟后沿后，直接给出第一象限发射同步信号。由于相邻两个象限之间发射频率是固定的，所以第二、三象限发射时刻可根据计数确定。从检测到发射同步时钟后沿开始计数，当计数时间达到发射时钟周期后，给出第二象限发射同步信号；当计数时间达到 2 倍的发射时钟周期后，给出第三象限发射同步信号，以此类推。

3）状态控制模块

该模块通过一个主状态机产生状态信号，控制整个系统的工作时序。对于灰度成像引信，此模块可分为以下几个状态。

（1）空闲状态。当系统全局复位信号有效或完成一个探测周期的信号处理全过程之后进入该状态。在该状态时，对所有无须保存当前值的寄存器变量进行清零，清零完成后给出清零完成信号，然后进入鉴宽状态。

（2）鉴宽状态。在该状态，系统采集当前探测象限的多路回波信号，并对其进行宽度计数，得到每路脉冲回波信号的脉宽，完成后给出采集结束信号，进入灰度映射状态。

（3）灰度映射状态。在该状态时，根据预先设定的映射关系，将得到的多路脉宽信息分别映射为相应灰度值。映射完成后，给出映射完成信号。当完成所有象限的数据处理后，跳转到数据存储状态；否则回到鉴宽状态，继续进行下个象限的探测过程。

（4）数据存储状态。在该状态时，将得到的所有回路灰度值存入 RAM，需要时上传给上位机。存储和上传完成后，给出结束信号，回到空闲状态。

需要注意的是，目标识别过程独立于主状态机之外，因为目标识别过程是一个连续的过程，只要积累足够多的图像数据就开始持续进行。若纳入主状态机之中，则在一次状态循环中只能执行一次，会降低目标识别的效率。

2. 数据处理

此处的数据处理即为图 8－19 中的信号采集、灰度鉴别、像元测距部分。根据实现的功能不同可进行选择性设计，如只完成信号采集进行有无判别，则将得到目标二值轮廓图像。如将采集的信号进行灰度鉴别、像元测距，则将得到目标灰度距离图像。

1）灰度鉴别模块

该模块对输入信号进行高速采样及宽度计数，得到该路输入脉冲宽度，再根据预先设定的映射关系将脉冲宽度值映射为灰度值。脉冲信号鉴宽，在数字系统中的实现方法一般为脉冲计数法，运用时钟对其进行采样，当采样值为 1 时就使宽度计数器加 1，最终得到宽度计数值。在设计鉴宽时钟时，需要考虑激光束脉冲宽度、预处理后输出的回波信号最大脉宽等因素，结合总体需要达到的灰度等级要求确定鉴宽时钟。

2）像元测距

引信中使用的激光测距方法主要以脉冲测距为主。其原理是脉冲激光照射被测目标，当激光脉冲到达被测目标表面后部分能量被引信接收系统接收，进入信号处理系统。根据测量光脉冲从发射到返回接收系统的时间 t，可计算出其距离，即

$$L=\frac{ct}{2} \tag{8-9}$$

式中，L 为距离；c 为光速。

目标灰度信息受到发射整形光束能量分布情况、目标表面反射特性、目标被照射形状等

因素影响，从而出现灰度级可能不准确的局部误差，而距离信息则可较好地弥补此缺陷。因此，为提高脉冲测距精度，需要设计误差补偿措施。

由于目标的表面材料和几何形状不同，会对激光脉冲产生不同的吸收和散射，使得回波功率降低，并且给回波波形带来不同程度的展宽和畸变，对于那些依靠回波脉冲中的某一基准点来确定回波时刻的算法来说，将很大程度地影响激光引信的定距精度。提高脉冲测距精确度的关键就是要精确地测量收发脉冲间的时间间隔，此处给出两种测距补偿方法。

（1）波形形心测距法。使用窄脉冲激光器光脉宽小于 20 ns，运用基于回波形心位置的定距算法来实现高精度的距离测量，测距精度可达到 0.5 m，波形形心测距算法原理如图 8－20 所示。

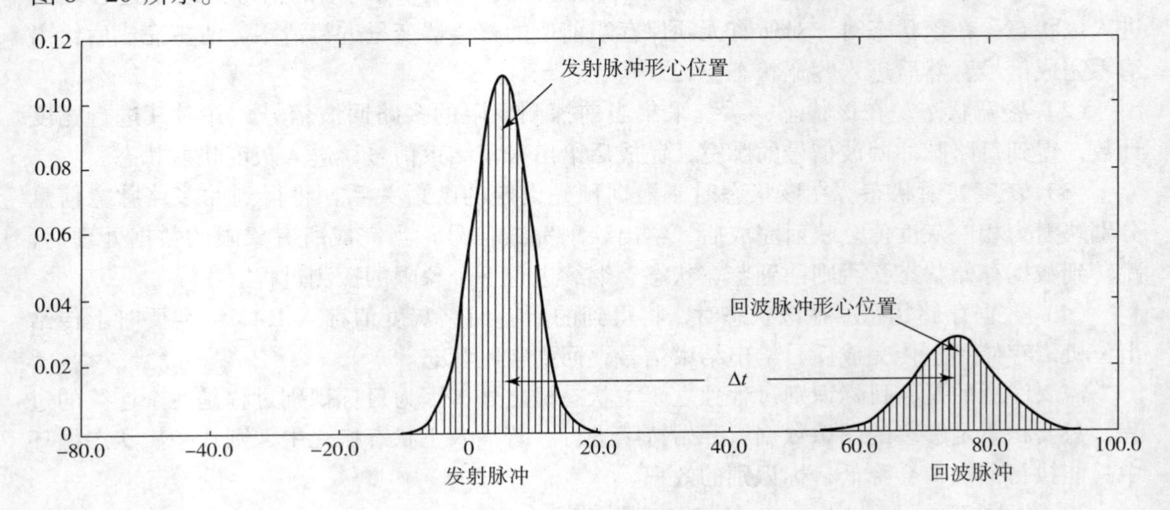

图 8－20　形心法测距原理

波形形心测距法利用整个波形的包络作为测距的基准，使用发射脉冲信号包络的形心作为起始时刻，回波信号包络的形心作为回波到达目标的终止时刻，计算之间的时间差就可以得出目标距离。由于是靠波形的整体来分析判定计时基准，降低了测量中出现的误差，因此具有很高的测距精度。其信号处理及算法流程框图如图 8－21 和图 8－22 所示。

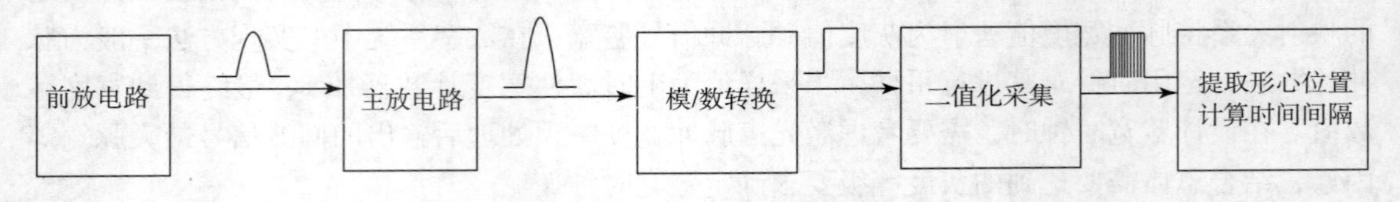

图 8－21　信号处理流程框图

波形形心测距法的距离计算公式为

$$\text{目标距离} = c \times \frac{T_r - T_t - T_b}{2} \tag{8-10}$$

式中，c 为光速；T_r 为回波脉冲形心的时间轴坐标；T_t 为回波脉冲形心对应发射脉冲形心的时间轴坐标；T_b 为系统基准延时。

（2）双门限前沿误差补偿测距法。如图 8－23 所示，不同幅度的脉冲信号对应于不同

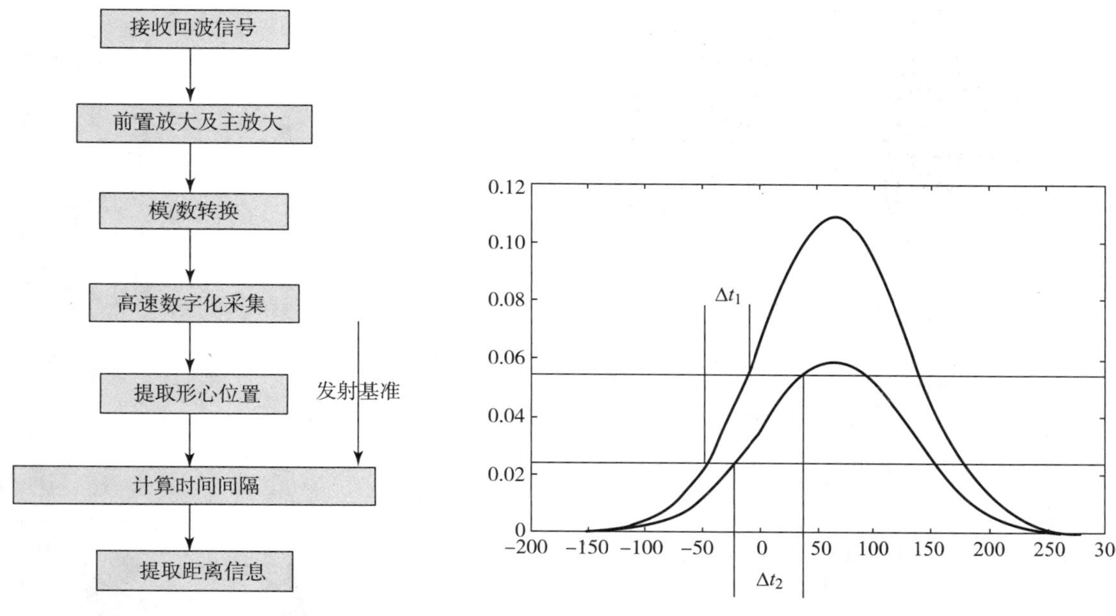

图 8－22　算法流程框图

图 8－23　双门限前沿误差补偿示意图

的上升沿斜率，因此将对脉冲幅度的测量转换为对上升沿斜率的测量。使用高门限 $U_{高}$ 和低门限 $U_{低}$ 对输入信号的上升沿进行鉴别，不同幅度的输入脉冲信号幅度 $U_{p高}$ 和 $U_{p低}$ 在双门限之间的时间间隔可由式（8－11）计算出来，即

$$\Delta t = \frac{U_{高} - U_{低}}{U_p} t_r \tag{8-11}$$

式中，U_p 为信号幅度；t_r 为上升沿。

使用高速采集系统采集高低门限之间的时间间隔 Δt。当回波脉冲的上升时间和两个门限确定时，输入信号的幅度与高低门限之间的时间间隔 Δt 成反比，且具有严格的数值关系，由 Δt 即可推断出回波脉冲的幅度，根据不同的幅度进行不同的误差补偿。因此可以通过测量双门限之间的时间间隔 Δt 来修正回波幅度引起的误差，补偿原理及硬件组成如图 8－23、图 8－24 所示。

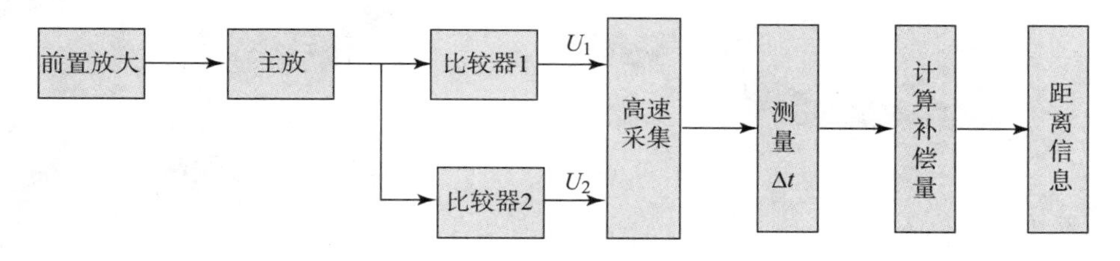

图 8－24　双门限前沿误差补偿硬件原理框图

3. 图像预处理模块

该模块对每行图像数据中大于预先设定阈值的点数进行统计，将结果存入图像特征 RAM 中。为了保证处理行数不多于已存储行数，该模块设计了计数器以统计当前已处理行数，并且在首先对已处理行数和输入的已存储行数进行比较，当已处理行数小于存储行数

时，才开始进行预处理，预处理过程通过状态机进行控制，流程如下：

（1）空闲状态。当存储行数不大于预处理行数时，停留在该状态；否则跳转到读取数据状态。

（2）开始状态。将灰度信息 RAM 读使能设置为 1，准备开始读取原始灰度数据，然后跳转到特征信息统计状态。

（3）灰度信息统计状态。根据读取出的原始灰度数据，统计特征信息，完成后跳转到写入 RAM 状态。

（4）写入 RAM 状态。将统计得到的特征信息写入 RAM 中，然后跳转到结束状态。

（5）结束状态。结束预处理过程，回到空闲状态。

4. 目标识别算法

根据激光引信成像探测机理，其属于近距侧向探测，经仿真及样机成像结果表明，所得目标图像具有以下突出特点。

1）实时不完整性

由于是线列扫描成像，因此，在某一时刻所能获取到的目标图像是不完整的，如图 8－25 所示。而且在高速运动状态下，弹目的交会时间很短，一般在毫秒量级，这就要求目标识别应在目标探测过程中同步完成，即在整个目标图像尚未全部生成时刻就需要完成目标的识别，因此，在这种应用环境下，基于全局的图像识别算法不可取，应采用基于局部特征的图像识别算法，而且识别算法不能过于复杂。

图 8－25　交会过程中图像完整性示意图

2）任意姿态成像

在弹目近距交会时，角加速度非常大。每次弹目交会时目标表面对激光的有效散射面不同，脱靶量也不同，同时目标姿态可能是球面空间中的任意一个姿态，这就使得每次获取的图像也各不相同，图像扭曲变形也很严重（见图 8－26），给识别带来了很大困难。

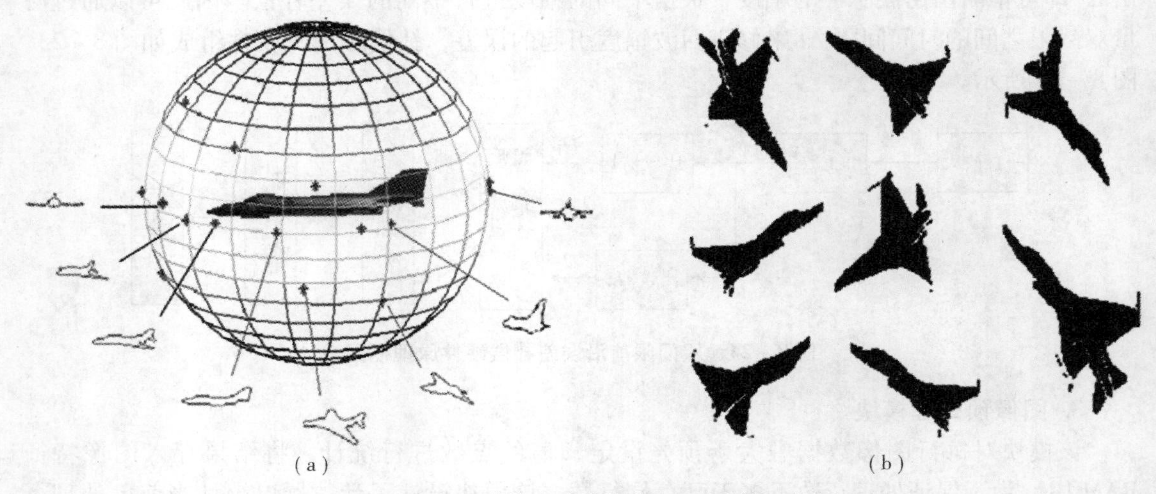

图 8－26　任意状态交会条件下目标图像示例

（a）成像球面空间；（b）不同姿态下成像示例

因此，在进行激光成像引信识别算法设计时应遵循以下原则：

（1）具有普适性。提取的是基于目标形状的本质上的共同特性，忽略同类目标间的差异，对大多数同类目标均适用。

（2）具有强抗干扰性。特征的提取应基于图像变化的统计分析所得，具备较强的鲁棒性，可以有效地抵抗像素缺失和其他突变带来的干扰。

（3）具有实时性。采用逐行统计和判断的模式，可以实现逐行扫描成像逐行判断识别，完成对不完整成像目标的识别。

（4）具有并行性。考虑到硬件实现时具有并行计算的优点，识别算法应采用并行、分层流水设计，提高识别速度。

5. 统计中心线识别算法

下面介绍一种激光成像引信目标识别算法——统计中心线识别算法。该方法基于飞机类目标“主骨架”特征变化，图像的统计中心线可以很好地描述飞机的很多重要特征，据此可以实现目标识别以及抗干扰判别。

由图8－27可以发现，由于几何结构复杂，飞机的机翼、侧翼、尾翼常会使在激光近场探测成像过程中获取的飞机图像的轮廓存在突变，致使飞机图像的统计中心线经常会出现以下现象：

（1）突变（见图8－27中椭圆标识处）。

（2）多分支（见图8－27）。

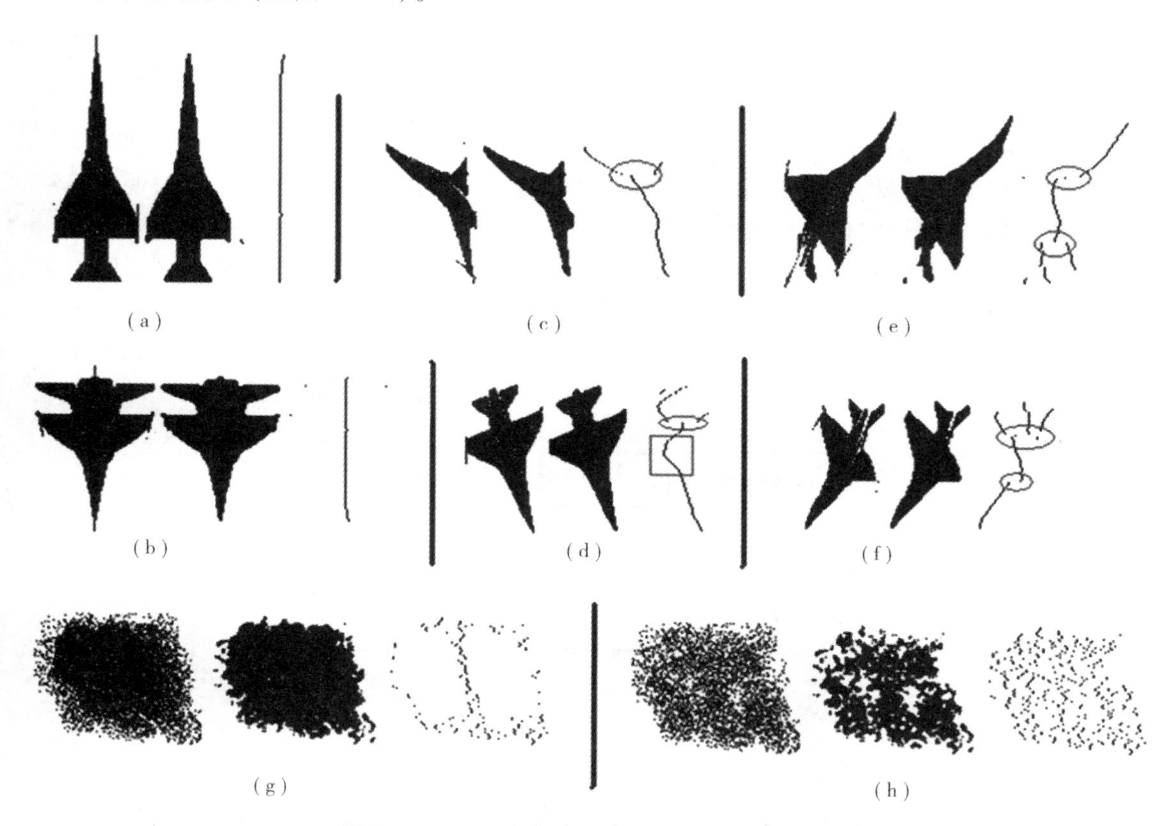

图8－27　不同姿态图像统计中心线的提取结果

（3）大角度的弯曲（见图 8－27 中方框标识处）情况。

（4）宽度变化，当统计中心线为一条竖直线时，此时的飞机图像的宽度却伴随有变大→突然变小→不变→变大［见图 8－27（a）、（b）］或变小→不变→突然变大→变小的明显变化过程。

这些特征都是云图线所不具有的［见图 8－27（g）、（h）］，利用这些特征可以实现云雾与飞机的辨别。

1）突变特征的提取

统计中心线形态特性的突变可以反映出目标图像形状的突变，而云图像则不具备此突变特征，因此统计中心线的突变处通常预示着有飞机目标的出现。

设定描述统计中心线变化特征的寄存器序列为 $F_1 \sim F_5$，序列中各部分的含义如图 8－28 所示。其中，上、下端线的最小宽度设定为像素宽度，像素宽度将影响到突变特征的提取结果；序列中所能允许的孤立点或无效点的个数总计不能大于两个，这使得该提取算法具有一定的抗噪能力。

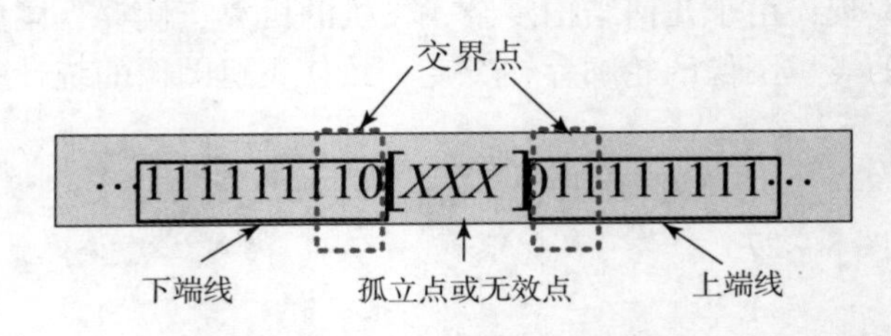

图 8－28　突变特征提取

2）多分支特征的提取

飞机的机翼、侧翼、尾翼通常会使飞机图像的统计中心线呈现出分支情况（见图 8－27），利用该特征可以实现云与飞机的区分。

设用于描述统计中心线变化特征的寄存器序列为 $F_1 \sim F_5$，在这多个移位寄存器序列中寻找是否同时存在序列“···111111···”，如图 8－29 所示。如果在某一属性寄存器 F_X 中存在这样的序列，说明在当前寄存器中存在某一图像统计中心线的最短可识别分支；如果寄存器 $F_1 \sim F_5$ 中有多个以上的寄存器中同时存在最短分支，则可以认为是飞机目标。

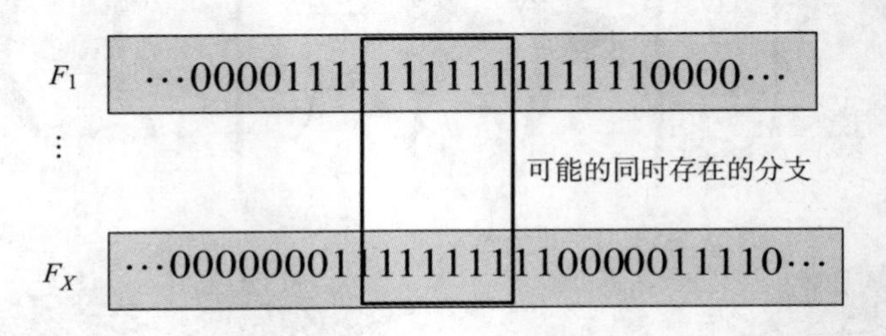

图 8－29　多分支特征提取

3）大角度弯曲特征的提取

大角度弯曲特征用来描述具有一定长度的统计中心线片段的弯曲度变化情况。该特征可以描述飞机图像在形态上大的改变（见图 8－27）。

如图8－30所示，位置寄存器第row(i)行的统计中心点的位置为j，第row($i-1$)行的统计中心点的位置为$j+k$，则这两个统计中心点的位置关系可记为$h(i)=(j+k)-j=k$。

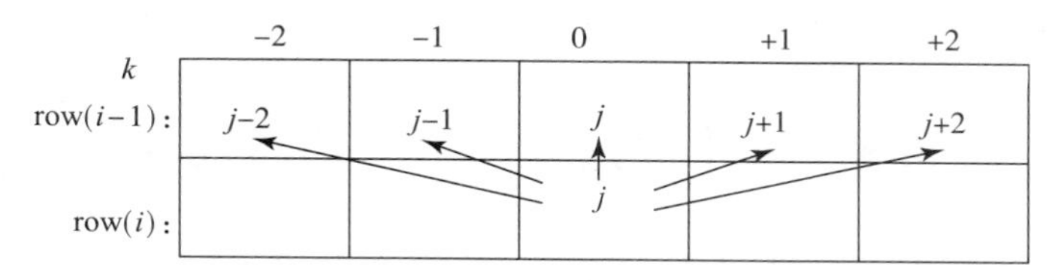

图8－30　相邻两行统计中心位置关系表示

同理，可求出其他位置寄存器中上下两个统计中心点的位置关系，也可求出其他相邻两行之间的统计中心点的位置关系。设置一定数量的检测行数，当连续出现统计中心点的位置关系变化符合大角度弯曲特征值时，则判定为弯曲特点。

4）宽度变化特征的提取

当弹目以近似正面迎头或者正面尾追的方位交会时，所提取出的飞机图像的统计中心线近似于一条竖直线。与此同时，飞机图像的宽度呈现出明显的变化规律，即近似正面迎头交会时，飞机图像的宽度呈现“平缓变大→基本不变→突然变小→基本不变→平缓变大”的变化规律；近似正面尾追交会时，飞机图像的宽度呈现“平缓变小→基本不变→突然变大→基本不变→平缓变小”的变化规律，如图8－27（a）、（b）所示；根据这一特征，也可实现飞机目标的识别。

宽度变化趋势的提取方法是：抽取宽度寄存器中当前行i的宽度信息，随后抽取第$i+n$行中的宽度信息，经过一定时间的积累行获得图像数据的宽度变化量趋势信息，完成宽度特征提取。

图8－31所示为运用目标识别算法对J6模型图像进行识别的结果示例，图中从右到左表示图像生成过程（即弹目交会过程），横向黑白交界处表示算法在此处完成目标识别。

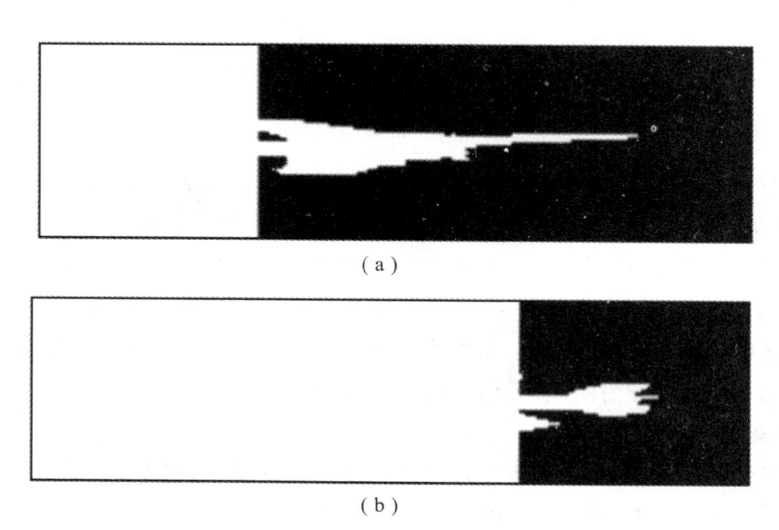

（a）

（b）

图8－31　目标模型探测与识别示例

（a）迎头交会条件下的目标识别图像；（b）尾追交会条件下的目标识别图像

激光成像引信目标识别算法的设计是一项复杂的研究工作，算法也处于不断完善的过程，相关设计方法可参考图像处理专业相关资料，选取合适的通用方法进行适应性改进设计，或提出更佳的识别算法。

8.3　脉冲激光成像引信仿真技术

脉冲激光成像引信仿真技术是为激光成像引信成像原理提供一套工程适用的设计验证与性能评估专用软件，包含激光引信模型库、目标模型库等。

数字仿真基本仿真原理与过程可描述如下：利用平面或曲面单元组合拟合目标表面，构造目标的三维表面模型；利用粗糙表面光散射理论计算目标每一单元对入射激光的反射光功率，叠加所有有效单元在某一方向上的功率得到总的复杂目标激光反射功率；经过激光引信探测器模型将光功率信号转换成电信号，得到不同弹目交会条件下引信目标回波信号。仿真原理框图如图 8 - 32 所示。

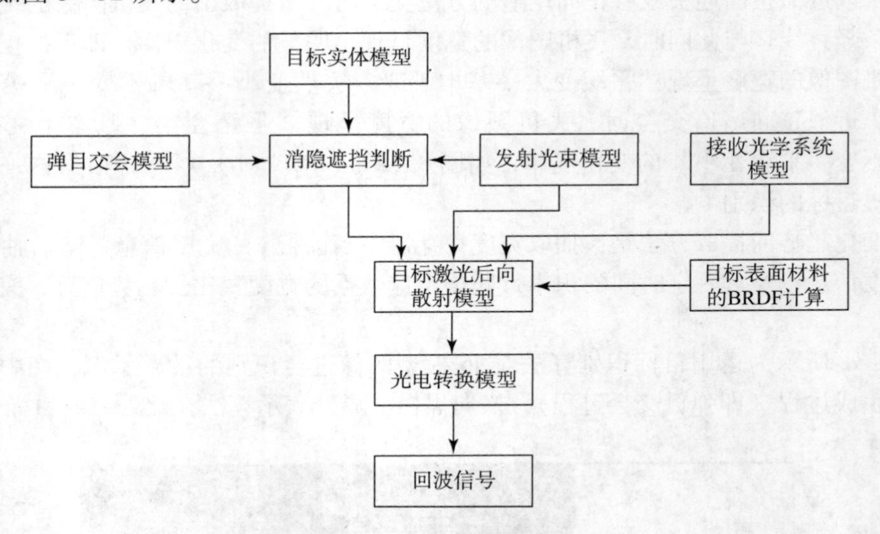

图 8 - 32　仿真原理框图

仿真首先要对目标反射回波功率进行计算，一般要考虑激光引信收发结构特征、弹目交会条件、双向反射分布函数（BRDF）、激光脉冲信号特征和目标几何结构特征等影响因素。目标回波信号的计算参数包括激光引信参数（发射波束的视野角和视场方向的发散角、发射波束的视野角和视场方向的倾角、接收系统的视野角和视场角、接收系统的视野角和视场方向的倾角、接收机有效通光面积、基线距离）和交会参数（脱靶量、脱靶角、弹目相对运动速度、引信运动速度、引信滚转角、目标滚转角）等。

1. 数字建模

数字建模是仿真技术的主要工作，其中涉及目标实体建模、弹目交会姿态建模、目标表面材料对激光的散射特性模型、激光成像引信建模等。

1）目标实体建模

根据实际目标的详细外形尺寸构造目标 1∶1 实体模型，一般利用 AutoCAD 或 3DMAX 等造型工具软件，构造具有足够精度的线框模型，线框的每一个网格就代表一个面元。采用小平面单元来拟合目标的三维表面外形，面元大小的划分以目标反射特性计算时的面元要求为依据，直接采用目标外形的面元参数计算目标的激光反射信号。复杂目标表面面元划分的一般原则是：在一定距离外，可把单元的散射近似为远场散射，每一个面元作为一个散射点。从理论上讲，单元越细，计算精度越高，数据量和计算量越大，为兼顾计算精度和速度，对于目标表面曲率较小的部分面元可以划分得大一些以提高计算速度，对曲率较大的部分则应将面元划分得较小以提高计算精度。

2）弹目交会姿态建模

在进行弹目交会仿真时，需要计算在弹目交会的每一个时刻弹目的相对位置，因此必须确定弹目交会过程中导弹和目标遭遇时的运动参数、位置参数和姿态。引信和目标的空间运动参数的研究与制订，是在几个坐标系内进行的，常用的坐标系有惯性坐标系、弹体坐标系和目标坐标系。弹目交会姿态建模即为三坐标系的转换关系确定，用以设置引信和目标的交会姿态。

3）目标表面材料对激光的散射特性建模

目标表面材料对激光的散射特性由双向反射分布函数（BRDF）描述（见图8－33），它表示某一入射方向的波，在表面上半球空间的反射能量的分布。在激光引信计算目标近场回波信号时，不再把目标看作理想的导体，也不再看作光滑表面。BRDF模型假设目标表面由平面、柱面、锥面和椭球面等小面元组成，小面元的法线方向呈高斯分布，并且小面元反射遵循菲涅耳关系。双向反射分布函数由表面粗糙度、介电常数、辐射波长和偏振等因素决定。

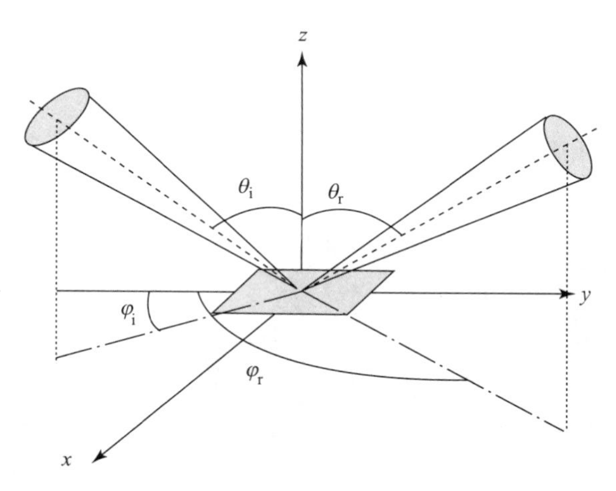

图8－33　BRDF几何示意图

BRDF建模中常使用五参数模型。五参数模型是根据粗糙面的微面元的统计特性，结合粗糙面的折射率参数得到的经验统计模型，能较好地模拟各种样片的BRDF。因此，利用有限的BRDF测量数据，结合最优化算法，获得五参数模型的参数值，就可以得到任意入射角和散射角的BRDF。

按照在不同入射角度下激光散射特性的变化情况进行建模，采用一维插值的方式，即直接利用BRDF实测数据先构造不同入射角度下散射特性的文件，然后在仿真时根据面元再接收光学系统的入射角进行查表，得到该面元的散射特性。

4）激光成像引信建模

引信的建模实际为成像探测系统的数字模型化，即为按照引信产品的发射系统、接收系统参数建立数字化模型，并可对光束能量、整形角度、脉冲频率、脉冲宽度、接收视场、接收像元等主要参数进行设置，由此形成引信数字模型。

2. 仿真结果

1）目标模型

目标模型是根据实际目标的外形尺寸采用面元法构造的，面元采用四边形，每个面元由4个顶点和一个法向量组成，如图8－34所示。

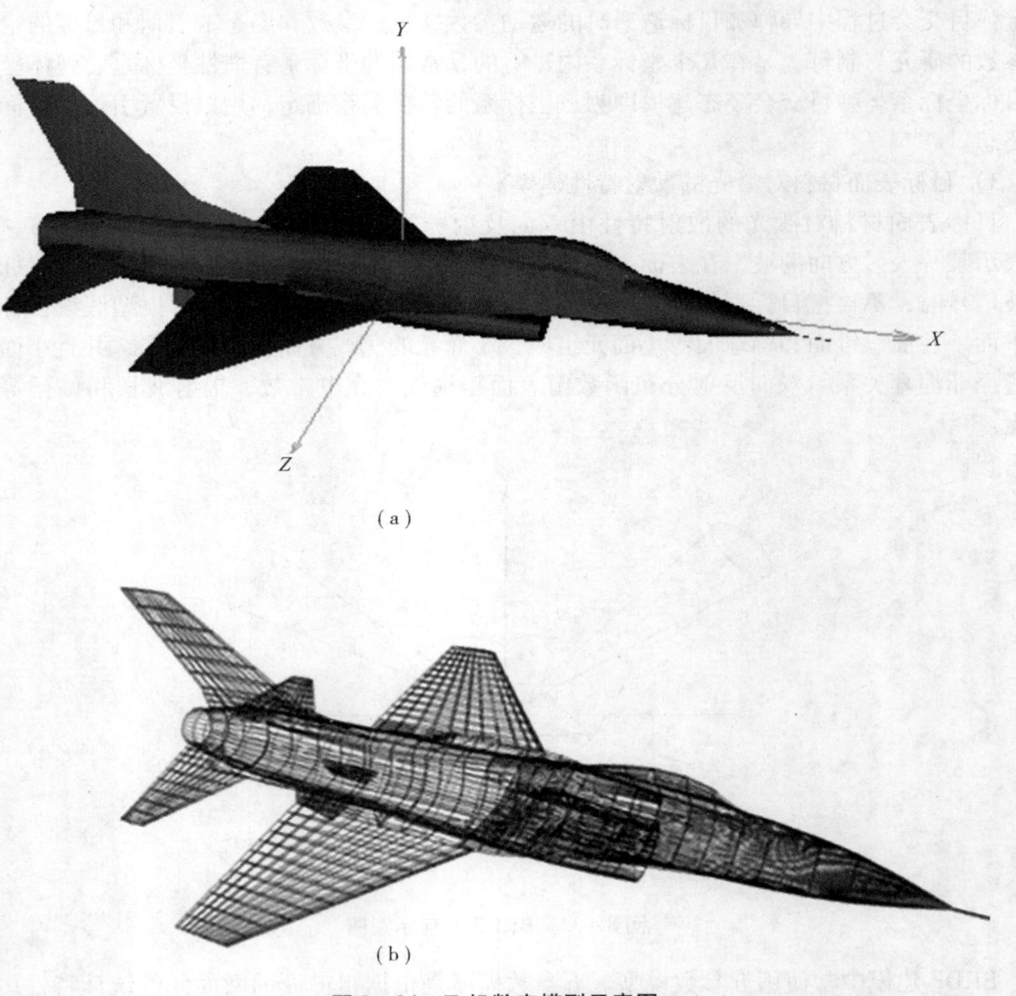

（a）

（b）

图8－34　飞机数字模型示意图

（a）目标模型；（b）目标网格图

2）成像仿真

成像仿真结果如图8－35所示。

图8－36和图8－37分别为激光成像引信原理样机对J6缩比模型和原尺寸长空一号靶机模型进行目标成像探测所得的部分图像示例。

图 8－35　仿真结果（正下方迎头交会，脱靶量 5 m）
（a）弹目交会示意图；（b）成像结果

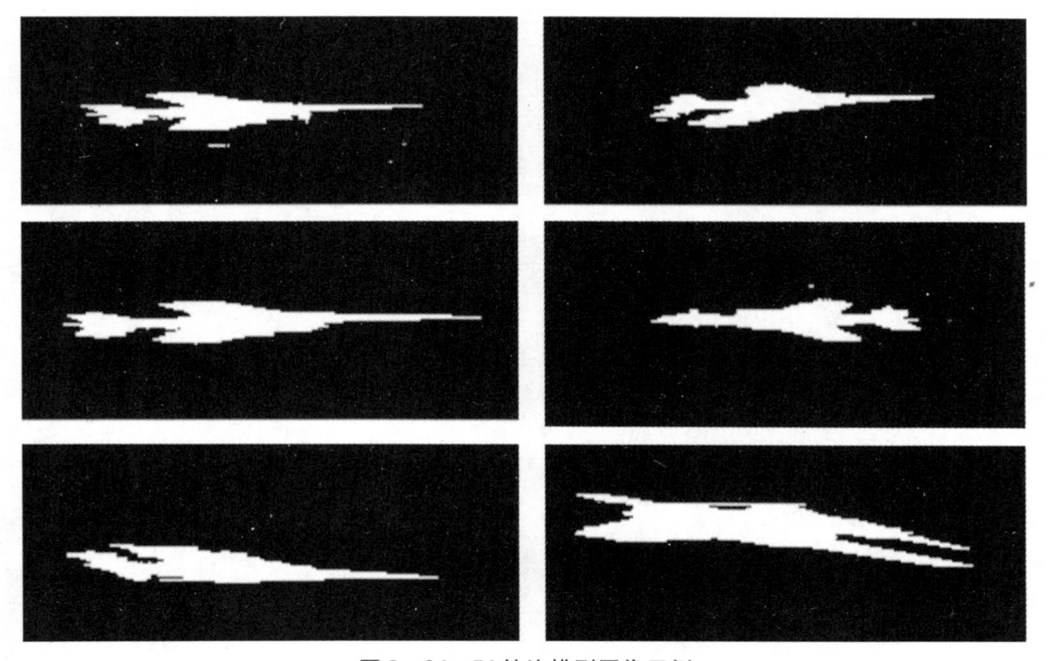

图 8－36　J6 缩比模型图像示例

图 8-37 长空一号靶机图像示例

第 9 章

烟雾扩散模式

烟雾作为激光无源干扰的重要有效手段，严重影响激光的传输特性。本章在分析气溶胶粒子的物理性质（气溶胶粒子的形态特征、粒径分布函数等）和影响气溶胶粒子运动因素（大气稳定度、大气扩散参数、有效源高、地面反射系数、风速与风向、粒子的沉降速度等）的基础上，详细介绍了烟雾的高斯扩散模式和随机游走模式，并进行相关仿真，得到初步的规律，为烟雾的进一步研究奠定基础。

9.1　气溶胶粒子的物理性质

9.1.1　粒子大小

建立粒子粒径的概念是为了对固态或液态分散相进行研究和分类，仅在球形粒子的特殊情况下才可用直径唯一地加以规定；对非球形粒子的一般情况下，可用等效直径来规定粒子的大小。等效直径可以按不同方法来规定。例如，对不规则的粉尘粒子，可以按 3 个方向相互垂直的轴的平均长度来确定等效直径，或以同体积的球的直径来确定，或以同表面积的球的直径表示，如表 9 – 1 所示。

表 9 – 1　不规则形状粒子的等效直径

长度直径	直径在一给定方向上测量	$d = l$
平均直径	在 n 个给定方向上测量粒子平均粒径	$d = \frac{1}{n}\sum_{i=1}^{n} d_i$
投影 – 周长直径	有同样投影周长的圆的直径	$d = \frac{P}{\pi}$
投影 – 面积直径	有与粒子同样投影面积的圆的直径	$d = \sqrt{\frac{4A_p}{\pi}}$
表面积直径	有与粒子相同表面积的球的直径	$d = \sqrt{\frac{A_s}{\pi}}$
体积直径	与粒子同体积的球的直径	$d = \sqrt[3]{\frac{6V}{\pi}}$

续表

质量直径	与粒子同质量同密度的球的直径	$d=\sqrt[3]{\frac{6M}{\pi\rho_p}}$
斯托克斯直径	与粒子同密度同沉降速度的球的直径	$d=\sqrt{\frac{18\mu v}{(\rho_p-\rho_a)g}}$

注：P—粒子的投影周长；　M—粒子的质量；　A_p—粒子的投影面积；
ρ_p—粒子的密度；　A_s—粒子的表面积；　ρ_a—空气的密度；
V—粒子的体积；　μ—空气的黏度；　v—粒子的沉降速度。

从表9-1中可以看出，不规则形状粒子的大小与用来确定平均粒径（或等效直径）所使用的方法有关，两种方法所得到的结果不会是一致的，要按研究的不同目的来选择计算等效直径的方法。

不论是天然的还是人工的分散相，粒子的大小都有不同的范围。从粒径下限到上限其物理-力学性质都有变化。此外，不同大小的粒子还具有不同的光学特性等特点，这就是对气溶胶粒子的大小要加以说明的原因。

9.1.2 粒子形态

散布在空气中的粒子多种多样，很难在科学的基础上对其进行严格的分类，通常是按其形态加以说明。

粉尘是固体物质的细小颗粒，其大小通常在100 μm以下，能暂时悬浮于空气中。粒子的形状大多是不规则的，有些矿物粉尘的形状与其结晶形态有关。例如，云母粉尘是片状的，而石棉尘是针状的，其长度可以是其直径的数百倍。在自然界中粉尘来源是由于风的作用，粉尘的来源也发生在人的生产活动中，如在破碎、爆破、钻孔、切削、输送等生产过程均有大量粉尘产生。

烟是由燃烧和凝结生成的细小粒子，在较早的分类系统中认为是有机物质产生的烟，如木材、煤、烟草等燃烧时产生的烟。烟粒子很细，其粒径范围为0.01~1 μm。液体合成物的烟粒呈球形。固体物质的烟粒呈不规则形状，氧化锌结晶粒子是四面体，而氧化镁的结晶粒子是正方体。煤烟和炭黑的形状是不规则的，氧化镁粒子是大小均一的球形长链。由于烟的粒子直径很小，可在空气中悬浮几分钟至几小时，在显微镜下观察呈布朗运动。

雾是由水蒸气及其他气体凝结而成的悬浮液滴，或者由液体直接喷雾而成。自然雾滴的大小为5~100 μm，由特殊方法产生的水雾的粒子大小可在几分之一μm以下，更大的粒子（大于100 μm）即为毛毛雨。

一些工业分散相，如硫酸蒸气，粒子大小具有较宽的范围，它是烟和雾的混合物。大城市上空的烟雾及爆炸产生的烟雾都属于烟和雾的混合物。

一般大气粒子的粒径范围为0.001~500 μm，小于0.1 μm的粒子具有和气体分子一样的行为，在气体分子的撞击下具有较大的随机运动；1~20 μm的粒子随气体运动而运动，往往被气体所携带；大于20 μm的粒子具有明显的沉降运动，通常它们在大气中停留的时间很短。

9.1.3 粒子形状

显微观测证实，组成大多数粉尘的粒子形状是不规则的，偶尔也有规则的结晶状态，如存在于雾中的液体粒子近于球形。粒子的不规则形状可概括为三大类。

（1）近似立方体，粒子的3个方向的尺寸有大致相同的大小。

（2）板状，在两个方向上有比第三个方向上更大的长度。

（3）针状，在一个方向上有比另两个方向上更大的长度。

在等效概念下，不规则几何形状的粒子可以用球、立方体、圆柱体、回转椭圆体等规则几何形状来近似地描述。

（1）球体：直径 $=d$。

（2）立方体：边长 $=a$。

（3）圆柱体：长 $=l$，直径 $=d$。

（4）椭圆体：极半径 $=b$，赤道半径 $=r$。若 $\beta=b/r$，对于球体，$\beta=1$；对于长椭圆体，$\beta>1$；对于扁椭圆体，$\beta<1$。

对于近似立方体类粒子可用球及立方体来近似；而板状类粒子可近似于 l/d 很小的圆柱体或 $\beta\to0$ 的扁椭圆体；针状粒子可以认为是 l/d 很大的圆柱体或 $\beta\to\infty$ 的长椭圆体；椭圆体几乎可用于所有情况。

研究粒子形状的目的在于了解粒子形状对其运动的影响。1934年维德尔（Wadell）提出了粒子的球形度，并规定球形度 φ 为和粒子同体积的球的表面积 S_g 与粒子的实际表面积 S_p 之比，即

$$\varphi=\frac{S_g}{S_p} \tag{9-1}$$

式中，S_g 为与粒子同体积的球的表面积（m^2）；S_p 为粒子的实际表面积（m^2）。

$\varphi\leqslant1$，其值越大表示颗粒形状与圆球的差异越小。对于立方体，$\varphi=0.806$。某些情况下 φ 的实测值见表9－2。

表9－2 球形度测量值

材料	φ	材料	φ
铁触媒	0.578	二氧化硅	0.554～0.628
破碎的固体材料	0.63	粉碎的煤	0.696
砂子	0.534～0.628		

如果以 d_c 表示等效直径，d_s 表示沉降直径，令

$$k=\left(\frac{d_c}{d_s}\right)^2 \tag{9-2}$$

k 称为动力形状系数，对于球体，$k=1.0$；对于非球形粒子，等效直径总是大于沉降直径，所以 k 值总是大于1.0。

派梯约翰（Petty John）建立了球形度与动力形状系数之间的数值关系，有

$$k=\left(0.843\times\lg\frac{\varphi}{0.065}\right)^{-1} \tag{9-3}$$

确定了球形度 φ，就可以利用式（9－2）、式（9－3）进行等效直径与沉降直径之间的换算了。

9.1.4 粒径分布规律

单一粒径气溶胶在自然界中是很少见的，但可以在实验室中用气溶胶发生器等特殊方法产生。单一粒径气溶胶粒子可以用简单的粒径来表示，对不同大小的粒子混合物只用粒子的“平均粒径”来表示气溶胶体系的物理性质是不够的，气溶胶粒子的全部特征不仅包括单个粒子性质的总和，而且包括粒子大小的分布特征。

1. 频率分布

对采集到的气溶胶粒子样品进行粒度测试，可以得出粒子数量在各个粒径区间的分布资料，一般是以各个粒径区间内的粒子数目占粒子总数的百分率的形式给出的，又称为分布频率，用 f_i 表示，即

$$f_i = \frac{n_i}{\sum n_i} \tag{9-4}$$

式中，n_i 为第 i 个粒度区间中的粒子数；$\sum n_i$ 为测试得到的粒子总数。

按照从小至大的区间顺序，将所有分布频率进行累加，该累加值称为累计百分数或累积频率，可用 F_j 表示，即

$$F_j = \sum_{i=1}^{j} f_i \tag{9-5}$$

表 9－3 所列为某样品粒度测量的原始数据。

表 9－3　粒度测量数据

区间编号	粒径区间/μm	粒子数量区间分布频率/%	累积分布频率/%
1	≤0.764	0.00	0.00
2	0.764～0.941	0.01	0.01
3	0.941～1.160	0.09	0.10
4	1.160～1.429	0.73	0.83
5	1.429～1.760	2.03	2.86
6	1.760～2.168	3.43	6.29
7	2.168～2.671	4.99	11.28
8	2.671～3.290	7.36	18.64
9	3.290～4.053	9.57	28.21
10	4.053～4.993	11.39	39.60
11	4.993～6.150	12.75	52.35

续表

区间编号	粒径区间/μm	粒子数量区间分布频率/%	累积分布频率/%
12	6.150～7.576	13.33	65.68
13	7.576～9.332	12.93	78.61
14	9.332～11.49	11.02	89.63
15	11.49～14.16	7.03	96.66
16	14.16～17.44	3.05	99.71
17	17.44～21.48	0.29	100.00
18	>21.48	0.00	100.00
总数		100.00	

2. 粒度分布直方图

以粒径为横坐标，以各区间粒子的分布频率为纵坐标，可以绘制粒度分布直方图。根据表9－3中的原始数据绘制的粒度分布直方图如图9－1所示。

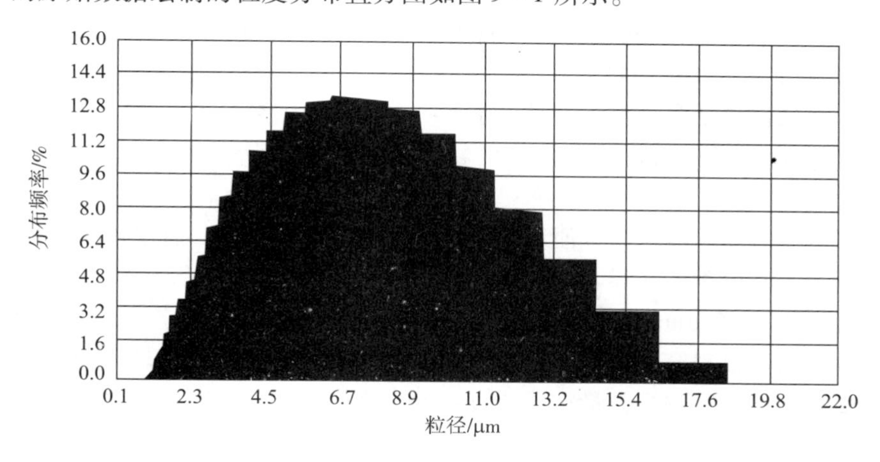

图9－1　粒度分布直方图

通常期望从直方图上直观地看出粒度分布的大致规律。例如，可以看出最常发生的粒径分布范围，在图9－1中，在6.150～7.576 μm内粒子分布频率最高。如果用原始资料画出直方图后看不出清晰的规律，就应该怀疑原始资料是否准确和充分，有必要做进一步的核对或重新检测。

3. 粒度分布曲线

以粒径为横坐标，以粒度分布频率和累积频率为纵坐标绘制的曲线反映了粒子体系的粒度分布特性，统称粒度分布曲线。其中根据式（9－4）绘制的曲线称为频率分布曲线或粒度分布的微分曲线，根据式（9－5）绘制的曲线称为累积频率分布曲线或粒度分布的积分曲线，分别如图9－2中曲线1、曲线2所示。

如果粒度分布区间很大，如0～1 000 μm，则粒度分布曲线的横坐标可以用对数表示。

若定义数量密度函数为

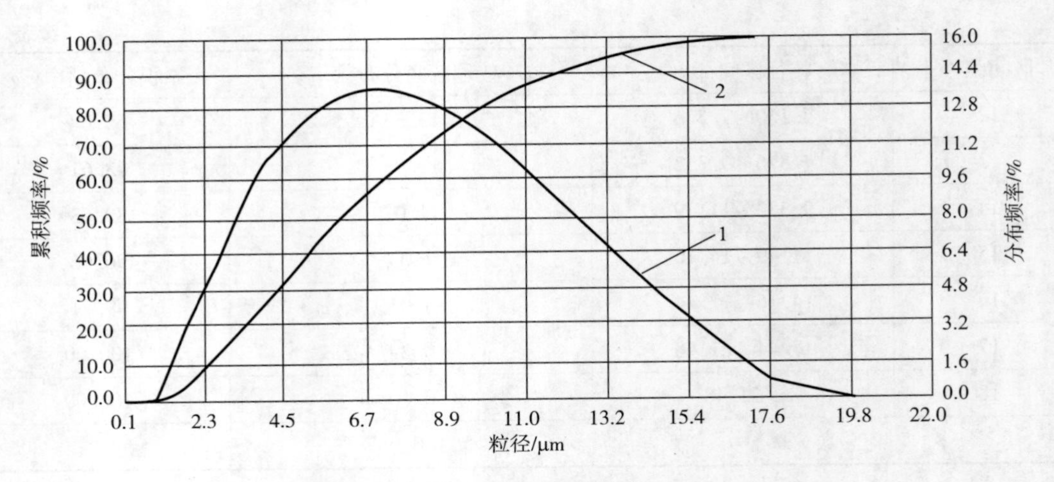

图 9－2　粒度分布曲线

$$\rho = \frac{\mathrm{d}F}{\mathrm{d}(d_{\mathrm{p}})} \tag{9-6}$$

式中，ρ 为粒径的连续函数，可以对累积曲线进行数学拟合得到各种分布方程。

4. 粒子体系常用的特征直径

气溶胶体系通常包括多个粒子直径，基于统计分析的结果，也可利用单一粒径的概念来描述气溶胶体系的粒子分布特征。常用的特征直径主要包括示性直径、中位直径和平均直径。

应用粒子频率分布曲线可以方便地确定粒子体系的示性直径。通常频率分布具有单个峰值，峰值表示了最常发生的粒径，称为示性直径，又称为形态直径，图 9－2 所示的粒子体系的示性直径约为 6.86 μm。

应用累积曲线可以很容易地确定中位直径，通常用 D_{50} 表示，它是累积频率 $F=0.5$ 时对应的粒子直径，此时有一半数量粒子的直径大于该粒径，另一半数量的粒子直径小于该直径。例如，图 9－2 所示粒子体系的中位径 $D_{50}=5.93$ μm。

平均直径也是反映气溶胶体系特性的重要参数。一般采用的平均直径有以下几个。

（1）数目平均直径

$$\overline{d_{\mathrm{p}n}} = \frac{\sum n_i d_{\mathrm{p}i}}{\sum n_i} \tag{9-7}$$

（2）表面积平均直径

$$\overline{d_{\mathrm{p}S}} = \left(\frac{\sum n_i d_{\mathrm{p}i}^2}{\sum n_i}\right)^{1/2} = \left(\sum f_i d_{\mathrm{p}i}^2\right)^{1/2} \tag{9-8}$$

（3）体积平均半径

$$\overline{d_{\mathrm{p}V}} = \left(\frac{\sum n_i d_{\mathrm{p}i}^3}{\sum n_i}\right)^{1/3} = \left(\sum f_i d_{\mathrm{p}i}^3\right)^{1/3} \tag{9-9}$$

根据表 9－3 中数据求得的各种平均直径为：长度平均直径 3.378 μm，面积平均直径

4.763 μm，体积平均直径6.565 μm。显然，计算的基准不同，平均直径差异较大，应根据用途选择合适的平均直径。

9.1.5　粒径分布函数

1. 罗辛－拉姆勒分布

罗辛－拉姆勒（Rosin－Rammler）函数简称为R－R函数，1933年由Rosin和Rammler在研究磨碎煤粉颗粒的粒径分布函数时提出来的，即

$$V(D)=1-\exp\left[-\left(\frac{D}{\bar{D}}\right)^{k}\right] \tag{9-10}$$

该式是颗粒粒径的累计分布形式，D是颗粒系中单颗粒的粒径，$\bar{D}$为特征尺寸参数，表示粒径大于这个值的颗粒占总体积的36.8%。k为粒径分布参数，k值大小决定颗粒分布的范围，k越大，颗粒分布越窄，反之越宽。当k值无穷大时，则为单分散颗粒，当$k>4$时，认为颗粒系是单分散的。对式（9－10）求导，得到其体积频率分布形式为

$$f(D)=\frac{\mathrm{d}V}{\mathrm{d}D}=\frac{k}{\bar{D}}\left(\frac{D}{\bar{D}}\right)^{k-1}\exp\left[-\left(\frac{D}{\bar{D}}\right)^{k}\right] \tag{9-11}$$

2. 正态分布函数

正态分布也称为高斯分布，包含两个常数，是一种对称的窄带分布，符合正态分布的烟雾极少，适用粒径比较均匀的气溶胶。正态分布函数的体积频率分布表达式为

$$f(D)=\frac{\mathrm{d}V}{\mathrm{d}D}=\frac{1}{\sqrt{2\pi}k}\exp\left[-\frac{1}{2}\left(\frac{D-\bar{D}}{k}\right)^{2}\right] \tag{9-12}$$

式中各参数的含义同上，当$k<0.2$时，烟雾可看作是单分散颗粒系。

3. 对数正态分布函数

对正态分布函数中的各参数取对数即可得到对数正态分布函数，通常用来描述烟幕、喷雾器、炸药和小型炸弹烟雾的粒径分布，其体积频率分布表达式为

$$f(D)=\frac{\mathrm{d}V}{\mathrm{d}D}=\frac{1}{\sqrt{2\pi}\ln k}\exp\left[-\frac{1}{2}\left(\frac{\ln D-\ln\bar{D}}{\ln k}\right)^{2}\right] \tag{9-13}$$

对数正态分布最高峰所对应的直径称为模态直径，表达式为

$$D_{\mathrm{mod}}=\bar{D}\exp(\ln^{2}k) \tag{9-14}$$

对于正态对数分布函数，数目平均粒径与体积平均粒径相等，其算术平均值为

$$\bar{d}=\bar{D}\exp\left(\frac{1}{2}\ln^{2}k\right) \tag{9-15}$$

4. 上限对数正态分布

上限对数正态分布一般用来描述喷雾液滴等大尺寸的颗粒群，其体积频率分布表达式为

$$f(D)=\frac{\mathrm{d}V}{\mathrm{d}D}=\frac{D_{\max}}{\sqrt{2\pi}kD(D_{\max}-D)}\exp\left\{-\frac{1}{2}\left[\frac{\ln\left(\frac{D\bar{D}}{D_{\max}-D}\right)}{\bar{D}}\right]^{2}\right\} \tag{9-16}$$

式中，$D_{\max}$为实际被测颗粒群的最大颗粒直径。

5. 威布尔分布函数

威布尔（Welbull）分布函数通常用来描述各种粉尘类型的粒子的粒径分布，其累计形式为

$$V(D)=1-\exp\left[-\frac{(D-D_{\min})^{\sigma}}{k}\right] \tag{9-17}$$

其体积频率表达式为

$$f(D)=\frac{\mathrm{d}V}{\mathrm{d}D}=\frac{k}{\sigma}(D-D_{\min})^{k-1}\exp\left[-\frac{(D-D_{\min})^{k}}{\sigma}\right] \tag{9-18}$$

式中，$D_{\min}$为实际被测颗粒群的最小颗粒直径；σ为颗粒群分布程度的量度。

9.2 影响气溶胶粒子运动的环境气象因素

影响气溶胶粒子运动的因素有大气稳定度、大气扩散参数、有效源高、地面反射系数、风速与风向、粒子的沉降速度等。下面分别进行介绍。

9.2.1 大气稳定度

大气稳定度主要分为强不稳定、不稳定、弱不稳定、中性、较稳定和稳定6个等级，分别表示为A、B、C、D、E、F。根据我国国家标准的规定，对于大气稳定度等级的确定采用Pasquill分类法。此方法需要计算出太阳高度角并查出太阳辐射级数，进而结合地面风速来确定大气稳定度等级，见表9-4。

表9-4 Pasquill的稳定度等级分类表

太阳辐射等级					
总云量/低云量	夜间	太阳高度角 h_0			
		$h_0 \leqslant 15$	$15<h_0\leqslant 35$	$35<h_0\leqslant 65$	$h_0>65$
<4/≤4	−2	−1	+1	+2	+3
5~7/≤4	−1	0	+1	+2	+3
≥8/≤4	−1	0	0	+1	+1
≥7/5~7	0	0	0	0	+1
≥8/≥8	0	0	0	0	0

大气稳定度分级						
地面风速/$(\mathrm{m\cdot s^{-1}})$	太阳辐射等级					
	+3	+2	+1	0	−1	−2
≤1.9	A	A−B	B	D	E	F
2~2.9	A−B	B	C	D	E	F
3~4.9	B	B−C	C	D	D	E
5~5.9	C	C−D	D	D	D	D
≥6	C	D	D	D	D	D

其中云量（全天空十分制）观测规则与现国家气象局编订的《地面气象观测规范》相同。地面风速（m/s）系指距地面10 m高度处10 min平均风速，如使用气象台（站）资料，其观测规则与国家气象局编订的《地面气象观测规范》相同。太阳高度角h_0使用下列公式计算：

$$h_0 = \arcsin[\sin\psi\sin\sigma + \cos\psi\cos\sigma\cos(15t + \Lambda - 300)] \tag{9-19}$$

式中，h_0为太阳高度角；ψ为当地纬度；Λ为当地经度；t为进行观测时的北京时间；σ为太阳倾角，

$$\sigma = [0.006\,918 - 0.399\,12\cos\theta_0 + 0.070\,257\sin\theta_0 - 0.006\,758\cos2\theta_0 + 0.000\,907\sin2\theta_0 - 0.002\,697\cos3\theta_0 + 0.001\,480\sin3\theta_0] \times \frac{180}{\pi} \tag{9-20}$$

式中，θ_0为$360d_n/365$；d_n为一年中日期序数，0、1、2、…、364。

9.2.2　大气扩散参数

大气扩散参数与大气稳定度有密不可分的关系。可用Pasquill大气稳定度分类法确定的大气稳定等级，再根据表9－5中的公式，得出大气扩散参数。

表9－5　Pasquill大气稳定度分类法的大气扩散参数对应表

σ	稳定度	α_1或α_2	γ_1或γ_2	下风距离/m
$\sigma_y = \gamma_1 x^{\alpha_1}$	A	0.901 704 0.850 934	0.425 809 0.602 052	0～1 000 >1 000
	B	0.914 370 0.865 014	0.281 846 0.396 353	0～1 000 >1 000
	B－C	0.919 325 0.875 086	0.229 500 0.314 238	0～1 000 >1 000
	C	0.924 279 0.885 157	0.177 154 0.233 123	1～1 000 >1 000
	C－D	0.926 849 0.885 157	0.143 940 0.189 396	1～1 000 >1 000
	D	0.929 418 0.888 723	0.110 726 0.146 669	1～1 000 >1 000
	D－E	0.925 118 0.892 794	0.098 563 0.124 308	1～1 000 >1 000
	E	0.920 818 0.896 864	0.086 400 0.101 947	0～1 000 >1 000
	F	0.929 418 0.888 723	0.055 363 4 0.073 334 8	0～1 000 >1 000

续表

σ	稳定度	α_1或α_2	γ_1或γ_2	下风距离/m
$\sigma_z=\gamma_2 x^{\alpha_2}$	A	1.012 154 1.513 600 2.108 810	0.079 990 4 0.008 547 71 0.000 211 545	0 ~ 300 300 ~ 500 >500
	B	0.964 435 1.093 560	0.127 190 0.057 025	0 ~ 500 >500
	B – C	0.941 015 1.007 700	0.114 682 0.075 718	0 ~ 500 >500
	C	0.917 595	0.106 803	>0
	C – D	0.838 628 0.756 410 0.815 575	0.126 152 0.235 667 0.136 659	0 ~ 2 000 2 000 ~ 10 000 >10 000
	D	0.826 212 0.632 023 0.555 360	0.104 634 0.400 167 0.810 763	1 ~ 1 000 1 000 ~ 10 000 >10 000
	D – E	0.776 864 0.572 347 0.499 149	0.111 771 0.528 992 1.038 10	0 ~ 1 000 1 000 ~ 10 000 >10 000
	E	0.788 370 0.565 188 0.414 743	0.092 752 9 0.433 384 1.732 41	0 ~ 1 000 1 000 ~ 10 000 >10 000
	F	0.708 440 0 0.525 969 0.322 659	0.062 676 5 0.370 015 2.406 910	0 ~ 1 000 1 000 ~ 10 000 >10 000

9.2.3 有效源高

对于高架连续点源来说，烟囱有效高度是扩散计算中的最重要参数，烟气从烟囱排出后，由于动力和热力的作用会继续上升，经过一段距离以后逐渐变平。有效源高的定义是烟流变平时的实际高度，它由源的物理高度H_S和烟的抬升高度ΔH相加而成，即

$$H=H_S+\Delta H \tag{9-21}$$

9.2.4 地面反射系数

地面的反射系数与粒子大小和湍流强度等因素有关。表9-6列出不同粒径烟雾粒子的α经验值。

表9-6 地面反射系数α值

粒径范围/μm	<15	15 ~ 30	31 ~ 47	48 ~ 75	>75
平均粒径/μm	—	22	38	60	—
反射系数α	1.0	0.8	0.5	0.3	0

9.2.5　风速与风向

空气的流动形成风。气象上把水平方向的空气运动称为风，铅直方向的空气运动则称为升降气流或对流。风的特征用风向和风速来表示。

风向是指风的来向，有两种表示方法，如图 9－3 所示。一种是方位表示法，一般把圆周分为 16 个方位，相邻两方位的夹角为 22.5°。另一种是角度表示法，正北方向与风向反方向的顺时针夹角为风向角。风向规定了烟幕等气溶胶运动的方位。

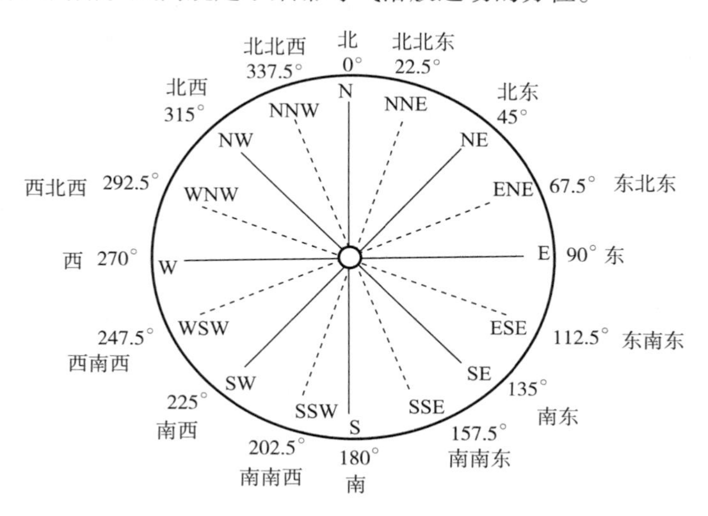

图 9－3　风向的 16 个方位

风速指单位时间内空气在水平方向移动的距离，用 m/s 或 km/h 表示。风速表征了大气对烟雾等气溶胶的输送速率，风速也可用风力级数（0～17 级）来表示。

根据《地面气象观测规范　第 7 部分：风向和风速观测》的风力等级表中，得到风速与风力之间的关系，如表 9－7 所示。

表 9－7　风力等级表

风级和符号	名称	风速/($m \cdot s^{-1}$)
0	无风	0.0～0.2
1	软风	0.3～1.5
2	轻风	1.6～3.3
3	微风	3.4～5.4
4	和风	5.5～7.9
5	轻劲风	8.0～10.7
6	强风	10.8～13.8
7	疾风	13.9～17.1
8	大风	17.2～20.7

续表

风级和符号	名称	风速/(m·s^{-1})
9	烈风	20.8~24.4
10	狂风	24.5~28.4
11	暴风	28.5~32.6
12	台风（亚太平洋西北部和南海海域）或飓风（大西洋及北太平洋东部）	32.7~36.9
13	轻微龙卷风	37.0~41.4
14	中等龙卷风	41.5~46.1
15	超大龙卷风	46.2~50.9
16	极大龙卷风	51.0~56.0
17	强台龙卷风	56.1~61.2
17级以上	龙卷风之王	≥61.3

注：表中的风速是指平地上离地10 m处的风速值。

由于受到地面粗糙度的影响，大气边界层内风速随高度而增加，风向随高度向右偏转，最后趋于地转风。对于无抬升的地面源来说，采用地面风速即可；对于高架污染源而言，如无高空风速的实测资料，则应采用地面观测风速的修正值。在实际工作中，大都采用乘幂公式加以修正，即

$$\bar{U}=\bar{U}_{10}\left(\frac{Z}{Z_{10}}\right)^m \tag{9-22}$$

式中，$\bar{U}$为离地面10 m处的10 min平均风速；Z为计算的高度，Z_{10}取10 m；m为风速轮廓指数。

不同的大气稳定度对应的m值不同，如表9-8所示。

表9-8　风速轮廓指数

A	B	C	D	E	F
0.10	0.15	0.20	0.25	0.30	0.30

9.2.6　沉降速度

假设单个颗粒在流体中的沉降或者颗粒在流体中分散得较好而颗粒之间互不接触的条件下沉降，得出单个颗粒的受力平衡方程为

$$F_g-F_b-F_d=m\frac{dv}{dt} \tag{9-23}$$

式中，F_g为粒子所受的重力，$F_g=\pi d_p\rho g/6$；F_b为流体的浮力；F_d为颗粒相对流体运动时的阻力。

当已知流体密度ρ、黏滞系数μ、颗粒直径d_p、颗粒在运动方向上的投影面积A、颗粒

与流体的相对运动速度 v，则受到的阻力 F_d 为

$$F_d = \frac{\xi A \rho v^2}{2} \tag{9-24}$$

式中，ξ 为无量纲阻力系数，是流体相对于颗粒运动时的雷诺数（$Re = d_p v\rho/\mu$）的函数，即

$$\xi = \phi\left(\frac{d_p v\rho}{\mu}\right) \tag{9-25}$$

此函数关系需要用经验试验来测定，对于球形颗粒，随着雷诺数 Re 的不同，ξ 可以分别用不同的计算式表示。

层流区（$Re<1$）　　$\xi = 24/Re$。

过渡区（$1<Re<500$）　　$\xi = 10/Re$。

湍流区（$500<Re<10^5$）　　$\xi = 0.44$。

将式（9－25）进行整理，可得重力场中颗粒沉降速度的计算公式为

$$\frac{dv}{d\tau} = \frac{(\rho_p - \rho)g}{\rho_p} - \frac{3\xi\rho v^2}{4d_p\rho_p} \tag{9-26}$$

颗粒沉降的过程分为两个阶段。起初为加速阶段，当 $\frac{dv}{d\tau}=0$ 时，颗粒开始进入匀速阶段。对于小颗粒，沉降的加速阶段较短，可以忽略不计，当作只有匀速运动。在匀速阶段中，颗粒相对于流体的运动速度 u_τ 称为沉降速度。当 $\frac{dv}{d\tau}=0$ 时，令 $v=v_\tau$，可得出沉降速度的计算公式为

$$v = \sqrt{\frac{4gd_p(\rho_p - \rho)}{3\xi\rho}} \tag{9-27}$$

9.3　烟雾扩散模式

9.3.1　高斯扩散模式

高斯扩散模式在20世纪50年代就已经广泛应用在研究物质扩散的浓度分布上，我国及美国、欧盟都将高斯扩散模式列为大气环境预测的基本模式。其具有很多方面的优点：模式的公式比较简单，参数的物理意义比较直观，便于分析各参数之间的关系，容易计算和仿真；在平原地区，因为气象条件的因素，采用高斯扩散模式可以使得预测的结果与实际相差不大；对于较为复杂的污染源排放问题，可以通过系统的分析，将复杂的污染源变成典型的高斯扩散模式，即该模式具有良好的通用性；作为法规模式它可以用最简捷的方式最大限度地将浓度场与气象条件之间的物理联系及观测事实结合起来，具有较高的时空分辨率和相当高的精度，是目前应用最广泛的一类模式。但是，高斯扩散模式无法处理可变风场及不平坦地形的情形，有时也没有将化学反应和干沉积对浓度的影响考虑在内，因此应用此模式会带来一定的误差。

高斯扩散模式在大量实测资料分析的基础上，应用湍流扩散的统计理论，得到了正态分布假设下的扩散模式。在平原地区，流场是比较均匀和平稳的，因此可以将三维空间除地表

以外的地区视作无边界的，有这样的大气条件支持，物质在大气中的扩散首先是沿着盛行风向运动，然后向各个方向扩散，扩散微粒位移的概率服从正态分布（高斯分布），这就是高斯模式的理论基础。

在高斯模式对固定点源的研究上，逐渐形成了高斯烟羽模式和高斯烟团模式。其中高斯烟羽模式主要用于连续点源的扩散，高斯烟团模式主要用于瞬时点源的扩散。对点源扩散模式的改进方面，主要是考虑了烟雾粒子的沉降速度和地面反射的实际情况，得出了高斯烟羽模式沉积模式。

在对连续线源的研究上，基于高斯扩散理论，形成了高斯烟流模式。1975 年，美国国家环境保护局基于高斯烟流模式开发出了 HIWAY 模式。1978 年，Chock 基于 CM 扩散研究的数据，用无限长的线源替代了高斯模式中的点源假设，开发出了 GM 模式。1984 年，Beaton 在之前各个研究的基础上，提出了 CALINE－4 模式，直到现在，CALINE 模式在处理连续线源的问题上依旧是最为常用的模式。1990 年，日本基于高斯模式的解析解开发出了 OMG 模式。1992 年，英国在对经验数据的分析中，对高斯模式进行了适当的修改，开发得出了 DMRB 模式。这些模式的不断开发，也使得高斯模式在处理连续线源的问题上得到了更好的解决，更加贴近于实际问题。

1. 连续点源高斯扩散模式

高斯烟羽模式用于连续点源的烟雾浓度扩散情况高斯烟羽模式的坐标系如图 9－4 所示，原点为排放点（若为高架源，原点为排放点在地面的投影），x 轴为下风向方向，y 轴在水平面上垂直于 x 轴，正向在 x 轴的左侧，z 轴垂直于水平面 xOy，向上为正向。在此坐标系下烟羽中心线在 xOy 面的投影与 x 轴重合。

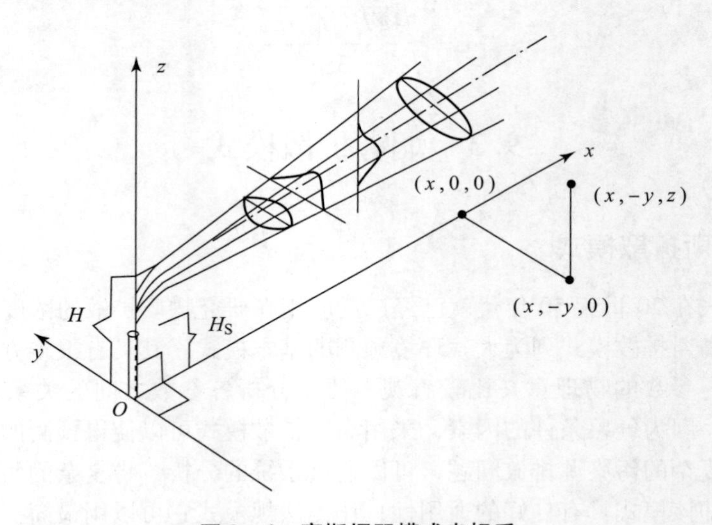

图 9－4　高斯烟羽模式坐标系

假设粒子扩散的概率分布函数为正态分布，则对下风向任意一点处的烟雾浓度函数为

$$C(x,\ y,\ z)=C(x)\mathrm{e}^{-ay^2}\mathrm{e}^{-bz^2} \tag{9-28}$$

由概率统计理论可以写出大气扩散方差的表达式为

$$\begin{cases} \sigma_y^2 = \dfrac{\int_0^{\infty} y^2 C \mathrm{d}y}{\int_0^{\infty} C \mathrm{d}y} \\ \sigma_z^2 = \dfrac{\int_0^{\infty} z^2 C \mathrm{d}z}{\int_0^{\infty} C \mathrm{d}z} \end{cases} \tag{9-29}$$

则该假设下的源强积分公式为

$$Q = \int_{-\infty}^{\infty}\int_{-\infty}^{\infty} uC \mathrm{d}y \mathrm{d}z \tag{9-30}$$

上述式中，σ_y、σ_z 为烟雾在 y、z 方向上分布的标准差，也称为大气扩散参数（m）；$C(x, y, z)$ 为任一点处烟雾的浓度（g/m³）；u 为平均风速（g/m）；Q 为源强（g/s）。

将式（9－28）代入式（9－29），求解积分可得

$$\begin{cases} a = \dfrac{1}{2\sigma_y^2} \\ b = \dfrac{1}{2\sigma_z^2} \end{cases} \tag{9-31}$$

将式（9－28）和式（9－31）代入式（9－30），求解积分可得

$$C(x) = \frac{Q}{2\pi u \sigma_y \sigma_z} \tag{9-32}$$

再将式（9－31）和式（9－32）代入式（9－28），可得

$$C(x, y, z) = \frac{Q}{2\pi u \sigma_y \sigma_z} \exp\left[-\left(\frac{y^2}{2\sigma_y^2} + \frac{z^2}{2\sigma_z^2}\right)\right] \tag{9-33}$$

得到的式（9－33）为无界空间下连续点源扩散的高斯烟羽模式公式，然而在实际应用中，由于地面的存在，烟羽的扩散是有界的。根据假设可以把地面看作一个镜面，对烟雾起全反射作用，并采用像源法处理，原理如图9－5所示。可以把任意一点 P 处的烟雾浓度看作两部分的烟雾浓度的贡献之和：一部分是不存在地面时形成的烟雾浓度；另一部分是由于地面反射作用增加的烟雾浓度。那么，P 点的烟雾浓度相当于不存在地面时由位于（0，0，H）的实源和位于（0，0，$-H$）的像源在 P 点处所造成的烟雾浓度之和。

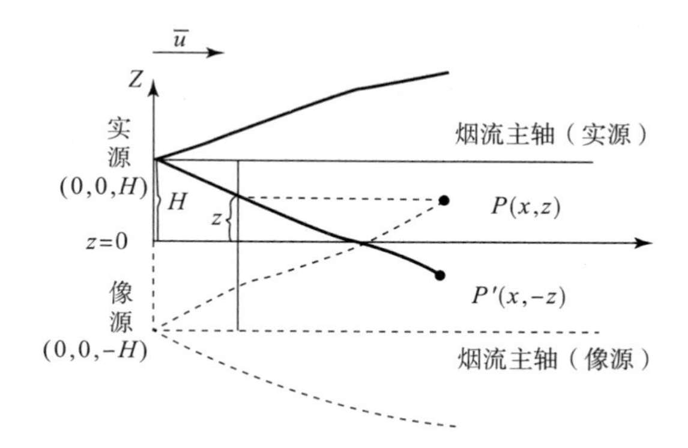

图9－5　像源法原理示意图

其中，实源和像源贡献的烟雾浓度分别如式（9－34）和式（9－35）所示，即

$$C_1(x, y, z) = \frac{Q}{2\pi u \sigma_y \sigma_z} \exp\left(-\frac{1}{2}\frac{y^2}{\sigma_y^2}\right) \exp\left[-\frac{1}{2}\frac{(z-H)^2}{\sigma_z^2}\right] \tag{9-34}$$

$$C_2(x,y,z)=\frac{Q}{2\pi u\sigma_y\sigma_z}\exp\left(-\frac{1}{2}\frac{y^2}{\sigma_y^2}\right)\exp\left[-\frac{1}{2}\frac{(z+H)^2}{\sigma_z^2}\right] \tag{9-35}$$

则 P 点处的实际烟雾浓度为

$$C(x,y,z)=C_1(x,y,z)+C_2(x,y,z) \tag{9-36}$$

由上述公式可以得到在流场均匀、定常及保守条件下的连续点源烟雾浓度扩散公式，即高斯烟羽模式公式为

$$C(x,y,z,H)=\frac{Q}{2\pi u\sigma_y\sigma_z}\exp\left(-\frac{y^2}{2\sigma_y^2}\right)\left\{\exp\left[-\frac{(z-H)^2}{2\sigma_z^2}\right]+\exp\left[-\frac{(z+H)^2}{2\sigma_z^2}\right]\right\} \tag{9-37}$$

式（9－37）为粒子无沉积作用下的高斯烟羽模式公式，假设烟雾粒子有沉积时的烟雾浓度扩散分布与烟雾粒子无沉积时有相同的分布形式，整个烟雾以 v_d 的速度沉降，将无沉积情况下的有效源高 H 用（$H-v_d x/u$）置换，再考虑地面反射的影响，可得到有沉积和地面影响的烟雾浓度分布公式为

$$C(x,y,z,H)=\frac{Q}{2\pi u\sigma_y\sigma_z}\exp\left(-\frac{y^2}{2\sigma_y^2}\right)\left\{\exp\left[-\frac{(z-H+v_d x/u)^2}{2\sigma_y^2}\right]+\alpha\exp\left[-\frac{(z+H-v_d x/u)^2}{2\sigma_y^2}\right]\right\} \tag{9-38}$$

式中，α 为地面反射系数。

2. 瞬时点源高斯扩散模式

高斯烟团模式主要用于瞬时点源的扩散。Sharan 等人建立了分段烟流和高斯烟团耦合的方法来模拟非均一、非平稳条件下的扩散，即将连续烟流通过一定数量的烟段来近似，每一个烟段又包括一系列相邻的烟团，对瞬时点源来说，考虑源强为 Q 的瞬时点源在无限流场中（0，0，H）处的排放，其中风速 U 在 x 方向上，假设涡流扩散率（K_x、K_y 和 K_z）为常数，则关于平均浓度 C 的基本大气扩散方程可以写为

$$\frac{\partial C}{\partial t}+U\frac{\partial C}{\partial x}=K_x\frac{\partial^2 C}{\partial x^2}+K_y\frac{\partial^2 C}{\partial y^2}+K_z\frac{\partial^2 C}{\partial z^2} \tag{9-39}$$

给这个方程加上初始条件和边界条件，即

$$C(x,y,z,0)=Q\delta(x)\delta(y)\delta(z-H) \tag{9-40}$$

$$C(x,y,z,t)=0;\ x,y,z\to\pm\infty,\ t>0 \tag{9-41}$$

将初始条件和边界条件代入大气扩散方程中，并且将湍流扩散率表达为扩散参数的函数（$2K_i t=\sigma_i^2$，$i=x,y,z$），得到大气扩散方程的解析解为

$$C(x,y,z,t)=\frac{Q}{(2\pi)^{3/2}\sigma_x\sigma_y\sigma_z}\times\exp\left\{-\left[\frac{(x-Ut)^2}{2\sigma_x^2}+\frac{y^2}{2\sigma_y^2}\right]\right\}\times \left\{\exp\left[-\frac{(z-H)^2}{2\sigma_z^2}\right]+\exp\left[-\frac{(z+H)^2}{2\sigma_z^2}\right]\right\} \tag{9-42}$$

式（9－42）就是高斯烟团模式的浓度分布公式，它提供了烟团内部的浓度分布，该模式也可以在一个稳定的、均匀的高斯流场中的拉格朗日参考系中获得。与高斯烟羽模式不同的是，式中的 H 并不是有效高度而是排放高度。

爆炸烟雾可看作瞬时点源产生的烟雾。以爆炸烟雾为例，结合 9.2 节的内容，进行仿真

分析。

爆炸产生的烟雾会经历3个阶段，即冲击阶段、蘑菇云阶段和扩散阶段。冲击阶段和蘑菇云阶段主要是依靠冲击波和热对流形成具有一定体积大小的烟团，持续时间较短。扩散阶段主要是烟雾在风场和大气湍流的作用下，进行运输和扩散的阶段。爆炸烟雾完成冲击阶段和蘑菇云阶段的时间一般为2～3 s，可以认为烟雾在瞬间排放到大气中，进入扩散运动阶段之前的烟雾扩散范围相对其扩散后的范围是很小的，最终决定烟雾扩散范围的主要是扩散阶段的运动。忽略进入扩散运动之前的烟团的体积，爆炸烟雾的扩散可看作是瞬时点源的扩散。因为前两个阶段持续时间较短，所以对爆炸烟雾的研究主要是在其扩散阶段建立扩散模型。

对战场中爆炸产生的烟雾浓度分布进行仿真，需先确定爆炸及大气环境的相关参数，其参数的选取如表9－9所示。

表9－9　仿真参数的选取

参数名称	参数取值
爆炸当量（TNT当量质量）	10 kg
大气稳定度	*C*
释放高度	10 m
平均风速	1.0 m/s

文献中提到，爆炸形成的蘑菇云在100 s内趋于稳定。此处扩散时间的取值为150 s，观测高度为15 m，得到烟雾浓度分布如图9－6至图9－8所示。图9－6所示为爆炸烟雾浓度分布三维图，图9－7和图9－8分别是下风向烟雾浓度分布图和垂直风向烟雾浓度分布图。爆炸的瞬时性导致烟团的浓度分布呈一定的距离性。在下风向方向上，烟雾浓度随距离的增加呈现先上升后下降的趋势，并且下降的趋势较上升的趋势缓慢。在垂直风向上，烟雾浓度分布关于扩散中心线对称，而且严格服从高斯烟团模式假设下的正态分布。

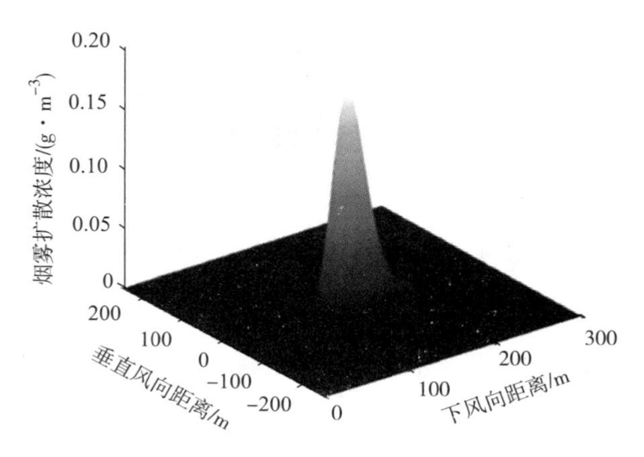

图9－6　爆炸烟雾浓度分布三维图

从瞬时点源烟雾浓度分布公式可知，影响烟雾浓度分布的主要参数是源强、扩散时间、平均风速和释放高度。在保证其他参数不变的基础上，分别对4个不同的参数进行仿真对比，得到参数改变对下风向方向上的地面烟雾浓度影响规律。

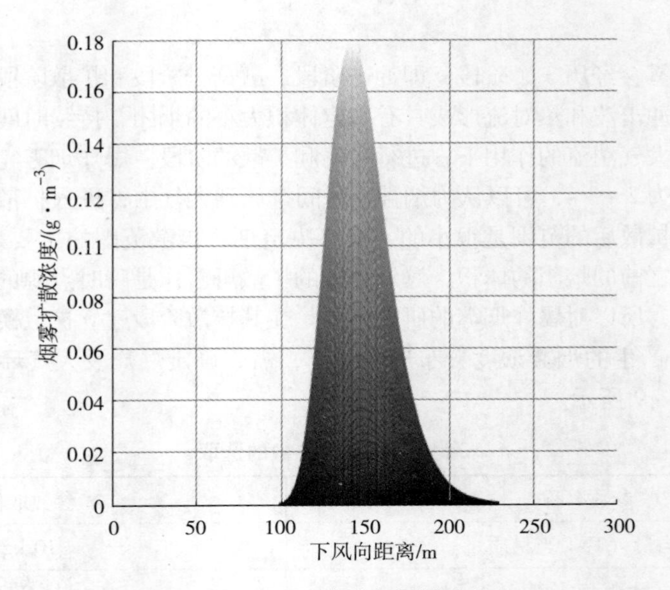

图 9-7　下风向爆炸烟雾浓度分布

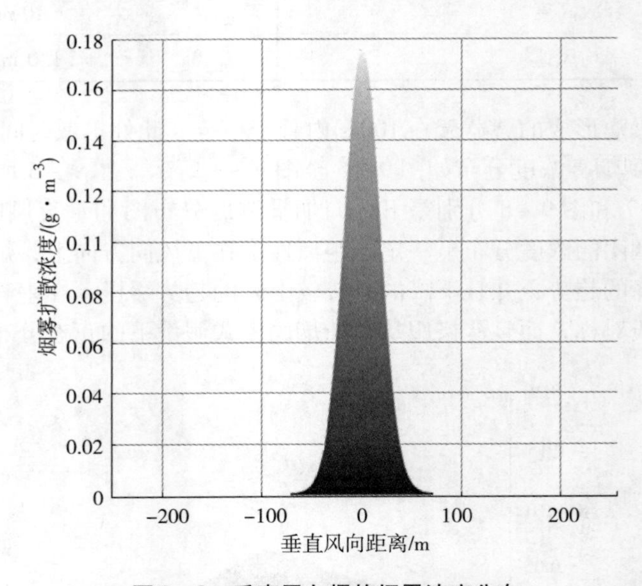

图 9-8　垂直风向爆炸烟雾浓度分布

1）源强的影响

选择不同的爆炸当量，即改变产生爆炸烟雾的源强，结合图 9-9 和表 9-10 可以得到，源强的变化主要影响烟雾浓度的峰值，对烟团位置的变化无影响。源强越大，同观测位置处的烟雾峰值浓度越大。

2）平均风速的影响

改变大气环境中的平均风速，烟团会沿着下风向移动，结合图 9-10 和表 9-11 可以得到，平均风速的增大使得烟团的峰值浓度呈先上升后下降的趋势，在某一风速条件下，烟雾浓度的峰值达到最大值。烟团的大小则随着风速的增大逐渐变大。

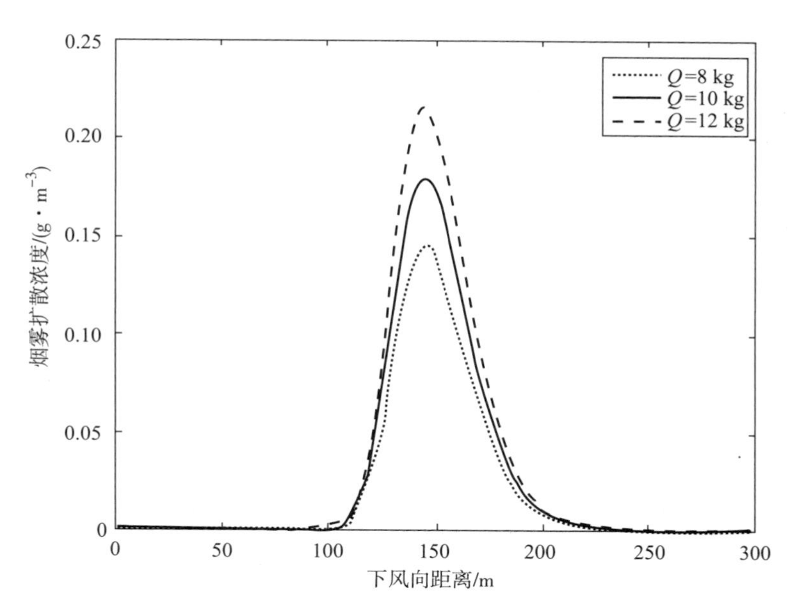

图 9-9 源强对爆炸烟雾浓度分布的影响

表 9-10 不同源强下烟雾浓度峰值

源强/kg	8	10	12
烟雾峰值浓度/(g·m^{-3})	0.14	0.18	0.22

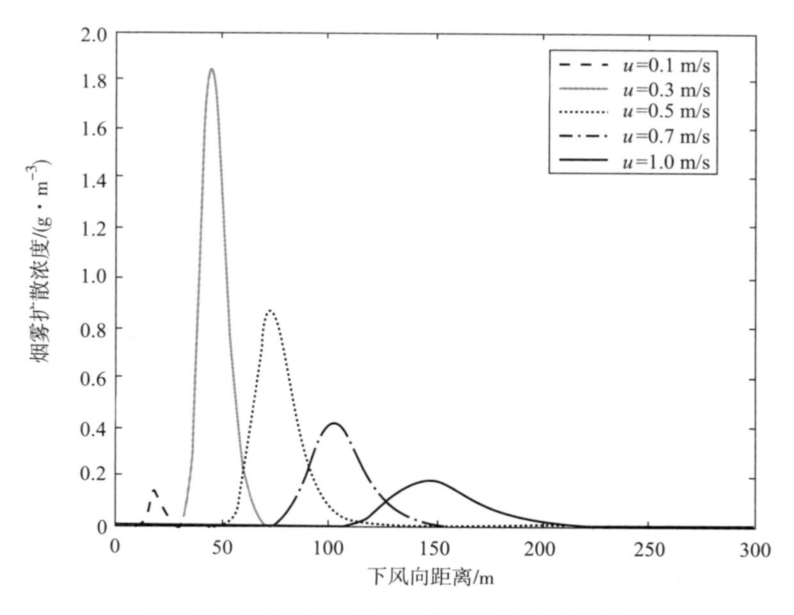

图 9-10 平均风速对爆炸烟雾浓度分布的影响

表 9-11 不同平均风速下烟雾浓度峰值

平均风速/(m·s^{-1})	0.1	0.3	0.5	0.7	1.0
烟雾峰值浓度/(g·m^{-3})	0.14	1.8	0.86	0.41	0.18

3）扩散时间的影响

扩散时间的改变导致观测到的烟团位置不同。结合图 9－11 和表 9－12 可以得到，扩散时间越长，烟雾浓度的峰值呈先上升后下降的趋势，在某一扩散时间，烟雾浓度峰值达到最大。烟团的大小则随着扩散时间的延长越来越大。

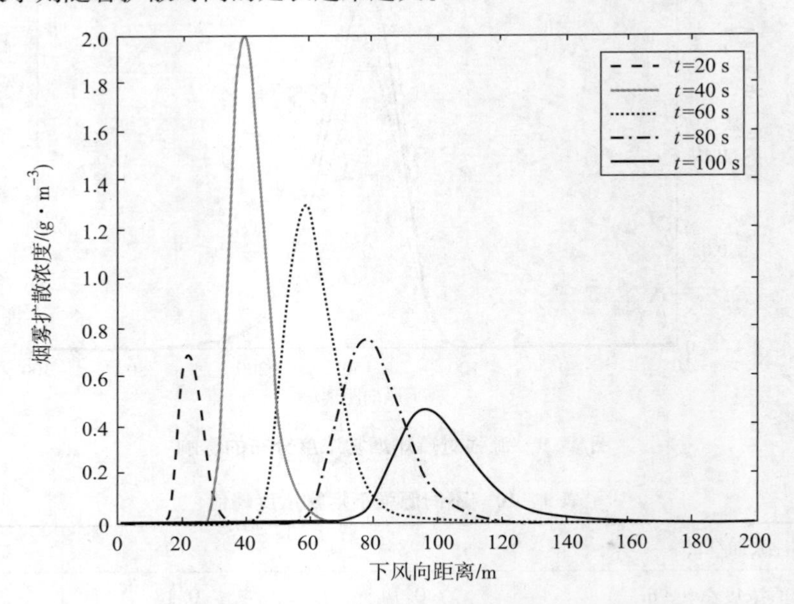

图 9－11　扩散时间对爆炸烟雾浓度分布的影响

表 9－12　不同扩散时间下烟雾浓度峰值

扩散时间/s	20	40	60	80	100
烟雾峰值浓度/(g · m^{-3})	0.69	2.00	1.3	0.75	0.46

4）释放高度的影响

任意选择烟团中的 3 个观测点，其中，下风向距离和垂直风向距离相同，观测高度不同。改变瞬时点源的释放高度，得到图 9－12 所示的曲线。在不同的观测高度上，随着释放高度的增加，烟雾浓度呈抛物线的形式，先上升后下降。观测点越低，到达烟雾峰值浓度的释放高度越低。

3. 连续线源高斯扩散模式

呈线状分布污染源的称为线源，根据连续点源高斯公式，对连续点源在线源长度范围积分，线源的浓度为组成线源的无数个点源的浓度之和。不同于连续点源在下风向方向上的情况，在考虑线源扩散时，需要考虑线源与风向的夹角及线源的长度。

有界条件下，有限长的连续线源，有效源高为 H，线源长度为 L，假设风向与线源正交，则得到连续线源高斯烟流模式公式为

$$C(x, y, z, H) = \frac{Q}{\sqrt{2\pi}u\sigma_z}\left\{\exp\left[-\frac{(z+H)^2}{2\sigma_z^2}\right] + \exp\left[-\frac{(z-H)^2}{2\sigma_z^2}\right]\right\}\cdot$$

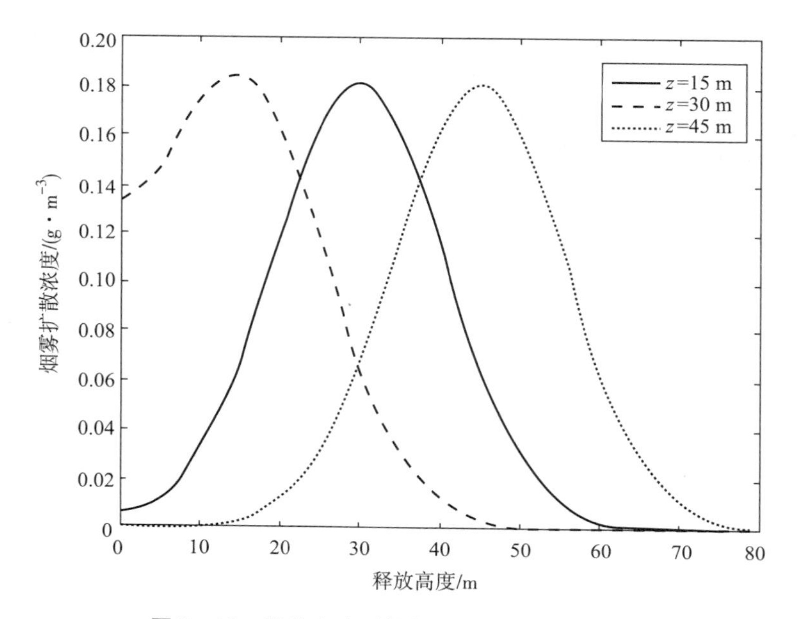

图9-12　释放高度对爆炸烟雾浓度分布的影响

$$\left[\operatorname{erf}\left(\frac{\frac{L}{2}+y}{\sqrt{2}\sigma_y}\right)+\operatorname{erf}\left(\frac{\frac{L}{2}-y}{\sqrt{2}\sigma_y}\right)\right] \tag{9-43}$$

式中，$\operatorname{erf}(x)$ 为误差函数，$\operatorname{erf}(x)=\frac{2}{\sqrt{\pi}}\int_0^x e^{t^2}\mathrm{d}t$。

基于高斯模式的线源模式有 HIWAY 模式、GM 模式、CALINE 模式等，下面分别进行介绍。

1）HIWAY 模式

HIWAY 模式是美国国家环境保护局于1975年开发的第一个公路线源扩散模式。之后，HIWAY 模式经过修改，推出了 HIWAY-2 模式。该模式是将有限长的线源等效成一系列连续点源，通过积分高斯烟羽模式扩散公式计算扩散的浓度和分布为

$$c=\frac{Q}{u}\int_0^L f\mathrm{d}l \tag{9-44}$$

式中，f 为连续点源的高斯烟羽扩散方程。

2）GM 模式

GM 模式虽然回避了点源假设，但应用了无限线源方法，并定义一个新的扩散参数，该参数是风与线源方位角和距源的距离函数。GM 模式考虑了在相当稳定和微风条件下线源方向上烟羽的抬升，而且在参数的选择上进行了重新定义和选取。得到烟雾浓度公式为

$$C=\frac{Q}{\sqrt{2\pi}U\sigma_z}\left\{\exp\left[-\frac{1}{2}\left(\frac{z+H_0}{\sigma_z}\right)^2\right]+\exp\left[-\frac{1}{2}\left(\frac{z-H_0}{\sigma_z}\right)^2\right]\right\} \tag{9-45}$$

式中，Q 为线源源强（mg/(m·s)）；U 为线源横风向风速与风速修订因子的和（m/s）；H_0 为线源排放烟羽高度（m）。

在 GM 模式中只存在一个扩散参数 σ_z，水平扩散和垂直扩散参数全都体现在 σ_z 的定义中，即

$$\sigma_z = [a + bf(\theta)x]^c \tag{9-46}$$

$$f(\theta) = 1 + \beta\left|\frac{\theta - 90}{90}\right|^{\gamma} \tag{9-47}$$

式中，x 为计算点距离线源中心的距离（m）；θ 为风向与线源方向的夹角（°）；a、b、c、β、γ 为根据大气稳定度确定的经验参数。

烟羽高度 H_0 的计算式为

$$H_0 = \left[\frac{Rg(\rho_0 - \rho)}{\alpha\rho_0 u^2}\right]^{1/2} \cdot x \tag{9-48}$$

式中，R 为烟羽的宽度（m）；g 为重力加速度（m/s^2）；ρ_0 和 ρ 为环境空气和烟羽的宽度（kg/m^3）；α 为系数；u 为线源横风向风速（m/s）。

3）CALINE 模式

CALINE 模式是基于高斯扩散方程和使用混合区域的概念来表示污染物扩散特征。经过不断地修改与论证，现在已逐步形成完善的 CALINE－4 模式。CALINE 模式将无限长的线源分解为若干单元，每一个单元近似成一个通过单元中心点且与风向垂直的有限长线源，下风向浓度看成是所有单元的贡献之和，浓度公式为

$$C_n = \frac{Q}{\sqrt{2\pi}u\sigma_z}\left\{\exp\left[-\frac{(z-H)^2}{2\sigma_z^2}\right] + \exp\left[-\frac{(z+H)^2}{2\sigma_z^2}\right]\right\}\cdot\frac{1}{\sqrt{2\pi}}\int_{\frac{y_1}{\sigma_y}}^{\frac{y_2}{\sigma_y}}\exp\left(-\frac{p^2}{2}\right)dp \tag{9-49}$$

式中，y_2 和 y_1 分别为线源两端点的坐标。

9.3.2 随机游走模式

当大气条件复杂且不稳定时，高斯扩散模式得到的结果就不再准确，此时使用拉格朗日随机游走模式来模拟大气中烟雾粒子的扩散和烟雾浓度的分布时，物理概念更加清晰。

拉格朗日随机游走模式可以表示烟雾的自然分布，用跟随流体运动的烟雾粒子来描述烟雾浓度的分布及其变化。烟雾粒子的轨迹由平均速度和湍流脉动速度决定，通过模拟假想粒子的空间分布来得到烟雾的浓度场。随机游走模式的优点在于，它具有较高的准确性，而且易于控制、适用性广、采用无数值扩散，这都能体现复杂风场和地形对烟雾浓度的影响，所以它的计算结果更加符合真实情况。其不仅适用于平坦地形，也适用于复杂的地形条件。就像高斯扩散模式一样，它也有自身的局限性，不能精确求解粒子的统计性质，这就导致方程的实用性受到很大的限制。具体来说，就是随机游走模式需要知道其划分表格中的温度、湿度、风速、风向等相关参数，这一点是很难做到的，很多情况下都是采用差值算法对风速风向进行求解。

下面基于拉格朗日随机游走模式，考虑风场、湍流、重力、浮力等作用，建立自由空间烟雾扩散模型。针对连续烟源，数值模拟石墨烟雾扩散过程，分析烟雾粒径在空间和时间上的分布特性。

1. 自由空间烟雾扩散建模

自由空间烟雾扩散模型包括烟源模型、大气环境模型和粒子运动模型。

1）烟源模型

烟源模型用于模拟发烟源与产生、释放烟雾粒子相关的物理特性，包括发烟源的位置、材料、粒径分布、释放速率、释放持续时间等。其中，发烟源的位置、材料、释放速率、释放持续时间在仿真过程中直接设定参数值，粒径分布采用Gamma分布，表达式为

$$n(r)=ar^{b}\exp(-cr^{d}) \tag{9-50}$$

式中，$n(r)$ 为粒径分布函数；r 为粒子半径；a、b、c、d 为拟合参数，根据不同的烟雾条件进行设定。

2）大气环境模型

大气环境模型用于模拟自由空间中影响烟雾扩散的大气环境，包括风速、风向和湍流。其中，风速、风向在仿真过程中直接设定参数值，湍流则根据大气混合层厚度、摩擦速度、对流速度、地表粗糙度、Monin－Obukhov 长度等气象数据，在粒子运动的每一步中进行计算。

3）粒子运动模型

粒子运动模型用于描述烟雾粒子的运动状态。粒子的运动速度表达式为

$$\begin{cases} u(t)=\overline{u(t)}+u'(t) \\ v(t)=\overline{v(t)}+v'(t) \\ w(t)=\overline{w(t)}+w'(t)+w_{gb} \end{cases} \tag{9-51}$$

式中，$\overline{u(t)}$、$\overline{v(t)}$、$\overline{w(t)}$为粒子运动速度的平均量，即平均风速；$u'(t)$、$v'(t)$、$w'(t)$为粒子运动速度的涨落量，即湍流速度，表达式为

$$\begin{cases} u'(t+\Delta t)=u'(t)R_{L,u}(\Delta t)+\sigma_u\,[1-R_{L,u}^2(\Delta t)]^{1/2}\xi_1 \\ v'(t+\Delta t)=v'(t)R_{L,v}(\Delta t)+\sigma_v\,[1-R_{L,v}^2(\Delta t)]^{1/2}\xi_2 \\ w'(t+\Delta t)=w'(t)R_{L,w}(\Delta t)+\sigma_w\,[1-R_{L,w}^2(\Delta t)]^{1/2}\xi_3+\dfrac{\mathrm{d}\sigma_w^2}{\mathrm{d}z}\Delta t \end{cases} \tag{9-52}$$

等式右侧第一部分为湍流速度的相关部分，表示前一时刻湍流速度对后一时刻湍流速度的影响，$R_{L,u}(\Delta t)$、$R_{L,v}(\Delta t)$、$R_{L,w}(\Delta t)$为湍流速度经时间 Δt 后的自相关系数；等式右侧第二部分为湍流速度的随机部分，$\sigma_u\,[1-R_{L,u}^2(\Delta t)]^{1/2}$、$\sigma_v\,[1-R_{L,v}^2(\Delta t)]^{1/2}$、$\sigma_w\,[1-R_{L,w}^2(\Delta t)]^{1/2}$为随机部分的标准差，$\xi_1$、$\xi_2$、$\xi_3$ 为标准正态分布随机数；$\dfrac{\mathrm{d}\sigma_w^2}{\mathrm{d}z}\Delta t$ 为垂直方向增加的切应力项。湍流速度根据大气边界层状态及相关大气资料进行计算，具体计算公式可参考文献，在此不再赘述；w_{gb}为重力和浮力共同作用时产生的沉降速度，表达式为

$$w_{gb}=\frac{2}{9}r^2g\frac{\rho_p-\rho_g}{\eta} \tag{9-53}$$

式中，r 为粒子半径；g 为重力加速度；η 为大气黏度；ρ_p 为粒子密度；ρ_g 为大气密度。

粒子的位置表达式为

$$\begin{cases} x(t+\Delta t)=x(t)+u(t)\Delta t \\ y(t+\Delta t)=y(t)+v(t)\Delta t \\ z(t+\Delta t)=z(t)+w(t)\Delta t \end{cases} \tag{9-54}$$

根据式（9－51）至式（9－54），即可计算粒子在每一时刻的位置，进而得到粒子的运动轨迹。

自由空间烟雾扩散仿真流程如图9－13所示。

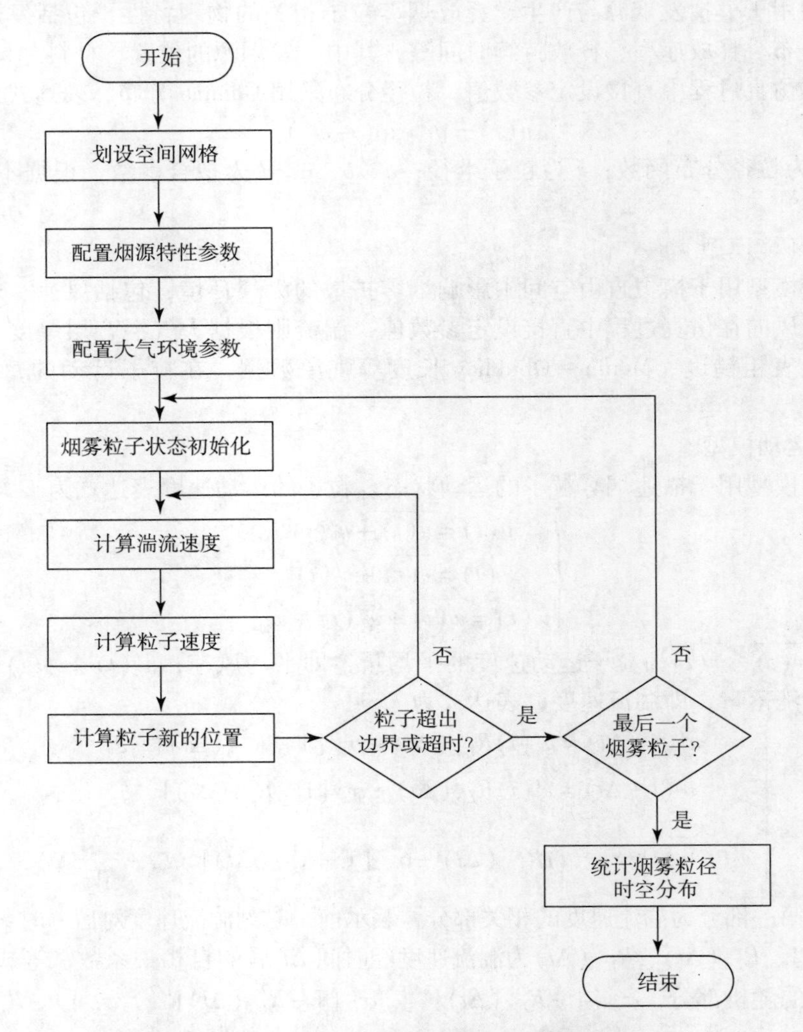

图9－13　自由空间烟雾扩散仿真流程

2. 空间网格划设与仿真参数设置

以风场下风方向为 x 轴，跨风方向为 y 轴，垂直地面方向为 z 轴，按照右手坐标系建立烟雾扩散空间坐标系。烟源放置于坐标系（0，0，10）处，分别在下风方向、跨风方向、垂直地面方向距烟源不同距离处划设空间网格，如图9－14所示，每个空间网格占据的空间范围如表9－13所示。

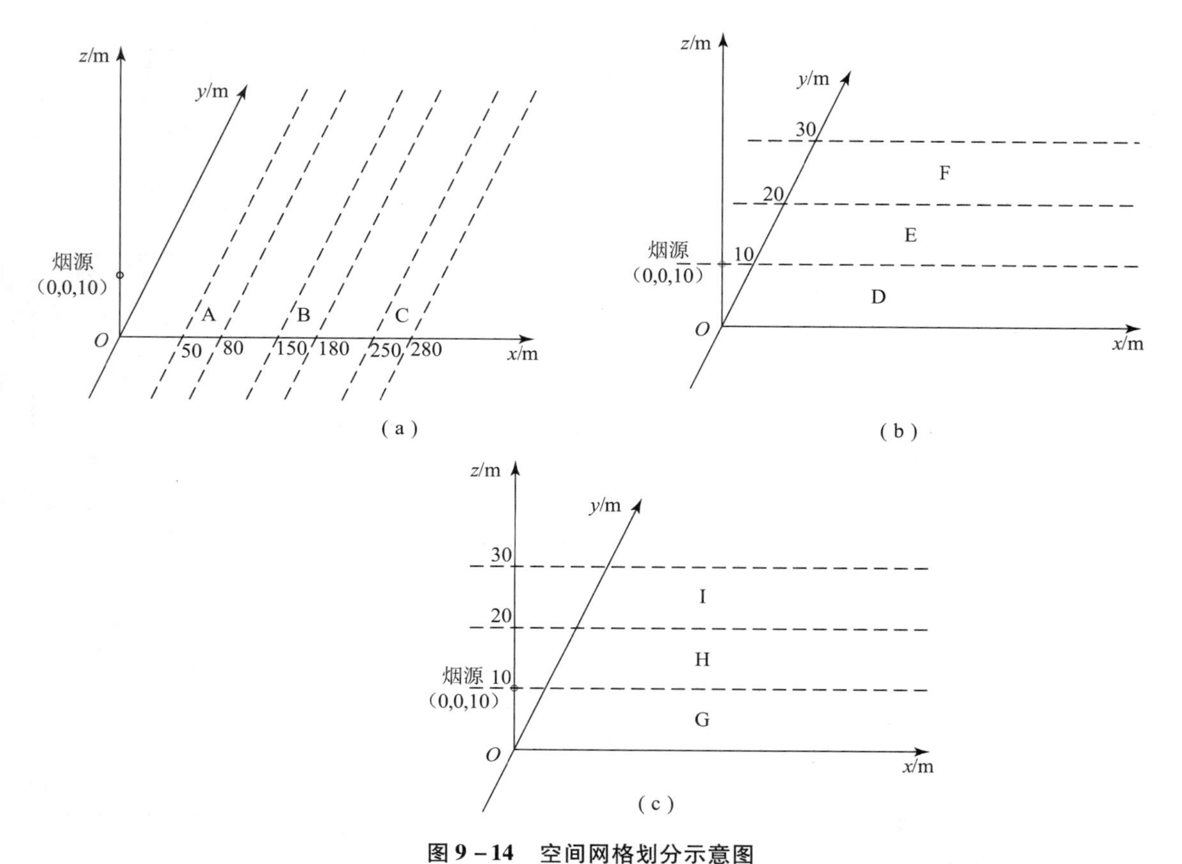

图9－14　空间网格划分示意图

(a) 下风方向 (x 轴); (b) 跨风方向 (y 轴); (c) 垂直地面方向 (z 轴)

表9－13　空间网格范围

网格序号	x 轴范围/m	y 轴范围/m	z 轴范围/m
A	50～80	$-\infty$～$+\infty$	0～1 000
B	150～180	$-\infty$～$+\infty$	0～1 000
C	250～280	$-\infty$～$+\infty$	0～1 000
D	$-\infty$～$+\infty$	0～10	0～1 000
E	$-\infty$～$+\infty$	10～20	0～1 000
F	$-\infty$～$+\infty$	20～30	0～1 000
G	$-\infty$～$+\infty$	$-\infty$～$+\infty$	0～10
H	$-\infty$～$+\infty$	$-\infty$～$+\infty$	10～20
I	$-\infty$～$+\infty$	$-\infty$～$+\infty$	20～30

根据图9－13所示的仿真流程及表9－14所示的仿真参数，数值模拟石墨烟雾在自由空间中的扩散过程，统计空间网格在烟源释放烟雾阶段内多个时刻的烟雾粒径分布，分析烟雾扩散过程中粒径在空间和时间上的分布特性。

表 9-14 仿真参数设置

参数		参数值
烟源特性参数	粒径分布形式	Gamma 分布
	粒径范围/μm	1~50
	烟源位置/m	(0, 0, 10)
	材料	石墨
	释放速率/(s^{-1})	500 个粒子
	释放时间/s	180
大气环境参数	风速/($m\cdot s^{-1}$)	5
	风向	x 轴正方向
	空气黏度/($N\cdot s\cdot m^{-2}$)	1.81×10^{-5}
	大气混合层厚度/m	1 000
	摩擦速度/($m\cdot s^{-1}$)	0.3
	对流速度/($m\cdot s^{-1}$)	1
	地表粗糙度/m	1
	Monin - Obukhov 长度	-124

3. 石墨烟雾粒径的空间分布特性

统计沿垂直地面方向空间网格 G、H、I 在 80 s、180 s 时的粒径分布。图 9-15、图 9-16 分别为空间网格 G、H、I 在 80 s、180 s 时的粒径分布直方图。

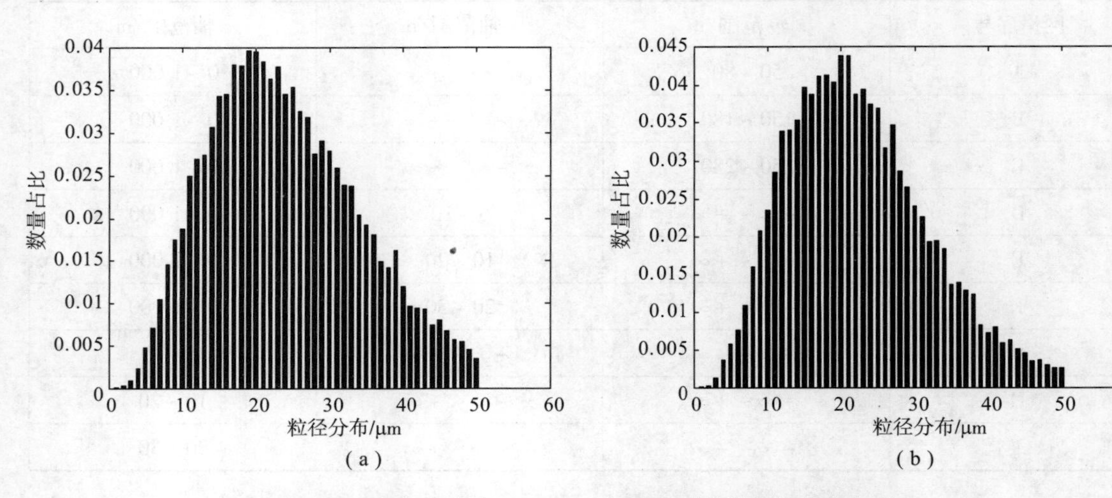

图 9-15 空间网格 G、H、I 在 80 s 时的粒径分布直方图

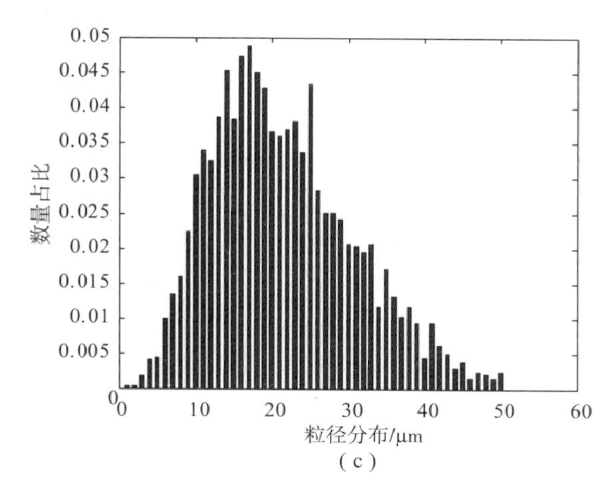

图9－15　空间网格G、H、I在80 s时的粒径分布直方图（续）

（a）G网格；（b）H网格；（c）I网格

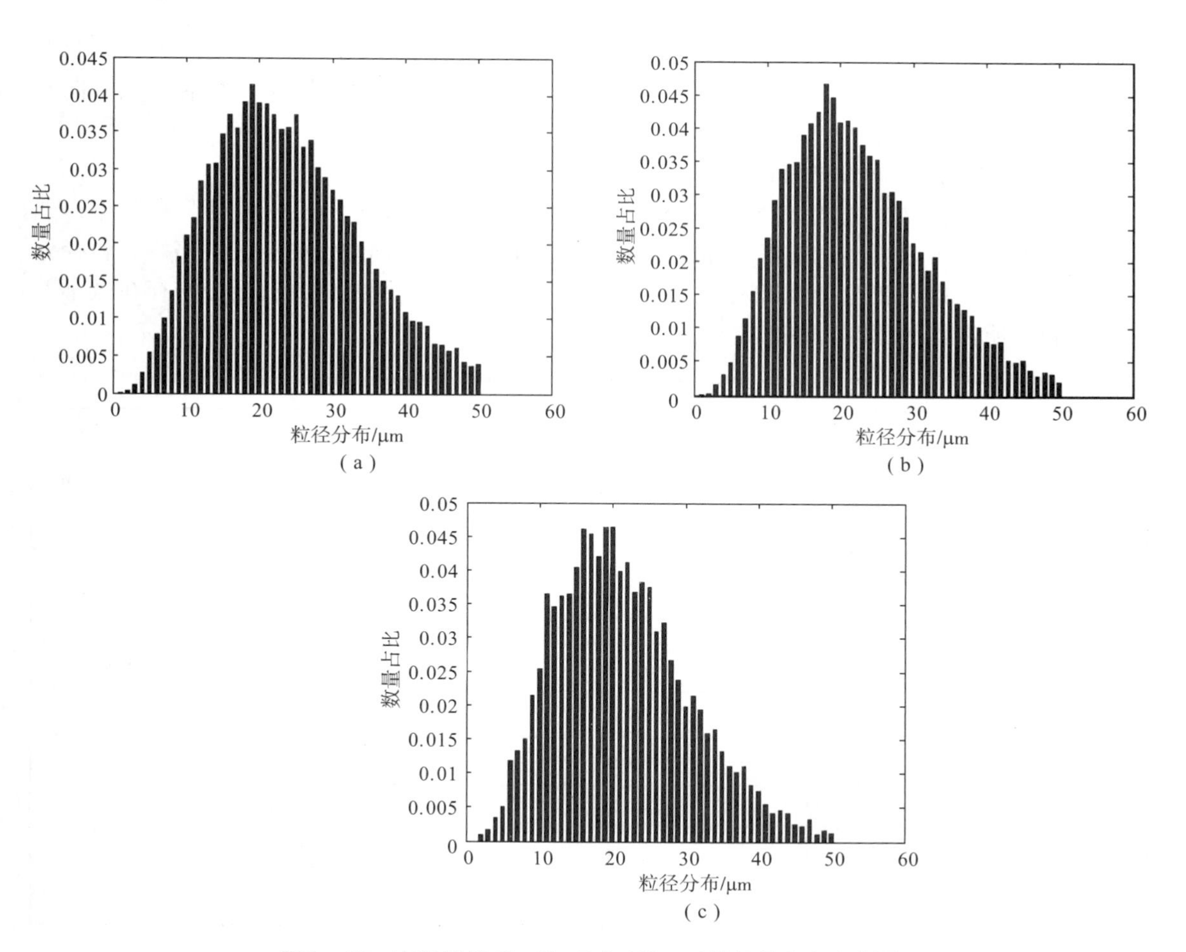

图9－16　空间网格G、H、I在180 s时的粒径分布直方图

（a）G网格；（b）H网格；（c）I网格

表9－15所列为空间网格G、H、I在80 s、180 s时以10 μm为步长的粒径分布数据。可以得出，在烟源释放烟雾阶段，烟雾粒径分布沿垂直地面方向存在明显差异，高度越高，粒径分布中大粒子所占比例越小。

表9－15　空间网格G、H、I在80 s、180 s时的粒径分布

时间/s	网络	不同粒径范围对应的频度分布/%				
		1～10/μm	11～20/μm	21～30/μm	31～40/μm	41～50/μm
80	G	7.7	33.4	33.1	18.8	7.0
	H	8.9	37.7	34.1	14.8	4.5
	I	10.3	40.9	31.2	13.9	3.7
180	G	8.0	34.0	33.7	17.9	6.4
	H	8.9	38.7	32.9	14.9	4.6
	I	9.8	41.1	32.7	13.4	3.0

采用相同方法统计沿下风方向空间网格A、B、C和沿跨风方向空间网格D、E、F在80 s、180 s时的粒径分布，可以得出：在烟源释放烟雾阶段，烟雾粒径分布沿下风方向和跨风方向基本保持不变。

4. 烟雾粒径的时间分布特性

统计空间网格B、D、G在80 s、130 s、180 s时以10 μm为步长的粒径分布数据，如表9－16所示。可以得出，在烟源释放烟雾阶段，在沿下风方向划设的空间网格内，粒径分布随时间基本保持不变；在沿跨风方向和垂直方向划设的空间网格内，粒径分布存在微小差异，大粒子所占比例随时间越来越小。

表9－16　空间网格B、D、G在多个时刻的粒径分布

网络	时间/s	不同粒径范围对应的频度分布/%				
		1～10/μm	11～20/μm	21～30/μm	31～40/μm	41～50/μm
B	80	8.2	34.5	33.4	17.9	6.0
	130	8.5	35.0	32.9	17.4	6.2
	180	8.9	35.2	34.1	16.2	5.6
D	80	8.4	35.4	33.6	16.7	5.9
	130	8.6	36.0	33.1	16.6	5.7
	180	8.1	36.9	32.9	16.5	5.6
G	80	7.7	33.4	33.1	18.8	7.0
	130	7.7	33.5	33.5	18.6	6.7
	180	8.0	34.0	33.7	17.9	6.4

第 10 章

云雾传输特性

云雾是自然界经常出现的一种气溶胶，激光在云雾中传输时，容易导致激光的衰减和散射。本章在分析云、雾特性的基础上，进行脉冲激光的云雾传输特性仿真。

10.1 云的特性

云是由悬浮在大气中的小水滴、过冷滴、冰晶或它们的混合物组成的可见聚合体；有时也包含一些较大的雨滴、冰粒和雪晶，其底部不接触地面。

10.1.1 云的分类

为了辨认云，需要对云进行分类并绘图，绘制的图称为云图。有文献记载最早而又较系统的云分类，是由法国人 Lamarck（1802 年）和英国人 E. Howard（1803 年）提出来的。他们把云分为四大类，即卷云、积云、层云和雨云，图 10 -1 显示的金字塔结构，是目前国际普遍采用的 10 属云，由 4 种基本云型组成。

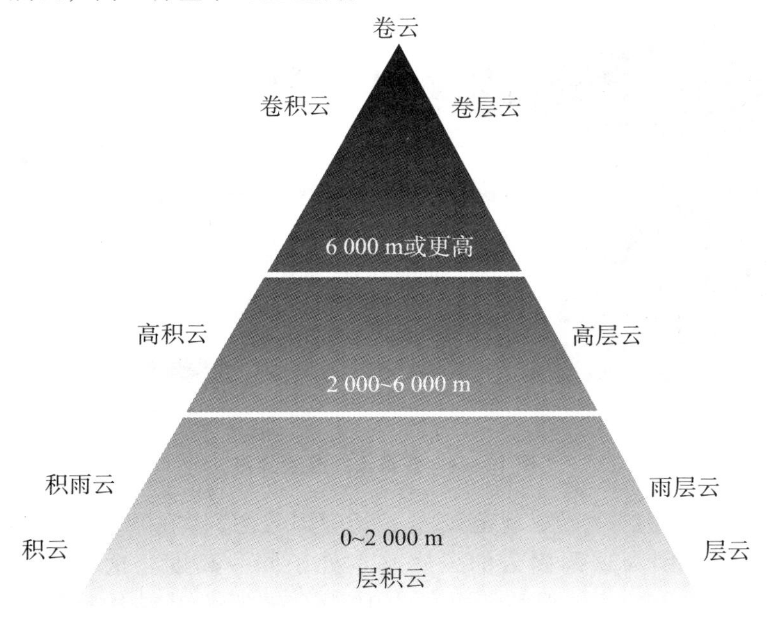

图 10 -1 根据 4 种基本云型组成的 10 属云的金字塔结构

1956 年世界气象组织把云归纳为 4 族 10 属 29 类，供国际通用，如表 10－1 所示。

表 10－1　国际分类中的云族和云属

云族	出现高度/m			云属
	极地	中纬度	热带	
高云	3 000～8 000	5 000～13 000	6 000～18 000	卷云、卷积云、卷层云
中云	2 000～4 000	2 000～7 000	2000～8 000	高积云、高层云
低云	0～2 000	0～2 000	0～2 000	层积云、雨层云、层云
直展云				积云、积雨云

云族是根据云底高度和发展程度来区分的，即高、中、低云和直展云。直展云是云在发展过程中，垂直方向比水平方向强的云族。在每族中，根据云的外形来区分不同的属。对每属云按不同云的具体特征，命名为不同的类。图 10－2 是对流层内格雷云的高度分布。图上还绘有两种特殊的云，即平流层珠母云和中间层夜光云。

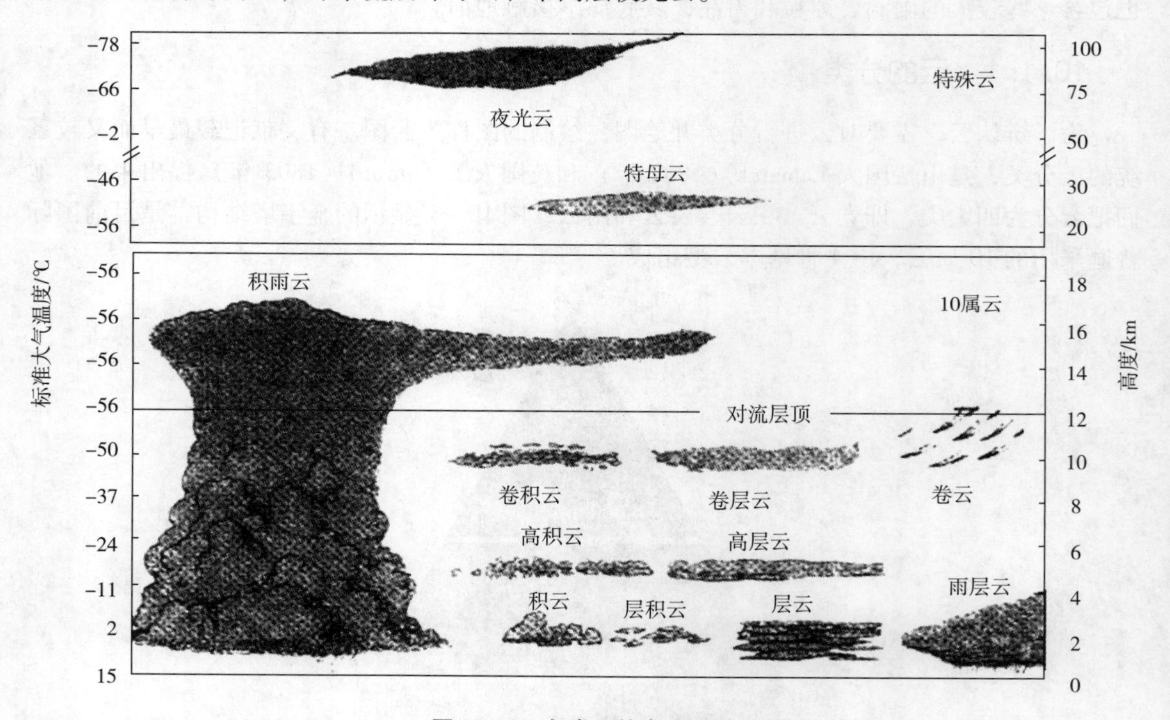

图 10－2　各类云的高度分布

1972 年，我国参照国际云图规范发表了《中国云图》。在我国的分类标准中，将直展云属归为低云层，因为这两属云的云底基本处于同一高度。这样，我国云的分类规范按云底高度分为 3 族，按外形特征再分为 10 属，最后按其结构特征详细分为 29 类，见表 10－2。

表 10－2　中国的云状分类图

云族（3 族）	云属（10 属）		云类（29 类）	
	中文名	简写	中文名	简写
低云 （小于 2 500 m）	积云	Cu	淡积云	Cu hum
			碎积云	Fc
			浓积云	Cu cong
	积雨云	Cb	秃积雨云	Cb calv
			鬃积雨云	Cb cap
	层云	St	层云	St
			碎层云	Fs
	层积云	Sc	透光层积云	Sc tra
			蔽光层积云	Sc op
			积云性层积云	Sc cug
			堡状层积云	Sc cast
			荚状层积云	Sc lent
	雨层云	Ns	雨层云	Ns
			碎雨云	Fn
中云 （2 500～5 000 m）	高层云	As	透光高层云	As tra
			蔽光高层云	As op
	高积云	Ac	透光高积云	Ac tra
			蔽光高积云	Ac op
			荚状高积云	Ac lent
			积云性高积云	Ac cug
			絮状高积云	Ac flo
			堡状高积云	Ac cast
高云 （大于 5 000 m）	卷云	Ci	毛卷云	Ci fil
			密卷云	Ci dens
			伪卷云	Ci not
			钩卷云	Ci unc
	卷层云	Cs	薄幕卷层云	Cs nebu
			毛卷层云	Cs fil
	卷积云	Cc	卷积云	Cc

10.1.2 云的宏观特征

云的宏观特征是由云的形态、结构、云量、云高和云厚等宏观参量共同描述。云的宏观特征是与一定的大气动力学和热力学状况相联系的。主要云属的形态和结构特征见表10-3。

表10-3 主要云层的形状和结构特征

云（属）	高度范围*	形态和结构特征
卷云	高云	呈白色狭条、细丝或碎片状，具有纤维状或柔丝般光泽的外形，或两者兼有
卷积云	高云	呈白色片状或层状，由团粒状或波纹状等很小的单元组成，排列有规律
卷层云	高云	具有细微结构的淡白色云幕，均匀地覆盖大部分天空
高积云	中云	白色或灰色的云层，云的小单元排列较有规律，呈碎片状或均滑碎片状，有明显轮廓，或犹如毛发那样的积状云层
高层云	中云	淡灰色或淡蓝色的云层，具有纤维状或均匀的外形，覆盖大部分天空
雨层云	低云	灰色厚层云，常常很暗，一般下雨或雪
层积云	低云	灰色或灰白色云层，带有黑暗部分，常呈有规律排列
层云	低云	灰色云层，云底相当均匀，有时降毛毛雨或米雪
积云	云底一般较低，垂直发展达数千米	分离散开的云，浓密，轮廓清晰，向垂直方向发展（椰花菜云），可能产生阵性降水
积雨云	云底较低，垂直发展达5~12 km，可达对流层顶	云浓而厚，垂直发展极盛，上部冻结成冰，具有纤维状外形，通常水平扩展呈砧状或羽毛状，产生大雨或雹，有时起电，产生闪电（雷暴）

注：* 在中纬度，高云高度为7 km至对流层顶，中云高度为2~7 km，低云高度为地面到2 km。

为了研究和某些应用工作的需要，总结出10种典型水云，它们的云高云厚值可代表平均状况，如表10-4所示。

表10-4 10种典型云的云高 km

云　类	云　底	云　顶
积云（Cumulus）	0.7	2.7
高层云（Altostratus）	2.4	2.9
层积云（Stratocumulus）	0.6	1.3
雨层云（Nimbostratus）	0.16	1.0

续表

云 类	云 底	云 顶
层云1（Stratus）	0.16	0.66
层云2（Stratus）	0.3	1.0
层－层积云（Stratus－stratocumulus）	0.66	2.0
层积云2（Stratocumulus）	0.16	0.66
雨层云2（Nimbostratus）	0.66	2.7
浓积云（Cu congestus）	0.66	3.4

10.1.3 云的微观特征

根据云组成粒子的相态，云可分为暖云、冷（冰晶）云和混合云。暖云是指由液水滴组成一般云体位于0 ℃层以下的云；冷云一般是指由完全冰晶粒子组成的云，但20世纪80年代卫星和飞机的观测表明，在－40 ℃层以下的云中仍存在过冷水滴。现在不妨将冷云定义为云体在0 ℃层以上主要由冰晶粒子组成的云；混合云是指云体包含固、液态粒子共同组成的云。

云的物理特征主要用粒子尺度（大小）分布谱来表达。云的粒子谱并不是连续分布的，一般用某一连续函数表示谱分布，如用修正的Γ函数。

$$n(r)=ar^{\alpha}\exp(-br^{\beta}) \tag{10-1}$$

式中，谱分布$n(r)$的单位是（个/cm^3·μm）；a、α、b、β是谱分布参数，β常取为1。几类云滴谱参数a、α、b列于表10－5中，分布曲线见图10－3。其中，r_e是谱分布的等效半径；单位体积粒子总数$N_t=\int n(r)\mathrm{d}r$；云含水量$\mathrm{LWC}=4/3\pi\rho\int r^3n(r)\mathrm{d}r$。

表10－5 几类云的谱参数及粒子总数N_t和云液态水含量LWC

云（类）	a	α	b	r_e/μm	N_t/cm^{-3}	LWC/(g·m^{-3})
浓雾	0.027	3	0.30	10	20	0.37
积云	2.604	3	0.50	6.0	250	1.00
高层云	6.268	5	1.11	4.5	400	0.41
层积云1	0.437	5	0.80	6.3	200	0.55
雨层云1	11.09	1	0.33	3.0	100	0.61
层云	27.00	2	0.60	3.3	250	0.29
层积云2	9.375	2	0.50	4.0	150	0.30
雨层云2	7.680	2	0.425	4.7	200	0.65
层－层积云	52.73	2	0.75	2.7	250	0.15
积云－浓积云	1.41	2	0.33	6.1	80	0.57

表10－5和图10－3给出的是这几类水云平均的滴谱情况。实际云中滴谱，随着地区、季节、云中位置及云的生命史会有相当大的变化。例如，粒子总数N_t可变化1～3个数量

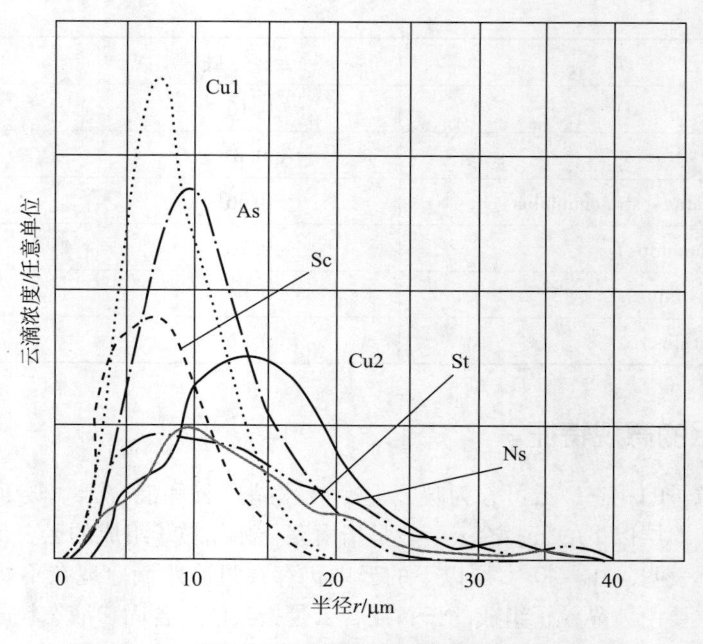

图 10－3　几种云的雾滴分布

级；云滴平均半径从几微米变化到十几或几十微米。另外，还有其他一些函数形式可以描述滴谱分布，如 log－normal 分布。当滴谱分布出现双模或多模分布时，需要两个或多个函数线性相加来描述。

冰晶云中的冰粒子大多数情况下是非球形的，常见的形状有六角柱、六角盘状、子弹状、六枝雪花、圆霰及复合黏连体等形状。冰云粒子形状与云中温度、湿度和冻结核关系很大，可能与云中的湍流活动也有一定的关系。图 10－4 给出了不同冰粒子生长的温度和湿度条件，但各类形状的温、湿度条件分界线并不是绝对的。

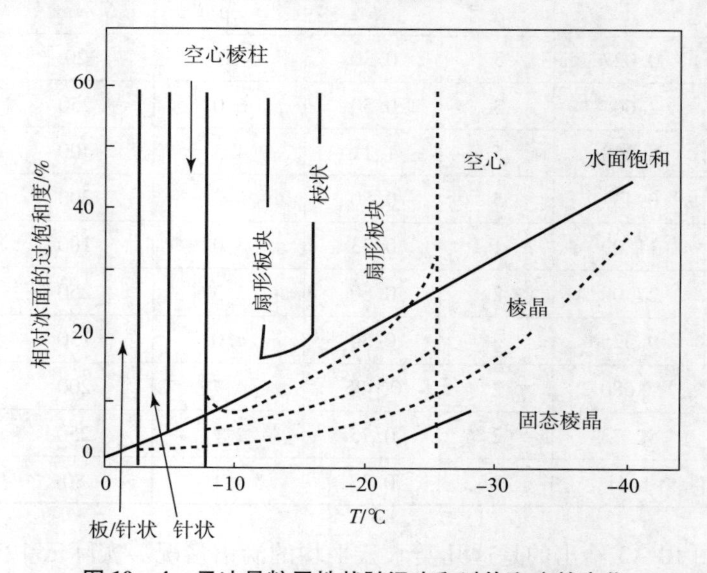

图 10－4　云冰晶粒子性状随温度和过饱和度的变化

冰晶雪花的尺度谱更宽，从几微米到上千微米。单位体积的粒子数比云水滴要少 1 ~ 2 个数量级，等效液态水含量也小 1 ~ 2 个数量级。冰晶粒子尺度分布也常用修正 Γ 谱来描述，粒子非球形用长宽比这一参数描述。

10.2 雾的特性

雾是由悬浮在近地面空气中缓慢沉降的微小水滴或冰晶等组成的一种胶体系统，是近地面层空气中水汽凝结（或凝华）的产物。能见度在 1 km 以内，悬浮在近地面的水汽凝结物为雾。根据能见度 V 的不同可将雾分为重雾（$V<50$ m）、浓雾（50 m $<V<$ 200 m）、大雾（200 m $<V<$ 500 m）、轻雾或霭（$V>1$ km）。当空气干燥大量悬浮细微尘粒（气溶胶）使能见度低于 10 km 时则叫霾。霾层起源于陆地上，但可以脱离地面，从大陆扩展至海上。雾滴半径通常在 1 ~ 10 μm 之间，在形成初期或消散过程中雾滴半径可能小于 15 μm。能见度 $V<50$ m 时雾滴半径可达 20 ~ 30 μm，能见度 $V>100$ m 时雾滴半径大多小于 8 μm。雾的含水量以 W 表示，单位是 g/m^3。雾的含水量随雾的强度不同而不同，雾越浓含水量越大。

雾形成与消散的物理条件和过程与云的一样，也是凝结和蒸发两个过程起主要作用。根据其形成条件和特点，雾可分成气团雾和锋面雾两大类。气团雾是在物理特性近似一致的气团中，近地层空气与下垫面相互作用下形成的；而锋面雾是由不同气团相互作用的结果。

雾还可细分成 10 种，即辐射雾、平流雾、斜坡雾、海洋雾、河湖秋季雾、都市雾、混合雾、锋前雾、锋时雾和锋后雾。辐射雾是在晴朗无风的夜间，由于地表及紧贴其上空气层的辐射冷却而形成的，其厚度一般是几十米。平流雾是由暖湿空气平移至冷的下垫面之上而形成的，这在海岸一带常见，其厚度一般有几百米。斜坡雾是由于地形作用使空气沿山坡上升冷却而形成的。辐射雾、平流雾和斜坡雾同属冷却雾。海洋雾和河湖秋季雾同属蒸发雾，其共同特点是：空气平流至暖水面上，暖水面蒸发使其上较冷空气中水汽增加，因而产生过饱和及凝结。都市雾和混合雾属于地方性雾。都市（烟）雾是指大城市和工业区人为排放造成的雾，这是大气污染可见的标志。混合雾发生在一些海岸附近，当水温与空气温度差别很大时易形成。锋面雾的特点是它们由雨滴降落到低层冷空气中由于蒸发而产生。锋面雾常常随着锋面一起移动。

10.2.1 雾的物理性质

1. 雾滴的大小

雾滴的大小及其按大小的分布标志着雾的稳定程度和发展趋势。一般来说，初生的雾，雾滴大小分布比较均匀，而存在已久或趋于消散阶段的雾，其雾滴尺度相差较大，也就是说，雾滴分布较宽。

观测表明，雾滴半径范围在 1 ~ 60 μm 之间。当温度高于 −18 ℃时，雾多半是由水滴组成的；当温度低于 −20 ℃时，冰晶雾占多数；气温在 0 ℃时，雾滴半径大多落在 7 ~ 15 μm 之间，气温为负时，雾滴半径在 2 ~ 5 μm 之间。在形成初期或消散过程中，小雾滴的半径可能小于 15 μm。在浓雾中能见度小于 50 m 时，雾滴的半径可达 20 ~ 30 μm；当能见度大于 100 m，雾滴的平均半径大多小于 8 μm。

一般来说，弱雾的数密度为 50 ~ 100 个/cm^3，浓雾为 500 ~ 600 个/cm^3。雾中的含水量随雾的强度变化很大，变化范围可达两个数量级（0.02~5.0 g/m^3），平均值在0.1~0.2 g/m^{3}之间。典型雾的特征参数见表10-6。

表10-6　雾的特征参数

雾的参数	水雾		冰雾
	辐射雾	平流雾	
雾滴平均半径/μm	5	10	4
雾滴大小范围/μm	2.5~20	3.5~35	1~15
含水量（等价）/(g·m^{-3})	0.11	0.17	0.10
雾滴浓度/(cm^{-3})	200	40	150
水平能见度/m	100	300	200

2. 含水量

单位体积空气中小水滴或冰晶的质量称为雾的含水量，以 W 表示（g/m^3）。雾的含水量随雾的强度不同而不同，雾越浓，含水量越大。同一种强度的雾（如能见度为200~500 m）其含水量主要决定于湿度。根据基留辛（B. B. Kuproxm）的计算，对于中等强度的雾来说，当温度为-15~20 ℃时，雾的含水量为0.1~0.2 g/m^3；当温度为-15~0 ℃时，雾的含水量为0.2~0.5 g/m^3；而当温度为0~10 ℃时，雾的含水量可达0.5~1.0 g/m^3。

平流雾和辐射雾的含水量和能见度的经验公式分别如下。

平流雾为

$$W=(18.35V)^{-1.43}=0.0156V^{-1.43} \tag{10-2}$$

辐射雾为

$$W=(42.0V)^{-1.54}=0.00316V^{-1.54} \tag{10-3}$$

其中，式（10-2）、式（10-3）中能见度 V 的单位为km，由以上公式可知，能见度越低，雾的含水量越高。

能见度与液态含水量之间的关系为

$$W=C\frac{r_{ef}}{V} \tag{10-4}$$

式中，r_{ef} 为雾滴的有效半径（通常取均方根半径）；W 为液态含水量（g/m^3）；C 为常数，其值等于2.5；V 为能见距离（m）。

3. 雾滴的复折射指数

雾滴的成分随着雾凝聚核的不同而略有不同，折射率也会有所不同。雾滴一般是由水滴组成的，通常用水的折射率来代替雾滴的折射率。表10-7给出了1~200 μm部分波长对应的水的复折射率，表10-8给出了0.2~1.2 μm部分波长对应的水的复折射率。其中，$n=n_r-in_i$，实部表示折射率，虚部表示吸收率。

表 10－7　1～200 μm 部分波长对应的水的复折射率

波长/μm	复折射率	波长/μm	复折射率	波长/μm	复折射率
1	$1.327 - i2.89 \times 10^{-6}$	8	1.291 － i0.034 3	20	1.480 － i0.393
2	$1.306 - i1.10 \times 10^{-3}$	9	1.262 － i0.039 9	25	1.531 － i0.356
3	1.371 － i0.272	10	1.218 － i0.050 8	30	1.511 － i0.328
4	1.351 － i0.004 6	12	1.111 － i0.199	50	1.587 － i0.514
5	1.325 － i0.001 24	14	1.210 － i0.370	100	1.957 － i0.532
6	1.265 － i0.107	16	1.325 － i0.422	150	2.069 － i0.495
7	1.317 － i0.032	18	1.423 － i0.426	200	2.130 － i0.504

表 10－8　0.2～1.2 μm 部分波长对应的水的复折射率

波长/μm	水		波长/μm	水	
	n_r	n_i		n_r	n_r
0.20	1.396	1.1×10^{-7}	0.65	1.332	1.64×10^{-8}
0.25	1.362	3.35×10^{-8}	0.70	1.331	3.35×10^{-8}
0.30	1.349	1.6×10^{-8}	0.75	1.330	1.56×10^{-7}
0.35	1.343	6.5×10^{-9}	0.80	1.329	1.25×10^{-7}
0.40	1.339	1.86×10^{-9}	0.85	1.329	2.93×10^{-7}
0.45	1.337	1.02×10^{-9}	0.90	1.328	4.86×10^{-7}
0.50	1.335	1.00×10^{-9}	0.95	1.327	2.93×10^{-6}
0.55	1.333	1.96×10^{-9}	1.0	1.327	2.89×10^{-6}
0.60	1.332	1.09×10^{-8}	1.2	1.324	9.89×10^{-6}

4. 雾的尺寸分布模型

1968 年，朱氏（Chu）和霍格（Hogg）提出用修正的 Γ 函数来描述稳定状态的雾滴谱分布为

$$n(a) = A\left(\frac{a}{a_m}\right)^{\alpha}\exp\left[-B\left(\frac{a}{a_m}\right)^{\beta}\right] \tag{10-5}$$

式中

$$A = \left(\frac{\alpha}{\beta}\right)^{\frac{\alpha+1}{\beta}} \cdot \frac{\beta}{\Gamma\left(\frac{\alpha+1}{\beta}\right)} \cdot \frac{N_0}{a_m} \tag{10-6}$$

$$B = \frac{\alpha}{\beta} \tag{10-7}$$

式中，N_0 为单位体积内的液滴总数；a_m 为液滴谱众数半径；α、β 为两个可调整的经验参数，应调整到适合于被观察的雾粒子的滴谱分布，几种 α、β 取值下的液滴谱曲线如图 10－5 所示。

由于雾滴谱的测量是一件相当困难的事，气象学家们通常用液态水含量来描述雾的性状，而液态水含量与能见距离之间有相当好的相关性。

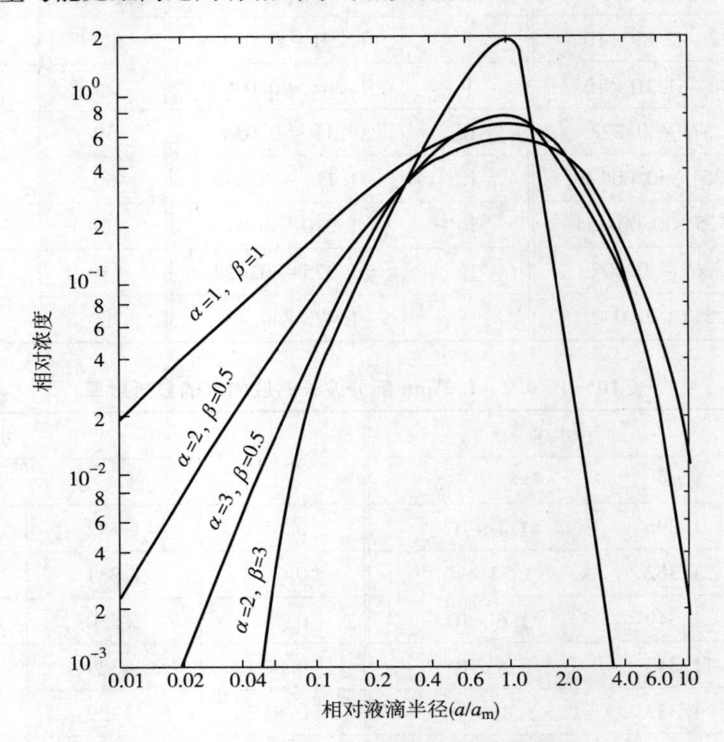

图 10-5　修正 Γ 函数描述的雾滴谱分布

首先看液态水含量与能见距离之间的关系。大部分雾粒子的尺度都比可见光波段的波长要大，因此，可以把它们的消光效率因子近似地取 2，于是消光系数就可以写为

$$\gamma = 2N_0\pi a_e^2 \tag{10-8}$$

式中，N_0 为雾滴浓度；a_e 为雾滴的有效平均半径，定义为

$$a_e = \frac{\int_0^\infty a^3 n(a)\,\mathrm{d}a}{\int_0^\infty a^2 n(a)\,\mathrm{d}a} \tag{10-9}$$

在计算总体积或总表面积时，用有效平均半径比用平均半径更接近实际情况。用 a_e 和 N 来表示液态水含量，可写为

$$l_w = \frac{4}{3}\pi a_e^3 N \tag{10-10}$$

总的散射截面 γ_s 和能见距离 R_m 可写为

$$\gamma_s = \frac{3}{2}\frac{l_w}{a_e} \tag{10-11}$$

$$R_m = \frac{2.62a_e}{l_w} \tag{10-12}$$

式中，a_e 的单位为 μm；l_w 的单位为 g/m^3；R_m 的单位为 m。

雾滴的成分随雾凝集核的不同而略有不同，折射率也会有所不同，不过通常用纯水的折射率来计算雾的散射系数，水的折射率是波长的函数。图10－6和图10－7分别给出了水和冰的折射率与波长关系的测量结果。冰的数据对高层云和某些冰晶雾的计算是很有用的。低层云的情况则和雾的情况基本相似，可以利用描述雾的公式和图表。

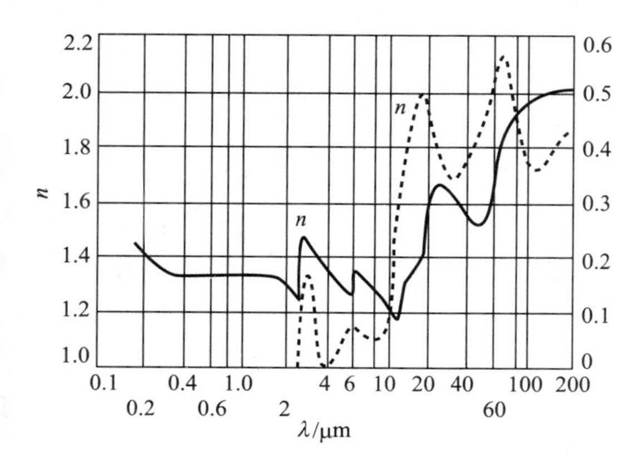

图10－6　纯水的复折射率

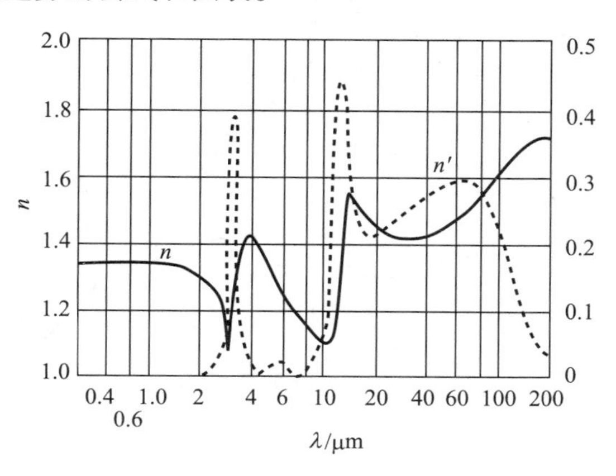

图10－7　冰的复折射率

利用图10－6所示的数据和图10－5所示的滴谱分布，朱氏和霍格计算了0.63 μm、3.5 μm和10.6 μm这3种主要激光波长的消光系数与液态水含量的关系，如图10－8所示。其中液态水含量的计算是对式（10－5）以$4\pi a^3/3$的权重再积分而得到的。

$$l_w = \int_0^\infty n(a)\frac{4}{3}\pi a^3 \mathrm{d}a = \frac{4\pi}{3}\left(\frac{\beta}{a}\right)^{\frac{3}{\beta}}\frac{\Gamma\left(\frac{\alpha+4}{\beta}\right)}{\Gamma\left(\frac{\alpha+1}{\beta}\right)}a_m^3 N_0 \tag{10-13}$$

从图10－8中可以看出，消光系数与液态水含量之间的关系受雾滴众数半径a_m的影响很大，在可见光波段更是如此，而能见距离和液态水含量之间具有比较确定的关系，说明大多数雾的滴谱分布是十分相似的。

大多数情况下采用的雾滴的尺寸分布是Gamma分布，此种分布的优点是用单一的能见度即可确定。

$$n(r) = ar^2\exp(-br) \tag{10-14}$$

该式表示半径为r的雾滴在单位体积、单位半径间隔内的数目，其中

$$a = \frac{9.781\times 10^{15}}{V^6 W^5} \tag{10-15}$$

$$b = \frac{1.304\times 10^4}{VW} \tag{10-16}$$

式中，V为雾的能见度（km）；W为含水量（g/m^3）。

利用含水量与能见度的关系，可以得到平流雾与辐射雾的雾滴尺寸分布与能见度关系，得到雾滴的尺寸分布如下。

对于平流雾，有

$$n(r) = 1.059\cdot 10^7 V^{1.15} r^2 \exp(-0.8359 V^{0.43} r) \tag{10-17}$$

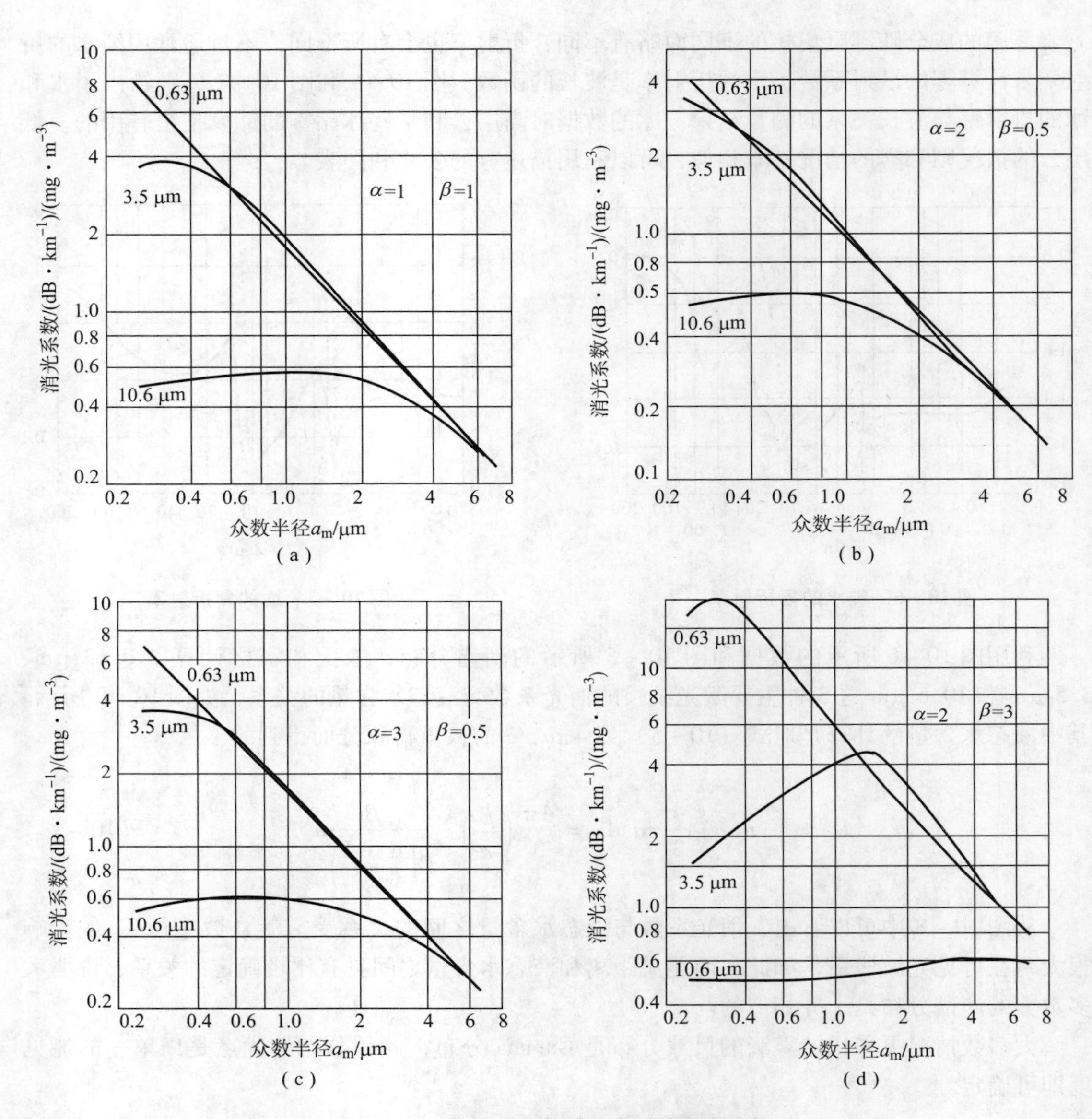

图 10-8 修正 Γ 函数谱分布时的消光系数

对于辐射雾，有

$$n(r) = 3.104 \cdot 10^{10} V^{1.7} r^2 \exp(-4.122 V^{0.54} r) \tag{10-18}$$

式中，r 的单位为 μm；$n(r)$ 的单位为 $\mathrm{m^{-3} \cdot \mu m^{-1}}$；$V$ 的单位为 km。

5. 能见度

就工程而言，用大气能见度 V 来近似计算气溶胶的衰减更为方便。因为大气能见度与悬浮粒子浓度成比例，悬浮粒子浓度又与光信号衰减成比例；而且，能见度是气象学上一个重要的测量参数，可以通过仪器或观测得到测量结果，其与光辐射衰减之间存在着确定的函数关系。

对能见度简单定义时可认为是指人眼在大气中观察到的最远距离，通常定义在亮背景下观测时，能够看到和辨认出近地面的适当尺寸的黑色目标物的最大距离，在无光或夜间则是能看到和辨认出 1000 cd 左右的灯光（发光点）的最大距离。气象学上又称为气象光学视距（MOR）。其定义是：在大气传输中，目标与其背景的亮度对比减小到 0.05 时，光辐射在大气中传输的路程长度。

设光强为 $I(\nu)$ 的辐射，在大气中传输了距离元 dz 后，则在尚未出现非线性效应的情况下，其强度变为 $I(\nu)+\mathrm{d}I(\nu)$，则有

$$\mathrm{d}I(\nu) = -I(\nu)\gamma(\nu, z)\mathrm{d}z \tag{10-19}$$

式中，$\gamma(\nu, z)$ 是一个比例因子，称之为衰减系数或消光系数，通常是光频 ν 和距离 z 的函数。解方程式（10-19），得到

$$I(\nu) = I_0(\nu)\exp\left[-\int_{z_0}^{z}\gamma(\nu, z)\mathrm{d}z\right] \tag{10-20}$$

z_0 和 z 为距离 L 的两端，如果介质均匀，式（10-20）可改写为

$$I(\nu) = I_0(\nu)\exp[-\gamma(\nu)L] \tag{10-21}$$

式（10-21）称为朗伯-布格尔（Lambert-bougner）定律，或称为比尔（Beer）定律。

大气透过率 $T(\nu)$ 表示为

$$T(\nu) = \frac{I(\nu)}{I_0(\nu)} = \exp[-\gamma(\nu)L] \tag{10-22}$$

其中

$$\gamma(\nu)\cdot L = \int_{z_0}^{z}\gamma(\nu,z)\mathrm{d}z = \tau(\nu) \tag{10-23}$$

称为光学厚度（AOD），这是一个常用的无量纲参数。

大气衰减系数 γ 为大气分子衰减系数 γ_m 与大气气溶胶衰减系数 γ_a 之和，即

$$\gamma = \gamma_m + \gamma_a \tag{10-24}$$

对式（10-22）两端取对数，并整理得到

$$\gamma = -\frac{\ln T(\nu)}{L} \tag{10-25}$$

试验表明，在正常天空背景下，人眼感受最灵敏的可见光波段为 0.55 μm，透过率为 2%～5% 的对比阈值即可看见和分辨目标。取下限 2%，因为 ln0.02 = -3.912，把大气介质厚度 L 改为气象光学距离 V，衰减系数为

$$\gamma = \frac{3.912}{V} \tag{10-26}$$

式（10-26）称为柯西-米德式，能见距离 V 的单位是 km。

世界气象组织将常见的大气状况划分为 10 级，见表 10-9。

表 10-9　能见度 10 个等级

能见度等级	气象状态	能见距离 V	散射系数 γ/(km^{-1})
0	密雾（强浓雾）	<50 m	>78.2
1	浓雾	50 m 200 m	78.2 19.6

续表

能见度等级	气象状态	能见距离 V	散射系数 $\gamma/(\mathrm{km}^{-1})$
2	中雾	200 m 500 m	19.6 7.82
3	薄雾	500 m 1 km	7.82 3.91
4	烟或最浓的霾	1 km 2 km	3.91 1.96
5	不良可见度 （浓霾）	2 km 4 km	1.96 0.954
6	中等可见度 （可见霾）	4 km 10 km	0.954 0.391
7	良好可见度 （晴朗）	10 km 20 km	0.391 0.196
8	优等可见度 （很晴朗）	20 km 50 km	0.196 0.078
9	特等可见度 （非常晴朗）	>50 km	0.078
备注	纯净空气	277 km	0.0141

10.2.2 雾的衰减预测模型

由于激光衰减与雾的浓度、液态含水量、能见度有很大关系，并且这些参量比较容易测得，基于能见度的经验模型在工程中应用广泛。雾的经验衰减模型有 Kruse 模型、Kim 模型、Kreid 模型、Naboulsi 模型、Roberto 模型和 Ijaz 模型等。

1. Kruse 模型

由柯西－米德式定义可知，此式是在人眼感受最灵敏的 0.55 μm 光波长下得到的衰减系数与能见度的关系，对于不同的激光波长，需对式（10－26）进行修正。在工程计算中，一般使用 Kruse 等人给出的雾霾中激光衰减的经验式，即

$$\gamma(\lambda, V)=\frac{3.912}{V}\left(\frac{0.55}{\lambda}\right)^{q} \tag{10-27}$$

式中，γ 的单位为 km^{-1}；λ 的单位为 μm；q 为波长修正因子，视能见度（能见度单位为 km）不同取不同的值，即

$$q=\begin{cases}1.6, & V\geqslant 50\ \mathrm{km}\\ 1.3, & 6\ \mathrm{km}\leqslant V<50\ \mathrm{km}\\ 0.585V^{\frac{1}{3}}, & V<6\ \mathrm{km}\end{cases} \tag{10-28}$$

2. Kim 模型

对于能见度小于 6 km 的情况，Kim 对式中的 q 值进行了以下修正，即

$$q=\begin{cases}0.16V+0.34, & 1\ \text{km}\leqslant V<6\ \text{km}\\ V-0.5, & 0.5\ \text{km}\leqslant V<1\ \text{km}\\ 0, & V<0.5\ \text{km}\end{cases} \tag{10-29}$$

此经验式经过一些外场实际测试表明，在低能见度下（小于 2 km）也是适用的，除了可以进行霾的衰减计算外，也适用于雾、云、细雨、沙尘等情况。

对于衰减系数，若变化其单位，则有

$$\gamma_{dB}=4.3429 \tag{10-30}$$

γ_{dB}的单位为 dB/km。

3. Kreid 模型

Kreid 指出雾的衰减系数与能见度的关系，可用简单的公式表示，即

$$\gamma=\frac{A}{V} \tag{10-31}$$

式中，A 为经验常数。表 10－10 列出了 5 个波长上的实测值，每个值大约有 ±（10～20）% 的变化。

表 10－10　若干波长上 A 的取值

$\lambda/\mu m$	0.53	0.63	0.9	1.06	10.6
A	2.46	3.18	3.3	3.06	2.1

4. Naboulsi 模型

Naboulsi 提出的平流雾和辐射雾的衰减系数公式如下。

对于平流雾，有

$$\alpha_{adv}=\frac{0.11478\lambda+3.8367}{V} \tag{10-32}$$

对于辐射雾，有

$$\alpha_{rad}=\frac{0.18126\lambda^2+0.13709\lambda+3.7502}{V} \tag{10-33}$$

式中，α_{adv}、α_{rad}的单位为 km^{-1}；λ 的单位为 μm；V 单位为 km。

换算成单位 dB/km，则变为

$$\alpha_{spec-rad}=\frac{10}{\ln 10}\alpha_{rad} \tag{10-34}$$

$$\alpha_{spec-adv}=\frac{10}{\ln 10}\alpha_{adv} \tag{10-35}$$

α_{spec}的单位为 dB/km。

5. Roberto 模型

Roberto 基于前人所做的激光在雾中衰减的试验数据，提出了新的修正模式。其衰减模型为

$$\alpha=aV^b \tag{10-36}$$

衰减率 α 的单位为 km^{-1}，其中 a、b 的值如表 10－11 所示。

表 10-11 雾衰减经验常数值

波段	中心波长/μm	能见度/km	a	b
可见	0.55	$V>0$	3.91	-1
近红外	1.2	$0.06\leqslant V<0.5$	3.65	-1.02
		$0.5\leqslant V<2$	2.85	-1.38
中红外	3.70	$0.06\leqslant V<0.5$	3.01	-1.11
		$0.5\leqslant V<10$	2.40	-1.43
远红外	10.6	$0.06\leqslant V<0.5$	1.22	-1.30
		$0.5\leqslant V<10$	0.53	-2.51

6. Ijaz 模型

Muhammad Ijaz 提出雾的衰减模型为

$$\beta_\lambda=\frac{17}{V}\left(\frac{\lambda}{\lambda_0}\right)^{-q(\lambda)} \tag{10-37}$$

式中，当 $0.015\ \text{km}<V<1\ \text{km}$ 时，$0.55\ \mu\text{m}<\lambda<1.6\ \mu\text{m}$，$q(\lambda)=0.1428\lambda-0.0947$。$V$ 的单位为 km，β_λ 的单位为 dB/km。

10.3 脉冲激光云雾回波仿真

10.3.1 仿真模型

脉冲激光云雾回波仿真模型的原理：将发射激光分解为大量光子，以光子作为探测单元，利用 Mie 散射理论和 Monte Carlo 方法解算光子在云雾中的运动轨迹，统计因云雾散射而进入接收窗口的光子，得到云雾回波。根据云雾回波的形成过程，脉冲激光云雾回波仿真模型可以分为三部分，即激光发射模型、激光云雾传输模型和激光接收模型。

1. 激光发射模型

以激光探测系统的发射窗口为坐标原点、以发射激光轴向为 z 轴，建立激光探测坐标系，如图 10-9 所示。

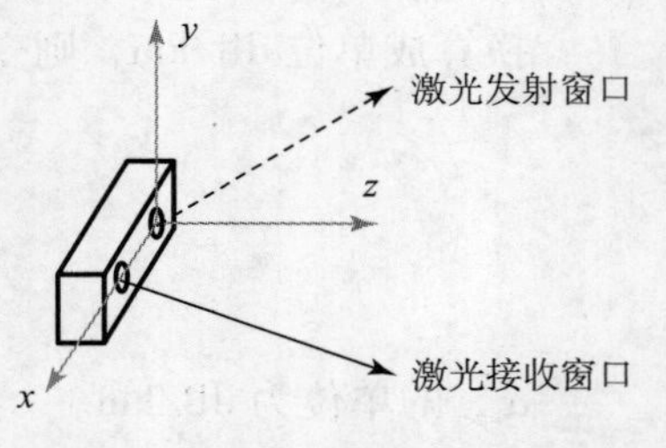

图 10-9 激光探测坐标系示意图

激光探测系统发射的激光在时域上为高斯脉冲，其功率表达式为

$$P(t)=P_0\exp\left[-\frac{\left(t-\frac{\tau}{2}\right)^2}{\frac{\tau^2}{4\ln 2}}\right],\ 0\leqslant t\leqslant\tau \tag{10-38}$$

式中，τ 为高斯脉冲的持续时间；P_0 为峰值功率。以时间间

隔 T_s 对发射激光脉冲信号进行采样，将其转换为离散数字信号，即

$$P(n)=P_0\exp\left[-\frac{\left(nT_s-\frac{\tau}{2}\right)^2}{\frac{\tau^2}{4\ln 2}}\right],\ 0\leqslant n\leqslant\tau/T_s \tag{10-39}$$

发射激光脉冲信号如图 10－10 所示。

将发射激光分解为大量光子，利用光子数量表征激光功率，建立激光功率与光子数量的对应关系。光子的初始能量为

$$E=\frac{P_0}{N_0} \tag{10-40}$$

式中，N_0 为峰值功率对应的光子数量。

以激光束腰作为光子发射点，激光束腰处每个位置发射的光子数量服从高斯分布，所以光子发射位置为

$$\begin{cases}x=\omega_0\xi_1\\y=\omega_0\xi_2\\z=0\end{cases} \tag{10-41}$$

式中，ω_0 为激光束腰半径；ξ_1、ξ_2 为标准正态分布随机数。光子发射方向为

$$\begin{cases}u_x=\sin\theta_0\cos\varphi_0\\u_y=\sin\theta_0\sin\varphi_0\\u_z=\cos\theta_0\end{cases} \tag{10-42}$$

式中，$\theta_0=|(\theta'/2)\cdot\xi_3|$ 为光子发射方向天顶角，其中 θ' 为激光光束发散角；ξ_3 为标准正态分布随机数；$\varphi_0=2\pi\cdot\xi_4$ 为光子发射方向方位角，其中 ξ_4 为［0，1］区间上的均匀分布随机数。光子发射方向如图 10－11 所示。

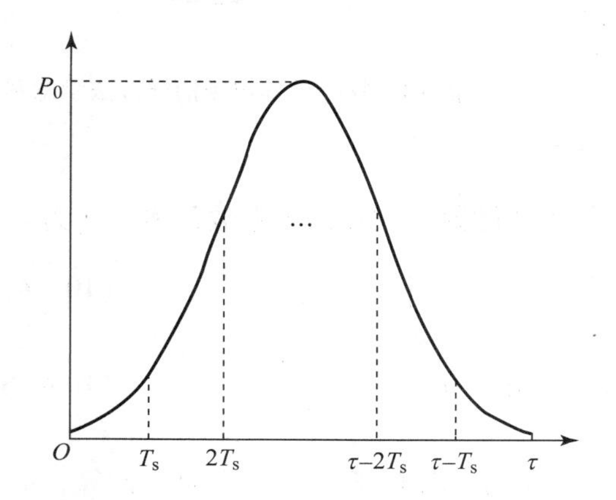

图 10－10　发射激光脉冲信号示意图

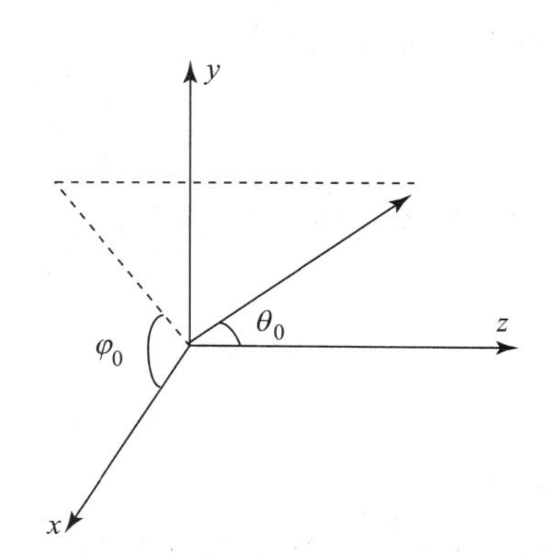

图 10－11　光子发射方向示意图

发射后的光子首先要穿过发射镜头，光子的能量变为

$$E'=\eta_e E \tag{10-43}$$

式中，η_e 为发射镜头的透过率。

2. 激光云雾传输模型

光子在云雾中的传输过程包括光子与云雾粒子的碰撞过程和光子的移动过程。

1）光子与云雾粒子的碰撞过程

（1）碰撞粒子的粒径。光子进入云雾后会与云雾粒子发生碰撞，碰撞粒子的粒径根据云雾粒径分布抽样确定。在描述云雾粒径分布时，用得较多的是指数谱分布函数，表达式为

$$N(r)=ar^{\alpha}\exp(-br^{\beta}) \tag{10-44}$$

式中，r 为云雾粒径；a、b、α 和 β 为分布参数。几种典型云的分布参数如表 10－12 所示。

表 10－12　云粒径的指数谱分布参数

云的类型	a	b	α	β
积云（C1）	2.373 0	3/2	6	1
电晕云（C2）	$1.085\,1\times10^{-2}$	1/24	8	3
贝母云（C3）	5.555 6	1/3	8	3

根据云雾粒径分布函数计算得到粒径的归一化分布概率为

$$P(r_i)=\frac{N(r_i)}{\sum\limits_{j=1}^{n}N(r_j)},\ 1\leqslant i\leqslant n \tag{10-45}$$

式中，n 为云雾粒径数量。在［0，1］区间上为每种粒径分配一个与其归一化分布概率相等的区间，然后在［0，1］区间上均匀随机抽样，抽样数所在区间对应的粒径，即为光子碰撞到的云雾粒子粒径。云雾粒径抽样方法如图 10－12 所示。

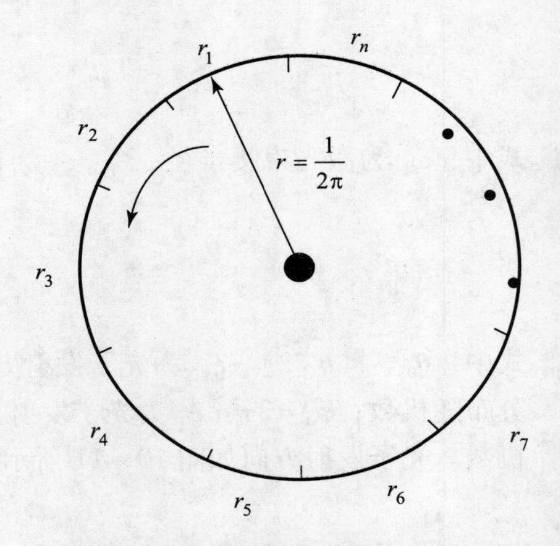

图 10－12　云雾粒径抽样方法示意图

（2）碰撞后的光子能量。碰撞后光子的能量会发生改变，光子的能量变为

$$E''=\frac{Q_{\rm sca}}{Q_{\rm ext}}E' \tag{10-46}$$

式中，E'为碰撞前的光子能量；$Q_{\rm sca}$和 $Q_{\rm ext}$分别为粒子的散射系数和消光系数，表达式为

$$Q_{\rm sca}=\frac{2}{x^2}\sum_{n=1}^{\infty}(2n+1)(|a_n|^2+|b_n|^2) \tag{10-47}$$

$$Q_{\rm ext}=\frac{2}{x^2}\sum_{n=1}^{\infty}(2n+1){\rm Re}(a_n+b_n) \tag{10-48}$$

式中，$x=\frac{\pi d}{\lambda}$为粒子尺寸参数，其中 λ 为激光波长，d 为云雾粒子直径。为便于计算，n 一般累积到

$$n_{\max}=x+4x^{\frac{1}{3}}+2 \tag{10-49}$$

a_n、b_n 是 Mie 散射系数，表达式为

$$a_n = \frac{m^2 \mathrm{j}_n(mx)[x\mathrm{j}_n(x)]' - \mu_1 \mathrm{j}_n(x)[mx\mathrm{j}_n(mx)]'}{m^2 \mathrm{j}_n(mx)[x\mathrm{h}_n^{(1)}(x)]' - \mu_1 \mathrm{h}_n^{(1)}(x)[mx\mathrm{j}_n(mx)]'} \tag{10-50}$$

$$b_n = \frac{\mu_1 \mathrm{j}_n(mx)[x\mathrm{j}_n(x)]' - \mathrm{j}_n(x)[mx\mathrm{j}_n(mx)]'}{\mu_1 \mathrm{j}_n(mx)[x\mathrm{h}_n^{(1)}(x)]' - \mathrm{h}_n^{(1)}(x)[mx\mathrm{j}_n(mx)]'} \tag{10-51}$$

式中，μ_1 为云雾粒子的磁导率与周围介质磁导率的比值，通常情况下为 1；m 为云雾粒子的复折射率，因为云雾粒子的主要成分为水，所用云雾复折射率通常直接采用水的复折射率。水对部分波长激光的复折射率如表 10－7 和表 10－8 所示。

在式（10－50）、式（10－51）中，j_n 和 $\mathrm{h}_n^{(1)}$ 分别是 n 阶第一类球贝塞尔函数和第一类汉克尔函数（或第三类球贝塞尔函数）。利用 Matlab 自带的 besselj( ) 函数和 bessely( ) 函数可以分别计算第一类一般贝塞尔函数 J_n 和第二类一般贝塞尔函数 Y_n，再根据式（10－52）、式（10－53）转换为第一类球贝塞尔函数 j_n 和第二类球贝塞尔函数 y_n，即

$$\mathrm{j}_n(x) = \sqrt{\frac{\pi}{2x}}\mathrm{J}_{n+\frac{1}{2}}(x) \tag{10-52}$$

$$\mathrm{y}_n(x) = \sqrt{\frac{\pi}{2x}}\mathrm{Y}_{n+\frac{1}{2}}(x) \tag{10-53}$$

最后利用第一类球贝塞尔函数 j_n 和第二类球贝塞尔函数 y_n，计算得到第一类汉克尔函数，即

$$\mathrm{h}_n^{(1)}(x) = \mathrm{j}_n(x) + \mathrm{i}\mathrm{y}_n(x) \tag{10-54}$$

（3）碰撞后的光子移动方向。碰撞后光子的移动方向发生改变，光子的移动方向变为

$$\begin{cases} u_x' = \dfrac{\sin\theta_{\mathrm{sca}}}{\sqrt{1-u_z^2}}(u_x u_z \cos\varphi_{\mathrm{sca}} - u_y \sin\varphi_{\mathrm{sca}}) + u_x \cos\theta_{\mathrm{sca}} \\ u_y' = \dfrac{\sin\theta_{\mathrm{sca}}}{\sqrt{1-u_z^2}}(u_y u_z \cos\varphi_{\mathrm{sca}} + u_x \sin\varphi_{\mathrm{sca}}) + u_y \cos\theta_{\mathrm{sca}} \\ u_z' = -\sin\theta_{\mathrm{sca}} \cos\varphi_{\mathrm{sca}} \sqrt{1-u_z^2} + u_z \cos\theta_{\mathrm{sca}} \end{cases} \tag{10-55}$$

当 $|u_z| > 0.99999$ 时，式（10－55）调整为

$$\begin{cases} u_x' = \sin\theta_{\mathrm{sca}} \cos\varphi_{\mathrm{sca}} \\ u_y' = \sin\theta_{\mathrm{sca}} \sin\varphi_{\mathrm{sca}} \\ u_z' = \dfrac{u_z}{|u_z|} \cdot \cos\theta_{\mathrm{sca}} \end{cases} \tag{10-56}$$

式中，(u_x, u_y, u_z) 为碰撞前的光子移动方向；φ_{sca} 为散射方位角，为$[0, 2\pi]$区间上的均匀分布随机数；θ_{sca} 为散射天顶角，根据 Mie 散射相函数抽样确定，抽样方法与粒径抽样相同。

Mie 散射相函数的表达式为

$$P(\theta_{\mathrm{sca}}) = \frac{|S_1(\theta_{\mathrm{sca}})|^2 + |S_2(\theta_{\mathrm{sca}})|^2}{\sum_{n=1}^{\infty}(2n+1)(|a_n|^2 + |b_n|^2)} \tag{10-57}$$

式中，$S_1(\theta)$、$S_2(\theta)$ 为散射振幅函数，表达式为

$$S_1(\theta) = \sum_{n=1}^{\infty} \frac{2n+1}{n(n+1)}(a_n \pi_n + b_n \tau_n) \tag{10-58}$$

$$S_2(\theta) = \sum_{n=1}^{\infty} \frac{2n+1}{n(n+1)}(a_n\tau_n + b_n\pi_n) \tag{10-59}$$

式中，n 同样累积到 $n_{\max}$；π_n、τ_n 为散射角函数，用于描述散射振幅函数关于方位角的分布特征，通过递推关系式计算，即

$$\pi_n = \frac{2n-1}{n-1}\cos\theta \cdot \pi_{n-1} - \frac{n}{n-1}\pi_{n-2} \tag{10-60}$$

$$\tau_n = n\cos\theta \cdot \pi_n - (n+1)\pi_{n-1} \tag{10-61}$$

π_n、τ_n 的初值如下。

$\pi_0 = 0$，$\pi_1 = 1$，$\pi_2 = 3\cos\theta$。

$\tau_0 = 0$，$\tau_1 = \cos\theta$，$\tau_2 = 3\cos(2\theta)$。

光子与云雾粒子的碰撞过程如图 10-13 所示。

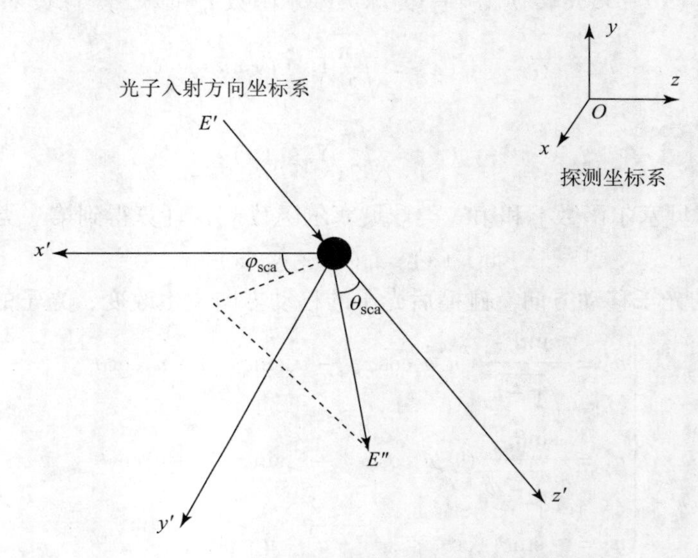

图 10-13　光子与云雾粒子碰撞过程示意图

2）光子的移动过程

如果光子与云雾粒子碰撞后的能量不小于阈值（为避免无限循环，设定能量阈值，当光子能量小于阈值时，认为光子已消亡），则光子沿着散射后的新方向继续移动，移动距离为

$$\Delta s = -\frac{\ln\xi}{\mu_t} \tag{10-62}$$

式中，ξ 为［0，1］区间上均匀分布的随机数；μ_t 为云雾衰减系数。云雾衰减系数与其疏密程度有关，而云雾的疏密程度有多种表现形式，如能见度、质量浓度等。

当云雾疏密程度用能见度表示时，衰减系数可由经验公式（10-63）计算得到，即

$$\mu_t(\lambda) = \frac{3.912}{V} \cdot \left(\frac{\lambda}{0.55}\right)^{-q} \tag{10-63}$$

式中，V 为云能见度；q 为经验系数，表达式为

$$q=\begin{cases}1.6, & V>50\ \text{km}\\ 1.3, & 6\ \text{km}<V\leqslant 50\ \text{km}\\ 0.16V+0.34, & 1\ \text{km}<V\leqslant 6\ \text{km}\\ V-0.5, & 0.5\ \text{km}<V\leqslant 1\ \text{km}\\ 0, & V\leqslant 0.5\ \text{km}\end{cases}\tag{10-64}$$

当云雾疏密程度用质量浓度表示时，衰减系数的表达式为

$$\mu_t(\lambda)=\sum_{i=1}^{n}\frac{3Q_{\text{ext}}(\lambda,\ r_i)}{4\rho r_i}c(r_i)\tag{10-65}$$

式中，ρ 为云雾粒子的密度；$c(r_i)$为半径 r_i粒子的质量浓度。

当云雾疏密程度用光学厚度表示时，衰减系数的表达式为

$$\mu_t(\lambda)=\frac{\text{OD}}{L}\tag{10-66}$$

式中，OD 为云雾光学厚度；L 为云雾在激光入射方向上的物理厚度。

移动距离 Δs 后，光子的位置变为

$$\begin{cases}x'=x+u_x\cdot\Delta s\\ y'=y+u_y\cdot\Delta s\\ z'=z+u_z\cdot\Delta s\end{cases}\tag{10-67}$$

式中，$(x,\ y,\ z)$ 为前一次碰撞的光子位置。如果光子的新位置仍在云雾内部，则光子与云雾粒子再次发生碰撞和散射。光子在云雾中重复“碰撞—移动—碰撞”的过程，直至光子离开云雾或者能量低于阈值。

3. 激光接收模型

光子离开云雾后，若光子移动方向朝向脉冲激光探测系统一侧，即 $u_z<0$，则计算光子到达探测系统接收窗口平面的位置为

$$\begin{cases}x_0=x+u_x\dfrac{-z}{u_z}\\ y_0=y+u_y\dfrac{-z}{u_z}\\ z_0=0\end{cases}\tag{10-68}$$

式中，$(x,\ y,\ z)$ 为光子与云雾粒子最后一次碰撞的位置；$(u_x,\ u_y,\ u_z)$ 为光子最后一次碰撞后的移动方向。

若光子到达位置在接收窗口内，有

$$(x_0-\text{dtr})^2+y_0^2\leqslant R_r^2\tag{10-69}$$

式中，dtr 为激光探测系统的收发光轴间距；R_r 为接收镜头半径；且光子入射角度满足接收视场角要求，即

$$\theta_{\text{in}}\leqslant\frac{\theta_{\text{view}}}{2}\tag{10-70}$$

式中，θ_{view}为激光探测系统的接收视场角。光子被激光探测系统成功接收，成为回波光子。

回波光子的接收时刻为

$$t = t_0 + \frac{S}{c} \tag{10-71}$$

式中，t_0 为光子发射时刻；S 为光子在探测过程中的移动距离；c 为光速。

回波光子被接收时的能量为

$$E''' = \eta_r E'' \tag{10-72}$$

式中，η_r 为接收镜头透过率；E''为光子最后一次碰撞后的能量。

为提高仿真精度和效率，通常只仿真发射激光脉冲峰值时刻的光子，将峰值时刻的云雾回波与发射激光脉冲信号进行卷积，从而得到脉冲激光的云雾回波。

$$H_{\text{pulse}}(k) = \sum_{i=0}^{N} H_{\text{peak}}(k-i)\frac{P(i)}{P_0} \tag{10-73}$$

式中，H_{peak}为峰值时刻的云雾回波；$P(i)$ 为 i 时刻的发射激光功率。

10.3.2 仿真方法

利用模型进行云雾回波仿真的流程图如图 10－14 所示。首先，设置云雾参数和激光探测系统参数，云雾参数包括空间范围、粒径范围及分布、复折射率等，激光探测系统参数包括发射激光功率、发射激光脉冲信号、发射激光束散角、束腰半径、接收窗口尺寸、接收视场角和收发光轴间距等；然后，设置发射激光脉冲峰值时刻的光子数量，以及初始能量、发射位置和发射方向等初始状态并发射，根据散射自由程和碰撞后的散射方向计算光子的移动轨迹，当光子超出云雾边界或者能量小于阈值时，结束该光子的仿真；若该光子被探测系统接收，则记录接收时刻和能量；最后，完成脉冲峰值时刻所有光子的仿真，统计得到脉冲峰值的云雾回波，将脉冲峰值的云雾回波与脉冲信号进行卷积，最终得到脉冲信号的云雾回波。

10.3.3 仿真结果

利用脉冲激光云雾回波仿真模型，对云雾中有目标和云雾中无目标两种场景下的回波进行仿真。

1. 云雾中有目标

仿真参数如表 10－13 所示。根据脉冲激光探测系统和目标相对于云雾的位置关系，分两种情况进行云雾回波特性仿真。

表 10－13　仿真参数

仿真参数	参数值	仿真参数	参数值
中心波长	905 nm	收发间距	25 mm
发射系统直径	10 mm	峰值光子数	100 000
发射束散角	5 mrad	云雾能见度	1～10 m
接收镜头直径	30 mm	目标表面	漫反射
接收视场角	21.4 mrad	目标距离	10 m

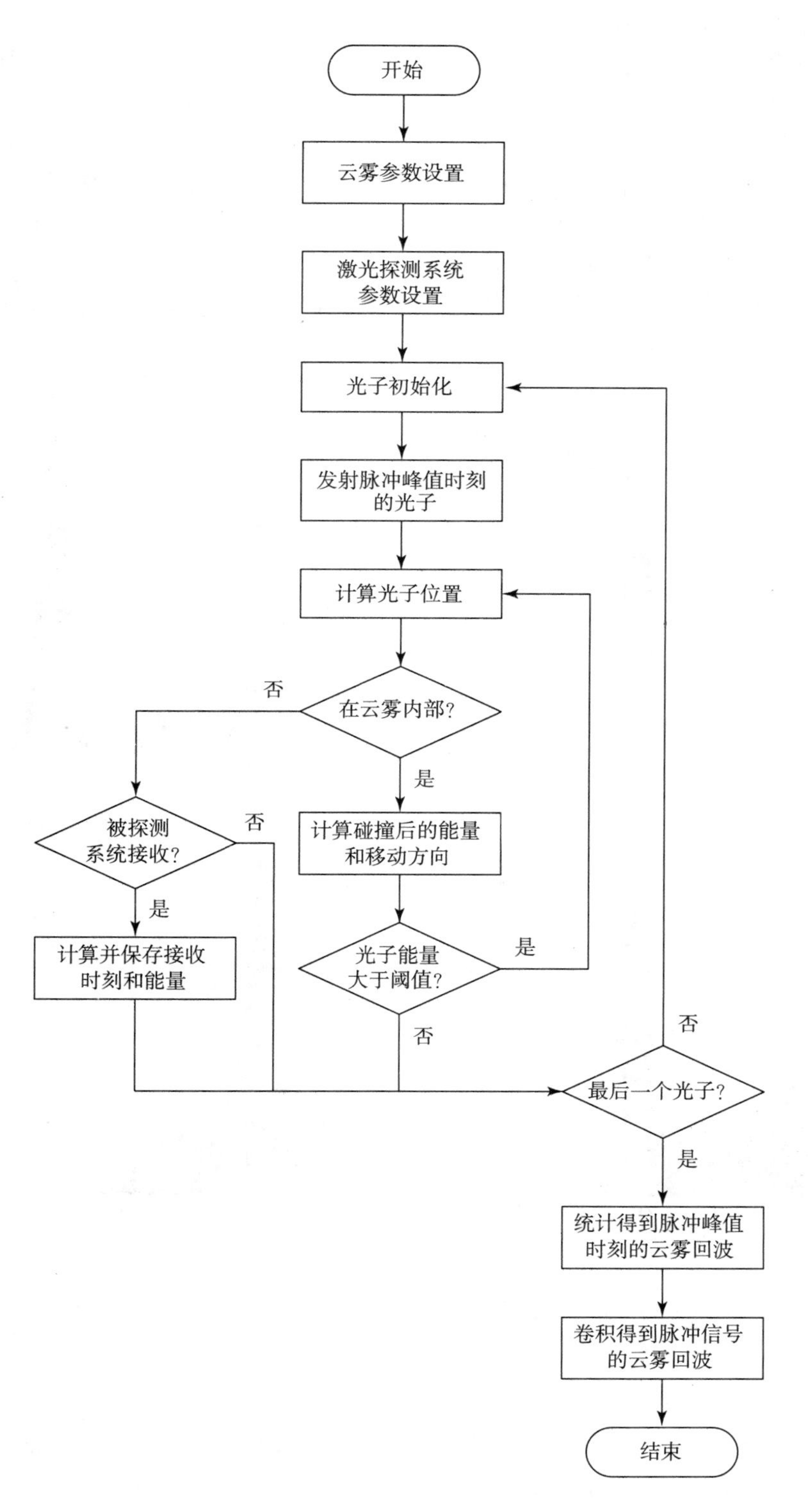

图 10－14　云雾回波仿真方法流程框图

1）脉冲激光探测系统和目标均处于云雾中

设定脉冲激光探测系统距目标 10 m，图 10－15 给出了探测系统与目标同处于云雾中时，不同能见度下的回波信号，图中回波信号幅度为归一化幅度。由图 10－15 可以看出，能见度越小，云雾回波幅值越大（相对于目标回波幅值），当能见度足够小，即云雾浓度足够大时，激光探测系统将仅能接收到云雾回波。对比云雾与目标的回波波形可见，云雾回波信号下降沿变缓，有明显的时域展宽现象，因此，可以通过波形分析对云雾回波和目标回波进行区分。当探测系统和目标同处于云雾中时，云雾回波信号主要由近距云雾产生，因此，可以通过调整收发间距和视场角，增大近距盲区，来提高脉冲激光探测系统抗云雾干扰的能力。

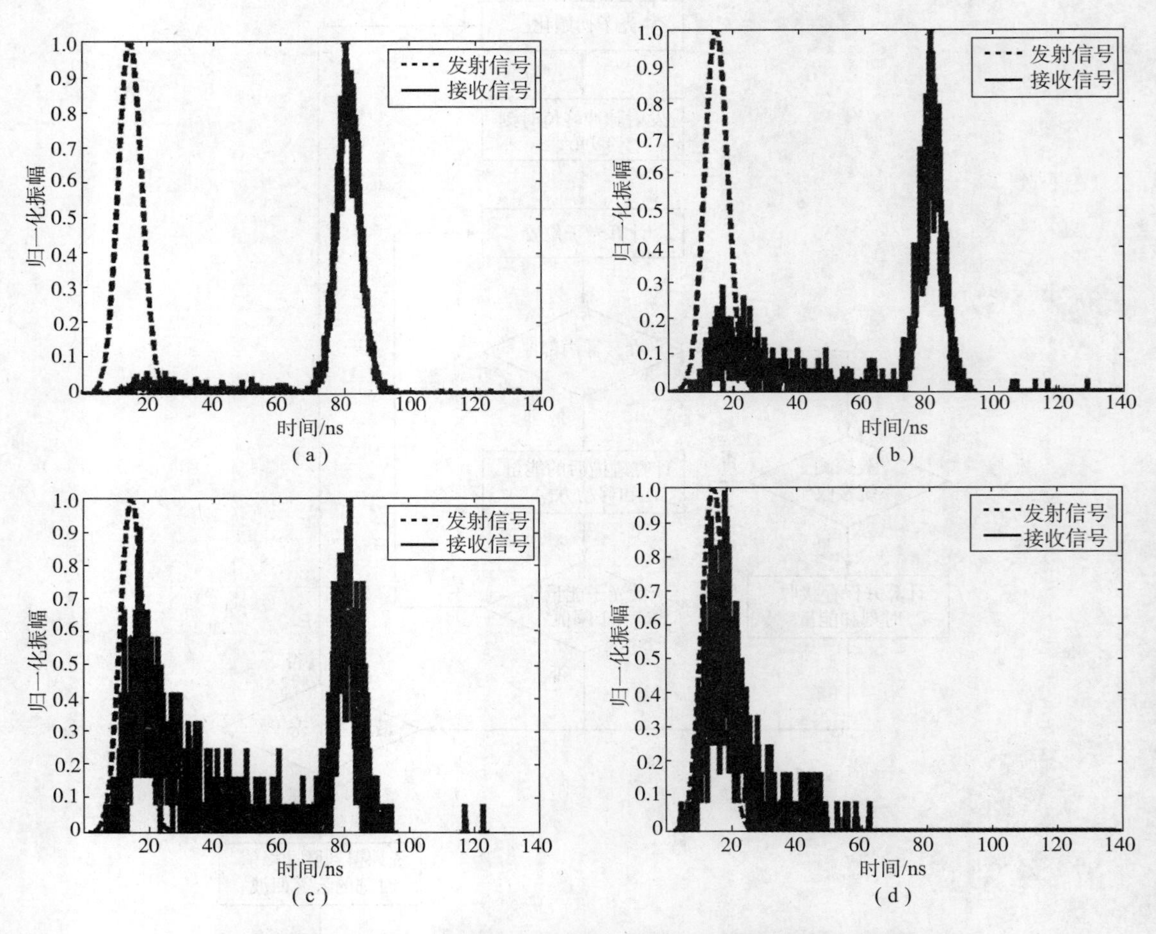

图 10－15　脉冲激光探测系统和目标均处于云雾中时的回波信号

(a) $V=10$ m；(b) $V=5$ m；(c) $V=3$ m；(d) $V=1$ m

2）目标处于云雾中而脉冲激光探测系统处于云雾外

图 10－16 给出了目标处于云雾中而脉冲激光探测系统处于云雾外时，脉冲激光探测系统的回波信号。仿真条件为：能见度 $V=3$ m，目标距离为 10 m，云雾边界与探测系统距离（DCloud）分别为 0 m、1 m、3 m、5 m、7 m、9 m。由图 10－16 可以看出，云雾回波信号主要由边界附近的云雾产生。

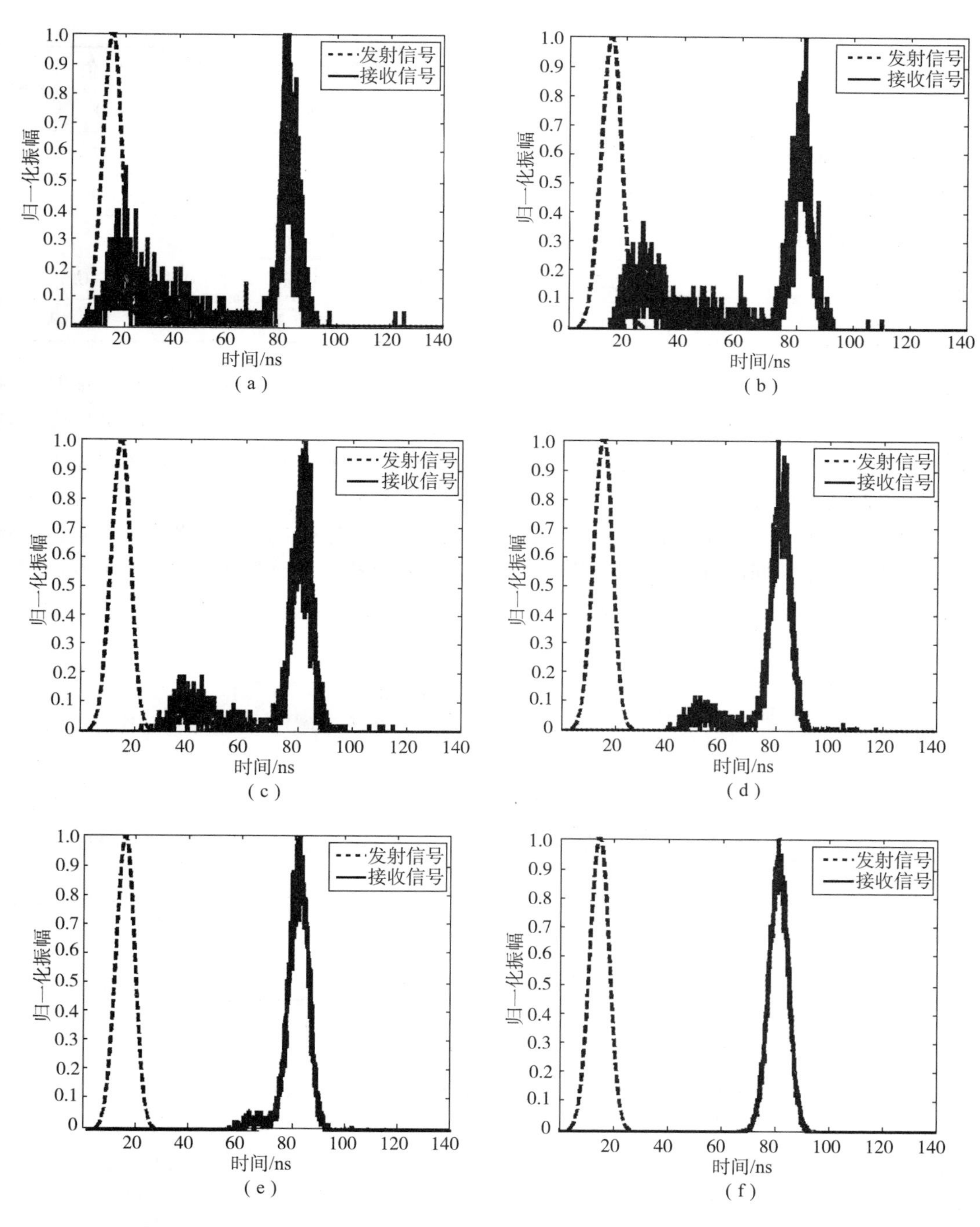

图 10－16　目标处于云雾中而脉冲激光探测系统处于云雾外时的回波信号

(a) DCloud＝0 m；(b) DCloud＝1 m；(c) DCloud＝3 m；(d) DCloud＝5 m；
(e) DCloud＝7 m；(f) DCloud＝9 m

2. 云雾中无目标

仿真参数如表 10－14 所示。

表 10－14 仿真参数

仿真参数	参数值	仿真参数	参数值
收发间距/mm	35	激光波长/nm	860
激光束散角/mrad	5	激光束腰半径/mm	0.11
发射系统直径/mm	12.7	接收镜头直径/mm	25.4
接收视场角/mrad	21.4	云雾粒子直径/μm	5
云雾距离/m	0、2、5、8	云雾质量浓度/g/m^3	0.1、0.4、0.7、1
复折射率	$1.33-i2.93\times10^{-7}$		

图 10－17 所示为云雾质量浓度分别为 0.1 g/m^3、0.4 g/m^3、0.7 g/m^{3}和 1 g/m^{3}时的脉冲激光云雾回波，采用回波强度与发射激光峰值强度的比值作为归一化回波强度。从图 10－17 可以看出，当云雾质量浓度分别为 0.1 g/m^3、0.4 g/m^3、0.7 g/m^{3}和 1 g/m^{3}时，归一化云雾回波强度分别为 1.06×10^{-5}、7.57×10^{-6}、3.31×10^{-6}、1.06×10^{-6}，比例关系为 1∶0.71∶0.31∶0.10，云雾回波强度与云雾质量浓度近似成正比关系。此外，不同云雾质量浓度条件下的云雾回波波形峰值时刻与半高宽度的差异较小，说明云雾回波波形峰值时刻与半高宽度受云雾质量浓度的影响较小。

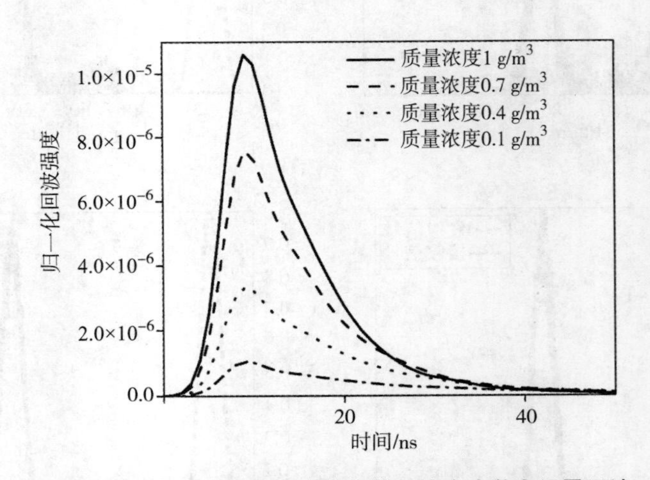

图 10－17 多种云雾质量浓度条件下的脉冲激光云雾回波

图 10－18 所示为云雾距离（脉冲激光探测系统与云雾的距离）分别为 0 m、2 m、5 m 和 10 m 时的脉冲激光云雾回波，采用回波强度与发射激光峰值强度的比值作为归一化回波强度。由图 10－18 可以看出，当云雾距离分别为 0 m、2 m、5 m 和 8 m 时，归一化云雾回波强度分别为 1.06×10^{-5}、2.00×10^{-6}、9.73×10^{-7}、6.30×10^{-7}，比例关系为 1∶0.19∶0.09∶0.06，云雾回波强度与云雾距离成指数关系。不同云雾距离条件下的云雾回波波形半高宽度的差异较小，说明云雾回波波形半高宽度受云雾距离的影响较小。

因为脉冲激光云雾回波仿真模型可以跟踪云雾回波产生的全过程，因此通过仿真除了可以获取云雾回波的时域波形，还可以获取回波的散射次数等其他特性。图 10－19 所示为云

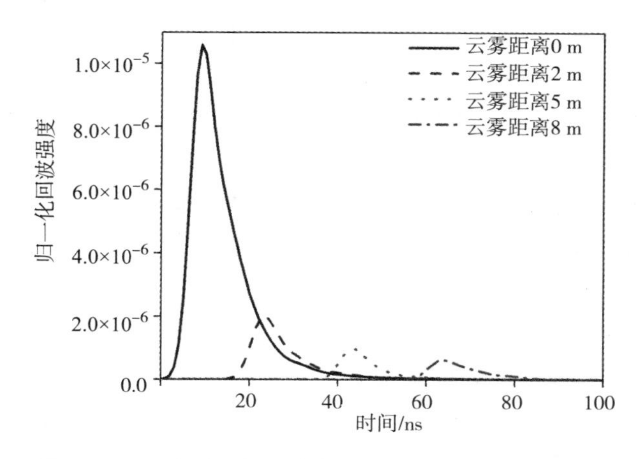

图 10-18 多种云雾距离条件下的脉冲激光云雾回波

雾回波强度在散射次数上的分布。其中，图 10-19（a）所示为云雾距离为 0 m，云雾质量浓度分别为 0.1 g/m^3、0.4 g/m^3、0.7 g/m^{3}和 1 g/m^{3}时的分布；图 10-19（b）所示为云雾质量浓度为 1 g/m^3，云雾距离分别为 0 m、2 m、5 m 和 8 m 时的分布；S90 为散射次数分布参数，表示回波能量累积到 90% 时的散射次数。

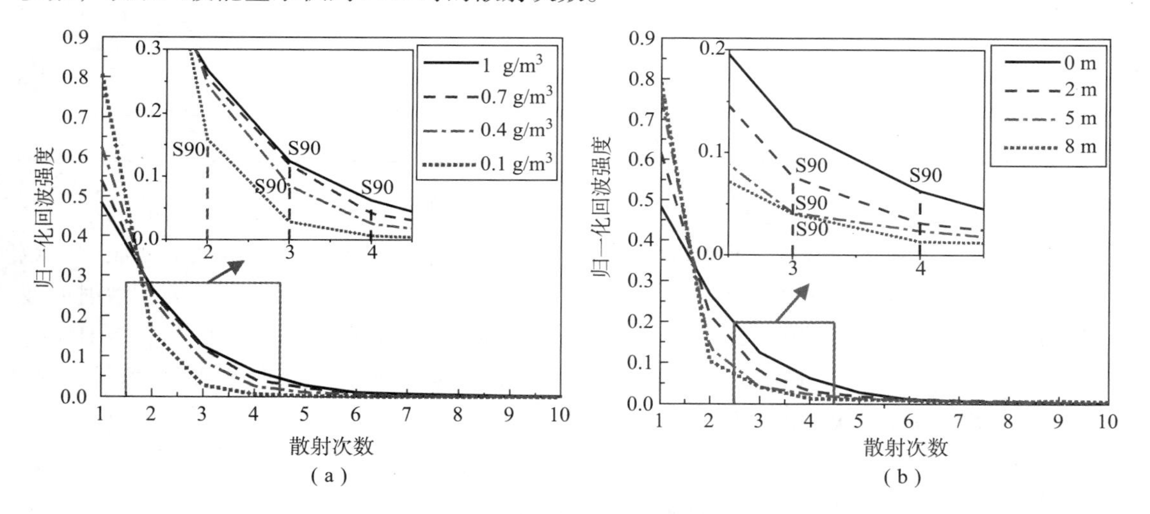

图 10-19 云雾回波在散射次数上的强度分布

（a）不同云雾质量浓度；（b）不同云雾距离

在图 10-19（a）中，云雾质量浓度为 1 g/m^{3}时，散射次数分别为 1 ~5 次的回波能量占比为 48.3%、26.7%、12.4%、6.3% 和 2.8%，回波能量随散射次数增加呈现明显的衰减趋势，其他云雾质量浓度条件下的结果也呈现相同的趋势；说明任意云雾质量浓度条件下，云雾后向散射激光回波强度在散射次数上均呈现递减分布。云雾质量浓度为 0.1 g/m^3、0.4 g/m^3、0.7 g/m^{3}和 1 g/m^{3}时的参数 S90 分别为 2 次、3 次、3 次和 4 次，说明任意云雾质量浓度条件下，云雾后向散射激光回波的散射次数主要集中在 4 次以内。

在图 10-19（b）中，所有云雾距离条件下的回波能量均随散射次数增加呈现衰减趋势，说明任意云雾距离条件下，云雾后向散射激光回波强度在散射次数上均呈现递减分布。

云雾距激光探测系统分别为0 m、2 m、5 m和8 m时的参数S90分别为4次、3次、3次和3次，说明任意云雾距离条件下，云雾后向散射激光回波的散射次数主要集中在4次以内。

根据云雾回波的散射次数及其能量占比，计算得到平均散射次数，如表10－15所示。在表10－15中，当云雾距离0 m，云雾质量浓度为0.1 g/m^{3}时，回波平均散射次数为1.26次，当云雾质量浓度分别增大到0.4 g/m^3、0.7 g/m^{3}和1 g/m^{3}时，回波平均散射次数相应增加到1.63次、1.89次和2.09次，说明云雾后向散射激光回波的总体散射次数与云雾质量浓度呈正相关。当云雾质量浓度为1 g/m^3，云雾距离分别为0 m、2 m、5 m和8 m时，回波平均散射次数分别为2.09次、1.90次、1.69次和1.67次，呈现递减趋势，说明云雾后向散射激光回波的总体散射次数与云雾距离呈负相关。

表10－15　多种云雾质量浓度和距离条件下的云雾回波平均散射次数

云雾距离/m	云雾质量浓度/(g·m^{-3})	平均散射次数
0	0.1	1.26
0	0.4	1.63
0	0.7	1.89
0	1	2.09
2	1	1.90
5	1	1.69
8	1	1.67

图10－20所示为云雾质量浓度为1 g/m^3，云雾距离为0 m时，云雾回波内的同次散射回波的时域波形及其半高宽度（FWHM）。图10－20（a）中列出了1～5次散射回波的时域波形，可以看出，所有同次散射回波均为具有一定时间跨度的脉冲信号，说明同次散射回波出现了时域展宽现象。图10－20（b）中，散射次数分别为1～5次的回波的FWHM为2 ns、7 ns、11 ns、13 ns和17 ns。上述结果说明，散射次数越多，回波的时域展宽越明显，且回波时域宽度与散射次数近似呈线性关系，拟合函数为

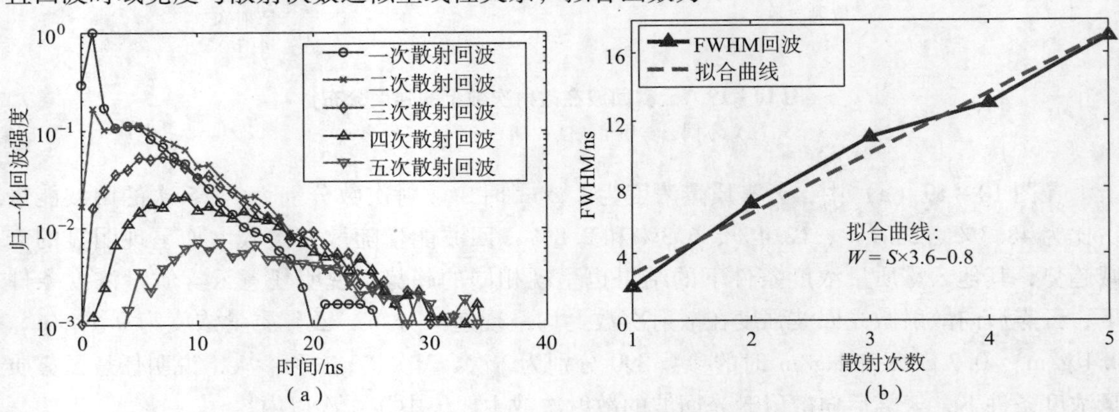

图10－20　云雾后向散射激光回波内的同次散射回波

（a）回波波形；（b）回波FWHM与散射次数的关系

$$W = S \times 3.6 - 0.8 \tag{10-74}$$

式中，W 为回波时域宽度（ns）；S 为回波散射次数。

3. 其他类型气溶胶

仿真研究沙尘性气溶胶、水溶性气溶胶、海洋性气溶胶和煤烟性气溶胶 4 种典型气溶胶的激光回波特性。气溶胶均匀分散在长度为 100 m、半径为 50 m 的圆柱体空间内，能见度分为 5 m 和 50 m 两组，粒径范围为 0.001 ~ 100 μm，粒径分布函数为

$$N(r) = \frac{1}{\sqrt{2\pi}\lg\delta}\exp\left[-\frac{1}{2}\left(\frac{\lg r - \lg r_m}{\lg\delta}\right)^2\right] \tag{10-75}$$

式中，r_m 为粒子众数半径；δ 为几何标准偏差。4 种典型气溶胶的粒径分布参数如表 10－16 所示。激光探测系统放置于气溶胶空间的轴心线上，距气溶胶边界 0 m 和 5 m 处各有一个探测点，激光探测系统的收发光轴间距为 35 mm；激光探测系统可以发射近、中、远红外波段的激光，近红外波段激光波长为 0.86 μm 和 1.06 μm，中红外波段激光波长为 5.5 μm，远红外波段激光波长为 10 μm，激光时域调制信号为半高宽度 5 ns 的脉冲信号；发射激光的发散角为 5 mrad，接收镜头直径为 25 mm，接收视场角为 21 mrad；波长为 0.86 μm、1.06 μm、5.5 μm 和 10 μm 的激光在沙尘性气溶胶、水溶性气溶胶、海洋性气溶胶和煤烟性气溶胶中的复折射率如表 10－17 所示。

表 10－16　气溶胶粒径分布参数

参数	沙尘性气溶胶	水溶性气溶胶	海洋性气溶胶	煤烟性气溶胶
粒子众数半径 r_m/μm	0.5	0.05	0.3	0.0118
几何标准偏差 δ	2.99	2.99	2.51	2

表 10－17　复折射率

激光波长/μm	沙尘性气溶胶	水溶性气溶胶	海洋性气溶胶	煤烟性气溶胶
0.86	1.52 － i0.008	1.52 － i0.012	$1.372 - i1.09 \times 10^{-6}$	1.75 － i0.43
1.06	1.52 － i0.008	1.52 － i0.017	$1.367 - i6.01 \times 10^{-i5}$	1.75 － i0.44
5.5	1.22 － i0.021	1.44 － i0.018	1.333 － i0.00931	1.99 － i0.61
10	1.75 － i0.162	1.82 － i0.09	1.31 － i0.0406	2.21 － i0.72

沙尘性气溶胶对波长为 0.86 μm、1.06 μm、5.5 μm 和 10 μm 激光的后向散射回波如图 10－21 所示；图 10－21（a）中激光探测系统探测距离（激光探测系统沿激光发射光轴到气溶胶边界的距离）为 0 m 和 5 m，气溶胶能见度为 50 m；图 10－21（b）中探测距离为 0 m，气溶胶能见度为 5 m 和 50 m。在图 10－21（a）和图 10－21（b）中，当探测距离为 0 m、气溶胶能见度为 50 m 时，波长 1.06 μm 激光的回波最强，峰值为 1.05（以波长 0.86 μm 激光的回波峰值能量为 1，下同），波长 0.86 μm 激光的回波强度次之，波长 5.5 μm 激光的回波最弱，峰值为 0.57，波长 10 μm 激光的回波稍强于 5.5 μm，峰值为 0.71。在图 10－21（a）中，当探测距离增大到 5 m 后，波长为 0.86 μm、1.06 μm、5.5 μm 和 10 μm 激光的回波峰值分别为 1、1.08、0.57 和 0.72，与探测距离为 0 m 时的数据几乎完全相同；在图 10－21（b）中，当气溶胶能见度减小到 5 m 时，波长为 0.86 μm、

1.06 μm、5.5 μm 和 10 μm 激光的回波峰值分别为 1、1.12、0.56 和 0.68，与气溶胶能见度 50 m 时的数据差异极小。上述结果表明，在沙尘性气溶胶中，4 种波长激光的回波强度关系为 5.5 μm＜10 μm＜0.86 μm＜1.06 μm。在图 10－21 中，无论何种探测距离和气溶胶能见度，4 种波长激光回波的峰值时刻和脉宽均差异较小。

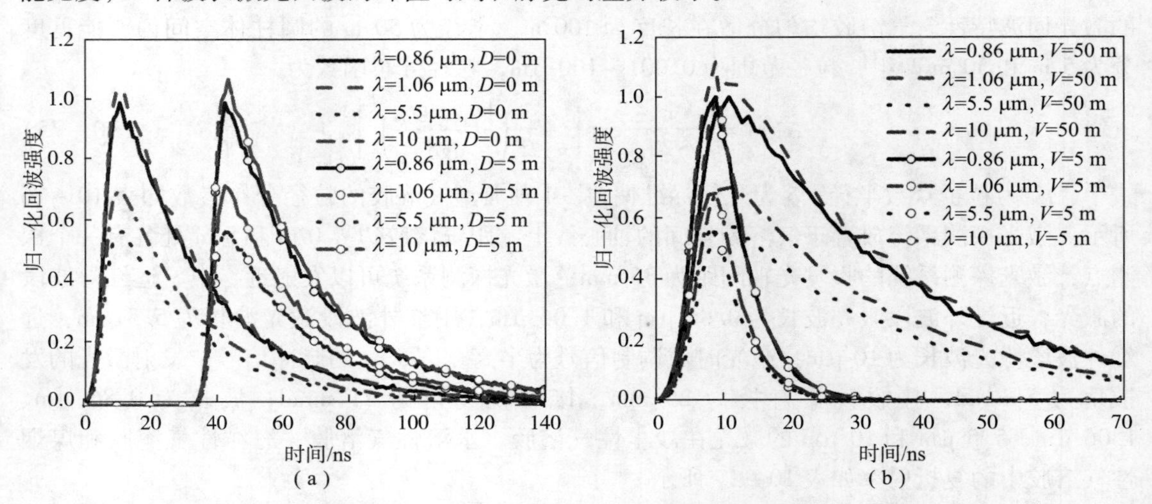

图 10－21　沙尘性气溶胶对波长为 0.86 μm、1.06 μm、5.5 μm 和 10 μm 激光的后向散射回波

(a) 不同探测距离；(b) 不同气溶胶能见度

图 10－22 至图 10－24 分别为水溶性气溶胶、海洋性气溶胶和煤烟性气溶胶对波长为 0.86 μm、1.06 μm、5.5 μm 和 10 μm 激光的后向散射回波。可以看出，在水溶性气溶胶中，4 种波长激光的回波强度关系为 10 μm＜5.5 μm＜1.06 μm＜0.86 μm；在海洋性气溶胶中，4 种波长激光的回波强度关系为 10 μm＜0.86 μm＜1.06 μm＜5.5 μm；在煤烟性气溶胶中，4 种波长激光的回波强度关系为 10 μm＜5.5 μm＜1.06 μm＜0.86 μm。且无论在何种气溶胶环境中，4 种波长激光回波的峰值时刻和脉宽均差异较小。

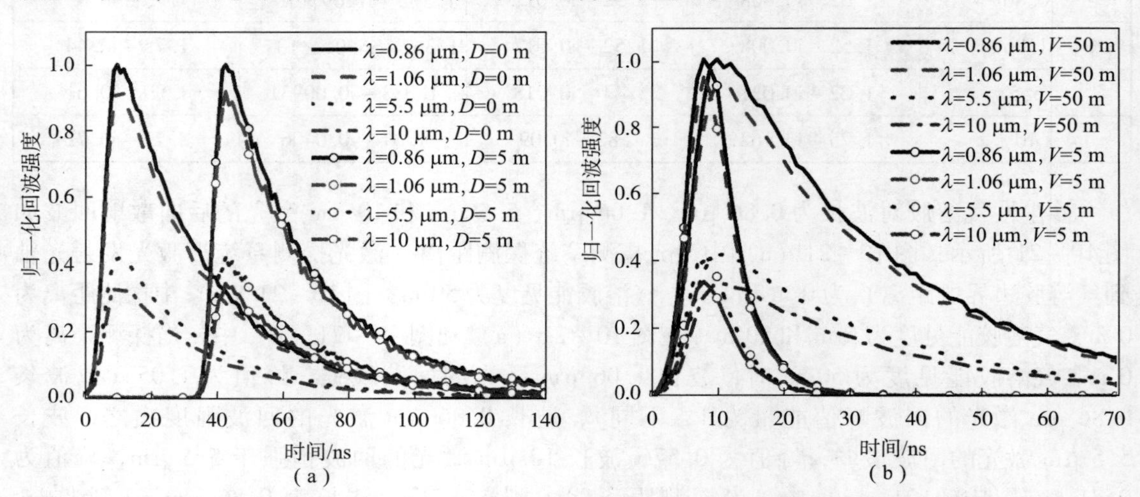

图 10－22　水溶性气溶胶对波长为 0.86 μm、1.06 μm、5.5 μm 和 10 μm 激光的后向散射回波

(a) 不同探测距离；(b) 不同气溶胶能见度

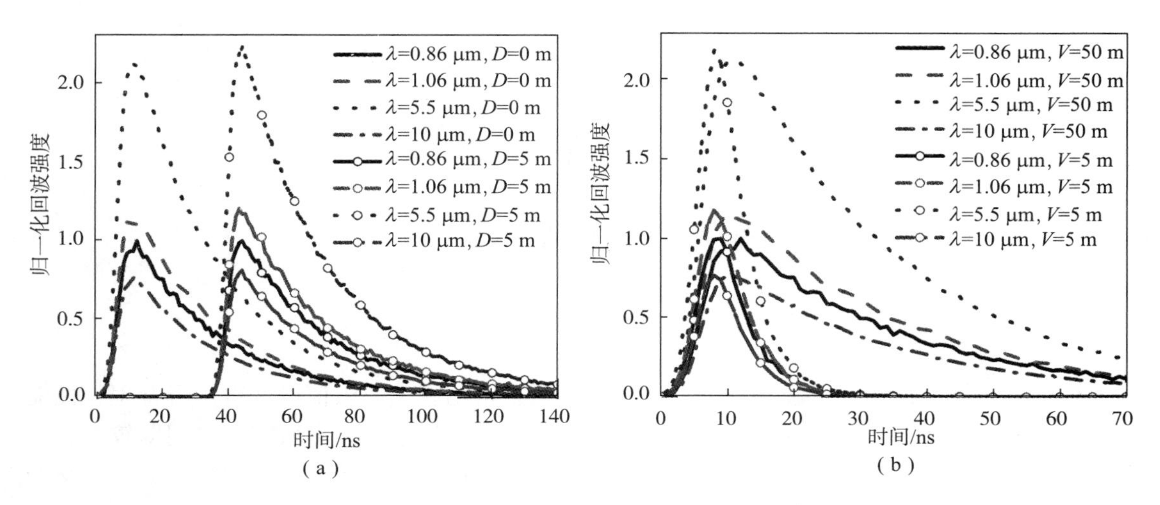

图 10－23　海洋性气溶胶对波长为 0.86 μm、1.06 μm、5.5 μm 和 10 μm 激光的后向散射回波

（a）不同探测距离；（b）不同气溶胶能见度

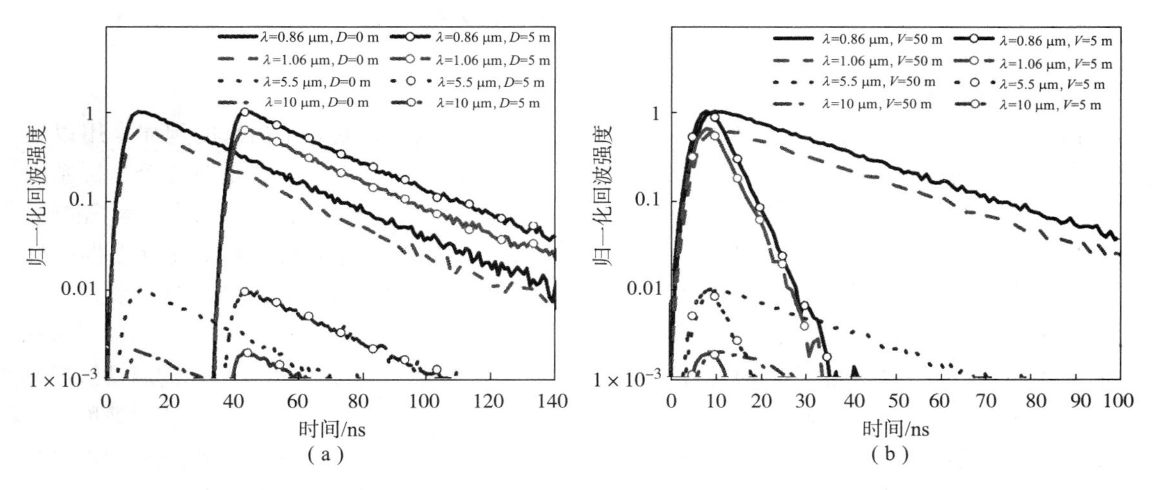

图 10－24　煤烟性气溶胶对波长为 0.86 μm、1.06 μm、5.5 μm 和 10 μm 激光的后向散射回波

（a）不同探测距离；（b）不同气溶胶能见度

第 11 章
激光引信总体设计

引信是武器系统中一个独立部分，又和武器系统密切相关。引信设计得是否合理、性能指标是否先进，将直接影响武器系统的作战效果。由于引信总体技术所涉及的问题较多，涉及面又相当广，限于篇幅，本章重点介绍几个与激光引信总体设计相关的内容，如弹目交会技术、高过载技术和抗干扰技术等。

11.1 弹目交会技术

这里以导弹为例进行说明。

激光引信启动区的数学模型是用有关数学方程和某些试验数据总结出来的规律，用以描述导弹引信引爆战斗部时导弹与目标的相对位置。导弹和目标的空中交会是在几个坐标系内进行的，二者的位置姿态变化多而复杂，对于不同参考系，其相对姿态必定不同。为了准确、直观地描述弹目交会过程中导弹和目标位置姿态且利于问题的处理分析，需要建立惯性坐标系、导弹坐标系、目标坐标系和相对速度坐标系，并建立这几种坐标系之间的转换关系。

在进行引战配合仿真时，必须确定导弹的运动轨迹、导弹相对目标的脱靶区域、引信对目标的启动区域等。这些区域及其分布均需定义在一定的坐标系中，其中，引信对目标的启动区定义在与导弹弹体相关联的导弹坐标系中，脱靶量分布定义在导弹与目标速度相关联的相对速度坐标系中，目标位置部位分布定义在与目标相固连的目标坐标系中。此外，导弹和目标飞行弹道参数定义在与地面发射点相固连的惯性坐标系中。下面分析各坐标系定义及相互转换关系。

11.1.1 坐标系的建立

1. 惯性坐标系

惯性坐标系（或称地球坐标系）用 $OX_gY_gZ_g$ 表示，原点设在导弹发射点或导引头失控点，OX_g 轴与导弹发射时目标水平飞行航向平行，正方向可根据研究的具体问题以及处理问题的方法进行选择，一般选取目标水平飞行航向的反方向为正方向；OY_g 轴垂直于 OX_g 轴向上；OZ_g 轴与 OX_g、OY_g 轴构成右手坐标系。惯性坐标系用来确定导弹与目标的相关弹道参数，如导弹、目标在遭遇点的位置、速度、姿态角等。图 11 -1 所示为惯性坐标系中目标与导

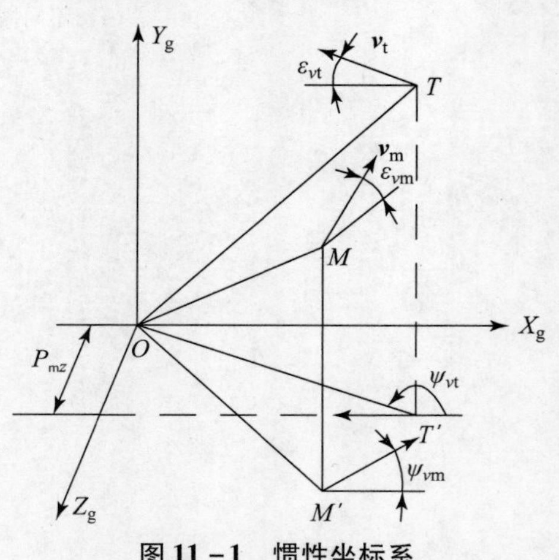

图 11 -1 惯性坐标系

弹之间的相对位置关系及二者相关参数关系。把导弹与目标当作点目标时，其中 M 表示导弹点、T 表示目标点、P_{mz} 表示导弹发射瞬间航路捷径。

导弹和目标速度矢量在惯性坐标系中的方向可通过各自的偏航角、俯仰角确定，导弹速度矢量$\boldsymbol{v}_m$、目标速度矢量$\boldsymbol{v}_t$在惯性坐标系中的分量可通过式（11－1）、式（11－2）表达，其中 $\boldsymbol{M}_Y[-\psi]$、$\boldsymbol{M}_Z[-\varepsilon]$ 表示旋转矩阵。

$$\begin{bmatrix} \boldsymbol{v}_{mxg} \\ \boldsymbol{v}_{myg} \\ \boldsymbol{v}_{mzg} \end{bmatrix} = \boldsymbol{M}_Y[-\psi_{vm}]\ \boldsymbol{M}_Z[-\varepsilon_{vm}] \begin{bmatrix} \boldsymbol{v}_m \\ 0 \\ 0 \end{bmatrix},\ \psi_{vm} = \psi_m - \beta_m,\ \varepsilon_{vm} = \varepsilon_m - \alpha_m \tag{11-1}$$

$$\begin{bmatrix} \boldsymbol{v}_{txg} \\ \boldsymbol{v}_{tyg} \\ \boldsymbol{v}_{tzg} \end{bmatrix} = \boldsymbol{M}_Y[-\psi_{vt}]\boldsymbol{M}_Z[-\varepsilon_{vt}] \begin{bmatrix} \boldsymbol{v}_t \\ 0 \\ 0 \end{bmatrix},\ \psi_{vt} = \psi_t - \beta_t,\ \varepsilon_{vt} = \varepsilon_t - \alpha_t \tag{11-2}$$

导弹与目标在空中的交会角 Ω_{mt} 为导弹速度矢量与目标速度矢量相反方向之间的夹角，如式（11－3）所示。交会角反映了导弹与目标的交会条件，在 $\Omega_{mt} = \pi/2$ 时，为侧攻状态，引战配合效率最差。

$$\Omega_{mt} = \arccos\left(-\frac{v_{mxg}v_{txg} + v_{myg}v_{tyg} + v_{mzg}v_{tzg}}{\boldsymbol{v}_t\boldsymbol{v}_m} \right),\ 0 \leqslant \Omega_{mt} \leqslant \pi \tag{11-3}$$

导弹和目标在惯性坐标系中的相对速度矢量关系如图11－2所示，以导弹发射点为惯性坐标系原点，以导弹迎击目标为例进行说明，相对速度矢量$\boldsymbol{v}_r$为导弹速度矢量$\boldsymbol{v}_m$与目标速度矢量$\boldsymbol{v}_t$的合成，参见图11－2中$\boldsymbol{v}_m$、$\boldsymbol{v}_t$、$\boldsymbol{v}_r$组成的矢量三角形。

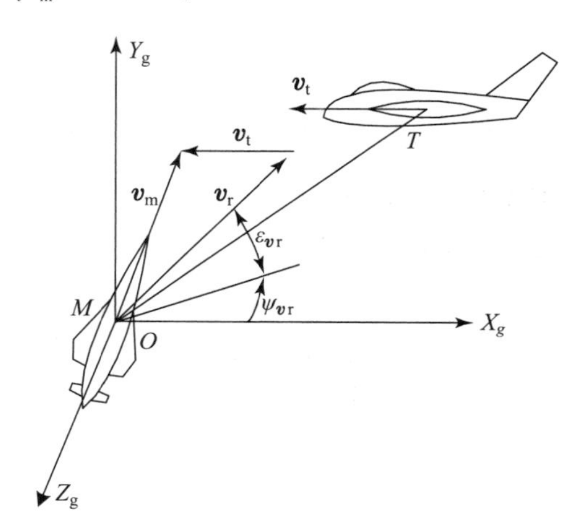

图11－2　惯性坐标系中相对速度矢量

如图11－2所示，导弹与目标的相对速度矢量定义为式（11－4），相对速度矢量在惯性坐标系中的分量可表示为式（11－5），从而可推出相对速度矢量在惯性坐标系中的相对速度偏航角 ψ_{vr}、相对速度俯仰角 ε_{vr} 如式（11－6）、式（11－7）。

$$\boldsymbol{v}_r = \boldsymbol{v}_m - \boldsymbol{v}_t \tag{11-4}$$

$$\begin{bmatrix} v_{rxg} \\ v_{ryg} \\ v_{rzg} \end{bmatrix} = \begin{bmatrix} v_{mxg} - v_{txg} \\ v_{myg} - v_{tyg} \\ v_{mzg} - v_{tzg} \end{bmatrix} \tag{11-5}$$

$$\psi_{vr} = \arctan\left(\frac{-v_{rzg}}{v_{rxg}} \right),\ -\pi \leqslant \psi_{vr} \leqslant \pi \tag{11-6}$$

$$\varepsilon_{vr} = \arcsin\left(\frac{v_{ryg}}{v_r} \right),\ -\pi/2 \leqslant \varepsilon_{vr} \leqslant \pi/2 \tag{11-7}$$

2. 导弹坐标系

导弹坐标系用 $OX_mY_mZ_m$ 表示，原点设在导弹战斗部中心或激光引信光学视场中心，取 OX_m 轴沿导弹纵轴向前，在导弹纵向对称平面内取 OY_m 轴垂直于 OX_m 轴向上，OZ_m 轴与 OX_m、OY_m 轴构成右手坐标系。在导弹坐标系内完成激光引信视场方向图和战斗部杀伤元静态、动态飞散区的数学描述。导弹坐标系如图 11－3 所示。

3. 目标坐标系

目标坐标系用 $OX_tY_tZ_t$ 表示，原点设在目标几何中心，取 OX_t 轴沿目标纵轴向前；在目标纵向对称平面内取 OY_t 轴垂直于 OX_t 轴向上，OZ_t 轴与 OX_t、OY_t 轴构成右手坐标系。在目标坐标系内完成目标外形的三维描述、目标要害部位或易损舱段的分布及目标激光散射特性或散射面元分布。目标坐标系如图 11－4 所示。

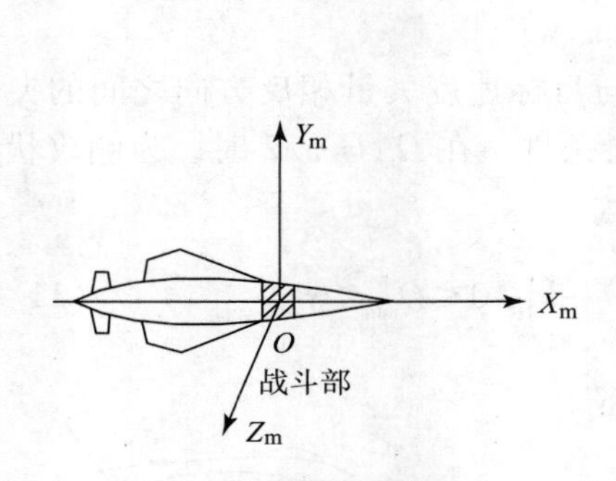

图 11－3　导弹坐标系

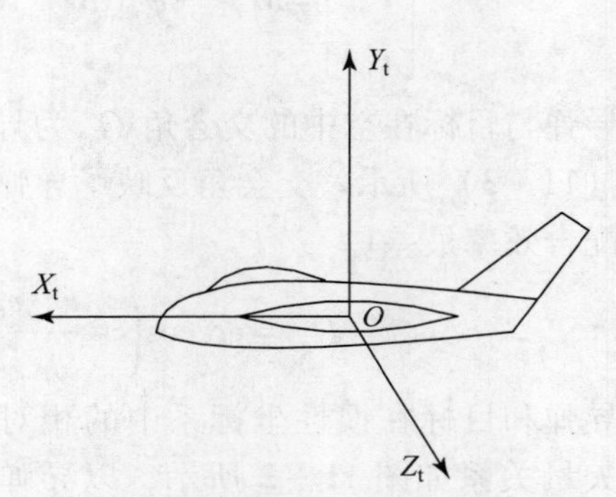

图 11－4　目标坐标系

4. 相对速度坐标系

相对速度坐标系用 $OX_rY_rZ_r$ 表示，坐标原点通常设在目标中心，OX_r 轴取与导弹目标相对速度矢量 $\boldsymbol{v}_r$ 平行，并取相对速度方向为正方向，OY_r 轴平行于攻击平面（速度三角形平面），并垂直于 OX_r 轴向上，取 OZ_r 轴与攻击平面垂直，并与 OX_r 轴、OY_r 轴构成右手坐标系。相对速度坐标系如图 11－5 所示，图中给出了导弹攻击目标时的相对速度关系、二者相对位

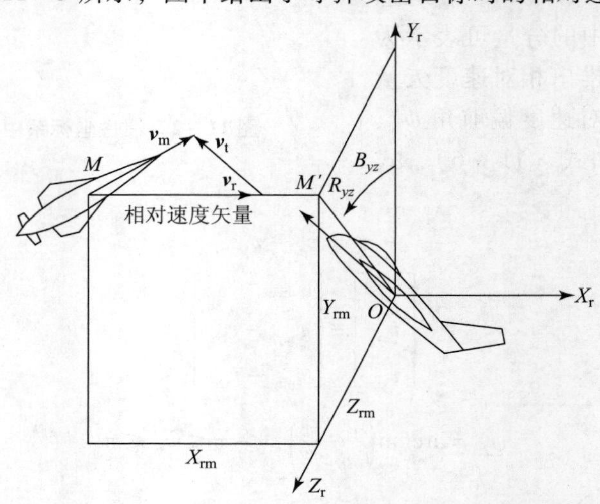

图 11－5　相对速度坐标系

置关系及姿态角。

在图 11 -5 中，Y_rOZ_r平面为投影平面或脱靶平面，M 表示导弹中心坐标，M'表示导弹中心在脱靶平面上的投影。因此，在相对速度坐标系内可以得到导弹相对目标的脱靶量 R_{yz} 及脱靶方位 B_{yz}，脱靶量 R_{yz}即为图 11 -5 中的 OM'；在给定脱靶量 R_{yz}及脱靶方位 B_{yz}时，沿 OX_r轴方向可以得到引信启动区的散布特征参数；还可以得出战斗部的动态杀伤带。

11.1.2　坐标系之间的夹角关系

两个坐标系之间的夹角关系如图 11 -6 所示，二者通过 3 个欧拉角 ψ、ε 和 γ 之间的关系进行转换。把坐标系 $OXYZ$ 先绕 OY 轴旋转 ψ 角，再绕 OZ 轴旋转 ε 角，最后绕 OX 轴旋转 γ 角得到坐标系 $OX'Y'Z'$。图 11 -6 中约定逆时针方向旋转为正。

在图 11 -6 中，ψ 表示偏航角，定义为 OX'轴在 XOZ 水平面上的投影与 OX 轴的夹角；ε 表示俯仰角，定义为 OX'轴与 XOZ 水平面的夹角；γ 表示滚转角，定义为 $X'OY'$面与包含 OX'轴的铅垂平面之间的夹角。图 11 -6 中的坐标系 $OX'Y'Z'$对应于导弹坐标系 $OX_mY_mZ_m$时，相应的 ψ_m 称为导弹偏航角，ε_m 称为导弹俯仰角，γ_m 称为导弹滚转角；当坐标系 $OX'Y'Z'$ 对应于目标坐标系 $OX_tY_tZ_t$时，相应地 ψ_t 称为目标偏航角，ε_t 称为目标俯仰角，γ_t 称为目标滚转角；当坐标系 $OX'Y'Z'$对应于相对速度坐标系 $OX_rY_rZ_r$ 时，相应的 ψ_r 称为相对速度偏航角，ε_r 称为相对速度俯仰角，γ_r 称为相对速度滚转角。

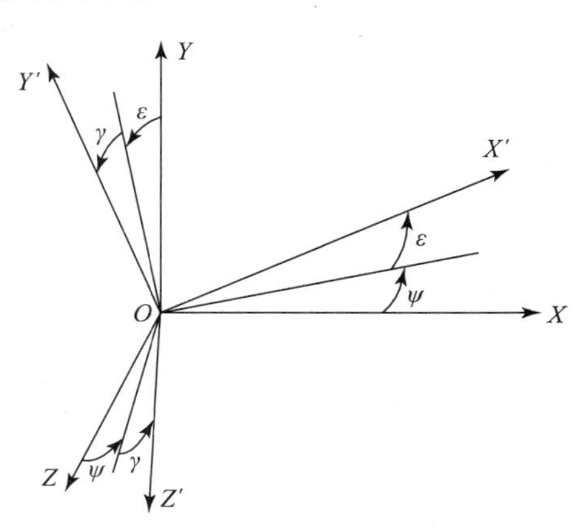

图 11 -6　两个坐标系之间的夹角关系示意图

由 3 个欧拉角产生的 3 个正交矩阵 $\boldsymbol{M}_X[\gamma]$、$\boldsymbol{M}_Z[\varepsilon]$、$\boldsymbol{M}_Y[\psi]$ 如式（11 -8）~式（11 -10）所示，$\boldsymbol{M}_X[\gamma]$ 表示绕 X 轴旋转 γ 角度的坐标转换矩阵，$\boldsymbol{M}_Y[\psi]$ 表示绕 Y 轴旋转 ψ 角度的坐标转换矩阵，$\boldsymbol{M}_Z[\varepsilon]$ 表示绕 Z 轴旋转 ε 角度的坐标转换矩阵。

$$\boldsymbol{M}_X[\gamma]=\begin{bmatrix}1 & 0 & 0\\ 0 & \cos\gamma & \sin\gamma\\ 0 & -\sin\gamma & \cos\gamma\end{bmatrix} \tag{11-8}$$

$$\boldsymbol{M}_Z[\varepsilon]=\begin{bmatrix}\cos\varepsilon & \sin\varepsilon & 0\\ -\sin\varepsilon & \cos\varepsilon & 0\\ 0 & 0 & 1\end{bmatrix} \tag{11-9}$$

$$\boldsymbol{M}_Y[\psi]=\begin{bmatrix}\cos\psi & 0 & -\sin\psi\\ 0 & 1 & 0\\ \sin\psi & 0 & \cos\gamma\end{bmatrix} \tag{11-10}$$

11.1.3　坐标系之间的转换关系

1. 惯性坐标系与导弹坐标系的转换关系

惯性坐标系转换到导弹坐标系的数学关系用矩阵 $\boldsymbol{T}_1$ 表示，即

$$\begin{bmatrix} X_m \\ Y_m \\ Z_m \end{bmatrix} = \boldsymbol{T}_1 \begin{bmatrix} X_g \\ Y_g \\ Z_g \end{bmatrix} = \begin{bmatrix} T_{11} & T_{12} & T_{13} \\ T_{21} & T_{22} & T_{23} \\ T_{31} & T_{32} & T_{33} \end{bmatrix} \begin{bmatrix} X_g \\ Y_g \\ Z_g \end{bmatrix} = \boldsymbol{M}_X[\gamma_m]\boldsymbol{M}_Z[\varepsilon_m]\boldsymbol{M}_Y[\psi_m] \begin{bmatrix} X_g \\ Y_g \\ Z_g \end{bmatrix} \tag{11-11}$$

其中，

$$T_{11} = \cos\psi_m \cos\varepsilon_m$$
$$T_{12} = \sin\varepsilon_m$$
$$T_{13} = -\sin\psi_m \cos\varepsilon_m$$
$$T_{21} = \sin\psi_m \sin\gamma_m - \cos\psi_m \sin\varepsilon_m \cos\gamma_m$$
$$T_{22} = \cos\varepsilon_m \cos\gamma_m$$
$$T_{23} = \cos\psi_m \sin\gamma_m + \sin\psi_m \sin\varepsilon_m \cos\gamma_m$$
$$T_{31} = \sin\psi_m \cos\gamma_m + \cos\psi_m \sin\varepsilon_m \sin\gamma_m$$
$$T_{32} = -\cos\varepsilon_m \sin\gamma_m$$
$$T_{33} = \cos\psi_m \cos\gamma_m - \sin\psi_m \sin\varepsilon_m \sin\gamma_m$$

导弹坐标系转换到惯性坐标系的矩阵是 $\boldsymbol{T}_1$ 矩阵的转置矩阵 $\boldsymbol{T}_1^{\mathrm{T}}$，由于导弹战斗部、周视激光引信视场方向相对导弹纵轴 OX_m 对称，考虑导弹滚转角时引信和战斗部工作条件不变，因此通常取 $\gamma_m = 0$。

2. 惯性坐标系与目标坐标系的转换关系

惯性坐标系转换到目标坐标系的数学关系用矩阵 $\boldsymbol{T}_2$ 表示，即

$$\begin{bmatrix} X_t \\ Y_t \\ Z_t \end{bmatrix} = \boldsymbol{T}_2 \begin{bmatrix} X_g \\ Y_g \\ Z_g \end{bmatrix} = \boldsymbol{M}_X[\gamma_t]\boldsymbol{M}_Z[\varepsilon_t]\boldsymbol{M}_Y[\psi_t] \begin{bmatrix} X_g \\ Y_g \\ Z_g \end{bmatrix} \tag{11-12}$$

目标坐标系转换到惯性坐标系的矩阵是 $\boldsymbol{T}_2$ 矩阵的转置矩阵 $\boldsymbol{T}_2^{\mathrm{T}}$，本书考虑目标做直线飞行，取 $\psi_t = 0$。

3. 惯性坐标系与相对速度坐标系的转换关系

惯性坐标系转换到相对速度坐标系的数学关系用矩阵 $\boldsymbol{T}_3$ 表示，由图 11-5 可知，二者间的转换是通过相对速度偏航角 ψ_{vr} 和俯仰角 ε_{vr} 来实现的，与相对速度滚转角无关，即

$$\begin{bmatrix} X_r \\ Y_r \\ Z_r \end{bmatrix} = \boldsymbol{T}_3 \begin{bmatrix} X_g \\ Y_g \\ Z_g \end{bmatrix} = \boldsymbol{M}_Z[\varepsilon_{vr}]\boldsymbol{M}_Y[\psi_{vr}] \begin{bmatrix} X_g \\ Y_g \\ Z_g \end{bmatrix} \tag{11-13}$$

相对速度坐标系转换到惯性坐标系的矩阵是 $\boldsymbol{T}_3$ 矩阵的转置矩阵 $\boldsymbol{T}_3^{\mathrm{T}}$。

4. 目标坐标系与导弹坐标系的转换关系

目标坐标系到导弹坐标系的转换经过两步：先把目标坐标系转换到惯性坐标系；再把惯性坐标系转换到导弹坐标系。

目标坐标系转换到导弹坐标系的关系用矩阵 $\boldsymbol{T} = \boldsymbol{T}_1 \times \boldsymbol{T}_2^{\mathrm{T}}$ 表示，即

$$\begin{bmatrix} X_m \\ Y_m \\ Z_m \end{bmatrix} = \boldsymbol{T}_1 \begin{bmatrix} X_g \\ Y_g \\ Z_g \end{bmatrix} = \boldsymbol{T}_1 \times \boldsymbol{T}_2^{\mathrm{T}} \begin{bmatrix} X_t \\ Y_t \\ Z_t \end{bmatrix} = \begin{bmatrix} T_{11} & T_{12} & T_{13} \\ T_{21} & T_{22} & T_{23} \\ T_{31} & T_{32} & T_{33} \end{bmatrix} \begin{bmatrix} X_t \\ Y_t \\ Z_t \end{bmatrix} \tag{11-14}$$

式中，$T_{11}>0$ 为后向攻击；$T_{11}<0$ 为前向攻击。

11.1.4　导弹目标空间交会模型

导弹目标空间交会模型是为了确定弹目交会过程中二者的运动轨迹，通过导弹与目标由远及近、由近及远交会仿真参数输出，得到不同仿真时刻二者在空中的相对位置关系，确定每一仿真时刻二者在惯性坐标系中的位置坐标、姿态角、相对距离等参数，实现对弹目交会过程的实时模拟，得到弹目交会轨迹点参数。

导弹目标空间交会模型是在多个坐标系中建立的，导弹目标遭遇段参数有目标速度、目标偏航角、目标俯仰角、目标滚转角、目标位置坐标、导弹速度、导弹偏航角、导弹俯仰角、导弹滚转角、导弹位置坐标等，遭遇段导弹和目标的交会示意图如图 11－7 所示。

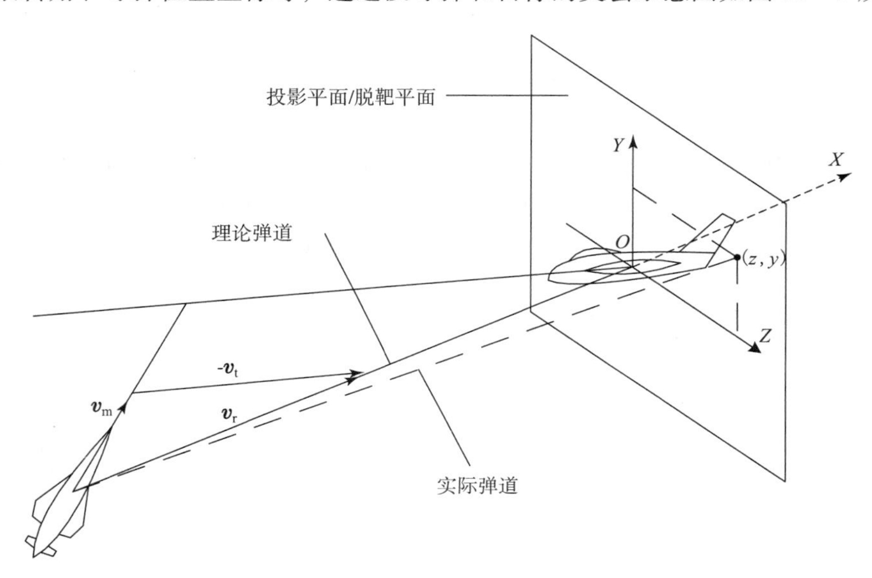

图 11－7　弹目交会示意图

在图 11－7 中，$OXYZ$ 坐标系是坐标原点设在目标中心的相对速度坐标系，YOZ 平面称为投影平面或脱靶平面。结合图 11－5 可以求出导弹－目标空间交会过程中二者各自的轨迹点参数，如位置坐标、姿态角、相对距离和仿真时刻等。

具体求解过程分为以下两个步骤。

1. 求解仿真初始时刻导弹与目标位置、姿态角

（1）目标在惯性坐标系中的终点位置。从一般意义上讲，初始化命中点参数中的斜距、高度、航路捷径定义在惯性坐标系中，且导弹的命中点即为目标终点位置，则可以根据初始化命中点参数得到命中点坐标，即等同于交会过程中目标终点坐标，而目标姿态角一般可以根据初始化参数中目标姿态角确定，本书假设弹目交会过程中二者姿态角不产生变化，目标终点坐标为

$$\begin{bmatrix} x_{tg} \\ y_{tg} \\ z_{tg} \end{bmatrix} = \begin{bmatrix} \sqrt{R_{mz}^2 - Y_{mz}^2 - P_{mz}^2} \\ Y_{mz} \\ P_{mz} \end{bmatrix} \tag{11-15}$$

（2）导弹在惯性坐标系中的终点位置。初始化命中点参数中的脱靶量、脱靶方位参数，一般定义在相对速度坐标系中，因此导弹在相对速度坐标系中的终点位置可以根据脱靶量、脱靶方位来确定，如式（11－16）所示；然后通过转换矩阵由式（11－13）将其转换到惯性坐标系；最后还要将此位置坐标与目标终点位置求和得到导弹在惯性坐标系中的终点坐标，如式（11－17）所示。而导弹姿态角一般可以根据初始化参数中导弹姿态角确定。

$$\begin{bmatrix} x_{mr} \\ y_{mr} \\ z_{mr} \end{bmatrix} = \begin{bmatrix} 0 \\ R_{yz} \times \sin\left(B_{yz} + \dfrac{\pi}{2}\right) \\ R_{yz} \times \cos\left(B_{yz} + \dfrac{\pi}{2}\right) \end{bmatrix} \tag{11-16}$$

$$\begin{bmatrix} x_{mg} \\ y_{mg} \\ z_{mg} \end{bmatrix} = (\boldsymbol{M}_Z[\varepsilon_{vr}]\boldsymbol{M}_Y[\psi_{vr}])^{\mathrm{T}} \begin{bmatrix} x_{mr} \\ y_{mr} \\ z_{mr} \end{bmatrix} + \begin{bmatrix} x_{tg} \\ y_{tg} \\ z_{tg} \end{bmatrix} \tag{11-17}$$

激光引信在惯性坐标系中的终点位置。其在导弹坐标系中相对导弹的位置可通过激光引信"X向偏移"参数及发射视场倾角确定，如式（11－18）所示，其中坐标下角标 fm 表示导弹坐标系中的引信坐标，其他情况依此类推；然后用式（11－11）将该偏移坐标位置转换到惯性坐标系；最后与导弹位置坐标求和即可得到激光引信终点坐标，如式（11－19）所示。激光引信姿态角等于导弹姿态角。

$$\begin{bmatrix} x_{fm} \\ y_{fm} \\ z_{fm} \end{bmatrix} = \begin{bmatrix} \dfrac{X_f}{1000} + F_r \times \cos\delta_t \\ 0 \\ 0 \end{bmatrix} \tag{11-18}$$

$$\begin{bmatrix} x_{fg} \\ y_{fg} \\ z_{fg} \end{bmatrix} = (\boldsymbol{M}_X[\gamma_m]\boldsymbol{M}_Z[\varepsilon_m]\boldsymbol{M}_Y[\psi_m])^{\mathrm{T}} \begin{bmatrix} x_{fm} \\ y_{fm} \\ z_{fm} \end{bmatrix} + \begin{bmatrix} x_{mg} \\ y_{mg} \\ z_{mg} \end{bmatrix} \tag{11-19}$$

2. 求解仿真任意时刻导弹－目标位置、姿态角

上面第一步已经将导弹、目标、激光引信位置坐标与姿态角求出，根据仿真距离与激光引信重频、导弹－目标接近速度（导弹－目标相对速度）之间的关系可以确定仿真轨迹点个数，然后根据终点位置坐标、导弹速度、目标速度之间的关系计算弹目交会过程中每一时刻、每个轨迹点的导弹和目标位置。而二者姿态角可通过初始化参数中的姿态角确定。

任意时刻导弹和目标的位置是上一时刻的各自位置加上此时刻的各自速度乘以时间 Δt，导弹－目标交会过程中二者轨迹点确定流程如图 11－8 所示。

假如仿真距离设定为 0.5～15 m，最大仿真点个数 Num 表示如式（11－20）所示，而每一激光探测周期内的导弹、目标位置可表示为式（11－21）的关系，其中 i 表示第 i 个激光脉冲周期，目标与激光引信位置坐标计算方法与式（11－21）表达方式一样。

$$\mathrm{Num} = \left[\frac{15}{v_r} f\right] \tag{11-20}$$

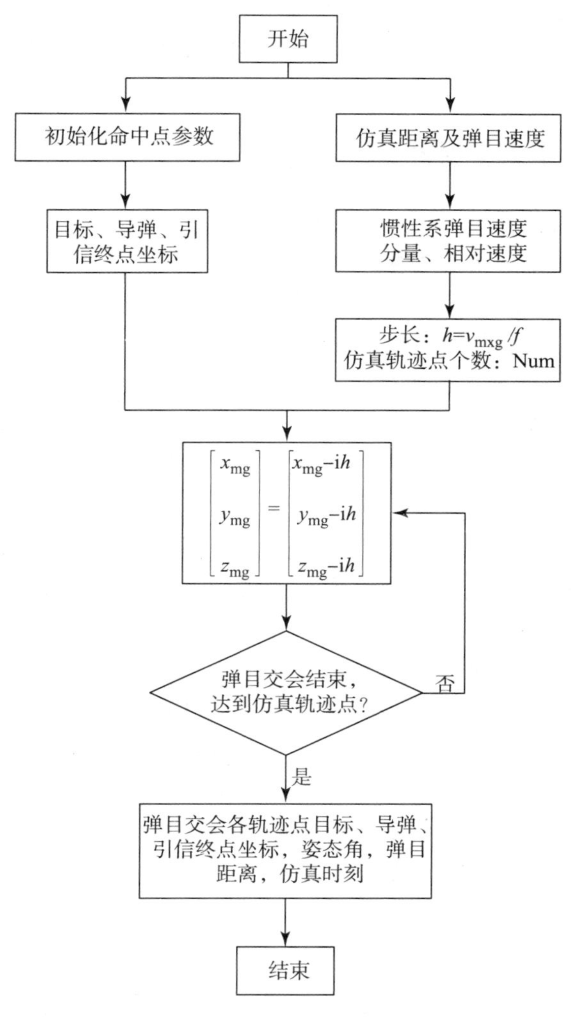

图 11－8　弹目交会轨迹求解流程框图

$$
\begin{bmatrix} x_{\mathrm{mg}} \\ y_{\mathrm{mg}} \\ z_{\mathrm{mg}} \end{bmatrix} = \begin{bmatrix} x_{\mathrm{mg}} - \dfrac{i}{f} v_{\mathrm{mxg}} \\ y_{\mathrm{mg}} - \dfrac{i}{f} v_{\mathrm{myg}} \\ z_{\mathrm{mg}} - \dfrac{i}{f} v_{\mathrm{mzg}} \end{bmatrix} \tag{11-21}
$$

弹目交会轨迹中的各个轨迹点根据式（11－21）中的迭代方式进行计算，仿真时可以选择交会前弹目距离 15 m 到弹目交会后距离 5 m，实现弹目由远及近、由近及远过程的仿真。

11.2 抗干扰技术

11.2.1 阳光干扰特征分析及抗干扰技术

1. 阳光干扰特征分析

1）阳光入射角的缓变性和单值性

阳光可近似为一种平行光，该种平行光在导弹飞行过程中与激光引信轴线之间的夹角（入射角）随着导弹飞行姿态的改变而变化，且这种变化相对于激光引信发射脉冲的重复频率而言，是一种极为缓慢的变化，因此阳光进入和退出激光引信接收视场而形成的干扰脉冲显然是一种缓慢变化的宽脉冲，对激光引信不会形成干扰。另外，此种入射角的缓慢变化曲线具有单值性，即在同一瞬间不可能形成不等的两个入射角。

2）阳光干扰的白噪声特性

阳光对激光引信能形成干扰是由于阳光进入（直射）激光引信接收视场，巨大的阳光能量落在探测器上，由于阳光辐射（光子）有涨有落，因而在探测器的输出中产生噪声，且该种噪声与频率无关，通常称为白噪声。对于一般的激光接收机而言，该种噪声足以超过激光引信的阈值电平，使接收机有相应输出，从而形成干扰。

由于白噪声在不同时间的起伏是互不相关的，因此这些能超越规定门限的噪声在激光引信每个探测周期内出现的时间分布也是不相关的，即为随机出现的，故它在发射脉冲周期内的任一瞬间都有可能出现。因此阳光干扰就其本质而言，是一种随机白噪声干扰，如图 11－9 所示。图中，U_F 表示激光器的发射脉冲，U_R 表示无阳光干扰时接收机输出的脉冲，U_S 表示阳光进入接收视场后形成的随机干扰，U_O 表示噪声门限，U_B 表示超过噪声门

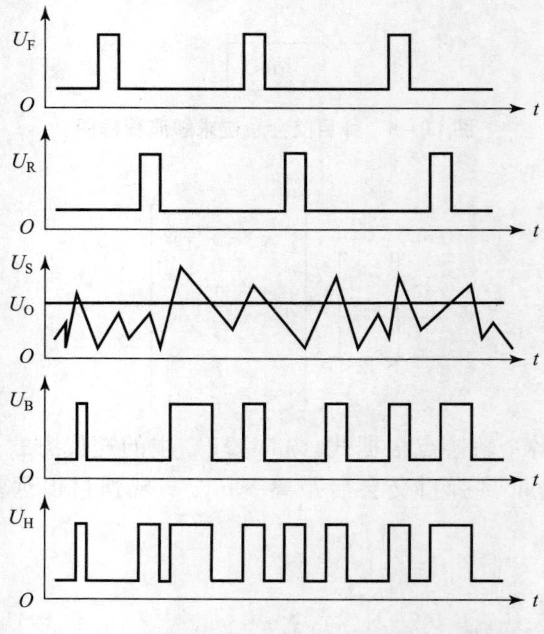

图 11－9　激光脉冲与阳光干扰的时间分布示意图

限值的阳光信号在接收机上形成的阳光干扰脉冲，U_H 表示有阳光干扰时接收机的输出脉冲。

3）阳光干扰图像的线（带）状特性

在激光成像引信中，或用多元探测方式，或用单元扫描探测方式来获得目标图像信息。由于阳光可近似为一种平行光，在导弹飞行过程中，或因导弹在受控中姿态角的改变，或因导弹随机性摆动，均可使阳光进入和退出激光引信接收视场。对于多元探测方式来说，在同一瞬间，阳光仅能干扰其中的少数几个探测元；对于扫描探测方式来说，阳光也仅能在某个方位上干扰其中的少数几个探测脉冲，而且这些被干扰的探测元或探测脉冲必定是连续相邻的，因此在阳光进入和退出激光引信接收视场过程中，即在某一时间段中被阳光干扰的那些探测单元所形成的干扰图像是线（带）状图像。

2. 抗阳光干扰技术

各种抗干扰的措施大致可分为两种基本技术途径：一种是在接收系统中采取相应的措施来削弱干扰信号的强度，达到使其不能形成干扰的目的；另一种是在存在干扰的条件下（接收机中有干扰脉冲输出），在信号处理系统中通过相应的逻辑判别措施来识别出干扰信号并予以否定，从而达到消除干扰的目的。

抗阳光干扰可采取以下方法。

1）窄带带通滤光片

目前，接收电路使用的光电探测器基本采用硅光电二极管，属于宽频带器件，在接收前端增加窄带滤光片，窄带滤光片一般取 50 ~ 100 nm 带宽，从而极大地降低了阳光干扰。

2）抗随机噪声时间门

阳光干扰信号对引信来说是一种白噪声干扰。因此，当阳光信号超过比较器的门限值而对引信形成干扰的时间也是不一定的，即在引信探测窗口工作的整个时间段内，都有可能形成阳光干扰。对于目标来说，激光回波比较稳定。由于激光引信发射基准脉冲的时间是预先设定的，因此经过目标反射回来的回波就会较稳定地只出现在发射基准脉冲后的一段时间内，而在这段时间之外的回波，可认为是由阳光干扰信号引起的。

因此，在发射脉冲的一个周期内，可以在不可能出现目标回波的时间段内加一个抗随机噪声时间门来检测是否有阳光干扰信号的到来，当出现阳光干扰信号时，就把在这个发射脉冲周期内出现的所有脉冲信号都当无效处理。发射脉冲和抗随机噪声时间门的时序如图 11－10 所示。

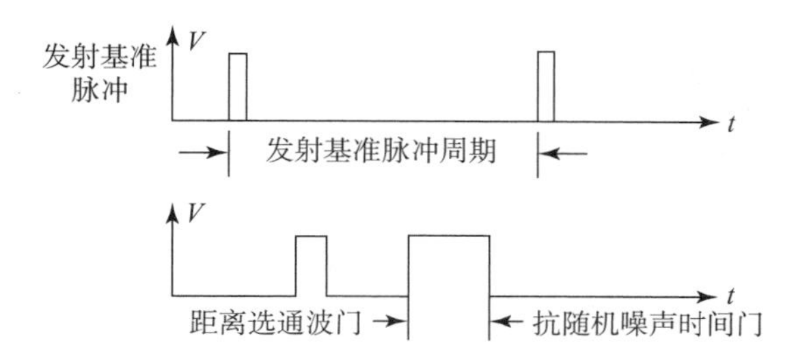

图 11－10　发射基准脉冲和抗随机噪声时间门时序

3）使用双视场探测

阳光相对于激光引信的入射角，具有单值性，因此在同一个瞬间，它只能干扰双光路或双视场中的一个探测通道，又由于导弹飞行姿态角的改变而致使阳光入射角的改变具有缓变性，因此当相邻两个探测光路之间的空白角或两个探测视场之间的空白方位角适当大时，在规定的间隔时间内，阳光就不会对两个探测视场均形成干扰。

4）接收系统中采取恒虚警方法

在阳光干扰条件下，探测器的输出噪声功率也随着阳光入射能量的增强而增大。反映在放大器的输出端，其噪声功率也增大，故可用该种噪声功率增量反馈回去，使放大器的系统增益下降，使噪声超越门电平的出现概率下降，即实现恒虚警，从而达到削弱甚至消除阳光干扰的目的。

11.2.2 云烟干扰特征分析及抗干扰技术

1. 云烟干扰特征分析

云雾、烟尘、沙暴等（以下简称云烟）都是由相对密集的悬浮粒子组成，是一种不稳定的可穿透性目标，当悬浮粒子的几何尺寸大于激光波长时，就能对激光波形成散射，其中后向散射部分对激光引信形成回波干扰。

1）云烟散射区域的扩展性

由于云烟具有散射特性，因此不仅被激光光波直接照射的部分能形成后向散射，而且会扩展到相邻区域（未被直接照射的云烟部分，如图 11－11 中的 E）的云烟，形成二次（或多次）后向散射，如图 11－11 所示。图中 A、B、C、D、E 表示云烟中不同位置处的悬浮粒子，ϕ 表示激光引信的发射视场角。

当同时用两路探测器（包括一个激光发射器和接收器）探测回波时，由于云烟散射区域的扩展性，就有可能在多个接收器上同时接收到由后向散射而产生的回波干扰信号。在实际测试中，第 1 路接收器正对云烟，采用第 1 路激光发射器发射激光脉冲信号（实际中有 3 路探测器，每路探测器的视场角为 120°，每一路的发射器轮流发射激光束），将其余两路的激光发射器用铜箔纸封住，用 A、B 路接收器同时接收云烟散射回波干扰信号，两探测器的方位示意图如图 11－12 所示。

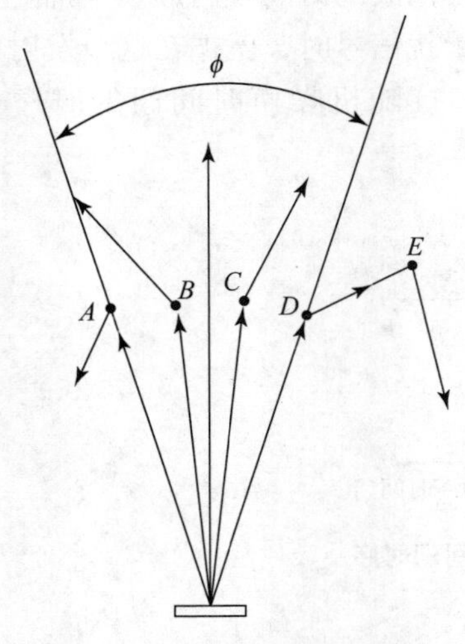

图 11－11　云烟散射示意图

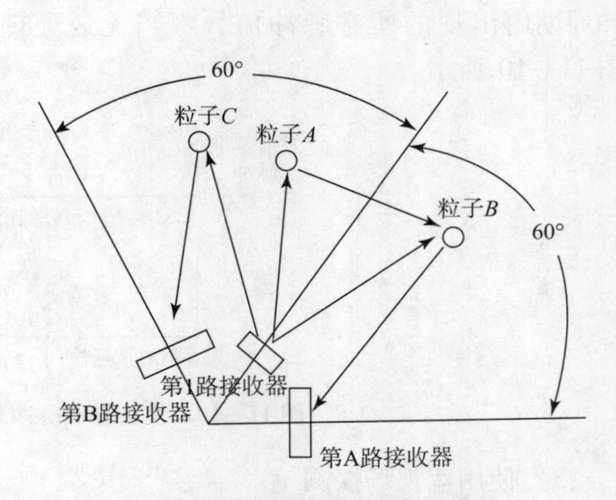

图 11－12　探测器的方位示意图

2）发射脉冲宽度与经云烟后向散射后的探测器响应脉冲强弱之间的关系

云烟所形成的散射在探测器上的响应，其强弱不仅与云烟的粒子数浓度（单位体积内含有的悬浮粒子数）密切相关，而且还与发射出的激光脉冲的宽度有关，此种关系如图 11－13 所示。图中 R_{yB} 表示探测器与云烟边缘之间的距离，纵轴坐标 P 表示后向散射脉冲功率，单位为 0.15×10^{-5} W。

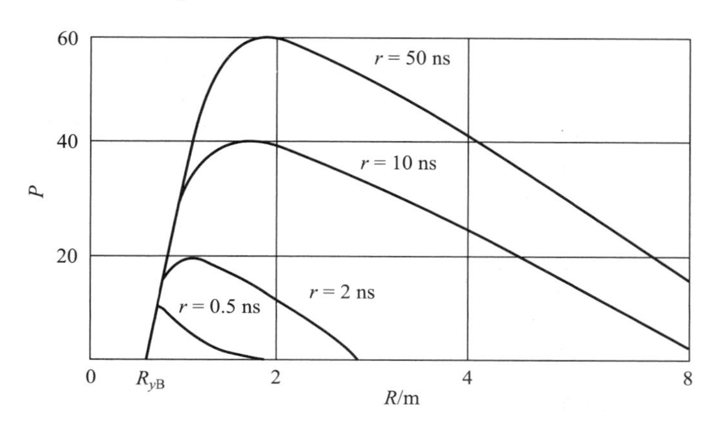

图 11－13　发射脉冲宽度与探测器响应脉冲强弱关系图

当激光脉冲较宽时，由粒子 A 和粒子 B 后向散射回来的能量（光子）在脉冲存在的某段时间内，都能到达探测器，同时被探测器接收并产生相应的响应脉冲，如图 11－14（b）所示。脉冲宽度较窄时，当由粒子 B 后向散射回来的能量（光子）到达探测器时，由粒子 A 后向散射回来的能量（光子）正好结束或早已结束，两者没有重叠时间，因此对于前者来说，探测器在单位时间内接收到的能量（光子）大，而后者就小，反映在探测器上，其响应脉冲前者强，后者弱，图 11－14（b）所示的响应强于图 11－14（c）。由此可知，激光脉冲宽度大时，对同样浓度的云雾来说，探测器响应强，脉冲宽度窄时响应就小些。

3）发射脉冲宽度与经云烟后向散射后的探测器响应脉冲宽度之间的关系

因云烟的穿透性和层层散射性，使发射脉冲宽度与探测器响应脉冲宽度之间存在图 11－14 所示关系。

在图 11－14（a）中，设粒子 A 与探测器 T 之间的距离为 R_{AT}，粒子 B 与探测器 T 之间的距离为 R_{BT}，且

$$R_{BT} > R_{AT} \tag{11-22}$$

设激光器 G 发射出的激光脉冲宽度为 τ_G，且

$$\tau_G = 2\frac{R_{AT}}{c} \tag{11-23}$$

式中，c 为光速。

在上述条件下，探测器接收到由粒子 A、B 分别后向散射回来的能量在探测器上形成的相应脉冲的宽度 τ_T 不一定等于 τ_G。

$R_{BT} < 2R_{AT}$ 时，探测器 T 的响应脉冲宽度 $\tau_T < 2\tau_G$。

$R_{BT} = 2R_{AT}$ 时，探测器 T 的响应脉冲宽度 $\tau_T = 2\tau_G$。

事实上，在云烟层中密布着很多悬浮粒子，这些粒子在宏观上可以认为是紧挨在一起

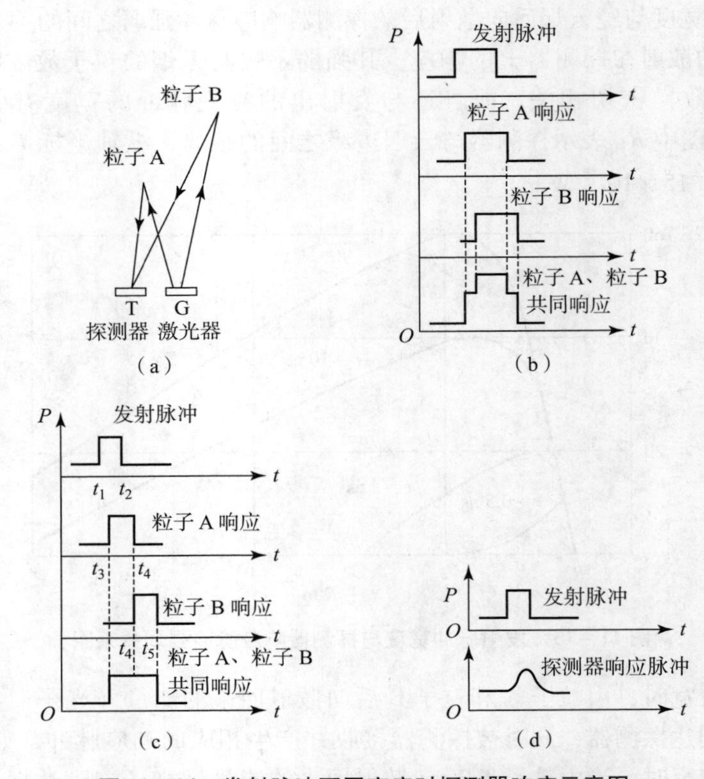

图 11-14 发射脉冲不同宽度时探测器响应示意图

(a) 粒子反射示意图；(b) 宽发射脉冲响应示意图；

(c) 窄发射脉冲响应示意图；(d) 云雾后向散射波形

的，由其形成的后向散射在探测器上的响应脉冲波形，可粗略地近似成类似于钟形的脉冲，如图 11-14（d）所示。

由图 11-14 可知，由于探测器 T 在 $t_3 \sim t_5$ 间隔时间内，始终都能接收到由许多悬浮粒子后向散射回来的能量（光子），所以在 $t_3 \sim t_5$ 期间必然输出相应的响应脉冲。由于云烟由大量悬浮粒子组成，具有穿透性和纵向层层散射性，从而使接收脉冲展宽。

4）飞行器与云烟回波功率强弱的关系

当飞行器云烟（后边缘）同激光引信之间的距离相同时，由于云烟是可穿透性目标，显然两者各自形成的回波信号功率差异甚大。

5）云烟的图像特征

对于大块云（几何尺寸达数十米以上），成像引信在飞越（包括穿越）此种云团过程中，仅 10 m 以内才能体现出云团后向散射回来的回波信号，因此反映在成像引信中所获得的不是整个云团的形体图像，而仅是其中离引信 10 m 内的信息，故该种图像是一种宽带状的图像。对于小块云（几何尺寸为 10~20 m），显然是将宽带图像缩短而已，即呈椭圆形图像。对于更小的云块，则呈不规则形状。

2. 抗云烟干扰技术

抗云烟干扰可采取以下方法。

（1）缩小发射脉冲的宽度减轻或消除云烟干扰。

云烟对激光光波具有可穿透性，由于发射出的激光脉冲的宽度较窄，进入云烟内层的激光光波后向散射回来的能量与由云烟表层后向散射回来的能量在时间上不能重叠，这就使探测器接收到的回波功率减小，因而相应的响应脉冲幅值也就随之减小，从而在窄脉冲条件下达到使云烟的后向散射不能形成干扰的目的。

（2）设立多重电压门限和多重距离波门来阻隔云烟干扰。

在相同的作用距离上，由云烟后向散射形成的回波干扰幅值小于非穿透性目标（各种飞行器）反射而形成的回波信号幅值。因此，对应于不同的作用距离，用不同的电压门限，让目标信号可以通过而云烟干扰被阻隔，从而达到云烟的后向散射不能形成干扰的目的。

（3）设立抗云烟干扰探测视场来消除云烟干扰。

云烟被激光光波照射后形成分层散射，此种散射使云烟的非直照射区形成二次（或多次）散射。因此，可设立针对由扩展区（非直照射区）形成的二次（或多次）散射的探测视场，并与针对直接照射区的探测视场同时进行探测，对其所得的探测结果，在信号处理电路中进行与非逻辑判别，如有云烟干扰，即被否定，从而达到消除云烟干扰的目的。

（4）激光成像引信识别云烟等非目标的干扰。

在弹目交会过程中，由于激光引信探测视场具有尖锐的方向性，因此能实时获得被探测物体的二维或三维图像，并利用目标图像与云烟等干扰图像的差异来识别出云烟等干扰，并加以否定，从而达到消除云烟干扰的目的。

其他诸如弹道关闭（弹道闭锁）技术，即只有当导弹接近目标时（如距目标为 100 ~ 300 m）引信才开启，从而达到保证引信在开启工作之前的整个飞行过程中不受任何干扰的目的。

上述分析的各种干扰特征及根据这些特征而采取的相应措施总结见表 11 - 1。

表 11 - 1　干扰特征和抗干扰措施总结

干扰类型	干扰特征	减轻、消除干扰的方法	消除效果	说　明
阳光	入射角的单值性和缓变性	双视场探测	完全有效消除	适用于伞骨架形视场激光引信
	线或窄带图像特性	图像识别	完全有效消除	适用于激光成像引信
	连续型宽光谱特性	窄带滤光片	削弱阳光辐射	适用于各种激光引信
	白噪声特性	设抗随机干扰时间门	完全有效消除	适用于各种激光引信
		恒虚警放大器	有效削弱或基本消除	适用于各种激光引信
		编码及相关接收	有效削弱或基本消除	常应用于脉冲体制激光引信

续表

干扰类型	干扰特征	减轻、消除干扰的方法	消除效果	说明
云烟	散射区的扩展性	针对扩展区散射设立辅助探测视场	完全有效消除	适用于各种激光引信
	穿透性和层层散射性	设多重距离门和多重电压门限	基本有效消除	适用于各种激光引信
		减小发射脉冲宽度	基本有效消除	适用于各种激光引信
	宽带（大块云）或椭圆（小块云）形图像特性以及少数不规则类型	图像识别	有效消除	适用于激光成像引信
其他		弹道关闭	引信在关闭期间完全有效消除	适用于各种激光引信

11.2.3 地海杂波干扰特征及抗干扰技术

1. 地杂波干扰特征

当导弹超低空飞行时，地面必然形成回波信号，如图 11－15 所示。

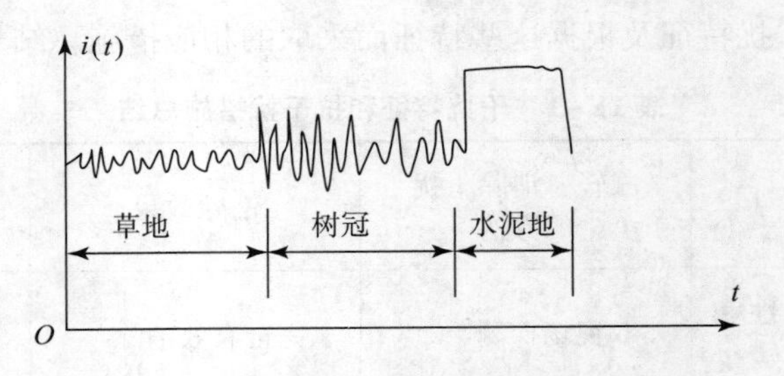

图 11－15 地表回波信号示意图

由于草地相对均匀，因此回波信号起伏较小，而树冠、树枝及叶的分布没有草地（坪）均匀，因此回波信号起伏较大。草地和树冠等均为绿色物体，其对激光光波的反射率较小，故回波相对较弱。而水泥块（含一般泥地）特别是在干燥状态下，其反射率较高，因此回波信号较强；潮湿的水泥（或泥）地，回波较弱。干与湿相比，其反射率可差 6 ~ 8 倍。

在攻击悬停在树丛中的敌方武装直升机时，在激光引信的探测视场内，可能有树枝掠过以及树丛背景，在导弹攻击超低空飞行的空中目标时，在低空的弹道上激光引信有可能掠过树木、树丛等植被。此时激光束与树木、树丛相互作用，其后向散射信号被探测接收，形成虚假的回波信号，当满足一定条件时，激光引信将误动作。对冬青灌木丛、雪松针叶树、石榴干枝、粗糙的水泥墙面和 1∶1 模型机进行了外场测试，试验结果如图 11－16 所示。

以距树冠表面 1.5 m 处的回波信号为例，浓密的冬青灌木树丛激光后向散射信号幅值最

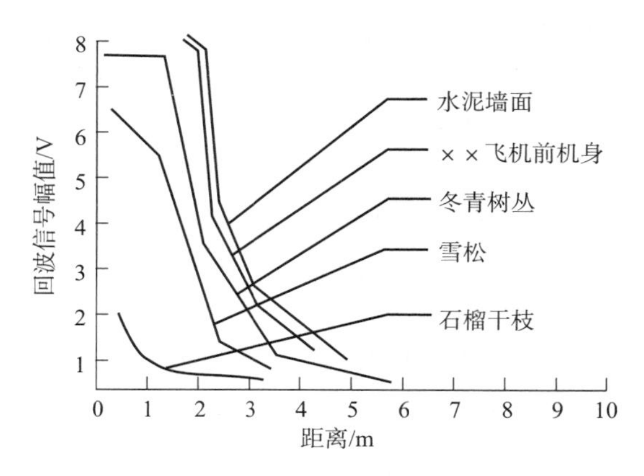

图 11－16　几类树木与目标回波信号曲线

大，达 7.5 V。枝繁叶茂的针叶雪松幅值约为 3.4 V，而尚未抽叶的石榴干枝后向散射信号幅值仅为 0.65 V。这说明激光束与树叶、树枝相互作用时，其后向散射的大小与树叶的数量、体密度、几何形状、趋向角、形状等随机量有关，特别是与树叶参数紧密相关。

概括地看，对浓密的冬青树丛、雪松、石榴干枝 3 种软目标，激光回波信号幅值随距离增大大约按接近距离 R 的 1 ~2 次方减小，而对 × × 飞机、水泥墙壁这类硬目标，其激光回波信号幅值随距离增大则按接近距离 R 的 3 次方减小。

地面及其覆盖物树木干扰特征如下：

（1）对激光引信探测视场而言，地表面足够广大，可以把地表面看作是分布目标。

（2）地表的阳光反射功率一般比较微弱，影响主动激光引信工作的主要因素是地表物的反射率。

（3）树木（乔木、灌木）的外形一般不确定，树冠在建模时通常简化成圆锥体、圆柱体、球体等简单的几何形状。

（4）与飞机、导弹等硬目标相比，树冠的树叶可视为软目标，激光束可渗入其中，与树叶发生碰撞及多次散射，其相互作用服从概率分布函数为一不连续值。

（5）树木对激光反向散射信号的幅值大小与树叶的体密度、几何形状、趋向角等随机量有关。一般情况下，回波信号幅值的大小近似与探测器到树冠距离的平方成反比。

（6）在近距窄脉冲探测时，探测器接收到的树木反射脉冲信号一般都被程度不同地展宽。

2. 海杂波干扰特征

通过国内外多年的理论研究，可得出海杂波的幅度统计特性如用瑞利分布或者对数正态分布来表示与海杂波的实测结果拟合较好；海面总反射回波信号是许多统计独立的单元反射体各自反射回波的矢量、相位的合成。根据中心极限定理，它们的合成波应服从正态分布，其包络符合瑞利分布。若以 x 表示海杂波幅度的均方根值，其概率密度为

$$P(x)=\begin{cases}\dfrac{x}{\sigma^2}\exp\left(-\dfrac{x^2}{2\sigma^2}\right)x, & x\geqslant 0\\ 0, & x<0\end{cases} \tag{11-24}$$

式中，σ 为海杂波幅度的均方根值。

瑞利分布仅在低海情照射的情况下适用。当在高海情时，海杂波幅度的起伏并不与瑞利分布相符。此时用对数正态分布规律拟合更好些。对数正态分布，就是随机变量 X 本身并不服从正态分布，它的对数 $\ln X$ 服从正态分布 $N(\mu_c, \sigma^2)$，其概率密度分布为

$$P(x)=\frac{1}{\sqrt{2\pi\sigma x}}\exp\left[-\frac{1}{2\sigma^2}(\ln x_1-\mu_c)^2\right],\ x\geqslant 0 \tag{11-25}$$

式中，x_1 为海杂波幅度；μ_c 为 $\ln x_1$ 的平均值；σ^2 为 $\ln x_1$ 的方差。

海杂波具有以下特点。

（1）与激光入射角密切相关，入射角度越接近垂直入射方向，反射能量越大。

（2）在无浪条件下，海杂波干扰回波信号变化较小；在有浪条件下，海杂波干扰回波信号变化较大。

（3）对于激光来说，海面是极其复杂的反射体，海面反射的激光回波随着海面状况的千变万化而不同，产生连续回波的概率较小。

3. 抗地海杂波干扰技术

任何一种物体均能对激光光波形成反射（散射），因此地面和水面能形成强烈的回波干扰，消除地海杂波干扰通常有 3 种方法，即距离截止技术、滤波（包络线）技术和形体边缘识别技术。

1）距离截止技术

距离截止技术被广泛采用，几何距离截止和回波距离门截止，或被两者同时使用。该种截止技术只保证在作用距离之外，不受干扰，而在作用距离之内就不能消除。

（1）几何距离截止技术。将激光引信收发视场处于交叉状态，即可实现几何距离截止，如图 11－17 所示。图中 α_F 为发射视场角，α_S 为接收视场角，R_A 为最大作用距离，R_B 为最小作用距离；L 为收发视场中心点之间的距离。

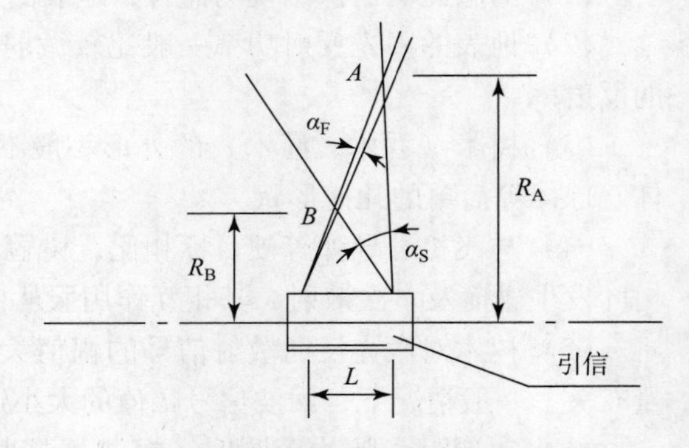

图 11－17　几何距离截止示意图

由图 11－17 可知，当目标（地面）不处在收发视场重叠区内，即目标与引信之间的距离 R，或 $R>R_A$ 或 $R<R_B$ 时，引信就接收不到回波信号，因此可以实现消除地杂波干扰的目的。显然，当地面（地物）与引信之间的距离 $R<R_A$ 时，仍然会受到干扰。

（2）回波距离门截止技术。由于引信最大作用距离是总体给定的（事先已知），所以，目标回波时间的分布范围也就成为已知。因此，可以设置回波距离门来消除作用距离外形成的回波干扰，如图 11－18 所示。

由图 11－18 可知，作用距离外的地面回波脉冲 U_{BG} 与距离门脉冲 U_R 在时间上不能形成与关系（时间上不重叠），因而与门无输出，故可消除地面回波干扰。显然，如果地面（地物）处在作用距离内，则该回波便能与距离门形成与关系，故必能形成干扰。

2）回波波形（包络线）滤波技术

由于不同地物形成的回波波形不相同（见图 11－15），因此在接收机的放大器中，对相应的包络线进行处理后便可减轻相应干扰。该种方法无论在作用距离外还是作用距离内，均

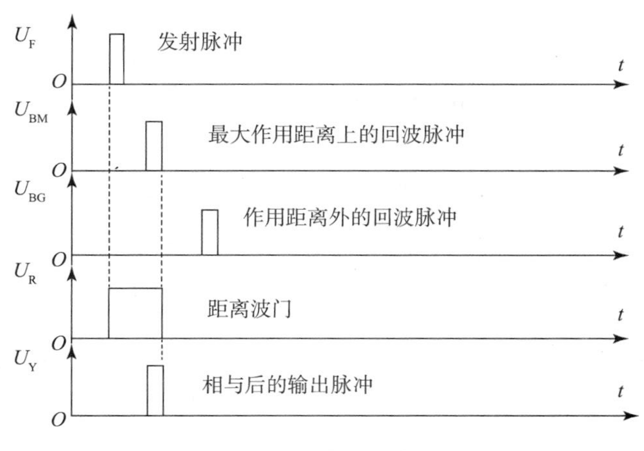

图11－18　回波距离门截止示意图

有一定积极意义。但其主要缺点是使系统复杂，而且也不能彻底解决问题。

3）形体边缘识别技术

由于引信是进行近距探测的，在一般情况下，地面或水面的几何尺寸相比于引信的作用距离来说要大得多，或者说引信根本看不到地面或水面的边缘。因此，当导弹的飞行高度下降到引信的作用距离内时，引信接收到大量的由地面（水面）形成的回波脉冲信号，此种回波信号的数量相比于目标形成的回波信号来说也要多得多。另外，导弹飞行高度的下降，相比于发射脉冲的重复频率来说同样慢得多。因此，信号处理电路可根据地面（水面）无边缘性、回波脉冲数量极大和导弹高度变化的缓变性将地面（水面）回波信号识别出来，从而可消除干扰。

此种边缘识别技术能较为有效地消除地面（水面）回波干扰，但对于地物如树木、人工建筑物等，当其几何尺寸与目标相同或相近时，有可能将此种回波视为目标信号，从而形成干扰。

为了能有效地消除地面（水面）干扰，在激光引信中，只要有条件，可同时应用距离截止、波形滤波和边缘识别技术，实践证明其效果十分明显。

11.2.4　其他抗干扰技术

1. 双色激光引信技术

现役单色激光引信普遍采用前沿阈值门限法探测目标，当回波脉冲功率超过预设门限时，引信启动脉冲计数，在连续累积一定数量有效脉冲后，引信给出引炸信号。这种探测体制具有电路简单和算法简便的优点。缺点是受云、烟雾等悬浮粒子干扰严重，尤其在能见度较低时，云、烟雾散射回波极有可能超过预设门限导致导弹虚警。

针对单色激光引信对云、烟雾干扰敏感的缺陷，提出一种基于双色探测的激光引信抗干扰方法，激光引信双色抗干扰的探测原理如图11－19所示，发射光源采用共腔封装的0.40 μm与0.90 μm波长双色激光器。该激光器在频率相同并具有一定时间间隔的两路时钟脉冲驱动下发射激光，光脉冲由共轴光学系统整形成发射视场。目标反射或干扰散射回波经非球面光学系统聚焦至探测器光敏面，接收电路对探测器输出进行滤波放大，信号处理板通

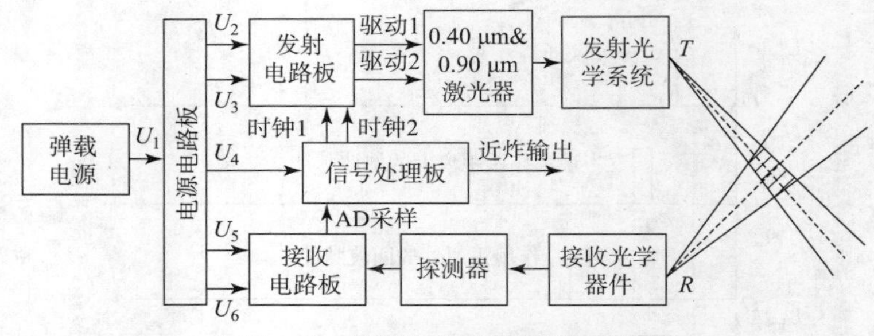

图 11-19 双色激光引信探测原理框图

过模/数（A/D）采样获取回波脉冲的幅值。该引信在探测目标时，双色激光的反射回波功率差别较小；在云、烟雾干扰下，双色激光的后向散射回波功率差异性较大，引信通过计算 0.40 μm 与 0.90 μm 波长激光回波脉冲的幅值比实现对目标与干扰的有效区分。

基于双色激光引信的探测原理，在云雾暗室中测量了云、烟雾干扰对 0.40 μm 和 0.90 μm 激光后向散射回波的幅值。图 11-20 所示为 0.40 μm 与 0.90 μm 激光云、烟雾后向散射回波幅值及回波幅值比随能见度的变化曲线，试验中双色激光器的发射功率为 8.3 W。由图可知，相同能见度的云雾或烟雾对 0.40 μm 激光的后向散射回波大于 0.90 μm 激光的后向散射回波。云雾后向散射回波的峰值比约为 2，烟雾后向散射回波的峰值比约为 2.5，云、烟雾能见度变化对散射回波比的影响较小。

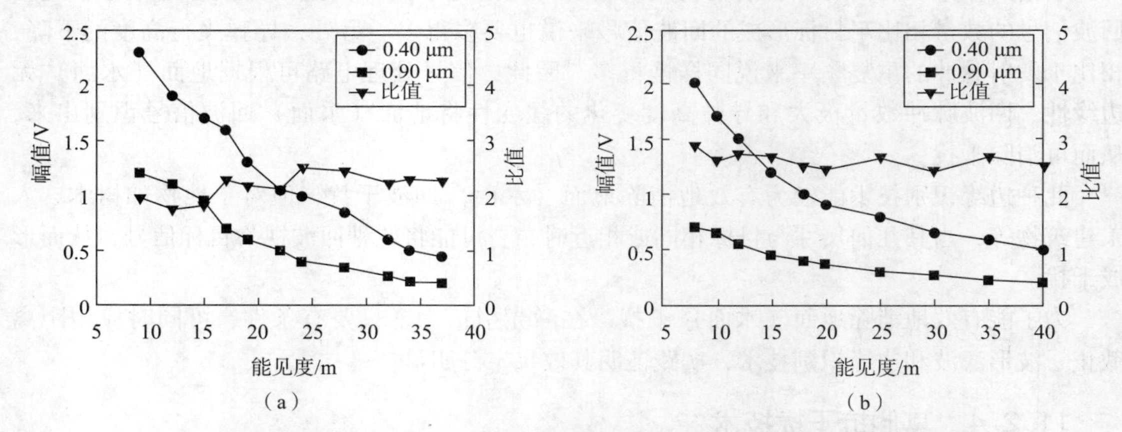

图 11-20 不同能见度的云、烟雾对双色激光后向散射回波的幅值及幅值比

（a）云雾散射回波幅值及比值；（b）烟雾散射回波辐值及比值

图 11-21 所示为几类目标对 0.40 μm 和 0.90 μm 激光的反射回波功率及幅值比随入射角变化的实测数据，由图可知，对于绿色、蓝色、白色金属及玻璃钢材料，在发射功率相同时，0.40 μm 激光的反射回波功率小于 0.90 μm 激光的反射回波功率，反射回波功率比约为 0.9，这与双色激光云、烟雾后向散射回波比的差别较大，在引信信号处理模块可利用双色激光的回波幅值比信息进行抗云、烟雾干扰。

2. 偏振激光引信技术

线偏振光经过人工实体反射和烟雾后向散射的偏振度存在一定差异。激光引信的探测系统如采用一定的检偏技术可利用此差异产生不同的消光系数，相当于提高烟雾和目标的对比度，以改善其抗烟雾干扰的薄弱问题。图 11-22 是利用偏振的探测原理框图。

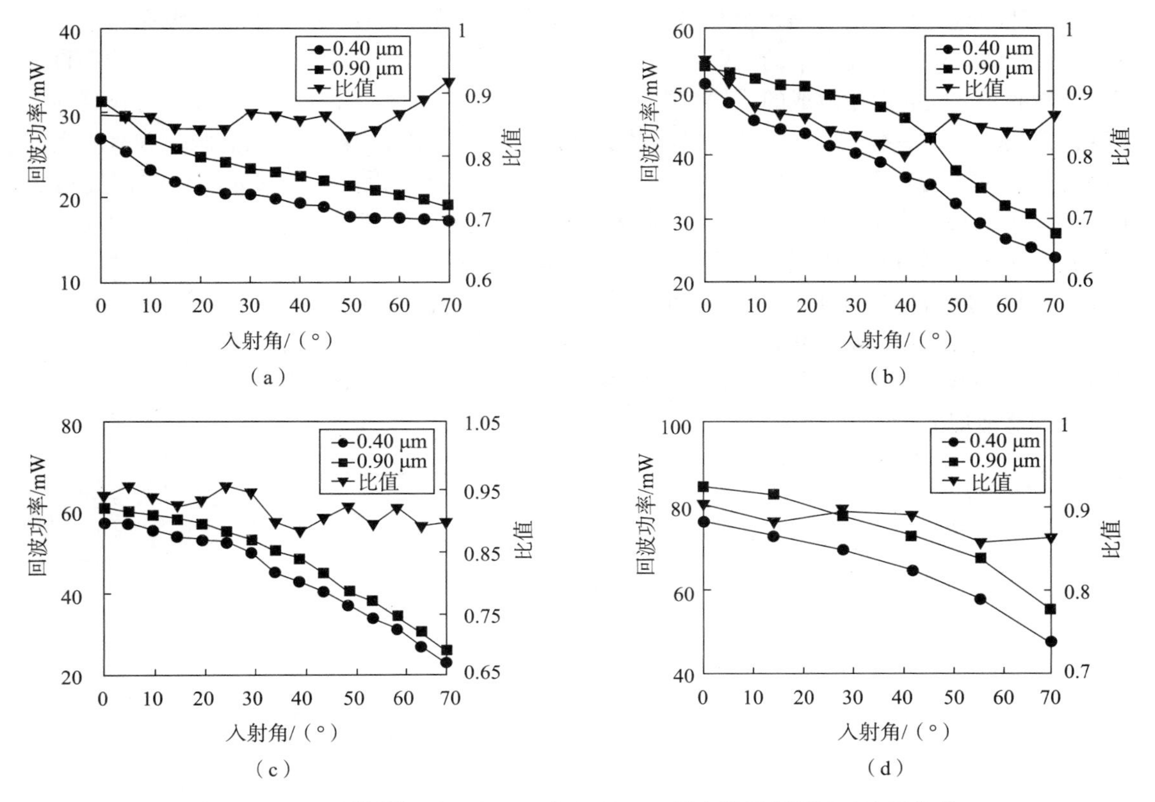

图 11－21　几类目标对 0.40 μm 和 0.90 μm 激光的反射回波功率及比值

(a) 绿板反射回波功率及比值；(b) 蓝板反射回波功率及比值；
(c) 白板反射回波功率及比值；(d) 玻璃钢反射回波功率及比值

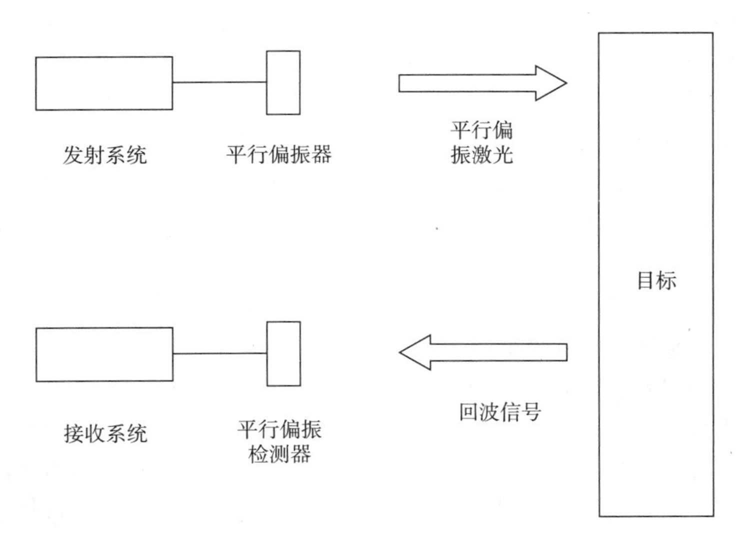

图 11－22　利用偏振探测原理框图

该探测原理与常用的引信系统基本一致，只是在发射系统和接收系统前加装偏振器，且两者的光轴一致。由于激光引信的发射和接收视场的夹角很小，基本可看作是对目标体的垂直探测。当发射光束经起偏镜形成的线偏振光遇到的反射体为目标时，由于反射回波保持较高的偏振度，且振动方向基本不变，因此，接收系统前的检偏镜对回波的消光作用有限，即有较大的回波能量进入接收系统。而当反射体为烟雾时，由于引信有近距盲区，后向散射光须经过多次散射后进入接收视场，其偏振度已经非常低，检偏镜对此回波产生较大消光作用。因此，通过此方法可选择性地降低进入探测系统的烟雾散射能量，以提高抗烟雾干扰的能力。

在相同的回波能量下，比较偏振激光引信和激光引信探测概率的变化情况，如图 11－23 所示。对于激光引信，烟雾和目标都满足同一曲线（左边第一根）。而偏振激光引信由于对烟雾和目标的回波能量有不同的消光系数，形成两个曲线（中间为目标反射，右边为烟雾散射）。

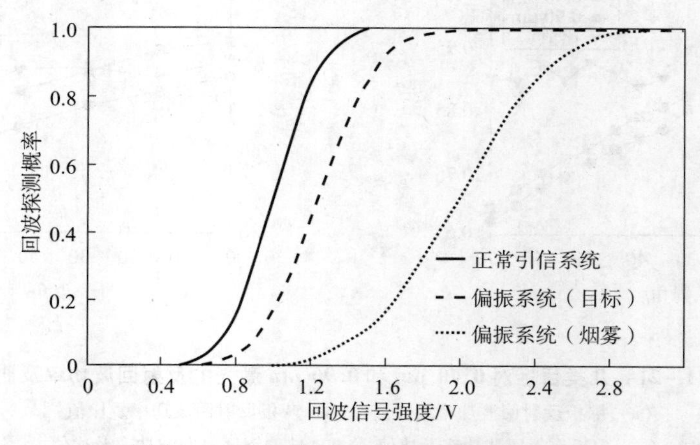

图 11－23　烟雾和目标探测概率对比曲线

在相同烟雾环境下，偏振激光引信对烟雾的探测概率相对激光引信则大幅下降。比如，当烟雾散射回波信号为 1.6 V 时，激光引信的探测概率近似为 1，而偏振激光引信仅 0.16。

3. 复合引信技术

以某空地反辐射导弹为例进行说明。为了提高反辐射引信的抗干扰能力，有效提取地面雷达类目标特征信号，可采用激光与无线电复合探测体制，发挥两种探测体制的优势，根据获得的激光和无线电两种反射信号，引信信号处理机进行综合处理，达到鉴别目标和抗干扰的目的。

激光/无线电复合引信系统中，激光组件最远探测距离小于无线电组件最远探测距离。激光探测组件采用八象限轮流工作模式，其轴线与弹轴方向垂直，从目标上方通过时，在允许作用距离内都能扫描目标并进行识别。激光器通过窗口向外辐射光能量，形成空间所需的探测场，同时给出发射同步信号。激光探测器响应目标反射的脉冲信号，经前置放大器和比较器，输入至信号处理机进行目标识别。无线电组件采用连续波调频测距体制，发射机经锯齿波线性调频，探测组件通过中频放大单元对回波进行放大、滤波得到差频信号，通过信号处理获得距离信息，控制引信工作时序和实现恒定高度启动起爆判断。图 11－24 所示为激光/无线电复合引信原理框图。

信号处理功能分为激光信号处理、无线电信号处理、信息判决 3 个部分，如图 11－25

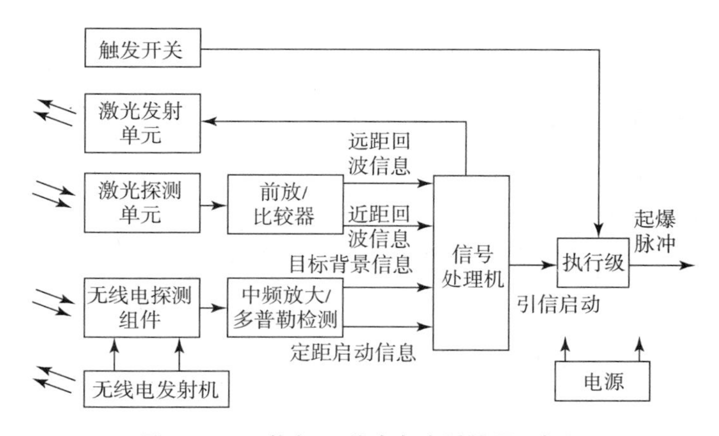

图 11-24 激光/无线电复合引信原理框图

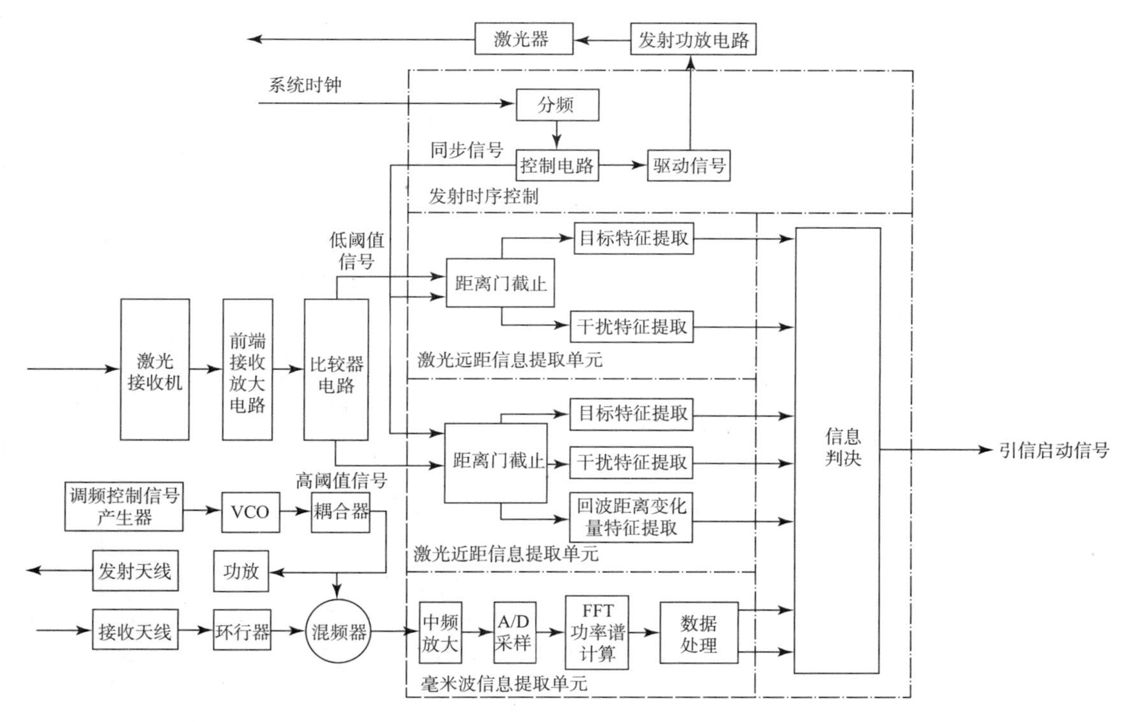

图 11-25 信号处理机框图

所示。激光信号处理分为发射控制单元、远距和近距回波信息提取单元。无线电信号处理包括中频放大、A/D 采样、FFT 功率谱计算和数据处理单元。激光和无线电信号被处理后分别得到目标和距离信息，经过信息判决单元完成对目标和干扰的判断，输出引信启动信号。系统整个工作时序由发射时序控制和信息判决单元统一管理。考虑到信号处理工作的实时性特点，采用 FPGA 器件作为进行时序精确控制和信号处理的处理器。借助 FPGA 设计软件工具和大量使用方便、经过预先验证过的可配置 IP 内核，能够更高效率地实现时序分析和频域计算，完成系统功能设计。信号处理机的信息判决工作流程如图 11-26 所示。

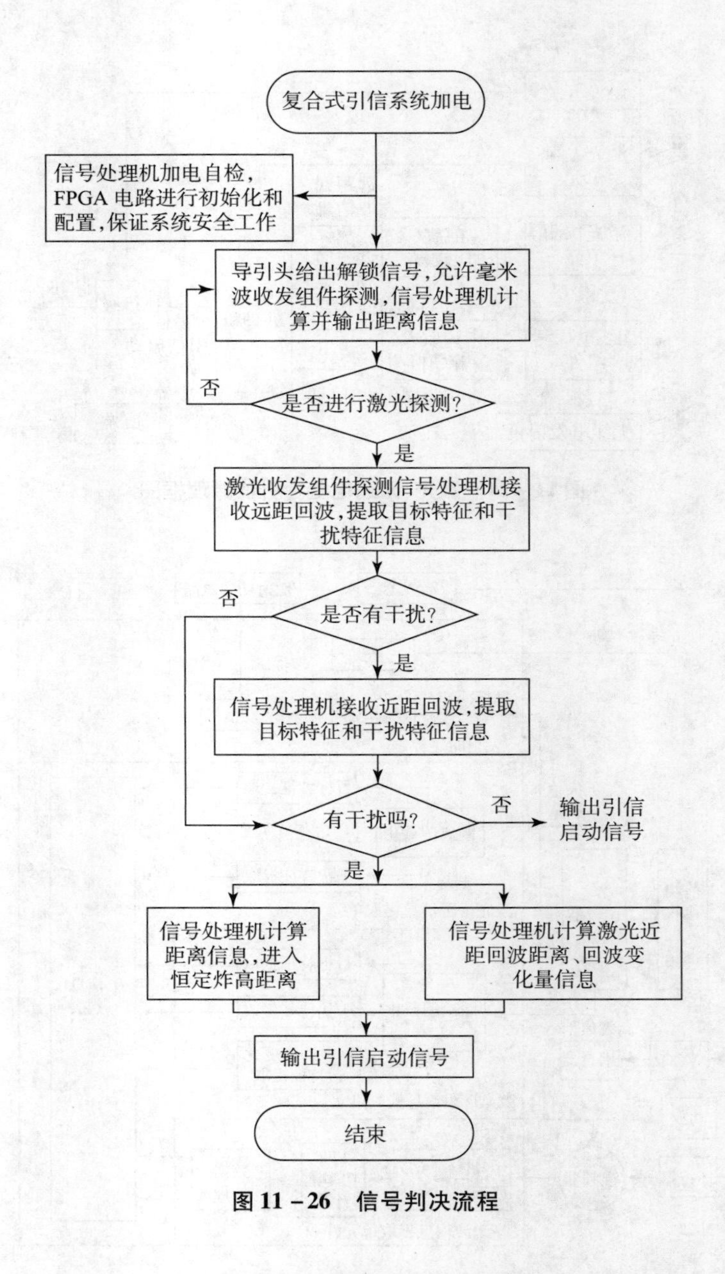

图 11－26 信号判决流程

11.3 抗高过载技术

11.3.1 光学系统的抗高过载设计

常规弹药激光引信光学系统与导弹激光引信光学系统存在以下不同点。

（1）安装位置不同。常规弹药的激光引信多位于弹体头部的圆锥体或圆柱体内，发射光学系统和接收光学系统多位于圆柱体的正前面（迫击炮弹）或圆锥体的侧面（榴弹）；导弹激光引信一般有一个独立的舱段，位于弹体的中部靠前位置，与战斗部舱段相连（非头部位置）。

（2）视场不同。常规弹药激光引信多用于攻击对地目标，发射光学系统一般要求几度的小视场。导弹激光引信如果攻击空中目标，则需要周视视场；如果攻击地面的雷达等目标，则需要小视场。

（3）过载不同。引信经受的冲击加速度见表 11－2。常规弹药激光引信的过载较大，一般都在万 g 以上；而导弹激光引信的过载较小，一般在百 g 左右。所以常规弹药激光引信的光学系统多采用一片镜片来实现光束整形，并需要缓冲措施。而导弹激光引信可以采用多组镜片组合来进行光束整形。

表 11－2　引信经受的冲击加速度

引信种类	冲击加速度/g
地面炮榴弹引信	1 000 ~ 20 000
火箭弹引信	10 ~ 6 000
破甲弹引信	1 000 ~ 40 000
穿甲弹引信	200 ~ 30 000
高射炮引信	3 000 ~ 45 000
迫击炮弹引信	300 ~ 9 000
特种弹引信	500 ~ 15 000
海军专用炮弹引信	900 ~ 80 000
航空炮弹引信	50 000 ~ 80 000
航空火箭弹引信	20 ~ 200

光学系统承受的过载与相对位移不能太大，若直接安装在壳体内，镜片无法承受发射时的高过载，因此，需增加减振缓冲装置。减振缓冲装置的设计要兼顾减振缓冲效率和位移的矛盾，在保证减振效果的前提下，尽可能减小冲击变形，避免光学系统产生过大的相对位移，影响系统精度。

由于光学系统各镜片之间的间距很小，变形量要控制在 0.1 mm 以内。根据光学系统结构特点、受力环境及精度要求，减振装置可考虑采用橡胶垫和胶状物相结合的方式：在镜片底部增加吸能和滞回性能良好的泡沫硅橡胶垫，在镜片与壳体之间填充胶状物，形成立体减振装置，其中泡沫硅橡胶垫的厚度根据精度要求进行选择，胶状物的选择要考虑缓冲效果以及炮弹飞行过程中的温度变化，其结构组成如图 11－27 所示。

由于激光引信功率和体积方面的要求，常规弹药的激光引信光学系统一般采用单级非球面的准直系统。因环氧树脂材料具有良好的力学性能、耐热性与耐寒性，在较宽温度范围内（－135 ~ ＋120 ℃）可保持高机械强度，尺寸稳定性较好，同时光学特性参数优良，被广泛应用于常规弹药激光引信中。

激光引信发射系统外筒采用硬铝加工而成，既增加了系统强度，又减轻了系统质量，可采用的结构如图 11－28 所示。发射准直透镜采用机械式固定法中的压板法固定，由环形压圈固定在外筒内台阶，激光器由胶木垫固定，发射电路板位于外筒后腔体，依靠后压盖固定，内部灌封硅橡胶、环氧树脂或聚氨酯材料等高分子聚合物材料以固定各部件位置。

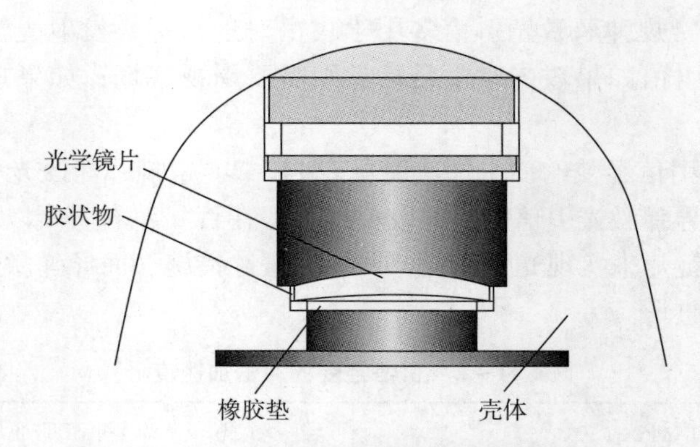

图 11-27　立体减振装置结构示意图

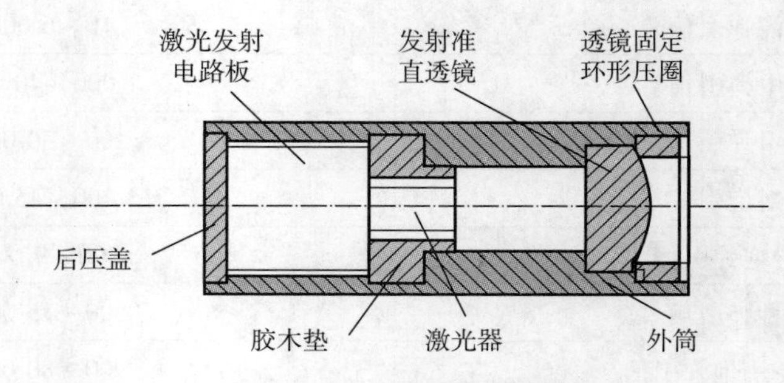

图 11-28　发射系统结构

当承受高发射过载时，发射准直透镜由于巨大惯性与外筒台阶及环形压圈相互作用产生塑性变形。可采用图 11-29 所示的激光发射系统结构，其中上、下缓冲垫圈均采用缓冲橡胶，由于橡胶具有极高的弹性和抗张强度的特性，可有效吸收冲击能量、缓冲冲击作用，有利于减少冲击变形和动变形。

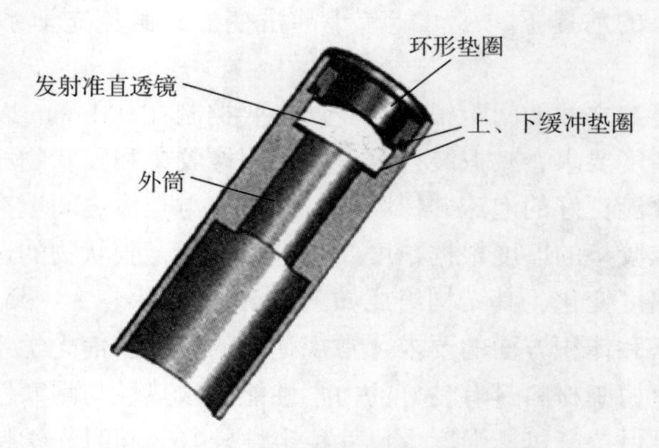

图 11-29　激光发射系统缓冲结构

11.3.2　电路系统的抗高过载设计

电子器件尽量选用贴片器件（SMT 封装），表面焊装在印制电路板上，以减轻自身质量，减小体积，提高抗振、抗冲击能力；应使电路板与受力方向垂直，并使器件较多地以正面与冲击方向保持一致。

电路板采取螺柱叠压方式装配，电路板之间用环氧树脂固封，防止各部件之间产生相对位移，加强电路板的强度和抗冲击性能。

处理电路固封后通过螺钉安装在后盖板上，后盖板与壳体固连，两者之间采用橡胶垫减振，以提高处理电路的整体抗振能力。

下面对电路系统失效机理进行分析。

1. 元器件失效机理分析

电子元器件最常见的失效模式有管脚腐蚀或断脚、芯片破碎或黏结不良、内部有可动多余物等。造成上述这些失效模式的原因主要有以下几个方面。

1）芯体破碎引起的失效

在制造生产过程中，芯体由于工艺水平的限制容易出现划痕、裂纹、损伤等缺陷，这些缺陷部位会使芯体所受的应力超过自身的强度极限时出现不稳定的应变－应力关系，导致芯体破碎。

2）元器件疲劳失效

在高过载、高冲击环境下，当电路系统上电时，芯片温度会瞬间升高，由于热膨胀的作用，引线会变长；当电路系统断电时，芯片温度降低，由于冷缩的作用引线会收缩。在不断的张弛作用下，引线根部的应力最大，导致引线根部因疲劳而出现失效。

3）芯片管脚断裂引起失效

管脚断裂失效机理主要是疲劳断裂、过应力断裂和焊接不良断裂。由于电路系统工作于高温、高冲击环境下，芯片管脚的工作环境条件较恶劣，发生断裂现象很多。

2. 印制电路板失效机理分析

印制电路板的主要失效模式有开路失效和短路失效，这些失效会引起信号传送终止、信号中断或信号改变。

3. 导线失效机理分析

导线的主要失效模式首先是断裂。断裂位置多发生于导线的活动部分与不可活动部分的交界附近。其次是导线表面发黑造成接触不良。此外，导线在电路系统装配过程中不可避免地要弯曲，在高冲击环境下，受到张应力的部位受到的张应力最大，从而造成失效。还有导线本身的工艺缺陷，在使用过程中因承受的机械应力过大导致断裂，也可能在储存时受腐蚀发生失效。

芯体破碎、材料性能变化、焊接不良等重要度较大。

从以下两个方面对电路系统进行缓冲保护，即加固保护和隔离保护。加固保护是用灌封胶将电路板灌封在具有高强度和刚度的机械壳体内固化成模块。隔离保护是采用合适的缓冲材料，如在电路板上涂硅胶等途径，耗散冲击强度，以减小传递到设备上的应力。

11.3.3　灌封技术

冲击载荷和振动会造成电子器件或者电路板的损坏失效，从而导致整个电路系统的失效。为提高电路系统的抗过载能力，通常要对部分电路板或整个系统进行固体灌封，即采用合适的灌封材料填充到电路元器件周围，以加强电路的抗冲击、抗过载能力。选用缓冲吸能效果好的灌封材料，采用合适的灌封工艺，是提高测试电路在高冲击和振动环境下工作可靠性的有效方法。

1. 灌封材料吸能机理

灌封材料一般为高分子聚合物材料，如硅橡胶、环氧树脂和聚氨酯泡沫塑料等，这些材料具有典型的黏弹性。当受到外力时，一方面分子链发生变形，另一方面分子链与链之间产生滑移。当去除外力后，变形的分子链要恢复原位，释放外力所做的功，表现出材料的弹性性质；当分子链之间的滑移不能完全复原，产生永久性变形时，就会吸收一定的冲击能量。变形越大，变形速度越快，阻尼就越大，吸收能量就越多。

图 11－30 所示为典型的低密度多孔缓冲材料的应力－应变曲线，包括 3 个阶段，即弹性变形 $A \to B$、屈服平台 $B \to C$、材料压实区 $C \to D$。表明材料在压实之前经过了一个屈服平台，说明材料具有吸能缓冲作用。

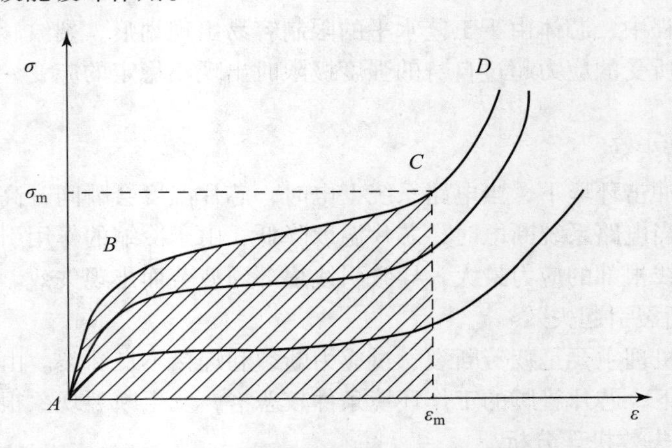

图 11－30　典型缓冲材料的应力－应变曲线

A—吸能初始点；B—吸能屈服点；C—最大吸能点；D—材料压实点；
σ_m—最大吸能应力；ε_m—最大吸能应变

缓冲材料还能有效地隔离或衰减载体与目标撞击时的应力波。当冲击波从弹性载体透射到灌封材料中时，应力幅值迅速减小。同时，由于材料的黏弹性效应和横向惯性效应，应力波在传播过程中会发生幅值衰减和波形弥散。

2. 灌封材料的选择

应根据电子产品的不同性能以及使用环境的要求来选择不同性能的灌封材料，尽可能发挥各种材料的优点，以满足产品设计的要求。

灌封材料对冲击的隔离应使测试电路元器件和系统所承受的过载处于安全范围。一种性能好的灌封材料应该是缓冲吸能特性好、应力波传播衰减速度快的材料。材料的缓冲吸能特性可以用吸能曲线和能量吸收图表示。图 11－31 所示为聚氨酯泡沫塑料的能量吸收图。其中，E 为基体材料的弹性模量，W 为单位体积泡沫所吸收的能量，ρ_0 为基体材料的基

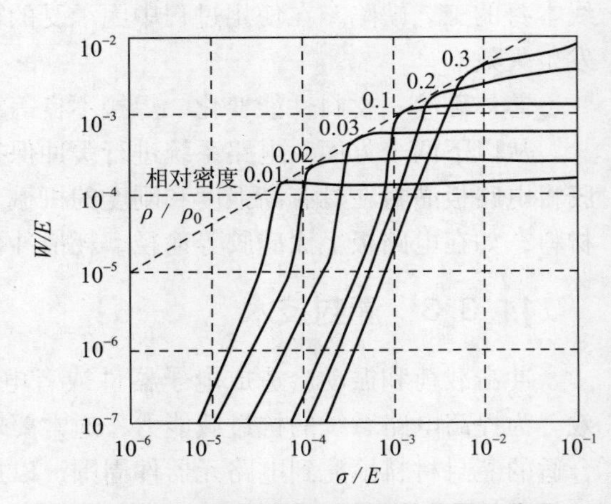

图 11－31　聚氨酯泡沫塑料的能量吸收图

准密度，σ 为应力，ρ 为聚氨酯泡沫塑料的密度。

常用的灌封材料有环氧树脂、有机硅弹性体和聚氨酯。用于电子产品灌封的环氧树脂应能承受树脂固化过程中产生的内应力和冷热环境交变产生的应力，且固化时放热小。而聚氨酯灌封材料兼有弹性、透明、硬度低、黏结力强、电性能好等特点，但是该材料对人体有毒。因此，操作时要根据不同的使用环境和要求选用不同的材料，同时通过添加不同的填料来改变灌封材料的性能。

断裂力学裂纹理论认为，任何材料表面或内部都存在着不同程度的缺陷，如气孔、杂质、相界和细微的裂纹等。环氧灌注材料是多种成分的混合物，在材料混合过程中难免带入杂质，形成气泡，而且在固化过程中，由于热胀冷缩，体系的尺寸随时变化。尤其当灌封电路中有尖锐棱角或大的突起时，会产生应力集中，而当应力达到一定程度时可能导致电路失效。电路板和器件与复合材料的热膨胀系数不一致时，会因收缩不均衡形成内应力。通常环氧树脂灌封材料的线胀系数比电子器件的线胀系数大 3 ~5 倍。当灌封电路体在降温时，元器件受压应力，而复合材料则受拉伸应力作用，这也是灌封电路体发生开裂的主要原因。

3. 灌封工艺与填料

灌封工艺需要模具成型，模具成型一般有浇注和真空灌注两种，在其他条件相同时采用真空灌注的体系性能较好。为保证产品灌封质量，可根据灌封材料的不同，编制不同的工艺规程。

灌封工艺的技术要点如下。

（1）气泡处理。气泡的存在不仅影响电性能，而且影响力学性能。无论是胶体中的内应力还是外来的应力，在气泡处都不能连续均匀地传递，造成应力集中。因此，胶料混合后，应采用真空设备进行排泡处理，真空与常压交替进行，在胶料不溢出的前提下，真空度要尽量高。

（2）降低固化成型温度。由于大多数环氧基在较低温度下产生交联时可降低放热峰值，减小灌注料的热应力。因此，固化结束后，灌封体冷却到室温的温差越小，产生的热应力越小。

（3）控制冷却速度。在灌封体固化结束后冷却到室温的过程中，要避免骤然冷却，使冻结的大分子网处于不稳定的高弹性形变，进行热松弛，降低或基本消除内应力。

（4）远红外线处理。远红外线产生的热共振使反应效率提高。试验表明，约 1 h 的远红外线固化效果相当于用恒温烘箱烘 13 h 的固化效果，且不会产生内应力。

（5）分布灌封。对不需要一次灌封成型的可以采取分布灌封的方法，避免因灌封材料太多而造成固化反应放热集中。一般采用电路板级的预灌封工艺，消除以后整体灌封时产生的应力对电路板上元器件的影响。

一种典型的环氧树脂固化物的内应力随玻璃化转变温度 T_g 的变化示意图如图 11 －32 所示。通常要求有较高的 T_g 以确保灌封体有良好的可靠性，特别是当灌封电路体在高温条件下工作或可能发生热循环的情况时。试验表明，每种混合料都有一个适当的填料浓度，在此浓度下混合料的热膨胀系数和弹性模量都具有最佳值，既达到低应力状态又具有较高的 T_g。通过控制填料的加入量，可以改变灌封电路体的热膨胀系数，达到调节应力的目的。

热膨胀系数随填料加入量的增加而降低的示意图如图 11 －33 所示。可以看出，增加填料的加入量使固化物的热膨胀系数降低，从而降低内应力。但填料加入量受到填料的吸油率

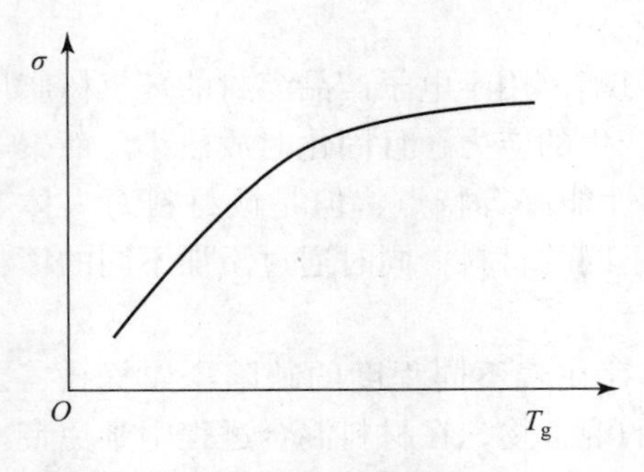

图 11-32 内应力 σ 随 T_g 的变化曲线

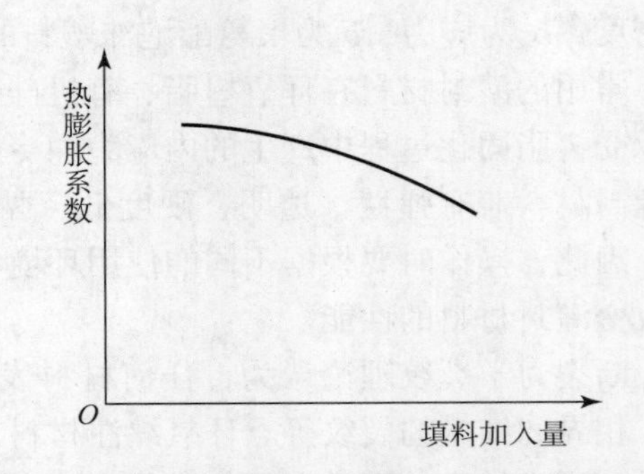

图 11-33 热膨胀系数与填料加入量的关系

和混合料黏度的限制，不能无限量地增加，因此制品的热膨胀系数一般大于金属的，该因素产生的应力只能降低而不能消除。

环氧树脂中常用的二氧化硅（即硅微粉）填料就是能使内应力降低的填料之一。填料的加入，既能增加灌注料的弹性模量，又能提高灌注料的机械强度。另外，还要提高灌注料的抗破裂能力。材料的抗破裂能力标志着材料抵抗裂纹扩展的能力，由裂纹扩展力来度量。通常在环氧树脂中加入适量的橡胶柔性体，在灌注料内形成亚微观的橡胶沉淀相，以分散应力。

11.4 电磁兼容技术

11.4.1 电磁兼容的定义

EMC（Electro Magnetic Compatibility，电磁兼容）是指电子、电气设备或系统在预期的电磁环境中，按设计要求正常工作的能力。它是电子、电气设备或系统的一种重要的技术性能，包括 3 个方面的含义。

（1）EMI（Electro Magnetic Interference，电磁干扰），即处在一定环境中的设备或系统，在正常运行时不应产生超过相应标准所要求的电磁能量，相对应的测试项目根据产品类型及标准不同而不同。对于军用产品，基本的 EMI 测试项目有 CE101、CE102、CE106、CE107、RE101、RE102、RE103。后面详细介绍其功能。

（2）EMS（Electro Magnetic Susceptibility，电磁抗扰度），即处在一定环境中的设备或系统，在正常运行时，设备或系统能承受相应标准规定范围内的电磁能量干扰，相对应的测试项目也根据产品类型及标准不同而不同。对于军用产品，基本的 EMS 测试项目有 CS101、CS103、CS104、CS105、CS106、CS114、CS115、CS116、RS101、RS103、RS105。后面详细介绍其功能。

（3）电磁环境，即系统或设备的工作环境。

11.4.2 军用标准中常用的 EMC 测试

《军用设备和分系统电磁发射和敏感度要求》（GJB 151A—1997）（等同于美军标 MIL-STD-461D）和《军用电子设备和分系统电磁发射和敏感度测量》（GJB 152A—1997）（等

同于美军标 MIL－STD－462D）对军用产品的 EMI 和 EMS 测试做了规定。

对于海军设备，从控制 EMC 的角度看，线与地之间的滤波器应尽量少用，应为这类滤波器通过接地平面为结构（共模）电流提供低阻抗的通路，使这种电流可能耦合到同一接地平面的其他设备中去，因而它可能是系统、平台或装置中电磁干扰的一个主要原因。如果必须使用这类滤波器，每根导线的线与地之间的电容量对于 50 Hz 的设备应小于 0.1 μF；对于 400 Hz 的设备应小于 0.02 μF。对于潜艇上及飞机上直流电源设备，在用户接口处，每根导线对地滤波器电容量不应该超过所连接负载的 0.075 μF/kV。对于负载小于 0.5 kW 的，滤波器电容量不应该超过 0.03 μF。

1. 国军标所对应的 EMC 测试项目

本节叙述 GJB 151A 规定的主要发射和敏感度测量方法，测试项目和名称如表 11－3 所示，测试方法适用于整个规定的频率范围。每个测试项目的测试目的、测试设备、测试方法参考相应的国军标。

表 11－3　军用产品 EMC 测试项目列表

项　目	名　称
CE101	25 Hz～10 kHz 电源线传导发射
CE102	10 kHz～10 MHz 电源线传导发射
CE106	10 kHz～40 GHz 天线端子传导发射
CE107	电源线尖峰信号（时域）传导发射
CS101	25 Hz～50 kHz 电源线传导敏感度
CS103	15 kHz～10 GHz 天线端子互调传导敏感度
CS104	25 Hz～20 GHz 天线端子无用信号抑制传导敏感度
CS105	25 Hz～20 GHz 天线端子交调传导敏感度
CS106	电源线尖峰信号传导敏感度
CS109	50 Hz～100 kHz 壳体电流传导敏感度
CS114	10 kHz～400 MHz 电缆束注入传导敏感度
CS115	电缆束注入脉冲激励传导敏感度
CS116	10 kHz～100 MHz 电缆和电源线阻尼正弦瞬变传导敏感度
RE101	25 Hz～100 kHz 磁场辐射发射
RE102	10 kHz～18 GHz 电场辐射发射
RE103	10 kHz～40 GHz 天线谐波和乱真输出辐射发射
RS101	25 Hz～100 kHz 磁场辐射敏感度
RS103	10 kHz～40 GHz 电场辐射敏感度
RS105	瞬变电磁场辐射敏感度

但是，特定的设备或设备类别，根据其安装平台的电磁环境，可在测试项目及频率范围上按 GJB 151A 剪裁进行测试。各个测试项目对各平台的适用性见表 11－4 的描述。

表 11－4 测试项目对各平台的适用性

		水面舰艇	潜艇	陆军飞机（含航线保障设备）	海军飞机	空军飞机	空间系统（含运载火箭）	陆军地面	海军地面	空军地面
测试项目适用性	CE101	A	A	A	L					
	CE102	A	A	A	A	A	A	A	A	A
	CE106	L	L	L	L	L	L	L	L	L
	CE107			S	S	S				
	CS101	A	A	A	A	A	A	A	A	A
	CS103	S	S	S	S	S	S	S	S	S
	CS104	S	S	S	S	S	S	S	S	S
	CS105	S	S	S	S	S	S	S	S	S
	CS106	S	S	S	S	S	S	S	S	S
	CS109		L							
	CS114	A	A	A	A	A	A	A	A	A
	CS115			A	A	A	A	L		A
	CS116	A	A	L	A	A	A	L	A	A
	RE101	A	A	A	L					
	RE102	A	A	A	A	A	A	A	A	A
	RE103	L	L	L	L	L	L	L	L	L
	RS101	A	A	A	L			L	L	
	RS103	A	A	A	A	A	A	A	A	A
	RS105	L	L	L	L				L	

表 11－4 列出了对预安装在各位军用平台或装置内、平台或装置上以及平台或装置发射出去的设备和分系统的测试项目要求。如果某种设备或分系统预期安装在多类平台或装置中，则应以其中要求最严格的那一类为准。表中填“A”的表示该项目要求使用；填有“L”的表示该项目要求应按本标准相应条款规定加以限制；填有“S”的则表示订购规范中对适用性和极限要求做了详细规定。空白栏表示该项目要求不适用。如对于陆军设备，其 EMC 测试要求主要为 5 项（简称陆军 5 项），见表 11－5。

表 11－5 陆军五项总体要求

测试项目	名　称
RE102	10 kHz～18 GHz 电场辐射发射
CE102	10 kHz～10 MHz 电源线传导发射
CS101	15 Hz～50 kHz 电源线传导发射
CS114	10 kHz～400 MHz 电缆束注入传导敏感度
RS103	10 kHz～40 GHz 电场辐射敏感度

2. 军用标准 EMC 测试的基本配置

EUT（Equipment Under Test，受试设备）应安装在模拟实际情况的参考接地平板上。如果实际情况未知，或需要多种形式安装，则应使用金属参考接地平板。除另有规定外，参考接地平板的面积应小于 2. 25 m^2，其段边不小于 760 mm。当在 EUT 安装中不存在参考接地平板时，EUT 应放在非导电平面上。

当 EUT 安装在金属参考接地平板上时，参考接地平板应不大于每方块 0. 1 mΩ 的表面电阻（最小厚度：紫铜板 0. 25 mm；黄铜板 0. 63 mm；铝板 1 mm）。金属参考接地平板与屏蔽室之间直接搭接电阻不大于 2. 5 mΩ。图 11 – 34 和图 11 – 35 所示的金属参考接地平板应以 1 m 间隔搭接到屏蔽室的屏蔽壁上或地板上。金属搭接条应是实心的，长宽比不大于 5:1。在屏蔽室外测试使用的金属参考接地板至少应为 2 m ×2 m 的面积，且至少应超过测试配置边界 0. 5 m。除非在单项测试方法中另有说明，GJB 151A 标准中的所有测试方法都使用 LISN 来隔离电源干扰并按照 EUT 提供规定的电源阻抗。LISN 电路应符合图 11 – 36，其阻抗特性应符合图 11 – 37。

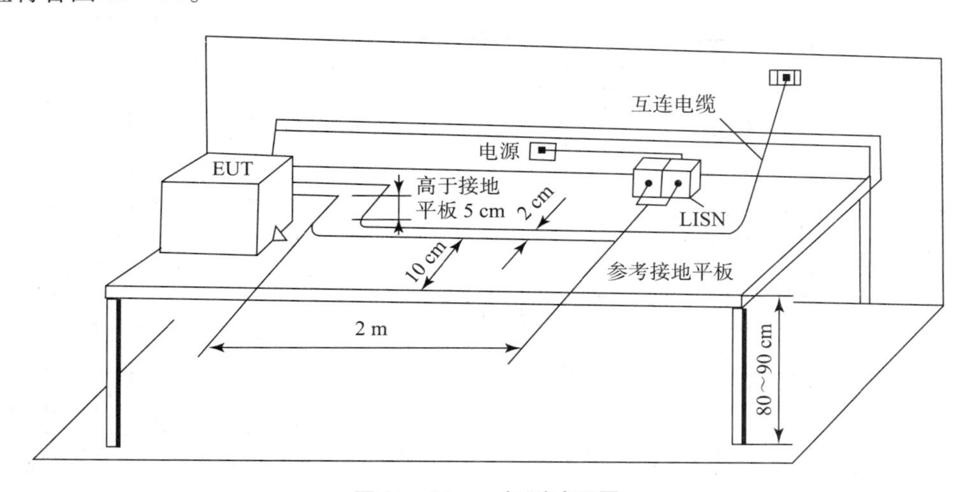

图 11 – 34　一般测试配置

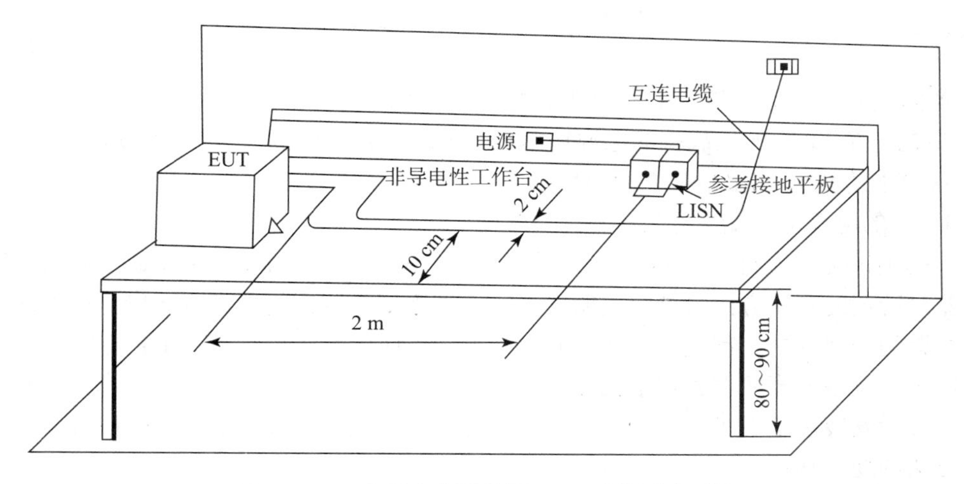

图 11 – 35　非导电表面设置 EUT 时的测试配置

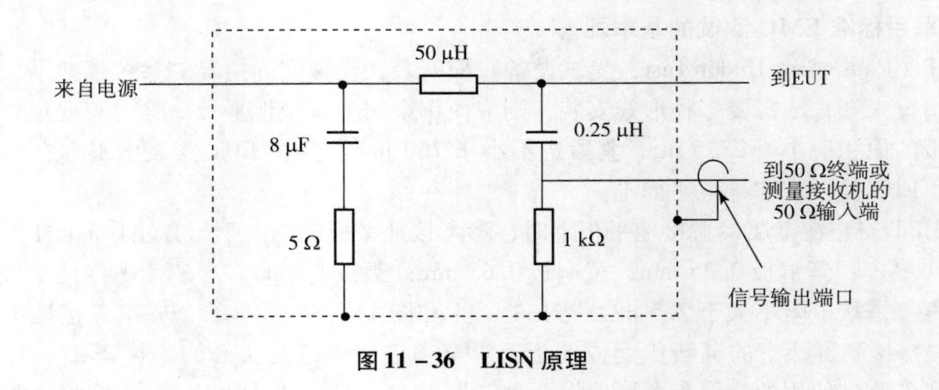

图 11－36　LISN 原理

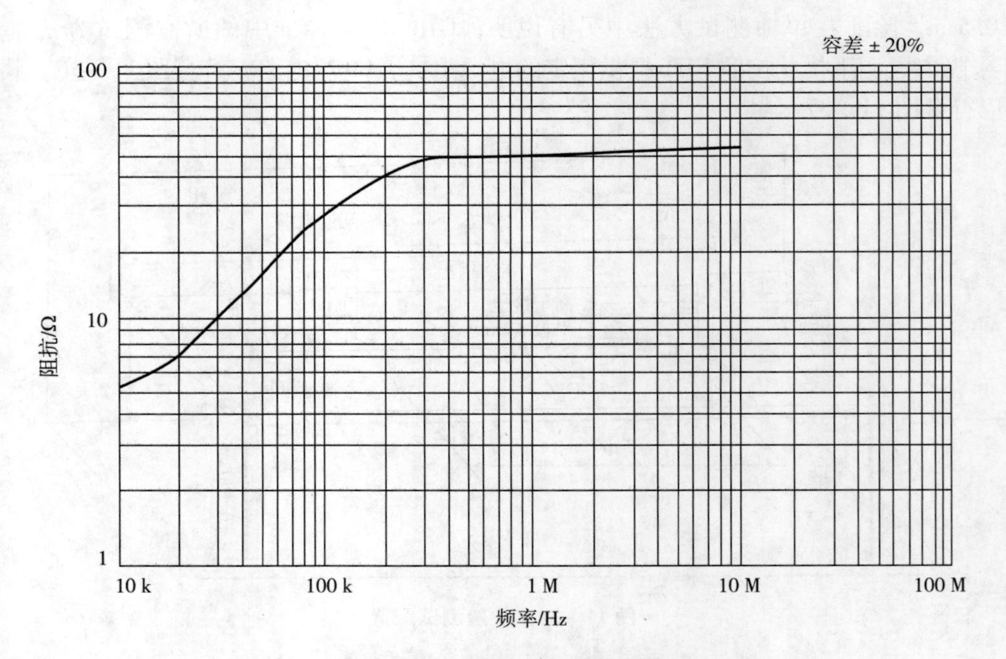

图 11－37　LISN 阻抗特性曲线

LISN 阻抗特性至少每年在下列条件下测量一次。

- 阻抗应在 LISN 的负载端的电源输出线与 LISN 金属外壳之间进行测试。
- LISN 的信号输出端口应接 50 Ω 电阻。
- LISN 的电源输入端应空置。

EUT 的测试配置应符合图 11－34、图 11－35、图 11－38、图 11－39 通用测试配置的要求。除非对特定的测试方法另外给出明确指示，否则整个测试器件都应保持上述配置。对通用测试配置的任何变更，都应在单项测试方法中特别加以说明。只有 EUT 设计和安装说明中有规定时，设备外壳才能直接搭接在参考地平板上。当实际安装需要搭接条时，所用的搭接条应与实际安装规定的搭接条相同。通过电源电缆安全接地线接地的便携设备，应按照相应测试方法的规定接地。

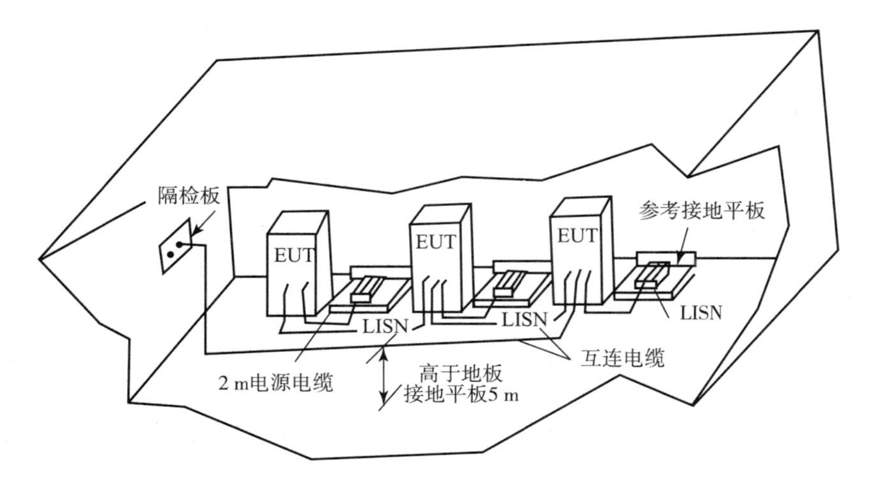

图 11 - 38　独立 EUT、多个 EUT 屏蔽室测试配置

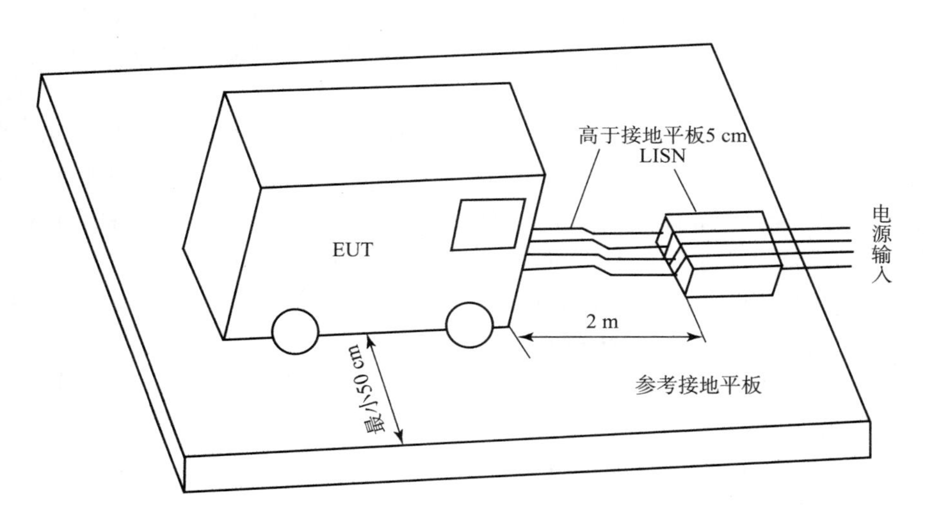

图 11 - 39　独立 EUT 测试配置

参考文献

[1] 崔占忠，宋世和，徐立新．近炸引信原理［M］．第三版．北京：北京理工大学出版社，2009.

[2] 姚宏宝．我国激光技术在引信上的应用现状与发展［C］．2005 年全国光电技术学术交流会暨第十七届全国红外科学技术交流会．

[3] 孔有发．国外激光引信的现状及其发展趋势［J］．现代引信，1992（4）：41 –45.

[4] 杜祥琬．高技术要览（激光卷）［M］．北京：中国科学技术出版社，2003.

[5] 北京航天情报与信息研究所．世界防空反导导弹手册［M］．北京：中国宇航出版社，2010.

[6] 张志鸿．防空导弹引信技术的发展［J］．现代防御技术，2001，29（4）：26 –31.

[7] 刘颂豪，李淳飞．光子学技术与应用（上册）［M］．广州：广东科技出版社，2006.

[8] 黄德修，刘雪峰．半导体激光器及其应用［M］．北京：国防工业出版社，1999.

[9] 陈家壁．激光原理及应用［M］．北京：国防工业出版社，2013.

[10] 刘磊，张大勇，赵鸿，等．LD 紧耦合泵浦被动调 Q 微型激光器实验研究［J］，激光与红外，2010，40（6）：609 –612.

[11] 范贤光．脉冲注入式半导体激光器电 – 光 – 热特性及其测试技术研究［D］．哈尔滨：哈尔滨工业大学，2009.

[12] 毛登森．量子级联激光器技术内涵及其应用前景［J］．中国电子科学研究院学报，2015，10（4）：333 –340.

[13] 刘绍斌．基于四能级的量子级联激光器等效电路模型及其应用［D］．成都：电子科技大学，2014.

[14] 温中泉，陈刚，彭琛，等．基于量子级联激光器的红外光谱技术评述［J］．光谱学与光谱分析，2013，33（4）：949 –952.

[15] 李春光，党敬民，陈晨，等．使用量子级联激光器和多通吸收光谱技术用于 CO 探测［J］．光谱学与光谱分析，2016，36（5）：1308 –1312.

[16] 宋淑芳，邢伟荣，刘铭．量子级联激光器的原理及研究进展［J］．激光与红外，2013，43（9）：972 –976.

[17] Robert J. Grasso. Defence and Security Application of Quantum Cascade Lasers［C］. SPIE Vol. 9933, 99330F, 2016.

[18] 周秀云．光电检测技术及应用［M］．北京：电子工业出版社，2009.

[19] 安毓英，曾晓东，冯喆珺．光电探测与信号处理［M］．北京：科学出版社，2010.

[20] 周自刚，胡秀珍．光电子技术及应用［M］．北京：电子工业出版社，2017.

[21] 张中华，林殿阳，于欣，等．光电子学原理与技术 [M]．北京：北京航空航天大学出版社，2009.

[22] 胡玉禧．应用光学 [M]．合肥：中国科学技术大学出版社，2009.

[23] 张以谟．应用光学 [M]．北京：电子工业出版社，2009.

[24] 石顺祥，王学恩，马琳．物理光学与应用光学 [M]．第三版．西安：西安电子科技大学出版社，2014.

[25] 张正辉，杨明，许士文．激光引信光束布局方式的选择与分析 [J]．红外与激光工程，2006，35（6）：700－704.

[26] 高洁，张大庆，陆长平，等．激光引信大视场小型化发射光学系统设计 [J]．红外与激光工程，2018，47（5）：0518001.

[27] 李铁．复杂目标激光近场散射的工程应用仿真研究 [D]．西安：西安电子科技大学，2005.

[28] 李铁，阎伟，吴振森．双向反射分布函数模型参量的优化及计算 [J]．光学学报，2002，22（7）：769－773.

[29] 闫克丁，付永升，于小宁，等．指数和高斯随机粗糙表面光散射特性数值研究 [J]．计算机与数字工程，2018，46（4）：644－648.

[30] 王彪，林嘉轩，童广德．复杂目标激光引信回波仿真 [J]．制导与引信，2012，33（4）：24－30.

[31] 纪荣祎．三维扫描成像激光雷达系统研究 [D]．北京：北京理工大学，2011.

[32] 江小华，陈炳林，张河，等．脉冲激光引信用 PFM 和 PWM 式 LD 驱动电路的研究 [J]．强激光与粒子束，2014，16（11）：1449－1452.

[33] 徐伟．高速运动下高精度激光测距关键技术研究 [D]．南京：南京理工大学，2013.

[34] 耿岳．高精度脉冲激光测距系统研究 [D]．沈阳：沈阳理工大学，2014.

[35] 尚君莹．基于 FPGA 的激光测距系统的算法的研究 [D]．天津：河北工业大学，2014.

[36] 衷春．基于 FPGA 的多脉冲激光测距技术研究 [D]．长春：长春工业大学，2016.

[37] 桑会平，邓甲昊，胡秀娟．脉冲激光引信微弱回波信号数字检测技术研究 [J]．兵工学报，2007，28（4）：420－424.

[38] 贺梓超．激光测距关键技术研究与实现 [D]．成都：电子科技大学，2014.

[39] 纪荣祎，赵长明，任学成．高精度高重频脉冲激光测距系统 [J]．红外与激光工程，2011，40（8）：1461－1464.

[40] 陈超，叶桦，陈晓涛．TDC－GP21 在激光测距中的应用 [J]．工业控制计算机，2017，30（6）：127－130.

[41] 耿岳．高精度脉冲激光测距系统研究 [D]．沈阳：沈阳理工大学，2014.

[42] 王雨三．光电子学原理与应用 [M]．哈尔滨：哈尔滨工业大学出版社，2004.

[43] 杨小丽．光电子技术基础 [M]．北京：北京邮电大学出版社，2005.

[44] 王春晖．激光雷达系统设计 [M]．哈尔滨：哈尔滨工业大学出版社，2014.

[45] 付有余．相干激光雷达的进展 [J]．光机电信息，2010，27（10）：16－21.

[46] 韩燕，孙东松，翁宁泉，等．60 km 车载瑞利测风激光雷达研制 [J]．红外与激光工程，2015，44（5）：1414－1419.

[47] 赵长政．空间相干光通信初步方案及外差效率研究［D］．秦皇岛：燕山大学，2007.
[48] 杨清波．星地下行相干激光通信系统接收性能研究［D］．哈尔滨：哈尔滨工业大学，2014.
[49] 幺周石，胡渝．星间相干光通信技术的发展历程与趋势［J］．光通信技术，2005，（8）：44－46.
[50] 袁正．激光引信综述［J］．航空兵器，1998，（3）：31－38.
[51] 肖鹏博，周健．参考光束型激光多普勒测速仪测量转台转速［J］．中国科技信息，2012，（18）：50－51.
[52] 张艳艳，霍玉晶，何淑芳，等．一种新的双频激光多普勒测速方法的实验研究［J］．激光与红外，2010，40（7）：694－696.
[53] 单慧琳，张银胜，唐慧强，等．对称三角线性调频连续波雷达应用于风速探测［J］．电子技术应用，2013，39（1）：119－121.
[54] 张晓永，陈峰，李晓庆．线性调频连续波激光雷达探测原理分析［J］．现代雷达，2012，34（7）：12－15.
[55] 刘锡民，张建华，杨德钊，等．相干激光引信综述［J］．红外与激光工程，2018，47（3）：0303001.
[56] 季云飞，耿林，冯国旭，等．激光成像技术的新发展［J］．激光与红外，2015，45（12）：1413－1417.
[57] 张合，张祥金．脉冲激光近场目标探测理论与技术［M］．北京：科学出版社，2013.
[58] 袁正，孙志杰．空空导弹引战系统设计［M］．北京：国防工业出版社，2007.
[59] 肖雪芳，杨国华，等．InGaAs/InP APD 探测器光电特性检测［J］．电子科技大学学报，2008，37（3）：460－463.
[60] 郁道银，谈恒英．工程光学［M］．北京：机械工业出版社，2006.
[61] 何成林，梁谦．激光成像引信接收电路系统研究［J］．航空兵器，2012，（4）：30－33.
[62] 潘太玉，张顺法，马惠敏．一种基于统计中心线的成像激光引信目标识别算法［J］．航空兵器，2011，（2）：40－43.
[63] 王小驹，马珩，张顺法．一种适用于空空导弹的激光灰度成像引信技术［J］．红外与激光工程，2018，47（3）：0303002.
[64] 王玄玉．烟火技术基础［M］．北京：清华大学出版社，2017.
[65] 姚禄玖，高钧麟，肖凯涛，等．烟幕理论与测试技术［M］．北京：国防工业出版社，2004.
[66] 蔡小舒，苏明旭，沈建琪，等．颗粒粒度测量技术及应用［M］．北京：化学工业出版社，2010.
[67] 刘新阳．脉冲激光测量烟雾浓度的方法研究［D］．北京：北京理工大学，2016.
[68] 马超，陈慧敏，王凤杰，等．基于高斯烟团模式的爆炸烟雾浓度分布特性仿真［J］．制导与引信，2017，38（3）：4－9.
[69] 王凤杰，陈慧敏，冯星泰，等．石墨烟雾粒径时空分布特性仿真研究［J］．制导与引信，2016，37（3）：23－28.
[70] 谢朝阳，罗景润，郭历伦．炸药爆炸条件下释放气溶胶扩散研究［J］．中国安全科学

学报，2008，18（10）：87－91.
［71］孙佳，蒋仲安，倪文．爆破烟尘行为的实时模拟［J］．爆破，2006，23（1）：1－5.
［72］汪堃．激光引信气溶胶传输特性研究［D］．北京：北京理工大学，2012.
［73］王瑞．激光在雾媒质中的传播衰减特性研究［D］．西安：西安电子科技大学，2007.
［74］李万彪．大气概论［M］．北京：北京大学出版社，2009.
［75］邱金桓，陈洪斌．大气物理与大气探测学［M］．北京：气象出版社，2005.
［76］戴永江．激光雷达原理［M］．北京：国防工业出版社，2002.
［77］陈慧敏，刘洋，朱雄伟，等．调频连续波激光引信回波特性仿真分析［J］．兵工学报，2015，36（12）：2247－2253.
［78］王凤杰，陈慧敏．脉冲激光引信云雾回波特性仿真［J］．光学精密工程，2015，23（10）：1－7.
［79］王凤杰，陈慧敏，马超，等．云雾后向散射激光回波特性研究［J］．红外与激光工程，2018，47（05）：103－107.
［80］石广玉．大气辐射学［M］．北京：科学出版社，2007.
［81］尹宏．大气辐射学基础［M］．北京：气象出版社，1993.
［82］朱雄伟．调频连续波激光引信云雾回波特性研究［D］．北京：北京理工大学，2015 .
［83］高志林．脉冲激光引信半实物仿真系统研究［D］．北京：北京理工大学，2016.
［84］张志鸿，周申生．防空导弹引信与战斗部配合效率和战斗部设计［M］．北京：宇航出版社，1994.
［85］陈慧敏，贾晓东，蔡克荣．激光引信技术［M］．北京：国防工业出版社，2016.
［86］张荫锡，张好军．激光引信抗阳光、云烟干扰技术分析［J］．航空兵器，2002，（1）：1－5.
［87］张荫锡，张好军．激光引信抗环境干扰技术分析［J］．制导与引信，2002，23（3）：34－40.
［88］胡俊雄，张艳．激光引信抗干扰技术综述［J］．制导与引信，2009，30（4）：6－13.
［89］王广生．激光引信抗超低空地杂波干扰技术研究［J］．探测与控制学报，2004，26（3）：13－17.
［90］杨若愚，梁谦，于海山．一种基于多门限的周视激光引信抗干扰方法研究［J］．航空兵器，2014，（3）：20－23.
［91］张好军，赵建林．采用双色技术的激光引信抗干扰技术［J］．红外与激光工程，2011，40（6）：1070－1074.
［92］任宏光，于海山，霍力君，等．基于双色探测的激光引信抗干扰方法［J］．探测与控制学报，2015，37（1）：1－4.
［93］孟祥盛．偏振技术在激光引信抗烟雾干扰中的应用分析［J］．红外与激光工程，2013，42（7）：1716－1719.
［94］左翼，李晓，刘斌．复合引信的信号处理设计及实现［J］．航空兵器，2011，（3）：47－51.
［95］李俊伟，张丽敏，朱晓凯．激光制导炮弹导引头的抗高过载方法研究［J］．郑州轻工业学院学报（自然科学版），2014，29（3）：65－67.

[96] 李玉宝，刘兵，邓敏，等．某型激光探测器高温过载失效原因分析及改进措施［J］．四川兵工学报，2013，34（1）：21－23.
[97] 甘霖，张合，张祥金，等．准直透镜高过载塑性变形对激光引信发射光路的影响［J］．南京理工大学学报，2013，37（5）：653－658.
[98] 甘霖，张合，张祥金，等．非线性发射过载对激光引信光学接收系统的影响［J］．红外与激光工程，2013，42（9）：2364－2369.
[99] 马其琪，徐晓辉，孔雁凯，等．弹载记录器的抗高过载分析及设计［J］．弹箭与制导学报，2015，35（1）：15－18.
[100] 姬永强，李映辉，聂飞．弹载数据存储模块抗高过载防护技术研究［J］．振动与冲击，2012，31（18）：104－106.
[101] 李沅，李凯，王晓飞，等．弹载制导系统抗振动与高过载冲击设计仿真［J］．中北大学学报（自然科学版），2014，35（3）：293－298.
[102] 吕彩琴，成瑞．高过载测试中的电子线路灌封技术研究［J］．机械工程与自动化，2009，（5）：90－92.
[103] 郑军奇．EMC 电磁兼容设计与测试案例分析［M］．北京：电子工业出版社，2006.